W0410587

Rolf Walter

Zeiss 1905–1945

Carl Zeiss

Die Geschichte eines Unternehmens

herausgegeben von
Wolfgang Mühlfriedel und Rolf Walter

Band 2
Zeiss 1905–1945

Rolf Walter

Zeiss 1905–1945

2000

BÖHLAU VERLAG KÖLN WEIMAR WIEN

Gedruckt mit freundlicher Unterstützung des
Thüringer Ministeriums für Wissenschaft, Forschung und Kunst

Die Deutsche Bibliothek – CIP-Einheitsaufnahme

Carl Zeiss : die Geschichte eines Unternehmens / hrsg. von
Wolfgang Mühlfriedel und Rolf Walter. – Köln ; Weimar ; Wien : Böhlau
Bd. 2. Zeiss 1905–1945 / Rolf Walter. – 2000
ISBN 3-412-11096-5

Umschlagabbildung:
Hayden-Planetarium New York: Das Planetarium kurz vor der Fertigstellung:
Von rechts nach links: Instrumentenwart Robert James Way, Dr. Clyde Fischer,
Leiter des Planetariums, Monteur Lange. Sept. 1935

Dieses Buch wurde auf chlorfrei gebleichtem, säurefreiem Papier hergestellt.
© 2000 by Böhlau Verlag GmbH & Cie, Köln
Ursulaplatz 1, D-50668 Köln
Telefon (02 21) 91 39 00, Telefax (02 21) 91 39 011
www.boehlau.de
Satz: Punkt für Punkt GmbH, Düsseldorf
Druck und Verarbeitung: Interpress, Budapest
Printed in Hungary
ISBN 3-412-11096-5

Inhalt

Vorwort IX

Anstelle einer Einführung: Zur Konzeption einer modernen Unternehmensgeschichte, dargestellt am Beispiel Zeiss 1
Ziel des Projekts zur Unternehmensgeschichte Zeiss 6
Die Branche Feinmechanik und Optik und die Einheit der Feinmechanik und Optik 8
Die Ressource „Wissen“. Von der Invention zur Innovation 10
Mission und Vision – Das Stiftungsunternehmen 12
Prinzipien der Geschäftsführung, dynamisches Unternehmertum und Humankapital 17

Jena um 1905: Eine Stadt im Aufbruch 23

ERSTES KAPITEL

Zeiss 1905–1914 27

Ernst Abbes Tod und die Nachfolgefrage 29

Betriebliche Sozialpolitik und Wohlfahrtseinrichtungen bei Zeiss 33
Innovationen im Lohnbereich 35
Die Entwicklung von Löhnen und Einkommen vor dem Ersten Weltkrieg 37

Rasantes Wachstum und zunehmende Internationalisierung 38
Betriebliche Expansion und Wettbewerbsdruck 43
Kerngeschäft und neue Geschäftsfelder 44
Aufbau des Hauptwerks, Bauboom und Investitionen 45
Zunehmende Diversifizierung und neue Abteilungen 51

Eine Fusion im Jahre 1909: Die Ica AG Dresden 53

Weitere strategische Partnerschaften 56

Märkte und Produkte 59
Angebot und Nachfrage nach Zivilgütern 60
Angebot und Nachfrage nach Militärgütern 65

Zweites Kapitel

Zeiss 1914–1918 ... 71

Das Geschäft im und mit dem Krieg ... 73

Kriegskonjunktur und Personalaufstockung ... 76

Verlust von Auslandsvermögen im Krieg ... 78

Kriegsbedingte Rohstoff- und Energieverknappung ... 81

„Wohlfahrt“ im Krieg: Familienhilfe, Versorgung und Teuerungszuschlag ... 83

Dem Kriegsende entgegen 85

Drittes Kapitel

Zeiss 1918–1933 ... 89

Von der Kriegs- zur Friedenswirtschaft ... 91
Arbeits- und Ausbildungsverhältnisse ... 92
Weltwirtschaftliche Störungen ... 98
Absprachen in der Not: Die Mikro-Konvention vom September 1919 ... 101
Der Versailler Vertrag: Konsequenzen für Zeiss und Gründung der Nedinsco ... 102
Politische Turbulenzen und eine schwankende Konjunktur ... 105

Die Zeit der großen Inflation ... 106

Die Zeit der Strukturreformen ... 110
Protektionismus, wohin man blickte 112
Die Einschränkung der teuren Vielfalt: Rationalisierung ... 113
Exkurs: Innovation in Präzision. Die Abteilung Feinmess und die „Messrevolution“ ... 115
Die Entstehung und Bedeutung der Feinmess-Abteilung ... 116
Die Produktpalette ... 119
Praktische Anwendung und wirtschaftliche Bedeutung ... 121
Absatz-Organisation ... 122
Inventionen und Innovationen ... 124
Das erste Planetarium der Welt ... 125
Neuerungen im „Geo-“ und „Photo-“Bereich ... 128

Die Zeit der Fusionen ... 130
September 1925: Eine Interessengemeinschaft entsteht 136
Der nächste Schritt: Die Fusion zur Zeiss-Ikon AG, dem „Sammelbecken vielfältiger Werkserfahrungen und alter Traditionen“ ... 138

Die Besetzung der Chefetage bei Zeiss Ikon 144
Exkurs: Die Fernseh A.G. 145

Deflation und Weltwirtschaftskrise 148

Zeiss zwischen Weltkrieg und „Machtergreifung“ – Eine Zusammenfassung 154

VIERTES KAPITEL

Zeiss 1933–1939 163

„Gleichschaltung“ 165
NSDAP-Mitglieder (Feist, Scheller) gegen NSBO-Radikale (Zipler etc.) 166
Stiftungssatzung versus „Führerprinzip“ 171
Rudolf Straubels Abschied aus der Unternehmensleitung 172
Spuren des Opportunismus? 172
Beziehungen zwischen Zeiss und dem nationalsozialistischen Regime 174

Der Übergang zur gelenkten Wirtschaft 174
Die Finanzierung des Unternehmens 176
Schachts „Neuer Plan“ und seine Umsetzung bei Zeiss durch Henrichs 178

Inventionen und Innovationen im Zivilbereich 183

Das „Zivilgeschäft“ 188

Das Militärgeschäft von Zeiss in Deutschland 192

Das Militärgeschäft von Zeiss im Ausland 197

Ausbildung und Lehre bei Zeiss 201

Löhne, Einkommen und Arbeitsverhältnisse 206

Jüdische Mitarbeiter bei Zeiss 207
Der „Fall“ Eppenstein 210
Ernst Wandersleb 213
Ausländische jüdische Mitarbeiter bei Zeiss 215
Jüdische Mitarbeiter in nicht-leitender Position 216
Zeiss-Mitarbeiter mit jüdischen Partnern 220
„Halbjuden“ bei Zeiss 221
Der Umgang mit politisch Andersdenkenden 222

Späte „Ehren“ für einen „Musterbetrieb“ 223

Die Ausfuhrgemeinschaft für Kriegsgeräte (AGK) 225
Die Nachbauproblematik 228
Wirtschaftsgruppe Feinmechanik und Optik 232

FÜNFTES KAPITEL
Zeiss 19309–1945 239
Kriegsbeginn und „Übergangswirtschaft“ 241
Außenwirtschaft im Krieg 246
Innerbetriebliche organisatorische Veränderungen während des Zweiten Weltkrieges 253
Der Geschäftsleiter Georg Joos 253
Heinz Küppenbender als Nachfolger des tödlich verunglückten August Kotthaus 254
Der Ausbau der Militär-Abteilung im Krieg 255
Institutionelle Straffung und Mobilisierung der letzten Kräfte durch Speer 262
Das Japangeschäft 263
Fremd- und Zwangsarbeiter bei Zeiss 265
Löhne und Sozialleistungen für Fremdarbeiter 273
An- und Umlernprozesse 274
Arbeitserziehungslager 280
Dem Kriegsende entgegen 282
13. April 1945: Der Tag der Befreiung 284
Zeiss nach Kriegsende 289
Der wertvollste Bestand des Zeisswerks: das Humankapital 293

Anhang 297

Tabellenverzeichnis 299
Tabellen 300
Abkürzungen 316
Quellen- und Literaturverzeichnis 319
Verzeichnis der Darstellungen im Text 344
Namenregister 345
Sachregister 350

Vorwort

Vier Jahre nach dem ersten Band der als „Trilogie“ angelegten Unternehmensgeschichte von Carl Zeiss Jena liegt nunmehr der zweite vor, der die Zeit vom Tod Ernst Abbes bis zum Ende des Zweiten Weltkrieges behandelt[1].

Wesentliches Anliegen dieses Buches ist es, die Geschichte des Jenaer Zeisswerks, also nicht die des Gesamtkonzerns bzw. der Carl Zeiss-Stiftung, in ihren wesentlichen Grundzügen darzustellen. Freilich wird die Geschichte des gesamten Unternehmenskomplexes insoweit einbezogen, als es zum Verständnis der Entwicklung des Stammwerks erforderlich ist. Ähnliches gilt für das „Schwesterunternehmen“ Schott & Genossen, dessen Entwicklung – soweit sie im unauflösbaren Kontext zu Zeiss steht – ebenfalls einbezogen wird. Die Studie folgt dabei einer eigenen Konzeption, die im ersten Kapital ausführlich dargelegt wird und präsentiert den neuesten Forschungsstand. Sie beruht weitgehend auf gedruckten und ungedruckten Akten, meist Primärquellen, aus dem Unternehmensarchiv von Carl Zeiss Jena, von denen eine Vielzahl bislang ungehoben waren.

Es handelt sich hier um keine Technikgeschichte. Technik- und innovationshistorische Aspekte sind nur insoweit behandelt, als sie zum Verständnis der Unternehmensentwicklung unabdingbar erschienen. Im übrigen sei hier auf das „Jenaer Jahrbuch zur Technik- und Industriegeschichte“ verwiesen, das der Verein „Technikgeschichte in Jena“ jährlich herausgibt und das auf spezielle Technologien, Geräte, Innovationen und Erfinderpersönlichkeiten in einer Reihe von Beiträgen Bezug nimmt.

Das umfangreiche Quellenstudium fand tätige Unterstützung durch den Archivar der Carl Zeiss Jena GmbH, Herrn Dr. Wolfgang Wimmer, dessen solide Aktenkenntnis, treffsichere Hinweise und nachhaltige Einsatzbereitschaft nicht wenig zum Fortschritt der Arbeit beitrugen. In den Dank einschließen möchte ich die Vor-

---

1 Der erste Band ist bereits zum Jubiläum 1996 erschienen: Edith Hellmuth, Wolfgang Mühlfriedel: Carl Zeiss 1846–1905. Vom Atelier für Mechanik zum führenden Unternehmen des optischen Gerätebaus (Carl Zeiss. Die Geschichte eines Unternehmens, hg. von Wolfgang Mühlfriedel und Rolf Walter, Bd. 1), Köln/Weimar/Wien 1996.

gängerin Dr. Wimmers, Frau Edith Hellmuth sowie Herrn Prof. Dr. Wolfgang Mühlfriedel, beide intime Kenner der Unternehmensgeschichte des Zeisswerks und die Autoren des ersten und dritten Bandes des Zeiss-„Gesamtwerks“. Ferner gilt mein Dank dem Thüringer Ministerium für Wissenschaft, Forschung und Kunst, das in hervorhebenswerter und unbürokratischer Weise das Forschungsvorhaben bzw. die Archivrecherchen durch die Finanzierung von Mitarbeitern – zunächst Herrn Frank Markowski, danach Herrn Dipl.-Kfm. Andre Beyermann – unterstützte und darüberhinaus einen wesentlichen Druckkostenzuschuss leistete.

Meine wissenschaftlichen Mitarbeiterinnen, Frau Dipl.-Volkwirtin Kerstin Gerth und Frau Dipl.-Volkswirtin Julia Dünkel haben eine Rohfassung des Manuskripts eingehender Lektüre unterzogen und konstruktive Hinweise gegeben, wofür ihnen an dieser Stelle sehr gedankt sei, ebenso wie Frau Gudrun Töpel, die in bewährter Manier die Schreibarbeiten erledigte.

Schließlich ist es mir ein Anliegen, der Geschäftsleitung des Unternehmens Carl Zeiss für die gegenüber meinem Vorhaben stets gezeigte Offenheit zu danken, insbesondere für die vorbehaltlose und uneingeschränkte Möglichkeit der Nutzung sämtlicher Aktenbestände.

Das Buch behandelt 40 bewegende Jahre eines Weltunternehmens, seine Entwicklung im Rahmen extremer externer Einflüsse und Veränderungen im Zweiten Reich, in der Weimarer Republik und schließlich im Dritten Reich. Kaum ein Zeitabschnitt der deutschen Geschichte hat mehr Dramatik und Dynamik, Leid und Vernichtung mit sich gebracht als dieser. Das Ganze am Beispiel eines führenden Großunternehmens darzustellen, ist eigentlich ein unmögliches Unterfangen. Zu groß ist der Grad qualitativer Komplexität des Darzustellenden, als dass solches zufriedenstellend gelingen könnte. Möge der geneigte Leser das folgende als eine gewissenhafte Annäherung an etwas verstehen, das man als historische Realität bezeichnen könnte.

Jena, im Dezember 1999 *Rolf Walter*

Anstelle einer Einführung: Zur Konzeption einer modernen Unternehmensgeschichte, dargestellt am Beispiel Zeiss

Eine moderne Unternehmensgeschichte sollte in wesentlichen Teilen neben der Wirtschaftsgeschichte auch sozialhistorische und technikhistorische Elemente beinhalten. Letzteres gilt umso mehr, als sich das Unternehmen Zeiss in der hier zu betrachtenden Phase zu einer sehr innovativen Institution auf dem Sektor der Hochtechnologie entwickelte und bereits um die Jahrhundertwende über tausend Beschäftigte zählte.

Die Unternehmensgeschichte kann darüberhinaus nicht auf allgemein- und politikhistorische Bausteine verzichten, zumal Zeiss schon aufgrund seiner Produktpalette, die seit etwa hundert Jahren auch Militärgüter im weiteren Sinne umfasste, stets einen gewissen Grad an öffentlicher Aufmerksamkeit genoss. Das Unternehmen war im Laufe der Zeit durch seine Weltmarktstellung, seine dominante Position in einigen strategischen Produktsparten und nicht zuletzt durch die Macht seines Produktionspotenzials und seiner Konzernbilanz zu einer unübersehbaren Größe emporgewachsen. Die Zeiss-Unternehmensgeschichte ist daher, zumindest was das 20. Jahrhundert anlangt, auch eine eminent politische Geschichte. Der Mikrokosmos Zeiss ist in gewisser Hinsicht Spiegelbild der gesamtgesellschaftlichen Entwicklung. Es empfiehlt sich daher, die Zeiss-Unternehmensgeschichte (in einem wohlverstandenen Sinne) ganzheitlich aufzufassen.

Die Konzeption dieses Buches (und des ihm vorausgegangenen und noch viele Jahre intensiven Quellenstudiums erfordernden Forschungsprojekts) stellt auch den Versuch dar, das Theorieangebot der systematischen Erfahrungswissenschaften für die Unternehmensgeschichte zu nutzen und zur Lösung gegenwärtiger Probleme durch präzise Kenntnis von deren Entstehung beizutragen. Und schließlich geht es um die Darstellung der historischen Unternehmensentwicklung an sich, sozusagen um die Ermittlung des Eigenwerts der Vorgänge. Dabei dürfte eines klar sein: das Erfahrungspotenzial der Vergangenheit wurde bei weitem noch nicht gebührend ausgeschöpft. Anders gewendet: die neue Institutionenökonomie, die sich mit komplexen Regelsystemen unter starker

Berücksichtigung human- und kognitionswissenschaftlicher Erkenntnisse auseinandersetzt und etwa Elemente wie das Regelvertrauen, Pfadabhängigkeiten, historische Bedingtheiten gegenwärtigen Handelns etc. theoretisch einbezieht, wird nicht umhinkommen, mit Erfahrung und Empirie auf das wohlgefüllte Vorratslager der Firmen- und Unternehmensgeschichte zurückzugreifen. Es geht um die Gewinnung einer differenzierten Perspektive durch eine umfassende und theoriegeleitete Retrospektive unter intensiver Erschließung von Primär-Archivalien aus dem Betriebs- und Unternehmensarchiv von Carl Zeiss Jena.

Bei der Bildung betriebswirtschaftlich relevanter Theorien sind bisher nicht allzu häufig empirische, also historische, Befunde systematisch verwertet worden und umgekehrt. Historische Forschungen verzichteten zu häufig auf vorhandene Theorieangebote, etwa aus der Betriebswirtschaftslehre und Volkswirtschaftslehre. Hier möchten das Projekt und das Buch mögliche Wege der historischen Betriebsanalyse aufzeigen. Jedenfalls folgt es der Vorstellung, dass Materialsammlungen unter theoretischen Gesichtspunkten angelegt zu sein haben, wenn ihre Verwendbarkeit jenseits der Zufälligkeit liegen soll[2].

Für geschichtsträchtige Unternehmen wie das Zeiss'sche mag ganz besonders gelten: Keine Perspektive ohne Retrospektive. Ein erfahrener Unternehmer äußerte einmal: Ein geschichtsloses ist ein gesichtsloses Unternehmen! Gewiss lässt sich vom Zeisswerk sagen, dass es sich um ein höchst geschichtsträchtiges und demzufolge alles andere als ein gesichtsloses Unternehmen handelt. Dieses „Gesicht“ herauszuarbeiten, den historischen Charakter der Institution und der in ihr tätigen Menschen im Zeitkontext zu identifizieren ist wesentliches Anliegen der Unternehmensgeschichtsschreibung, mithin des erwähnten Zeiss-Projektes, das ich unterstützt von einigen Helfern vor einigen Jahren begann und das eine Vielzahl neuer Erkenntnisse über das Jenaer Unternehmen brachte. Wir konnten – bildlich gesprochen – einige Atome und Moleküle, aus denen sich der Unternehmenskörper zusammensetzt, identifizieren und in ihren komplexen Wechselwirkungen darstel-

---

2 DIETER LINDENLAUB: Firmengeschichte. In: Handwörterbuch der Wirtschaftswissenschaften, Bd. 3, Stuttgart et al. 1988, S. 293–302, hier: S. 295 f.

len. Dabei gilt es, bei der wirtschafts-, sozial- und unternehmenshistorischen Analyse die wichtigsten Grundlinien – wenn man so will die Dimensionen – im Auge zu behalten: den Faktor Wissen, die Zeit und den Raum.

Das Unternehmen Zeiss hätte seine Bedeutung kaum je erreicht, wenn es nicht gelungen wäre, ständig neues Wissen (die Kenntnis systematischer Zusammenhänge, logischer Strukturen, grundlegender Eigenschaften etc.) zu generieren, dafür Humankapital-Ressourcen (begabte Erfinder, Techniker, Ingenieure sowie qualifizierte Mitarbeiter) aufzubauen und mit diesem kognitiven Grundstock zu bedeutenden Inventionen (Erfindungen) und Innovationen (d.h. neuen marktfähigen Produkten) zu gelangen. Zeiss war spätestens nach der Substitution des Pröbelns durch die systematische Forschung unter der Leitung Ernst Abbes ein wissensgeleitetes Hochtechnologie-Unternehmen geworden und dies ist es bis heute geblieben.

1846 gegründet, war die Zeiss-Werkstatt ein Produkt der in Deutschland im Gang befindlichen Ersten Industriellen Revolution. Die Zweite Industrielle Revolution im letzten Drittel des 19. Jahrhunderts – man nennt sie auch aus den angeführten Gründen „Wissenschaftsrevolution“ – war in Jena gleichbedeutend mit dem Übergang von der Zeiss-Werkstatt zum Zeisswerk[3]. Insofern durchlief das Unternehmen eine zeittypische Entwicklung. Ein vorzüglicher Physiker und Mathematiker wie Ernst Abbe und ein einfallsreicher Chemiker und Glasflussspezialist wie Otto Schott waren als „Wissensressource“ zunehmend wichtiger geworden und ohne Abbes Formel und Schotts experimentelle Schöpferkraft wäre die von Jena ausgehende optoindustrielle Revolution nicht zu

---

[3] Gute frühere Darstellungen stammen von Felix Auerbach: Das Zeisswerk und die Carl Zeiss-Stiftung, Jena 1903 (vier weitere Auflagen bis 1925) sowie von Moritz von Rohr: Zur Geschichte der Zeissischen Werkstätte bis zum Tode Ernst Abbes. Mit Beiträgen von Max Fischer und August Köhler, Jena 1929 (2. Aufl. 1939). Umfassend und detailliert: Friedrich Schomerus: Geschichte des Jenaer Zeisswerkes 1846–1946, Stuttgart 1952. Als Sammelband interessant: Rüdiger Stolz, Joachim Wittig (Hg.) (unter Mitwirkung von Günter Schmidt): Carl Zeiss und Ernst Abbe. Leben, Wirken und Bedeutung. Wissenschaftshistorische Abhandlung, Jena 1993.

Abb. 1 Carl Zeiß, um 1870

Abb. 2 Prof. Dr. Ernst Abbe, um 1900

denken gewesen[4]. Sie verstanden es nicht nur, das über Jahrzehnte gewachsene Werk von Carl Zeiß[5] zu bewahren und ebenso intelligent wie sachkompetent auszubauen, sondern ihm neue Perspektiven zu öffnen. Eine solche Perspektive bildete auch die Stiftung, ein der damaligen Zeit weit vorauseilendes Manifest von Abbes

---

[4] Biographisches zu Ernst Abbe: FELIX AUERBACH: Ernst Abbe. Sein Leben, sein Wirken, seine Persönlichkeit nach den Quellen und aus eigener Erfahrung geschildert (Große Männer. Studien zur Biologie des Genies, hg. von W. OSTWALD, 5. Bd.), Leipzig 1918; MORITZ VON ROHR: Ernst Abbe, Jena 1940; JOACHIM WITTIG: Ernst Abbe (Biographien hervorragender Naturwissenschaftler, Techniker und Mediziner, Bd. 94), Leipzig 1989.

[5] Zur Biographie über Carl Zeiß vgl. PAUL G. ESCHE: Carl Zeiss. Leben und Werk (Schriften des Stadtmuseums Jena Nr. 4), Jena 1966; HORST ALEXANDER WILLAM: Carl Zeiss 1816–1888 (Tradition. Zeitschrift für Firmengeschichte und Unternehmerbiographie, Beiheft 6), München 1967.

sozialphilosophischer Vision[6]. Die Vorstellung vom Mitarbeiter als einem denkenden, lernenden, demokratischen Wesen mit entsprechenden positiv gesetzten bürgerlichen Grundrechten und Pflichten war im Wilhelminischen Reich keineswegs eine selbstverständliche Angelegenheit. Die deutsche Wirtschaftsgeschichte vor dem Ersten Weltkrieg ist nicht eben reich an Gestalten, die Unternehmer und Gesellschaftsreformer in Personalunion waren. Abbe war ein frühes, Robert Bosch ein späteres Beispiel.

Das Unternehmen Zeiss und seine schöpferischen und gestaltenden Kräfte im Zeitablauf genau (bei Zeiss würde es heißen: hochgenau) zu beobachten und das Unternehmen als historische Institution im Wechselspiel der Zeit, als Mikrokosmos im Rahmen des gesellschaftlichen Ganzen im Zeit- und Konjunkturablauf zu verfolgen ist das eine, es in seiner räumlichen Dimension zu erfassen ist das andere. Von dem 1846 eröffneten „mechanischen Atelier" in der Jenaer Neugasse (und dann ab Juli 1847 in der Wagnergasse und 1858 bis 1881 am Johannisplatz), um dessen Konzessionierung Zeiß den Großherzog zu Sachsen-Weimar-Eisenach „unterthänigst" ersucht hatte bis zum Weltunternehmen Zeiss, das in keinem Land der Erde mehr unbekannt ist, war ein langer Weg zurückzulegen. Den Ausgriff vom Gebäude Wagnergasse 34 in die Stadt, in die Region, in das Herzogtum, in das zoll-

---

6 Rolf Walter: Die Ressource „Wissen" und ihre Nutzung. Ernst Abbe und der Jenaer Aufschwung um 1900. Vortrag auf der Konferenz „Die Angst vor der Moderne. Philosophische Antworten auf Krisenerfahrungen: Der Mikrokosmos Jena um 1900", im Druck. Vgl. Gesammelte Abhandlungen von Ernst Abbe. Bd. 3: Vorträge, Reden und Schriften sozialpolitischen und verwandten Inhalts, hg. von Siegfrfied Czapski, 2. Aufl., Jena 1921; Ferner: Jürgen John: Abbes Sozialpolitik in ihrer Zeit; Gerhard Lingelbach: Ernst Abbes Sozialkonzept und die Staats- und Rechtsauffassungen Anton Mengers; Edith Hellmuth, Wolfgang Mühlfriedel: Ernst Abbes Auffassung vom Unternehmer. Alle drei Beiträge in Stolz/Wittig: Zeiss und Abbe, S. 448 ff.; vgl. Gustav Schmoller: Ernst Abbes sozialpolitische Schriften. In: Jahrbuch für Gesetzgebung, Verwaltung und Volkswirtschaft 32, 1907; Karl C. Thalheim: Sozialkritik und Sozialreform bei Abbe, Rathenau und Ford, Berlin 1929; Leopold Ziegler: Organisierte und organische Wirtschaft mit besonderer Würdigung des sozialpolitischen Systems von Ernst Abbe. In: Europ. R., H. 2, Leipzig 1925; Theodor Pütz: Ernst Abbe und die Gegenwart. In: Jahrbücher für Nationalökonomie und Statistik, 141, 1935.

vereinte Deutschland im Deutschen Bund, über dessen Grenzen hinaus ins benachbarte Ausland und schließlich kontinentübergreifend zunächst nach Amerika, dann Afrika, Asien und Australien bis hin zur Globalisierung im 20. Jahrhundert in seiner räumlichen und raum-zeitlichen Dimension nachzuvollziehen, wäre für sich genommen schon genug, um es monographisch darzustellen.

Ziel des Projekts zur Unternehmensgeschichte Zeiss

Wenn oben von einer theorieorientierten Darstellung die Rede war, so heißt das in diesem Kontext, dass Fragestellungen und Erkenntnisinteressen aus der wirtschaftswissenschaftlichen Theorie übernommen und anhand der Akten aus dem Zeiss-Archiv überprüft bzw. verifiziert werden[7]. Die heuristische Konzeption geht dabei von einer sich ständig wandelnden Institution, einem dynamischen Unternehmen in ständiger Interaktion nach außen wie auch im Inneren aus, das stets Entscheidungen unterschiedlicher Fristigkeit und Reichweite zu fällen hat, wobei Faktoren wie Erfahrung und spezifische Lerneffekte bei Folgeentscheidungen einbezogen werden. Routinen, jahre- und jahrzehntelang trainierte Fähigkeiten und Fertigkeiten, Problemdifferenzierungen in bestenfalls logischer Ableitung, Synergie- und Spill-over-Effekte im Technologiebereich – all dies und ungleich mehr ist zu berücksichtigen, möchte man ein historisches Unternehmen und dessen Entwicklung realitätsnah beschreiben. Dabei ist realistischerweise von unvollständiger Information und kognitiven Beschränkungen auszugehen.

Solche Beschränkungen ergeben sich partiell aus dem Kontext. So haben wir es in unserem Betrachtungszeitraum beispielsweise mit wandelnder Dominanz des Staates zu tun, mit kriegsbedingten Zwangslagen, einschränkenden politischen Vorgaben wie dem Versailler Vertrag oder den Protektionismen der bedeutendsten Industrieländer nach dem Ersten Weltkrieg bzw. im Rahmen der zu-

---

[7] Rolf Walter: 150 Jahre Zeiss – ein ungewöhnliches Jubiläum. Wissenschaftliches Projekt zur Unternehmensgeschichte. In: Forschungsmagazin Nr. 5, WS 1996/97, Jena 1996, S. 6–11.

nehmend gelenkten nationalsozialistischen Wirtschaft. So ergaben sich Externalitäten unterschiedlichsten Charakters und Schwierigkeitsgrads, im Rahmen derer die Geschäftsleitung unter Unsicherheit, d.h. mit häufig hohem Risiko zu disponieren hatte. Dieses verantwortliche und konsequenzenbehaftete Handeln in der Zeit hatte in einem nie genau vorhersehbaren Mischungsverhältnis von Variation und Selektion, Iteration und Mutation zu geschehen[8]. Die Zeit stellt einen iterativen Prozess dar, d.h. das Vergangene wiederholt sich in der Gegenwart und es dauert eine gewisse Zeit, bis Lösungen aus Erfahrung oder dem Prozess des In-Erfahrung-Bringens hervorgehen, bis ein Unternehmen also z.B. Bescheid weiß über die richtigen Preise, Mengen und Qualitäten der angebotenen Produkte oder über die Preiselastizität der Nachfrage. Zweifellos wird dabei die eigene Verhaltensweise von den Erfahrungen der vorangegangenen Zeitperiode determiniert. Den Gegensatz dazu bietet die Zeit als Mutation, d.h. die Gegenwart ist nicht nur die Summe bereits dagewesener Ereignisse und somit kausal bedingt, sondern enthält auch Elemente, die noch nie da waren. Das Novum, die Neuheit, das nie Dagewesene, das sich mit dem bisherigen Erfahrungsschatz eben nicht in den Griff bekommen lässt, ist die eigentliche Herausforderung an den Unternehmer und seine Belegschaft. Dann war immer schon intelligente Anpassung gefragt: technisch, wirtschaftlich und sicherlich auch politisch.

Nun gab es freilich Strategien, um das Maß an Komplexität, das zu bewältigen war, etwas zu reduzieren, Abläufe überschaubarer zu machen und dauerhaft zermürbende Konflikte zu vermeiden oder sie doch abzumildern. Die Zeiss-Geschäftsleitung versuchte dies in einer Weise, wie es auch andere industrielle Großunternehmen zu tun pflegten, nämlich durch ausgehandelte Arrangements, Lizenzierung, Absprachen, *joint ventures*, Koalitionsbildung, Fusionierung, Konzentration, Konzernierung usw. – kurz: mit der gesamten Palette dessen, was für das Unternehmen Rentabilität, Liquidität, Sicherheit und Unabhängigkeit bedeutete. Dabei ist zu bemerken, dass sich das Zeiss-Werk bzw. die Zeiss-Gruppe nicht in einem polypolistischen Wettbewerb befand, sondern sich eher in oligopolisierten Märkten bewegte, auf denen sich angebotsseitig eher wenige tummelten. Und aus den „eher wenigen“ wurden im Zuge der Konzentration in der Zeit vor dem Ersten Weltkrieg und

---

[8] Ernst Heuss: Allgemeine Markttheorie, Tübingen 1965, S. 212 ff.

im Rahmen der Bereinigungen während der Weimarer Republik noch weniger. Meist waren es dann solche, die zwar juristisch noch selbständig waren, aber wirtschaftlich nicht mehr unabhängig agieren konnten.

Soweit die Unternehmensgeschichte empirisch fassbar ist, soll dies geschehen. Beispielsweise geht es dabei um betriebswirtschaftliche Forschungsgegenstände wie historisches Controlling, Bilanzanalyse, Entwicklung des Rechnungswesens, Unternehmensfinanzierung, Nominal- und Realeinkommen, nicht-monetäre Einkommen usw. Schwieriger ist die Untersuchung der Bildung von Humankapital, des Entstehens von Inventionen und Innovationen sowie Fragen des Wissens- bzw. Know-how-Transfers. In volkswirtschaftlicher Perspektive geht es um die mikroökonomische bzw. empirische Fundierung makroökonomischer Entwicklungen, z.B. um die Frage, wie Unternehmen auf konjunkturelle Schwächeperioden, Zinssenkungen oder Externalitäten reagierten. Gerade am Beispiel eines international tätigen Hochtechnologieunternehmens wie Zeiss lässt sich das Verhalten im Wettbewerb, am Weltmarkt und als Reaktion auf politische Zäsuren oder technologiebedingte Paradigmenwechsel ziemlich umfassend nachvollziehen.

Die Branche Feinmechanik und Optik und die Einheit der Feinmechanik und Optik

Die Geschichte des Unternehmens Zeiss zu schreiben heißt gleichzeitig, sich mit einem oder sogar mit *dem* führenden Unternehmen einer industriellen Schlüsselbranche zu beschäftigen.

Eine Schlüsselbranche ist sie deshalb, weil eine Reihe anderer Industriebereiche ohne die Entwicklungen und Konstruktionen bzw. ohne das Know-how und die Hilfsmittel der Feinmechanik/Optik nicht existieren könnten. Im Grundsätzlichen geht es um die Verbesserung der unzureichenden Sinneswahrnehmung des Menschen (Augenoptik) oder um die Steigerung der Sinnesleistung (etwa durch Fernrohr, Mikroskop usw.) und nicht zuletzt – und diese Bestimmung unterstreicht die behauptete industrielle Relevanz am meisten – dient die Feinmechanik/Optik der physikalischen Bestimmung qualitativer und quantitativer Eigenschaften der Materie, d.h. in praxi jeglicher Art von Messung (des Raumes, der Masse, des Gewichtes, der Menge), der Nutzbarmachung physikalischer Kräfte (Barometer etc.) oder der Anwendung physikalischer Gesetze und Phänomene (Strahlenbrechung oder Reflektion im Bereich der Photo- und Kinotechnik; Handhabung optisch-medizinischer Instrumente zur Untersuchung innerer Organe etc.).

Zum Charakteristikum der Unternehmen der Feinmechanik und Optik gehört ihr hoher Forschungs- und Entwicklungs-Anteil (heute häufig nur noch abgekürzt als F&E bezeichnet) und dies bedeutet einen hohen Anteil des Faktors Arbeit am Gesamtwert der Erzeugnisse. Humankapital, d.h. sehr gut ausgebildete Facharbeiter, Ingenieure und Wissenschaftler sowie Teamfähigkeit, d.h. Aufgeschlossenheit für wissenschaftlich-technische Gemeinschaftsarbeit, gehören zu den prägenden Faktoren der betreffenden Unternehmen, insbesondere des Zeisswerks in Jena.

Die Branche umfasst eine bestimmte Anzahl von Hauptbereichen, zu denen die Optik im engeren Sinne, die Sparte Photo-, Kino- und Projektionstechnik, die Feinmechanik im engeren Sinne sowie spezielle Anwendungsgebiete der Feinmechanik, wie z.B. Teile der Medizintechnik gehören.

Im engeren Sinne gehören zur Optik die Herstellung von Augengläsern mit oder ohne Brillengestellen, die Fertigung von Fernrohren, Feldstechern, Theatergläsern, Mikroskopen und Zubehör, Lupen, Lesegläsern sowie optisch-wissenschaftlichen Instrumenten wie Polarimetern, Kolorimetern, Spektrographen, Messinstrumenten unterschiedlichster Art, geodätischen Geräten sowie optisch-medizinischen Instrumenten.

Zur Sparte der Photo-, Kino- und Projektionstechnik gehören photographische Objektive und Verschlüsse, photographische Apparate für allgemeine und spezielle Zwecke (Reproduktionskameras, Luftbildaufnahmegeräte, Vergrößerungsgeräte, Projektionsgeräte wie z.B. Röntgendiaskope), sodann Aufnahmegeräte der Filmindustrie, Filmbearbeitungs- und -kopiermaschinen, Kinoprojektoren sowie eine Vielzahl von Geräten für die Bearbeitung des photochemischen Materials in den photographischen Laboratorien.

Aus dem weiten Bereich der Feinmechanik im engeren Sinne seien nur einige wenige Beispiele genannt, etwa nautische Instrumente, Planimeter, feinmechanische Materialprüfinstrumente und Feinmessgeräte, Präzisionsmessinstrumente und im übrigen feinmechanische Rüstungsgeräte wie Beobachtungs- und Zielgeräte, Horchgeräte, Kommandogeräte, Feuerleitanlagen etc.

Allein in Betrachtung dieser Beispiele dürfte deutlich werden, dass Feinmechanik und Optik in einem inneren Wesenszusammenhang stehen, eine Einheit bilden.

Dieser Zusammenhang fand auch organisatorisch seinen Niederschlag. In Deutschland gab es seit 1881 als zuständigen Interessensverband die „Deutsche Gesellschaft für Mechanik und Optik", welche – und das unterstreicht ihre wissenschaftlich-technische Aufgabenstellung – mit der Physikalisch-Technischen Reichsanstalt und mit der Normal-Eichungskommission eng zusammenarbeitete. Neben technischen nahm die Gesellschaft aber auch wirtschaftliche bzw. handelspolitische Aufgaben wahr, wobei sie sich zur „Wirtschaftliche Vereinigung der Deutschen Gesellschaft für Feinmechanik und Optik" wandelte, aus der dann später in der nationalsozialistischen Zeit die Wirtschaftsgruppe Feinmechanik und Optik hervorging.

Die Ressource „Wissen". Von der Invention zur Innovation

Im Rahmen der Bemühungen, wirtschaftliche Entwicklung und das Entstehen von Neuheit und Innovationen als Triebkräfte der wirtschaftlichen Entwicklung nachzuweisen bzw. zu erklären, ist der angedeutete Ansatz, nämlich den besonders engen Zusammenhang zwischen Wissenschaft und Industrie, Universität und Wirtschaftspraxis zu untersuchen, von großer Bedeutung. Die Möglichkeiten von Spill-over-Effekten bzw. Synergien bedingen mit einer gewissen Wahrscheinlichkeit den Start oder zumindest das Adaptieren hochtechnologischer Industriekerne. Es war, wie erwähnt, im wesentlichen Ernst Abbes Verdienst, in Jena mit der Substitution des Pröbelns durch systematische Forschung eine Stabilisierung der Produktion und die Qualitätsführerschaft im Bereich der Industrie-Optik erreicht zu haben, aber nicht nur das: Er befasste sich auch intensiv mit den Ablaufprozessen in der Fabrik, betrieb ergonomische Studien oder ließ sie betreiben und sorgte so für innerbetriebliche Optimierung und Effizienz, sodass man durchaus von theoriegeleiteter Unternehmenspraxis sprechen kann. Ernst Abbe war als unternehmerisch tätiger Physiker geradezu die Personifizierung der Verbindung zwischen Wissenschaft und Industrie. Seine Forschungsergebnisse ermöglichten um 1872 erstmals die Fertigung gerechneter Mikroskop-Optik. Kaum je hat eine einzige Formel eine Branche und eine ganze Region so verändert wie die Abbe-Formel. Diese Formel – ergänzt um das praktische Know-how zur Umsetzung in Form von Linsen und Objektiven (Otto Schott, Carl Zeiß) – bedeutete am Markt F&E- bzw. Qualitätsführerschaft und den Durchbruch zu dem, was in der modernen internationalen Unternehmensgeschichte *Big Business* genannt wird.

Abbe war sich der Fortschrittlichkeit und Qualitätsführerschaft seines Unternehmens so sicher, das er anfänglich sogar auf Absicherung neuer Erzeugnisse und Verbesserungen durch Patentierung (sie war in Deutschland seit dem Patentgesetz von 1877 möglich) verzichten wollte, da er meinte, vertieftes Studium und die wissenschaftliche Forschung dürfe ebensowenig wie der „Wettbewerb Anderer" beschränkt werden[9]. Zumindest sollte dies für wissenschaftliche Instrumente gelten. Noch in der Zeit Abbes, ab 1898, gab es bei Zeiss aber dann doch eine Patentabteilung und es wurden eine Vielzahl von Patenten angemeldet.

Das Unternehmen Zeiss erlangte eine Größe, die externe und interne Synergieeffekte in einem Maße ermöglichte, wie dies in anderen Unternehmen der optischen Großindustrie nicht gegeben war. Es gibt kaum ein Unternehmen, das so eng mit der Universität zusammenarbeitete wie das Zeiss'sche. Durch diese Kooperation kam es zu externen Synergieeffekten, die die Wettbewerbsfähigkeit stärkten. Interne Synergieeffekte bzw. Spill-over-Effekte – zuweilen wird auch von internem Know-how-Transfer gesprochen – entstanden etwa durch die Zusammenarbeit bestimmter Abteilungen. So war der Bereich „Mess" zunächst nur Hilfsabteilung für „Mikro" und „Tele". Eigene Messinstrumente benutzte man zwar, verkaufte sie jedoch zunächst nicht. Später wurde daraus jedoch ein lukratives Geschäft. Weitere interne Synergieeffekte resultierten daraus, dass bestimmte technische Verfahren und Anwendungen für den militärischen Bereich entwickelt und danach auch im zivilen Bereich verwendet wurden. Ein Beispiel ist hier der T-Belag. Andere Beispiele für Spill-over-Effekte sind die von

---

9 HELLMUTH/MÜHLFRIEDEL, Zeiss 1846–1905, S. 232 ff. i. V. m. BACZ Nr. 16873 (Statut der Carl Zeiss-Stiftung).

der Abteilung „Astro“ ausgegangenen Methoden und Verfahren des Schleifens bzw. Polierens extrem glatter Teleskop-Spiegel, die dann auch bei der Fertigung hochwertiger Linsen für die Mikrolithographie-Optik Verwendung fanden oder man nutzte die Schleif-Erfahrungen bei ROSAT-Spiegeln bei der Konstruktion von Fertigungsmaschinen für Brillen- Gleitsichtgläser[10].

Externe Synergien waren z.B. auch dadurch möglich, dass man sich bei Krisen in bestimmten Regionen oder Segmenten des Weltmarkts stärker auf die stabilen Marktbereiche anderswo konzentrierte, was freilich in einer weltweiten Rezession, wie während der Weltwirtschaftskrise 1929–1932, seine Grenzen hatte. Damals war es ein Glück, dass das Russlandgeschäft relativ starkt florierte.

Dem Unternehmen Carl Zeiss gelang es jedenfalls, im Weltmarkt-Segment Optik bereits im letzten Drittel des 19. Jahrhunderts den Spitzenplatz zu übernehmen und über viele Jahrzehnte (in einigen Sparten wie z.B. Planetarien bis heute) nicht wieder abzugeben.

Mission und Vision – Das Stiftungsunternehmen

In das Jahr 1889 fiel Ernst Abbes Entschluss, sein Kapital an der Fa. Carl Zeiss Optische Werkstätte sowie seine Anteile am Glaswerk Schott & Genossen als Stiftung unter dem Namen des früheren Gesellschafters Carl Zeiß fungieren zu lassen[11]. Als Rechtsform der Stiftung wählte man eine rechtsfähige Stiftung des Privatrechts. Sie war die juristische Grundlage für die selbständige Verwirklichung von Zwecken. Die Errichtung erfolgte am 19. Mai 1889. Am 21. Mai 1889 wurde die Stiftung vom Großherzogtum Sachsen-Weimar-Eisenach bestätigt. Am 30. Juni 1891 erfolgten der Übergang des Zeisswerkes und der Hälfte des Schottwerkes in Stifungsbetriebe. Im Jahre 1896 wurde die Stiftungsurkunde durch ein Statut ersetzt.

10 Innovation 3, Das Magazin von Carl Zeiss, Heft 3, 1997, S. 7.

11 Zum Glaswerk vgl. Jürgen Steiner, Uta Hoff: Vom Versuchslaboratorium zum Weltunternehmen. Das Jenaer Glaswerk 1884–1934. In: Jürgen John, Volker Wahl (Hg.), Zwischen Konvention und Avantgarde. Doppelstadt Jena-Weimar, Weimar/Köln/Wien 1995, S. 215–218; Eberhard Zschimmer: Die Glasindustrie in Jena, ein Werk von Schott und Abbe. Entstehung und Entwicklung in den ersten 25 Jahren, Jena 1909.

Titel I.

Konstituierende Bestimmungen.

§ 1.

Zwecke der Stiftung.

Die Zwecke der Carl Zeiss-Stiftung sind:

A.

Zwecke der Stiftung.

A. im Rahmen der Stiftungsbetriebe.

1. Pflege der Zweige feintechnischer Industrie, welche durch die Optische Werkstätte und das Glaswerk unter Mitwirkung des Stifters in Jena eingebürgert worden sind, durch Fortführung dieser Gewerbsanstalten unter unpersönlichem Besitztitel; im besondern:

2. Dauernde Fürsorge für die wirtschaftliche Sicherung der genannten Unternehmungen sowie für Erhaltung und Weiterbildung der in ihnen gewonnenen industriellen Arbeitsorganisation — als der Nahrungsquelle eines zahlreichen Personenkreises und als eines nützlichen Gliedes im Dienst wissenschaftlicher und praktischer Interessen;

3. Erfüllung größerer sozialer Pflichten, als persönliche Inhaber dauernd gewährleisten würden, gegenüber der Gesamtheit der in ihnen tätigen Mitarbeiter, behufs Verbesserung ihrer persönlichen und wirtschaftlichen Rechtslage.

B.

B. außerhalb der Stiftungsbetriebe.

1. Förderung allgemeiner Interessen der obengenannten Zweige feintechnischer Industrie im eigenen Wirkungskreis der Stiftungsbetriebe wie außerhalb desselben;

2. Betätigung in gemeinnützigen Einrichtungen und Maßnahmen zugunsten der arbeitenden Bevölkerung Jenas und seiner nächsten Umgebung;

Abb. 3 Erste Seite des Statuts der Carl-Zeiss-Stiftung von 1906

Das Stiftungsunternehmen bestand aus:
- der Stiftungsverwaltung,
- dem Stiftungskommissar,
- der Geschäftsführung der Fa. Carl Zeiss Jena und
- der Geschäftsführung des Jenaer Glaswerkes Schott & Genossen.

Der Stiftungsverwaltung oblag die juristische Vertretung des Unternehmens, ebenso die Vermögensverwaltung. Ihr kam schon deshalb hohe Bedeutung zu, da die Mitglieder der Geschäftsleitungen und der Stiftungskommissar von ihr ernannt wurden. Für die Stiftungsverwaltung war ein Referent tätig. Anfänglich waren dies die Stiftungskommissare Carl Rothe und dann Max Vollert. Ab 1909 versah der Regierungsrat Hans Guyet, Sohn des Staatsministers Adolf Guyet, diese Funktion. Ihm folgte 1915 der Ministerialdirektor Ernst Wuttig nach. 1920 übernahm der Vortragende Rat Friedrich Stier die Position und ab Januar 1922 trat vorübergehend der Oberregierungsrat und a.o. Prof. an der Universität Jena, Dr. Julius Schaxel an seine Stelle, bevor Stier – inzwischen Ministerialrat – ab Februar 1923 wieder als Referent tätig war, und zwar bis zum Ende des Zweiten Weltkriegs[12].

Der Stiftungskommissar vertrat die Stiftungsverwaltung in den Stiftungsbetrieben und nahm Aufsichts- und Beratungsfunktionen wahr.

Die Geschäftsleitungen von Zeiss und Schott konzentrierten sich auf die „Leitung der industriellen Tätigkeit" sowie auf die „Verwaltung ihrer Geschäftsbetriebe"[13]. Laut Stiftungsstatut musste die Geschäftsleitung aus mindestens zwei und maximal vier Mitgliedern bestehen[14], darunter mindestens eine Person mit einer wissenschaftlichen Ausbildung. In der Regel setzte sich die Geschäftsleitung gleichberechtigt aus einem Wissenschaftler, einem Ingenieur und einem Kaufmann zusammen, wobei jeder eine eigene Ressortverantwortlichkeit hatte. Ein Mitglied der Geschäftsleitung von Zeiss musste gleichzeitig der Geschäftsleitung von Schott angehören[15].

Als wichtigste Ziele galten die Zusammenfassung der produktiven Mittel, die Pflege der feinmechanisch-optischen Industrie, die dauerhafte Sicherung der Wirtschaftlichkeit der Optischen Werkstätte und des Glaswerks, die Erfüllung sozialer Verpflichtungen sowie die Förderung wissenschaftlicher und praktischer Interessen. Im Jahre 1900 kam es zur Einrichtung eines Universitätsfonds. Das Interesse richtete sich hierbei auf die Pflege mathematischer, naturwissenschaftlicher und sonstiger Lehrfächer.

Wesentliches Anliegen der Stiftungskonstruktion war auch die Aufhebung der persönlichen Sachherrschaft der Eigentümer. Stattdessen stand die Stärkung der innovatorischen Kraft, Qualität, Produktivität und Motivation im Vordergrund. Ein weiteres wesentliches Anliegen war schließlich die Begrenzung sozialer Ungerechtigkeiten. Der Gedanke an die Verbindung einer Privateigentumsordnung mit sozialrechtlichen Komponenten erinnert ein wenig an die ein halbes Jahrhundert später angestellten Überlegungen vor der Einführung der Sozialen Marktwirtschaft. Abbes Doppelziel be-

---

12 BACZ Nr. 7792 (Anlage B, Referenten der Stiftungsverwaltung), fol. 12. Zeiss-Chronik (1846 – jetzt).

13 BACZ Nr. 30011; 8289.

14 § 7 des Stiftungsstatuts.

15 §§ 7 und 13 des Stiftungsstatuts.

stand darin, die Entwicklung der Produktivkräfte und die Entschärfung sozialen Zündstoffs gleichzeitig zu erreichen. Somit war die Carl Zeiss-Stiftung nicht nur ein Wirtschaftsmodell, sondern auch ein Gesellschafts- und Sozialmodell.

Sowohl die Gründung der Zeiss-Werkstatt 1846 als auch die Stiftungsverfassung von 1889 kamen durch behördliche Unterstützung bzw. durch die Gewogenheit der großherzoglichen Regierung zustande. Die Wichtigkeit der konstruktiven Beziehungen des Staates bzw. des Ministeriums und der Wirtschaft waren dabei augenfällig und keineswegs selbstverständlich. Die Durchsetzung betriebs- bzw. sozialpolitischer Errungenschaften war nur einvernehmlich mit einer aufgeschlossenen Obrigkeit möglich. Das Beispiel Zeiss zeigt somit eindrücklich, wie wichtig die (politische) „Rahmenordnung“ für das Entstehen eines fortschrittlichen wirtschaftlichen Organismus ist.

Ernst Abbe – das ist weithin bekannt – war nicht nur ein bedeutender Physiker und erfolgreicher Unternehmer, sondern hatte eine sehr eigene, seiner Zeit weit vorauseilende, fortschrittliche Vorstellung von dem, was heute unter dem Begriff Unternehmenskultur diskutiert wird. Diese Vorstellung war sozialphilosophisch und ethisch tief verankert und wurde von ihm sukzessive im Zeisswerk in die Tat umgesetzt. Seine diesbezüglichen Ziele fanden bei der Einrichtung der Carl Zeiss-Stiftung ihre deutlichste Manifestation. Ihm ging es wesentlich um:

- die dauernde Verbesserung der Rechtslage,
- die Generierung bzw. Wiedererneuerung eines gesunden Mittelstandes,
- die Setzung positiven Rechts anstelle von Wohltätigkeit („Charitas“; Wohlfahrtseinrichtungen ohne Veränderung der Rechtsverhältnisse waren für Abbe bloße Dekoration),
- die Förderung sozialen und gesellschaftlichen Engagements („Arbeitern wie Beamten, welche von ehrenamtlicher Tätigkeit im Reichs-, Staats- und Gemeindedienst berufen werden, muß der nötige Urlaub gegen Weiterzahlung des festen Zeitlohns oder Gehalts stets gewährt werden“).

Seine Unternehmensphilosophie und ethischen Grundsätze fanden im Stiftungsstatut ihren Ausdruck. In ihm finden sich stabilisierende Sicherungsklauseln wie z.B. die Bestandssicherung (Abbes „Erhaltungsprinzip“), der Versuch des Ausschlusses divergierender Individualinteressen, das Bestreben nach Ausgrenzung staatlichen

Einflusses (eigene selbstständige Verwaltung der Carl Zeiss-Stiftung. Die genehmigende Behörde beaufsichtigt lediglich die Einhaltung des Stiftungsstatuts). Schließlich galt noch die Bestimmung, dass der Wille und die Zielvorstellungen des Stifters dauerhaft rechtsverbindliche Pflicht bleiben sollten.

Was die Rechtsbeziehungen und die Organisation der Institution anbelangt, so konnte die Stiftung als Einzelkaufmann in Rechtsgeschäften auftreten. Die beiden Firmen als Stiftungsbetriebe blieben juristisch selbständig handlungsfähig. Unternehmensgewinne sollten in den Reservefonds fließen. Die Stiftungsbetriebe konnten sich finanzrechtlich nicht von der Stiftung abkoppeln.

Ohne das Wirken der in ihrer Gründungszeit sehr fortschrittlichen Carl Zeiss-Stiftung wäre manche „Wohlfahrt" unterblieben. Man denke nur an die Unterstützung der Jenaer Universität (Zuschüsse zur Errichtung des Universitätsgebäudes, 1905/08; Gehaltsreform der Akademiker, 1902, etc.) oder an die Förderung der Stadt und Region Jena (Zuschüsse zur Errichtung des Volksbades 1908/09, Bau des Volkshauses, Lesehalle etc.).

Mit der Gründung der Stiftung setzte Abbe noch zu Lebzeiten seinen Willen durch, den erworbenen Besitz der Allgemeinheit, auf die er letztlich zurückzuführen ist, wieder zurückzugeben. Abbe trat seinen ganzen Besitz sowie den Unternehmergewinn zu Gunsten der Stiftung ab. Er selbst arbeitete als Geschäftsführer und bezog ein festes Gehalt.

Besonders widmete er sich den Problemen der Arbeiterschaft. Mit wissenschaftlicher Genauigkeit untersuchte er die Verkürzung der täglichen Arbeitszeit. Abbe betrieb Arbeitsstudien, stellte Untersuchungen über Arbeitswilligkeit, Ermüdungswerte und Erholungspausen an. Nach deren Auswertung wurde seit 1. April 1900 in den Zeisswerken nur noch acht Stunden pro Tag gearbeitet (davor waren es neun Stunden). Hinzu kam, dass das Unternehmen Zeiss trotz Arbeitszeitverkürzung höhere Löhne zahlte, die Arbeitnehmer am Ertrag beteiligte und zuvor schon über eine firmeneigene Kranken-, Invaliden- und Pensionskasse verfügte[16]. Arbeits-

---

16 Die Carl Zeiss-Krankenkasse wurde am 1. Januar 1875 gegründet. Per 1. Januar 1885 wurde sie aufgrund des Reichsgesetzes vom 16. Juni 1883 in eine Pflicht-Betriebskrankenkasse umgewandelt und umfasste seitdem auch die versicherungspflichtige Belegschaft des Glaswerkes. Vgl. BETRIEBSKRANKENKASSE SCHOTT-ZEISS (Hg.): Die Geschichte der BKK Schott-Zeiss 1875 bis 2000, Jena/Mainz/Oberkochen 2000, hier: S. 8–24.

unfähige Arbeiter sollten nicht den Wohlfahrtseinrichtungen des Staates überlassen bleiben. Auch bemühte sich die Werksleitung durch einen Arbeiter-Ausschuss um den ständigen Kontakt mit den Mitarbeitern. Ziel Abbes war es stets, einen Interessenausgleich zwischen Werksleitung und Arbeitern herzustellen.

Zusammenfassend wird man festhalten können: Die Firma Carl Zeiss war um die Wende zum 20. Jahrhundert das fortschrittlichste Stiftungsunternehmen Deutschlands, womöglich sogar der gesamten industriellen Welt. Selbst in ebenfalls sozialpolitisch sehr progressiven Unternehmen, wie z.B. Siemens in Berlin, hatte man im Jahre 1900 das Arbeitsrechtsgefüge noch nicht (wie bei Zeiss) auf völlige bürgerliche Rechtsgleichheit umgestellt, Mindesteinkommen fixiert, (begrenzte) Abfindungszahlungen bei unverschuldeter Arbeitslosigkeit festgelegt, für betriebliche Fragen Arbeitervertretungen eingeführt, Sonderzulagen im Falle guter Ertragsentwicklung gewährt usw. Man wird sagen können: Zeiss war am frühesten und über Jahrzehnte hinweg das Unternehmen mit den weitreichendsten Sozialleistungen, eben – wie sich Gustav Schmoller auszudrücken pflegte – eine „Musteranstalt ersten Ranges“.

Prinzipien der Geschäftsführung, dynamisches Unternehmertum und Humankapital

Ganz in der Abbe’schen Tradition ging es der Unternehmensleitung stets um die Pflege des Zusammenhangs zwischen wissenschaftlicher Arbeit und Produktion. Man bekannte sich bei Zeiss/Schott wie erwähnt zur kollektiven Geschäftsführung. Damit sollte es möglich sein, autokratische Strukturen zu unterbinden. Die Führungsgruppe bestand stets aus solchen Persönlichkeiten, die die Anforderung, Wissenschaft, Technik und Wirtschaft im Sinne der Unternehmensziele zu integrieren, am besten erfüllten. Bei genauer Hinsicht lassen sich freilich auch eine Reihe dynamischer Persönlichkeiten identifizieren, die nicht auf der Leitungsebene angesiedelt waren, dem Unternehmen jedoch ihr eigenes unübersehbares Gepräge gaben. Dies sollte nicht vergessen werden. Oft wurden erst durch ihre Kompetenz strategische Entscheidungen der Geschäftsleitung möglich und machten sich frühere Humankapital-Investitionen bezahlt.

Strategische Entscheidungen sind in erster Linie Individualentscheidungen und es hat sich mir nicht nur einmal offenbart, dass das Verfassen einer Unternehmensgeschichte ohne angemessene Berücksichtigung des Individuums, also der historischen *Unternehmer*forschung unvollständig, ja gar nicht möglich, ist.

Neben dem Pionier-Trio, dem Mechaniker Carl Zeiß aus Weimar, dem Physiker Ernst Abbe aus Eisenach und dem Chemiker Otto Schott aus Witten waren es z.B. der aus Obra (Ostrowo in der Provinz Posen) stammende Siegfried Czapski, der Coburger Max Fischer, der Kleinschmalkaldener (Südthüringer) Pfarrerssohn Rudolf Straubel, der Berliner Walther Bauersfeld, der in Dörperhöhe (Westfalen) geborene August Kotthaus und der aus Waldniel (Rheinland) stammende Heinrich (Heinz) Küppenbender. Sie alle waren – ob von der Ausbildung her Kaufleute, Ingenieure oder Wissenschaftler – in leitender Position an der Weiterentwicklung der Unternehmensphilosophie beteiligt, sie waren es, die je nach den ökonomischen und technischen Gegebenheiten strategisches und/oder Krisenmanagement betrieben und dies in Verantwortung für jeweils Tausende von „Zeissianern“. Es wäre – beiläufig – sicher sozialwissenschaftlich interessant, Identität und Charakter sowie die Entstehung und Entwicklung dieser Betriebsgemeinschaft einmal einer sorgfältigen prosopographischen Untersuchung zu unterziehen.

Die Kostenanalyse im Zeiss-Unternehmen geht wesentlich auf die Initiative von August Kotthaus (seit 1910 im Zeiss-Werk, seit 1919 in der Geschäftsleitung, starb 1941 infolge eines Verkehrsunfalls) zurück. Er führte entsprechende Kennziffernsysteme ein und versuchte, die Organisation effizienter zu gestalten, d.h. auch Soll-Ist-Vergleiche konsequent durchzuführen. Zu den bedeutendsten Mitarbeitern von Zeiss – die im Stammbetrieb in Jena in die kaufmännische Lehre gegangen waren – gehörte der Aachener Paul Henrichs, der, seit 22. März 1901 bei Zeiss, wesentlich an der Reintegration des Unternehmens in den Weltmarkt nach dem Ersten Weltkrieg beteiligt und nach dem Zweiten Weltkrieg als einer der „Deportierten“ bei der Zeiss-Opton GmbH in Oberkochen (bis 1959) tätig war. Zu jenen früheren Geschäftsleitern, die – wenn auch nur recht kurz – bei Zeiss Jena und später bei Zeiss-Opton wirkten, gehörte der Uracher Georg Joos. Er war – wie viele Angehörige der Zeiss-Spitze – mit der Universität Jena eng verbunden. Er bekleidete hier nach 1924 eine außerordentliche und nach

1929 eine ordentliche Professur für Theoretische Physik und wurde später im April 1941, Mitglied der Zeiss-Geschäftsleitung.

Bei ihnen handelte es sich um die Kapazitäten des Unternehmens, die Strukturen bestimmten und Strategien entwarfen. Sie waren jedoch angewiesen auf einen Stab von Mitarbeitern, die Entscheidungen vorbereiteten und das operative Geschäft besorgten und dafür teilweise Prokura hatten. Zu diesen Persönlichkeiten auf der zweiten Ebene gehörten der aus Apolda stammende „Controller“ und Bilanzspezialist Max Petermann, den man generell bei komplizierten Buchführungs- und Bilanzierungsfragen konsultierte. Er steht für die Professionalisierung und Rationalisierung des Rechnungswesens bei Zeiss. Er führte 1904 die ersten 30 Kostenstellen ein und 1945 waren es bereits weit über 1000. Des weiteren stellte er das gesamte Auftragswesen auf eine völlig neue betriebswirtschaftliche Basis. 1906 erhielt er Prokura und war bis zum Ende des Zweiten Weltkriegs bei Zeiss tätig. Obwohl nie Mitglied der Geschäftsleitung, war die Entwicklung des Unternehmens ohne sein Wirken nicht zu denken. Er stellt daher ein gutes Beispiel dar für die Wichtigkeit, **alle** Ebenen der Unternehmenshierarchie in die Analyse einzubeziehen.

Zu den verantwortlichen Mitarbeitern der zweiten Ebene gehörten überdies der Rechtsberater und Rechtsanwalt Paul Fischer, der aus Marienhafe gebürtige langjährige Personalchef Dr. rer. pol. Friedrich Schomerus, der wissenschaftliche Mitarbeiter Dr. Paul Rudolph aus Kahla oder der Chef des mechanischen Betriebs, dar Sachse Max Berger. Rudolph war der Erfinder des Protar und des Tessar[17].

Der Jenaer Richard Töpfer, der Sonneberger Hans Sieber, Moritz von Rohr, Hans Boegehold, der Gothaer Ernst Wandersleb, der Hamburger Franz Meyer, daneben Heinrich Wild und der aus Holzminden stammende Otto Mackensen, Franklin Pfeiffer, der Stuttgarter Adolf Steinle – sie alle waren in ihren jeweiligen Abteilungen und Funktionen wichtige Leistungsträger, ja „Institutionen“ des Zeisswerks. Mackensen war vielfacher Erfinder. Auf ihn geht nicht nur das Flugzeug-Zielfernrohr mit exzentrisch drehbarem Objektiv zurück, sondern auch eine Zielvorrichtung mit Brillengestell oder das Lager mit verspannbarer Büchse. Franz Meyer war

---

17 BACZ Nr. 7792 (Wichtige Erfindungen).

Abb. 4 Ernst Abbe und Otto Schott begutachten das kettenlose Fahrrad von Paul Rudolph

beiläufig Oberingenieur und Erfinder der Mikroskop-Feinbewegung sowie des Sternplattenmessgeräts nach dem Komparatorprinzip[18].

Zunehmend wichtig wurden auch die Mitarbeiter der Patentabteilung, die man noch zu Abbes Zeiten, nämlich im Herbst 1898, eingerichtet und der kaufmännischen Abteilung angegliedert hatte. Der erste Leiter der Abteilung trug einen prominent gewordenen Namen, denn Emil Dönitz, der 1912 starb und dem dann Franz Riedinger nachfolgte, war der Vater des späteren Großadmirals Karl Dönitz.

Das Kontor, das heißt der kaufmännische und Verwaltungsbereich, brauchte Leute, die flexibel auf teilweise komplizierte Entwicklungen des Marktes oder der politischen Gegebenheiten reagierten. Zu ihnen gehörte der aus Wenigenjena stammende Paul Lukas.

Durch die für die Unternehmen immer wichtiger werdende Reklame bzw. Propaganda gewannen die für die Öffentlichkeitsarbeit

18 BACZ Nr. 7792 (Wichtige Erfindungen).

zuständigen Personen, wie etwa der aus Altena/Westfalen stammende Leiter des Literarischen Büros Karl Bauer, zunehmende Bedeutung. Im Verkaufs- bzw. Absatzbereich war der Jenaer August Nußpickel tätig. Zu nennen wären schließlich eine Vielzahl von gut qualifizierten Führungskräften im Fabrikationsbereich, Abteilungsleiter und Obermeister wie Bruno Klemm, Ernst Opitz oder Wilhelm Trostmann, der Jenaer Paul Dietzel, Fritz Uber, der Münchener Andreas Winkler, der Erfurter Rudolf Lincke und der Schwabe Oskar Bihlmaier aus Schwäbisch Gmünd.

Hochqualifizierte Mitarbeiter im Entwicklungs- bzw. Konstruktionsbereich waren Robert Richter, Artur Pulz und Herbert Kortum, um nur einige zu nennen.

Jede Abteilung benötigte Kapazitäten oder brachte solche hervor. Bestimmte Namen standen für bestimmte Abteilungen. Für „Mikro" stand in der Zwischenkriegszeit Henry Siedentopf, für „Med-Opto" Otto Henker, für „Tele (Mil.)" Otto Forstmann, für „Mess" der Rheinländer Carl Pulfrich und nach dessen Tod 1927 sein enger Mitarbeiter, der sehr produktive und kreative Fritz Löwe[19]. Für „Astro-Auto" stand der Schweizer Walter Villiger und für „Geo" der Oberingenieur Heinrich Wild, beiläufig der Erfinder der Libellenablesung[20]. Die Abteilung „Feinmess" war wissenschaftlich-technisch verbunden mit dem Namen des Breslauers Otto Eppenstein und kaufmännisch-technisch mit Alfred Mackedanz. – So ließe sich die Reihe namhafter „Zeissianer" fortsetzen und eines jeden Biographie brächte interessante weitere Einblicke in die Motiv- und soziologische Feinstruktur des Korpus Zeiss. Aus Platzgründen muss es indes bei dem Gesagten bleiben.

Die Zeissianer hatten sich im Rahmen ihrer Tätigkeit nach einem bestimmten Regelwerk zu richten, das relativ genaue Vorgaben machte. Nach dem Statut war z.B. sicherzustellen, dass der technische und arbeitsorganisatorische Fortschritt uneingeschränkt der Fabrikation optischer Präzisionsgeräte zugute kam. Eine Diversifikation der Produktpalette war vielfach nur durch das Zusammen-

---

19 Hierzu neuerdings vorzüglich: Lothar Kramer: Fritz Löwe – Leben und Werk. In: Verein Technikgeschichte in Jena e.V. (Hg.), Jenaer Jahrbuch zur Technik- und Industriegeschichte 1999, Jena 1999, S. 35–60.

20 BACZ Nr. 7792 (Wichtige Erfindungen).

wirken mit der Glasfabrik Schott möglich. Zeiss und Schott können in der Geschichte beider Unternehmen nie getrennt gedacht werden. Intern wurde Schott früher als „kleine Schwester" von Zeiss angesehen (was aktuell wohl kaum mehr zu behaupten ist). Schließlich sollte durch die Bindung der Belegschaft im Wege einer grundsoliden Fachausbildung und in Form vielfacher sozialer und kultureller Unterstützung die Mitarbeiter-Fluktuation gering gehalten und die langfristige Bildung von Humankapital erleichtert und gesichert werden. Die Qualität innerbetrieblicher Ausbildung hatte bei Zeiss seit Gründung der Zeiss-Werkstatt vor eineinhalb Jahrhunderten hohe Priorität. Die Qualifizierung wurde im Laufe der Zeit professionalisiert, der Abschluss von Lehrberufen gesichert. Zu diesen gehörten in der Zwischenkriegszeit der Feinmechaniker, Werkzeugmacher, Maschinenbauer/Maschinenschlosser, Dreher, Modelltischler und Former, Feinoptiker und Werkstoffprüfer. Darüberhinaus wurden kaufmännische und kaufmännisch-technische Lehrlinge ausgebildet. Schließlich wurde 1938 eine Werk-Berufsschule im Bau 38 des Südwerks eingerichtet in der es freilich nicht mehr nur um die Vermittlung von Fachkenntnissen ging, sondern auch Reichsbürgerkunde zum Curriculum gehörte[21].

Insgesamt wird man sagen können, dass der Aspekt des Humankapitals, der Schöpfung und Konservierung von Wissen und dessen Institutionalisierung und Verstetigung in Routinen und Regelhandlungen gerade in einem Hochtechnologieunternehmen wie Carl Zeiss Jena von außerordentlicher Bedeutung und man sich dessen immer sehr bewusst war. Dies erstreckte sich nicht nur auf die Lehrlingsausbildung Jugendlicher, sondern auch auf die Erwachsenenbildung, das betriebliche Anlernwesen, auf Frauenkurse und auf spezifische Formen der Begabtenförderung. Auch in diesem Bereich blieb das Abbe'sche Erbe immer deutlich sichtbar.

---

21 Kerstin Gerth: Aus- und Weiterbildung im Unternehmen Carl Zeiss 1933–1945, Diplomarbeit am Lehrstuhl für Wirtschafts- und Sozialgeschichte der FSU Jena, Sept. 1997 (Ms.), S. 40 ff. und passim.

Jena um 1905: Eine Stadt im Aufbruch[22]

Im Jahre 1905 war Jena eine Stadt, die 26.307 Einwohner zählte, welche in 1.715 Wohnhäusern lebten. 924 Jenaer gehörten dem Jahrgang 1905 an und 152 Paare gaben sich in der Saalestadt in diesem Jahr das Jawort. Die Zahl der Geburten überstieg die der Todesfälle bei weitem. Jena war auch demographisch gesehen eine expandierende Stadt.

Die Zahl der Schüler, die eine der höheren Schulen besuchten, d.h. die ins Gymnasium gingen oder die Oberrealschule von Pfeiffer bzw. die Schulen von Stoy, Ludewig und Strohschein besuchten, lag über Tausend, genau bei 1.030.

Die Zahl der Studenten und Hörer an der Universität war sogar noch geringfügig größer. Sie hatte im Sommersemester 1904 erstmals in der damals 346jährigen Geschichte der Alma mater jenensis das volle Tausend überschritten, genau 1094. Im Wintersemester 1904/05 waren es – wie damals gewöhnlich – etwas weniger, nämlich 1.037 Studenten, bevor deren Zahl im Sommersemester 1905 auf 1.257 anstieg. Das zweite Tausend wurde im Sommersemester 1911 erreicht. Über 100 Dozenten boten in jedem Semester mehr als 250 verschiedene Lehrveranstaltungen an.

Jena war zweifellos eine Stadt im Aufschwung, ein Ort mit Zuwachsraten, soweit das Auge reichte. Neben der Bildungs- war auch die Verkehrs-Infrastruktur vorzüglich ausgebaut worden. Am Saalbahnhof verkaufte man in unserem Beobachtungsjahr 1905 über 94.000 Fahrkarten und im Paradiesbahnhof gar mehr als 109.000. Über 42.000 Gäste übernachteten 1905 in Jena. Mehr als 3,7 Millionen Briefe gingen an Empfänger in der Stadt und über 4,3 Millionen wurden versandt. Gegenüber dem Jahre 1895 hatte sich der Postverkehr (Briefe, Pakete, Telegramme, Postanweisungen) fast verdoppelt.

Die 11,5 km lange Straßenbahn legte 1905 knapp 424.000 Kilometer zurück und beförderte über 785.000 Personen. Zwei Jahre später wurde bereits die Millionengrenze überschritten. Die Zeiss-

---

[22] Daten nach Herbert Koch: Jenas Entwicklung während der Amtszeit des Oberbürgermeisters Dr. Heinrich Singer 1889–1912. Sonderdruck aus dem amtlichen Adressbuch von Jena, 34. Ausgabe 1927/28, Jena 1927, S. 1–17.

Metropole war also fürwahr eine Stadt in Bewegung. Und konsumiert wurde auch. Der Konsumverein, der 1895 noch 685 Mitglieder gezählt hatte, die gerade mal einen Umsatz von knapp 65.000 Mark erzielten, erreichte 1905 bereits deutlich über 4.000 Mitglieder und der Umsatz steigerte sich auf fast 925.000 Mark. Das örtliche Brauwesen weist einen Hektoliterausstoß von über 39.000 aus (gegenüber reichlich 26.000 im Jahr 1895). Der Durst scheint also ähnlich groß gewesen zu sein wie die Wissbegier, denn die 1896 eröffnete Lesehalle besuchten 1905 fast 7.350 Leute. Über 124.000 Bände wurden in diesem Jahr entliehen.

Zur großen Freude des Oberbürgermeisters Dr. Heinrich Singer verzeichnete der Etat der Stadt Jena 1905 erstmals Einnahmen von über einer Million Mark (wobei die Ausgaben freilich ebenfalls diese magische Grenze überschritten, wenn auch nicht ganz so deutlich).

Zu den konsumierenden und steuerzahlenden Bürgern zählten 1905 fast (bis auf einen Einzigen) 1.500 Beschäftigte des Unternehmens Carl Zeiss. Zeissianer gab es natürlich schon viel mehr, denn „Zeissianer“ war und blieb auch derjenige, der – altershalber oder aus anderen Gründen – das Unternehmen schon verlassen hatte. Ferner beschäftigte die Firma Schott & Genossen damals 683 Personen. Bei Zeiss hatte sich die Mitarbeiterzahl seit 1895 weit mehr als verdoppelt, bei Schott gar mehr als vervierfacht. Beide Unternehmen expandierten beispiellos und hatten dafür gesorgt, dass die Zweite Industrielle Revolution in Jena vehement Einzug hielt. Unaufhaltsam schienen die Optische Werkstätte und die Glashütte den ökonomischen Wachstumspfad zu beschreiten. Längst waren ihre Produkte in zigtausendfacher Zahl am Weltmarkt zu haben. Kein Industrieland der Erde, in dem nicht fotografische Objektive, Handfernrohre, Mikroskope und „Jenaer Glas“ in großer Stückzahl verkauft wurden[23].

Es war die industrielle Dynamik der Jahrhundertwende, die mehr und mehr auch die soziale Struktur der Stadt bestimmte. Zählten im Jahre 1898 Studenten und Arbeiter je etwa 4,4 Prozent der Bevölkerung, so war der Anteil der Studentenschaft bis 1912 auf lediglich 5,1 Prozent angestiegen, wohingegen die Arbeiterschaft mit 11,6 Prozent deutlich die stärkste berufsspezifische

---

[23] Die Zahl der hergestellten Zeiss-Mikroskope belief sich beispielsweise bis 1910 auf 50.000, bis 1923 auf 150.000 und bis 1945 auf 300.000 (B.I. 15208).

Bevölkerungsgruppe darstellte. Es verwundert daher nicht, dass aus den Reichstagswahlen 1911 der sozialdemokratische Kandidat Jenas, Leutert, erfolgreich hervorging. Auch bei den Gemeinderatswahlen waren Sozialdemokraten zunehmend erfolgreich, wobei das aktive und passive Wahlrecht noch an die Erlangung des Bürgerrechts gebunden war, dessen Erwerb – für Arbeiter keine geringe Restriktion – 10 Mark kostete. Kurzerhand gründeten die Sozialdemokraten einen Wahlverein mit Mindestwochenbeiträgen von zehn Pfennig, so dass nach weniger als zwei Jahren das Bürgerrecht „erspart" war.

Doch nicht nur das: die Arbeiter, also im wesentlichen Zeissianer und Schottianer, schufen sich, soweit sie sozialdemokratisch gesinnt waren, ein eigenes Presseorgan, nämlich die „Weimarische Volkszeitung", die ab 1906 in Jena erschien. Wer also nicht die etablierte „Jenaische Zeitung" oder das 1890 von Ernst Abbe ins Leben gerufene freisinnige „Volksblatt" lesen wollte, hatte nun eine neue, dritte Möglichkeit, sich zu informieren.

Eine aufstrebende Industriestadt wie Jena bedurfte nun auch entsprechender energietechnischer Anlagen. Dazu hatte der Gemeinderat am 22. Oktober 1896 beschlossen, ein Elektrizitätswerk zu errichten. Es dauerte allerdings noch einige Zeit, bis Otto Schott, Wilhelm Koch und ein Unternehmer namens Netz am 11. November 1898 mit der Berliner Bank in Sachen Elektrizitätswerk verhandelten und am 16. Dezember einen Vertrag zustandebrachten.

Bald sollte dann auch ein Vertrag mit der Firma Becker & Co. über die Herstellung einer elektrischen Straßenbahn zustandekommen. Deren baldige Existenz belegt nicht zuletzt die Unfallstatistik, denn am 11. April 1901 wurde das erste Pferd in der Kahlaischen Straße von einer Straßenbahn überfahren.

Die Straßenbahn wurde dann 1902 von der im selben Jahre gegründeten Jenaer Elektrizitätswerk AG aufgekauft. Die Elektrifizierung schritt rasch fort, das Straßenbahnnetz schloss 1908 bereits Burgau mit ein. 1911 übernahm die Thüringische Elektrizitätsversorgungsgesellschaft (Becker & Co., Berlin) den weiteren Ausbau und den Betrieb. Die Gesellschaft arbeitete eng mit Zeiss zusammen.

Das Wachstum der Stadt, die Erweiterung der Infrastruktur und die Verwaltung der Kommune erforderten ein Finanzaufkommen, das einer Kreditaufnahme in erheblichem Umfang bedurfte. So nahm die Stadt zwischen 1890 und 1910 fünf Anleihen über insgesamt 7,65 Millionen Mark auf, davon 1910 allein 4,0 Millionen Mark. Einen wesentlichen Teil der Mittel trieb man über Steuern ein, so 1907 über die Umsatz- und Wertzuwachssteuer und 1910 über die Biersteuer.

Erstes Kapitel

Zeiss 1905–1914

Ernst Abbes Tod und die Nachfolgefrage

Als der bedeutendste Kopf des Zeisswerkes, Ernst Abbe, am 14. Januar 1905 in Jena verstarb, war seine Nachfolge bereits geregelt, denn er war aus gesundheitlichen Gründen schon am 1. April 1903 aus der Geschäftsleitung ausgeschieden und hatte dafür gesorgt, dass ein hochqualifizierter und befähigter Wissenschaftler bereitstand. Ein solcher war mit dem Physiker Siegfried Czapski, der zum selben Zeitpunkt wie Abbe, nämlich am 1. Juli 1891, in die Geschäftsleitung eingetreten war, bereits in dem Führungsgremium des Unternehmens präsent. Czapski war auf Empfehlung von Helmholtz als junger Wissenschaftler von Berlin nach Jena gekommen und fungierte zunächst als eine Art „Privatassistent" (Auerbach) Abbes[24]. Czapski folgte Abbe auch (am 1. April 1903) in dessen Funktion als Bevollmächtigter der Carl Zeiss-Stiftung nach. Zu Abbe gab es eine verwandtschaftliche Beziehung, da Abbe mit Elisabeth, der jüngsten Tochter des Jenaer Physikprofessors Karl Snell (1806–1886) verheiratet war und Czapski mit einer Enkelin Snells. Das Schicksal wollte es jedoch, dass Czapski am 29. Juni 1907, also nur etwa zweieinhalb Jahre nach Abbe, an den Folgen einer Blinddarmerkrankung und-operation starb, sodass erneut die Nachfolgefrage anstand.

Der Geschäftsleitung hatte zum Zeitpunkt des Todes Czapskis noch der Physiker Rudolf Straubel angehört, der im Grunde bereits mit Abbes Ausscheiden leitend tätig wurde, jedoch erst seit 1. Oktober 1903 offiziell Mitglied der Geschäftsleitung war. Straubel entstammte der Jenaer Universität. Er war dort nach seinem Studium Assistent an dem von der Carl Zeiss-Stiftung geförderten Physikalischen Institut, habilitierte sich dort 1893 und wurde 1897 außerordentlicher Professor. Er veröffentlichte Arbeiten über die Beugung des Lichtes und arbeitete eng mit der Zeiss-Werkstätte zusammen, in die er 1901 zunächst als Mitarbeiter eingetreten war[25].

Ferner befand sich in der Geschäftsführung (bereits seit 8. November 1895) der Kaufmann Max Fischer, der nach Abbes Ausscheiden Czapskis Stellvertreter in der Funktion als Bevollmächtig-

---

24 Auerbach: Zeisswerk, 4. Aufl. 1914, S. 22.
25 Auerbach: Zeisswerk, 4. Aufl. 1914, S. 24.

ter der Carl Zeiss-Stiftung wurde, und nun nach dessen Tod seine Nachfolge antrat. Fischer hatte am Anfang der 1890er Jahre den kaufmännischen Bereich aufgebaut und führte im Grunde fort, was Roderich Zeiß begonnen hatte, allerdings mit deutlich mehr Sachkompetenz und einem umfassenden Erfahrungshorizont.

Gleichwohl war eine Position in der Geschäftsleitung nach Czapskis Tod vakant und da das Statut drei Kompetenzbereiche in der Geschäftsleitung vorsah, musste zügig gehandelt werden. Eine temporäre Lösung bot sich durch die Wiederaufnahme Otto Schotts in die Zeiss-Geschäftsleitung ab 15. August 1907 (bis 30. September 1908), eine Maßnahme, die geradezu symbolisch für die engen und freundschaftlichen Geschäftsbeziehungen und interdependenten Verbindungen der Unternehmen Schott und Zeiss war, denn bereits im Juni 1904 hatte Otto Schott, der seit Juli 1891 Mitglied der Zeiss-Geschäftsleitung war, den Entschluss gefasst, auszuscheiden, um dem Glaswerk seine volle Aufmerksamkeit zu widmen.

Schließlich war es gelungen, per 1. Mai 1908 als Vierten den begabten Ingenieur Dr. Walther Bauersfeld in die Führungsmannschaft aufzunehmen und mit ihm eine Persönlichkeit, die die Geschicke des Unternehmens Zeiss bis in die Zeit nach dem Zweiten Weltkrieg wahrnehmen sollte. Bauersfeld hatte an der Königlich Technischen Hochschule zu Berlin-Charlottenburg von 1898 bis 1902 Maschinenbau studiert, war dort zwei Jahre Assistent bei dem Turbinenspezialisten Reichel, promovierte bei diesem und übernahm am 1. August 1905 auf Empfehlung des Professors für Werkzeugmaschinenbau und Fabrikorganisation an der TH Charlottenburg, Schlesinger, bei Zeiss die Leitung der meisten Konstruktionsbureaus für optischen Instrumentenbau, d.h. für Mikroskopie, Projektion, Feldstecher und sonstige Erdfernrohre, Photo-Objektive und Kameras, Messinstrumente, Zielfernrohre und Entfernungsmesser. Bauersfeld war von seiner Ausbildung her insofern prädestiniert für die Aufgabe in Jena, da es um die Umstellung vom feinmechanisch-optischen Handwerk auf die Methoden rationeller Serienfabrikation ging. 1907 erhielt er, der zunächst dem Turbinenbau sowie Festigkeits- und Deformationsberechnungen mehr zugeneigt war als der Feinmechanik, ein lockendes Angebot von der „Jubiläumsstiftung der deutschen Industrie" zum Studium der Möglichkeiten des mechanischen Fliegens. Per 30. Juni 1907 schied Bauersfeld vorübergehend aus, um dort in leitender Position tätig zu werden. Als geeignete Nachfolger bei Zeiss waren

Dr.-Ing. Roth und der später als Erfinder des Lagers für schnelllaufende Achsen an Schleifmaschinen bekannt gewordene Gerhard Mackensen im Gespräch.

Doch das Schicksal wollte es, dass just zu Bauersfelds Austrittstermin der bisherige Geschäftsleiter Siegfried Czapski verstarb. Straubel, Fischer und Schott versuchten noch am selben Tag, Bauersfeld für die Geschäftsleitung zu gewinnen, doch fühlte er sich verpflichtet, seine Berliner Zusage einzuhalten. Es gelang jedoch, den 28jährigen später, per 1. April 1908 wieder für das Zeisswerk, nun für die Geschäftsleitung, zu gewinnen[26].

Die Jahre nach Abbes Tod am 14. Januar 1905 waren Jahre des Umbruchs. Eine gewisse Kontinuität und vielleicht auch Stabilität erlangte das Stiftungsunternehmen dadurch, dass der langjährige Berater und frühere Stiftungskommissar (1889–1899) Minister Dr. Carl Rothe die Stiftungsverwaltung vertrat und der Geheimrat Dr. Max Vollert zwischen 1899 und 1912 das Amt des Stiftungskommissars begleitete, bevor ihm Oberverwaltungsgerichtspräsident Dr. Ebsen folgte, der das Amt bis 30. Juni 1933 begleitete.

Es war nicht leicht, innerhalb relativ kurzer Zeit nahezu das gesamte Führungsteam auszutauschen und auch hierbei auf Kontinuität zu achten. Durch die Übertragung der Geschäftsleitung auf bewährte Kräfte, die zum einen eng mit Abbe zusammengearbeitet hatten, zum anderen über weitreichende Erfahrungen auf wissenschaftlichem, technischem und kaufmännischem Gebiet verfügten, war diese gesichert. Max Fischer, der Kaufmann, Rudolf Straubel, der Physiker, und Walther Bauersfeld, der Ingenieur, leiteten Zeiss in der schwierigen Zeit bis nach dem Ersten Weltkrieg. Die von Abbe in der Stiftungsverfassung vorgesehenen Kompetenzfelder Wirtschaft, Wissenschaft und Technik wurden so auf das Vorzüglichste abgedeckt.

Fischer war erfahren im kaufmännischen Bereich eines international tätigen Großunternehmens. Straubel war eine Kapazität auf dem Gebiet der Physik und als Hochschullehrer an der Universität Jena tätig. Er zählte Ernst Abbe zu seinen akademischen Lehrern. Und schließlich war da der junge Ingenieur Walther Bauersfeld, der, nach seinem Wiedereintritt 1908, Czapskis Werk weiterführen

---

26 BACZ Nr. 13671 (Prof. Dr. Ing. W. Bauersfeld, Lebensbeschreibung); AUERBACH: Zeisswerk, 4. Aufl. 1914, S. 24.

Abb. 5 Dr. Carl Rothe, Stiftungskommissar der Carl-Zeiss-Stiftung und Mitverfasser des Statuts

und den Konstruktions- bzw. Produktionsbereich modernisieren, d.h. straffen und effizienter organisieren sollte. Beide, Straubel und Bauersfeld, waren später die Schöpfer wichtiger Erfindungen. Straubel erfand z.B. den Tripelspiegel und Bauersfeld u.a. den Planigraphen, das Planetarium, (zusammen mit Schmidt) die Eisenfachwerkkuppel und nicht zuletzt das Pantophos[27].

Die Neuorganisation war angesichts des Geschäftsumfangs, den das Zeisswerk inzwischen aufwies, nachgerade eine unabdingbare Voraussetzung. Die Institutionen, die dafür erforderlich waren, konnte die Firma Zeiss aufgrund der in den Spätjahren Abbes aufsummierten Gewinne ohne große Inanspruchnahme des organisierten Kapitalmarkts aufbringen. Und nicht nur das: Es blieb sehr viel Kapital übrig, das genutzt werden konnte, um Abbes weitreichende sozial- und wirtschaftspolitischen Ziele in die Tat umzusetzen. Davon profitierte unmittelbar die Universität Jena und die Bevölkerung der Stadt. Aus den Mitteln der Carl Zeiss-Stiftung wurden z.B. gefördert: das Physikalische, das Physikalisch-Technische, das Hygienische und das Mineralogische Institut. An- bzw. Umbauten wurden in der Pharmazie und Nahrungsmittelchemie vorgenommen.

27 BACZ Nr. 7792 (Wichtige Erfindungen).

Das neue Universitätshauptgebäude wurde mit einer Summe von 650.000 Mark, dem Doppelten dessen, was die vier Thüringer Erhalterstaaten zusammen dafür aufbrachten, bezuschusst[28]. Der unternehmerische Erfolg des Jenaer Werkes kam jedoch nicht nur der Wissenschaft, sondern auch den Bedürftigen, Kranken, Kindern sowie der bürgerlichen Gemeinschaft schlechthin zugute. Die Sophien-Heilstätte für Lungenkranke in Bad Berka profitierte ebenso wie der Frauenverein in Jena, der ein Kinderheim errichten wollte. Der Gemeinde Wenigenjena wurde geholfen, eine Kleinkinder-Bewahranstalt zu errichten. Der sportlichen und gesundheitlichen Ertüchtigung dienten die Anlegung und Erweiterung öffentlicher Flussbäder sowie der Bau der Jenaer Volksbadeanstalt. Nicht zu vergessen sind die zusätzlichen Bildungsmöglichkeiten für die Bürger, etwa in Form der Bücherei und öffentlichen Lesehalle im Volkshaus mit einem Bestand von nicht weniger als 30.000 Büchern.

Solcherart wurden Abbes Vorstellungen von einer sozialen und gebildeten Bürgerschaft und einer modernen Kommune von ihm und seinen Nachfolgern im Rahmen der zunehmend größeren finanziellen Möglichkeiten der Carl Zeiss-Stiftung realisiert.

Betriebliche Sozialpolitik und Wohlfahrtseinrichtungen bei Zeiss

Die Zahl der Beschäftigten im Zeisswerk überschritt ziemlich genau um die Jahrhundertwende die Zahl 1.000. Im Todesjahr Abbes (1905) umfasste die Jenaer Zeiss-Belegschaft 1.420 und im letzten Vorkriegsjahr 1913 bereits 4.748 Personen.

Zeiss war um 1905 ein – selbst an heutigen Maßstäben gemessen – soziales Unternehmen. Es gab einen ständigen Arbeiterausschuss, ein gemeinsames Pensionsstatut von Zeiss und Schott, den Achtstundentag, eine Fabrikbadeanstalt, eine Betriebkrankenkasse, eine Zuschusskrankenkasse, das Volkshaus, die Prämiierung von Verbesserungsvorschlägen von Arbeitern, eine Spar- und Darlehenskasse auf

---

28 SCHOMERUS: Geschichte, S. 172.

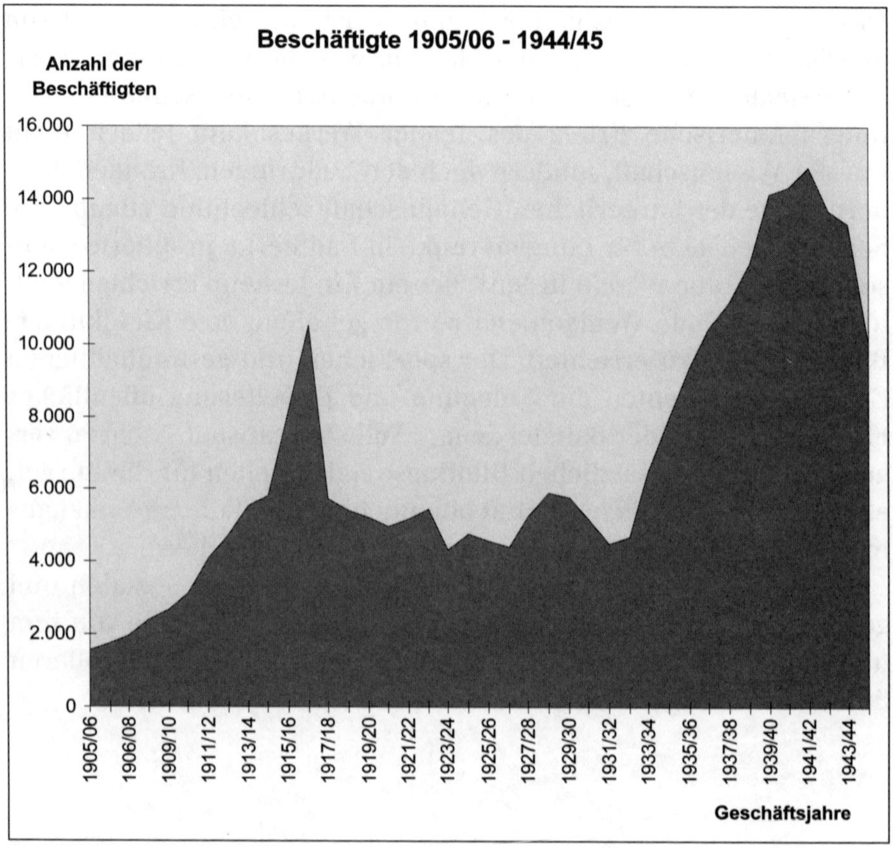

Quelle: UACZ, Bestand BACZ Nr. 6485

genossenschaftlicher Grundlage und viele weitere soziale Errungenschaften mehr, die man in anderen Industrieorten zur damaligen Zeit noch vergeblich suchte. Man könnte sagen: die Belegschaft wurde umsorgt, die Verantwortlichkeit der Unternehmensleitung für die Mitarbeiter war ausgeprägt, das Betriebsklima entsprechend gut. Dies ging sogar soweit, dass ab Juni 1905 die Fabrikation von Limonaden und Selterswasser aufgenommen und zum Selbstkostenpreis an die Arbeitstätigen abgegeben wurden. Seit Juni 1907 wurde in den Werkstätten Milch in Halbliterflaschen verkauft, täglich an die 400 bis 500 Liter.

Per 1. Januar 1906 war das nun bereits zehn Jahre existierende Stiftungsstatut in novellierter Form in Kraft getreten.

Am 23. Juli 1906 waren die arbeitsvertraglichen Regelungen in eine Neufassung eingefügt worden, die teilweise erhebliche Einkommensverbesserungen bedeuteten. So wurde für auf Werktage fallende Feiertage ein Lohnaufschlag von 100 Prozent bezahlt und der Nachmittag des Pfingstsamstag wie ein bezahlter Festtag entgolten.

Im April 1908 erhielten die „Beamten“ des Unternehmens Zeiss (heute würde man sie als Angestellte bezeichnen) mit dem „Beamtenausschuss“, dem 13 Vertreter angehörten, eine adäquate Institution zur Vertretung ihrer Interessen, wobei das aktive Wahlrecht bei 18 Jahren und das passive bei 24 Jahren lag, sofern der Beamte bereits zwei Jahre bei Zeiss arbeitete.

Aber auch die Arbeiter konstituierten sich zunehmend. Am 1. Dezember 1909 trat die Satzung des (nun auf 15 Köpfe beschränkten) Arbeiterausschusses in Kraft, die dessen Rechte und Kompetenzen schriftlich fixierte. Bereits im April des Jahres war im Zeisswerk die Bestimmung erlassen worden, dass im Falle des Todes von Arbeitern oder Beamten deren Familienangehörigen ein Vierteljahr lang der Lohn fortbezahlt wurde. Solcherlei Vorzüge dürften damals ein Novum dargestellt haben.

Diese, aber auch viele weitere Maßnahmen sorgten für eine relativ geringe Fluktuation im Hause Zeiss. Hinzu kam per Anfang Januar 1910 beispielsweise eine vergleichsweise komfortable Urlaubsregelung, indem nicht nur für sechs Tage Urlaub ein voller Lohn, sondern zusätzlich ein nach Dienstjahren gestaffelter Zuschlag bezahlt wurde (bei fünf Dienstjahren 10 Prozent, bei 10 Dienstjahren 20, bei 20 Dienstjahren 30 Prozent). Bereits 1912 wurden die Urlaubsregelungen weiter verbessert und ein übriges für die private Sphäre der Zeissianer getan. Bei der Geburt eines ehelichen Kindes des Kassenmitgliedes wurden seit April 1910 zehn Mark ausbezahlt.

Seit April 1913 existierte im Zeisswerk ein Minimallohn-Tarif, wobei mit der Einführung gleichzeitig eine Erhöhung der Lohnsätze vorgenommen wurde.

Innovationen im Lohnbereich

Das Zeisswerk war nicht nur im technologischen Bereich recht innovativ, sondern auch im sozialen bzw. im Lohnbereich. Ein Beispiel dafür sind die richtungsweisenden Regelungen im Statut der Carl Zeiss-Stiftung. Dort ist von der Gehalt- und Lohnnachzahlung die Rede, in der Literatur häufig „Gewinnbeteiligung“ genannt. Dieser Regelung liegt folgende Idee Ernst Abbes zugrunde: Der Lohn hat die Tendenz, in guten Zeiten stark anzusteigen – eine Entwicklung, die Unternehmen bei schlechter Konjunktur zum Verhängnis werden kann. Infolgedessen erscheint es sinnvoll, einen relativ konstanten und konjunkturunabhängigen Grundlohn zu bestimmen und – abhängig von Leistung und/oder Ertragskraft des Unternehmens, flexible zusätzliche Auszahlungen vorzusehen. So bestand der Arbeitsertrag (Gehalt oder Lohn) aus drei Komponenten[29]:

- einem festen (unwiderruflichen und pensionsfähigen) Teil
- einem durch individuelle Leistungsfähigkeit erzielten Zusatzverdienst bei Akkordarbeit oder Zuschlag zum festen Lohn bei Zeitarbeit
- einem vom Jahresergebnis abhängigen, schwankenden Teil („Gewinnbeteiligung").

Der pensionsfähige Zeitlohn ist hier die Konstante in guten wie in schlechten Zeiten, d.h. er kann nicht herabgesetzt werden. Die beiden anderen Teile ermöglichen es dem Unternehmen, die Kosten des Produktionsfaktors Arbeit in geeigneter Weise an die Leistungsfähigkeit von Individuum und Konjunktur anzupassen. Über den Vorzug der Reagibilität und zielgenauen Dispositionsmöglichkeit hinaus besitzt diese dreiteilige Entlohnungsform motivierenden Charakter: Sowohl die Gesamtleistung des Unternehmens als auch die seiner einzelnen Belegschaftsmitglieder wird durch zusätzliche Auszahlungen angereizt.

Die jährlichen Nachzahlungen waren (mit einigen wenigen Ausnahmen) so hoch, dass man fast von einem dreizehnten Monatsgehalt wird sprechen können.

In der Zeit zwischen 1896 und 1945 gab es kaum Jahre, in denen keine Gehalts- und Lohnnachzahlung geleistet werden konnte. Die Nachzahlungssätze eignen sich nur bedingt als Krisenindikator, denn sie resultierten nicht nur aus der Höhe des Reingewinns und der Inflationsrate, sondern stellten auch einen Steuermechanismus zum Ausgleich falsch eingeschätzter Akkordlöhne dar. 1903 waren beispielsweise die Akkordsätze unvernünftig hoch, sodass das auszahlbare Volumen für die Nachzahlung in diesem Jahr fehlte. Auerbach drückte diese Zusatzfunktion der Gewinnbeteiligung folgendermaßen aus:

---

29 AUERBACH: Zeisswerk, 5. Aufl. 1925, S. 209 ff., hier: S. 211.

„sie ist das Barometer für richtige Akkordsätze und sonstige Ausgaben (Unkosten), und sie gibt ein Signal für ihre Änderung, falls sie unrichtig sind“[30].

Diese (unter der zeitgenössischen Perspektive fortschrittlichen) Sozialleistungen wollte sich nicht jedes Unternehmen leisten, konnte es aber wohl auch nicht. Die komfortable finanzielle und vermögensmäßige Ausstattung der Firma Zeiss ließ solcherlei Vorzüge zu. Die Frage ist: Wie kam es zu dieser günstigen Ertragslage?

Die Entwicklung von Löhnen und Einkommen vor dem Ersten Weltkrieg

Die Zeiss-Belegschaft kam nicht nur relativ früh, nämlich ab 1. April des Jahres 1900 in den Genuss des Achtstundentages, sondern erhielt auch, wie dargestellt, übertarifliche Entlohnung. Neben dem festen Wochenlohn bekamen die Zeiss-Mitarbeiter eine Gewinnbeteiligung, Akkordzuschläge, Vergütungen für Überstunden und Nachtarbeit sowie diverse Zulagen (Teuerungszulage, Kopfzulage, Soziale Zulagen). Über den monetären, leistungsbezogenen Zeitlohn hinaus gab es den Zeitlohn ohne Arbeitsleistung, d.h. Urlaubs- und Feiertagsvergütung sowie Naturalleistungen in Zeiten der Knappheit[31].

Am Beginn unseres Betrachtungszeitraumes, im Geschäftsjahr 1904/05, verdiente ein über 18 Jahre alter männlicher Arbeiter im Durchschnitt 29,56 Mark pro 48-Stunden-Woche. Einschließlich Gewinnbeteiligung kam er auf einen Jahresverdienst von 1.676 Mark. Davon verblieben ihm netto (d.h. abzüglich Krankenversicherung, Einkommen- und Kirchensteuer) 1.608,53 Mark[32]. Die Abzüge in Höhe von 67,47 Mark betrugen demnach 4,03 Prozent[33].

30 AUERBACH: Zeisswerk, 1925, S. 213.

31 Vgl. KATRIN WINDISCH: Die Entwicklung der Löhne und Einkommen, dargestellt am Unternehmen Zeiss 1905–1945, Diplomarbeit Friedrich-Schiller-Universität Jena (Ms.), SS 1999.

32 BACZ Nr. 30461.

33 WINDISCH: Löhne, Anhang, S. XLIII.

Im Geschäftsjahr 1913/14 verdiente derselbe Zeiss-Arbeiter brutto pro Woche 33,42 Mark und im Jahr (inklusive Gewinnbeteiligung) 2.388,98 Mark, wovon ihm 2.300,15 Mark netto blieben[34].

Rasantes Wachstum und zunehmende Internationalisierung

Eine ungefähre Vorstellung von dem rasanten Wachstum des Zeisswerks gibt der Umsatz. Hatte dieser 1879/80 noch 178.367 Mark betragen, so verzehnfachte er sich bis 1896 fast auf 1.774.937 Mark und erlebte bis 1913 mit 18.657.006 Mark eine erneute Steigerung um das Zehnfache. Demgegenüber steigerte sich 1896 bis 1913 die Zahl der Beschäftigten um „nur" etwa das 6,6-fache, d.h. der Umsatz pro Kopf war von 2.450,51 Mark auf 3.929,45 Mark angestiegen, worin eine bemerkenswerte Steigerung der Arbeitsproduktivität ihren eindrucksvollen Niederschlag fand.

Was nun das Verhältnis des Gewinns zum Gesamtumsatz, die Umsatzrendite anlangt, so ging diese von einem beachtlichen Niveau aus und schwankte um einen langfristig rückläufigen Trend. Die zweistelligen Renditen sind es schließlich auch, die das fortschrittliche und einmalige Abbe'sche Sozialwerk finanzierbar und sein Vermächtnis einlösbar machten. Damit wurde die umfangreiche kulturell-gesellschaftliche Infrastruktur finanzierbar (Volkshaus, Volksbad, Lesehalle etc.) und konnte der Universität Jena eine „Drittmittelförderung" zugutekommen, die ihresgleichen im kaiserlichen Deutschland suchte. Die Umsatzrentabilität erreichte in der Boom-Phase zwischen 1890/91 und 1906/07 Spitzenwerte von 33,4 Prozent und sie betrug selbst in Krisenzeiten (1902/03) noch 8,5 Prozent. Das Geschäftsjahr 1904/05, mit dem vorliegende Studie beginnt, war ein gutes. Es brachte gegenüber 1903/04 genau eine Verdoppelung der Umsatzrendite auf 19,8 Prozent, ein Wert, der erst wieder – durch die Kriegskonjunktur bedingt – 1915/16 (28,5 Prozent) erreicht bzw. weit übertroffen wurde. Es steht außer

34 BACZ Nr. 30461.

Zweifel, dass Zeiss (auch hier Bosch ähnlich) zu den deutschen Unternehmen gehörte, denen militärische Konfliktsituationen und Kriege zu beträchtlichen Erträgen verhalfen.

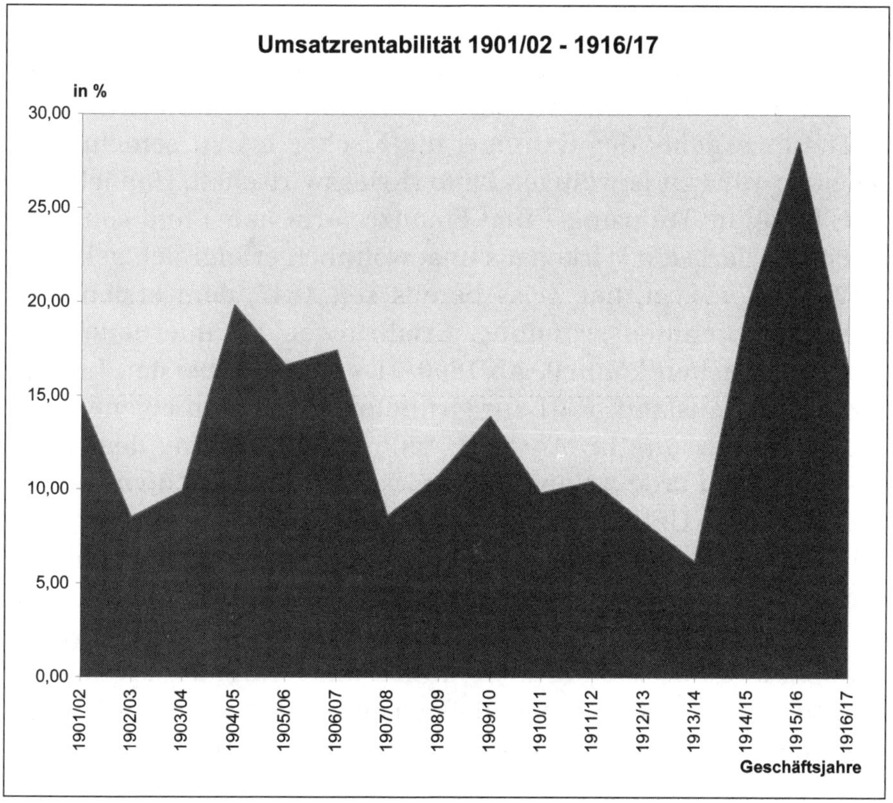

Quelle: UACZ, Bestand BACZ Nrn. 10287, 15341 und 23020

Bereits in Zeiten Ernst Abbes war Zeiss zu einem weltweit bekannten Technologieunternehmen emporgewachsen. Wesentlichen Anteil daran hatte der 1857 in Coburg geborene und seit 1895 in der Geschäftsführung tätige Max Fischer, der den kaufmännischen Beruf von der Pike auf erlernt hatte. Er war nicht nur bestens vertraut mit dem „Handwerk" eines guten Kaufmanns (Buchführung, Rechnungswesen, Korrespondenz, Stenographie usw.), das er zunächst in Coburg und später in Firmen in Nordböhmen, Basel, Newcastle on Tyne, Paris und Hoechst zu einer gewissen Vollendung brachte, sondern beherrschte aufgrund dieser internationalen Erfahrungen auch die jeweiligen Geschäftsgepflogenheiten und Besonderheiten des Handels mit und in England und Frankreich, den wichtigsten europäischen Handelspartnern Deutschlands. Dieses Know-how brachte er in das Jenaer Unternehmen ein, wo er im Februar 1892 (zusammen mit dem Buchhalter Carl Stachel) Kollektivprokura und im Oktober 1895 Einzelprokura erhielt, bevor er – wie erwähnt – im November 1895 Mitglied der Geschäftsleitung wurde[35]. Er war derjenige, der in den nächsten 30 Jahren für die Internationalisierung des Geschäfts, den weltweiten Aufbau der Verkaufsorganisation und das strategische Management verantwortlich war[36]. Nicht zuletzt angesichts der Extreme, die Fischer bis zu seinem Ausscheiden 1926 zu bewältigen hatte (Kriegswirtschaft, Handelsboykott, Inflation, Währungs- und Finanzreform usw.) und souverän meisterte, darf sein Wirken als ungewöhnlich erfolgreich gelten[37].

Wie wir wissen, hat Zeiss bereits seit 1847, dem ersten Jahr nach Unternehmensgründung, Erfahrungen im internationalen Geschäft machen können. Ab 1890/91 kam es zur ersten Lizenzvergabe ins Ausland, 1901 zur Gründung der ersten eigenen Verkaufsniederlassung im Ausland, 1906 zur Errichtung der ersten ausländischen Produktionsstätte und ab 1907 zu Beteiligungen an ausländischen Unternehmen.

Die Ankurbelung des Exportgeschäfts konnte auf unterschiedliche Weise geschehen. Anfänglich empfahl es sich, die Markterfahrung ausländischer Vertreter und Fachhändler in Anspruch zu nehmen und über sie für die Kommerzialisierung der Produktpalette zu sorgen. Daneben bzw. danach empfahlen sich jedoch andere Formen der Institutionalisierung des Vertriebs, insbesondere der

---

35 BACZ Nrn. 18747; 1395 (Akte M. Fischer).

36 BACZ Nr. 1818.

37 Fischer war weltläufiger Kaufmann und mehrerer Fremdsprachen kundig. Er gehörte dem Parteiausschuss der Deutschen Demokratischen Partei an und war eine Zeit lang Mitglied des Gemeinderats in Jena sowie Ehrenbürger der Stadt. Neben seinem gesellschaftlichen Engagement ist vor allem seine Verbandstätigkeit zu nennen, ob es sich um die Handelskammer Weimar, den Verband thüringischer Industrieller oder um den Reichsverband der deutschen Industrie handelte, dessen Vorstand er angehörte. Im Hansabund und anderen Organisationen war er ebenso gefragt wie bei der Reichsregierung, die ihn als Experten bei wichtigen internationalen Verhandlungen über Handels- und Zollfragen konsultierte. Er führte Ehrendoktortitel von vier verschiedenen Fakultäten (jur., rer. pol., med., phil. nat.) u.a. der Universitäten Jena und Kiel. (BACZ Nr. 1395; Jenaer Volksblatt vom 19.7.1930).

Aufbau eines ausländischen Filialnetzes, Beteiligungen bzw. *joint ventures*, die Vergabe von Auslandslizenzen oder nötigenfalls Absprachen und Kartellbildungen. Um an ausländische Aufträge heranzukommen, war zuweilen die Gründung einer Fabrikfiliale nötig. Solche wurden vor dem Ersten Weltkrieg in Wien (1906), Riga (1908), Györ und London (beide 1909) eingerichtet[38]. Die Geschichte des Unternehmens Carl Zeiss wies in der ersten Hälfte des 20. Jahrhunderts sämtliche der genannten Formen auf[39].

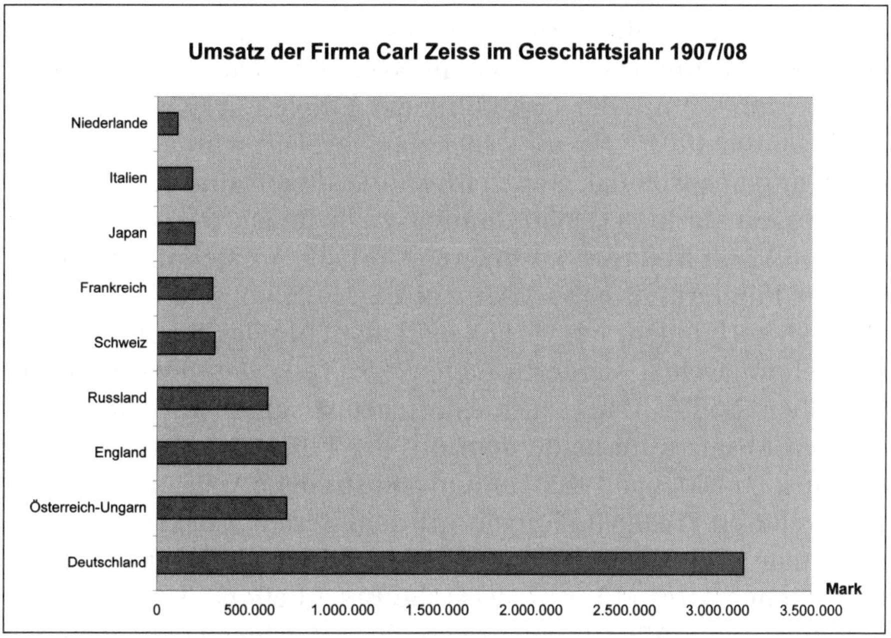

Quelle: UACZ, BACZ Nr. 23023, Akten des Stiftungskommissars vom 9.7.1909 bis 31.12.1909, S. 403.

Max Fischer hatte es noch zu Lebzeiten Abbes geschafft, Vertretungen des Jenaer Optikunternehmens an den Zentralorten des internationalen Geschäfts wie etwa in Wien, Brüssel, Madrid, Paris, New York, Tokio, Rio de Janeiro, Stockholm und natürlich London aufzubauen und in einigen dieser Weltstädte bald auch mit eigenen

38 BACZ Nr. 14865; AUERBACH: Zeisswerk, 1914, S. 122 f.

39 ANJA ZITZMANN: Die Internationalisierung des Unternehmens Carl Zeiss von 1836 bis 1945, Diplomarbeit Friedrich-Schiller-Universität Jena, 1997 S. 81 f. und passim.

Filialen präsent zu sein. Es ist leicht vorstellbar, welch umfangreiche Vorbereitungen, Verhandlungen und Geschäftsreisen erforderlich waren, um Zeiss in ein globales Netzwerk des Marktes für Qualitätsoptik einzuflechten. Eine Reihe der dafür notwendigen Reisen unternahm Fischer zusammen mit einem der anderen Geschäftsführer, meist mit Rudolf Straubel, zumal es nicht nur um die Entscheidung komplexer ökonomischer Fragen ging, sondern auch um wissenschaftliche und technische Erwägungen[40]. Im übrigen war die Zeit um die Jahrhundertwende für Zeiss eine wichtige Phase des Übergangs von der indirekten Form des Auslandsabsatzes über Vertreter, die 1889 mit einem Generalvertreter in den USA einsetzte, hin zum Direktverkauf in eigenen Vertriebsniederlassungen, beginnend mit der Gründung der Filiale Carl Zeiss, London am 1. Januar 1901[41], wo ab 1909 auch fabriziert wurde. Damit war nicht nur beabsichtigt, den sehr kaufkräftigen und technologiebedürftigen Markt in Großbritannien zu bedienen, sondern auch in die britischen Kolonien zu liefern. Ähnliche Vorstellungen waren mit der Filialgründung in Wien am 15. Mai 1902 (mit Fabrikation ab 1906) verbunden, von wo aus man nicht nur das Territorium der Doppelmonarchie, sondern auch weite Teile des Balkan zu erschließen hoffte. Den ost-/nordosteuropäischen und skandinavischen Absatzraum peilte man mit der Filialgründung in St. Petersburg (1. Oktober 1903) an und selbstredend war auch mit den vier weiteren Filialgründungen vor dem Ersten Weltkrieg in Paris (1. Januar 1911), Mailand (1. April 1911), Tokio (1. November 1911) und Buenos Aires (15. Juli 1914) die Erschließung der jeweiligen Kolonial- und Einflussbereiche bzw. das Eindringen in bedeutende Weltmarktsegmente beabsichtigt[42].

Es fällt jedoch auf, dass Carl Zeiss vor dem Ersten Weltkrieg an einem der wichtigsten Märkte, nämlich in den Vereinigten Staaten, keine eigene Verkaufsfiliale unterhielt. Dies war zwar erwogen worden und Siegfried Czapski hatte 1904 als Mitglied der Ge-

---

40 BACZ Nr. 22259.

41 BACZ Nr. 14865 (Gründungsdaten der Filialen).

42 BACZ Nr. 17379 (Verzeichnis der Filialen und Vertreter); BACZ Nr. 1707 (Übersicht über den Aufbau der Verkaufsorganisation der Firma Carl Zeiss, Stand vor bzw. bis zum 1. Weltkrieg (2. August 1914) und Ausbau nach 1918 bis zu Beginn des 2. Weltkrieges (1. September 1939); BACZ Nr. 4864 (Filial- und Vertreterverträge für Filialen 1902–1914/1921); BACZ Nrn. 1707, 4864, 7698 und 17379.

schäftsleitung in dieser Sache eine Amerikareise unternommen, er kam jedoch aus Kostengründen zu der Empfehlung, von dem Vorhaben Abstand zu nehmen[43].

Freilich konnte es nicht nur darum gehen, die Internationalisierung des Unternehmens voranzutreiben und über die Steigerung des Auslandsabsatzes die Jenaer Produktionskapazitäten kostenreduzierend auszulasten, sondern auch auf dem Binnenmarkt die Wettbewerbsfähigkeit zu erhalten und auszubauen. Dieses Erfordernis resultierte nicht zuletzt aus der technischen Komplexität der Zeiss-Produkte, sodass eine fachgerechte Kundenbetreuung zur *conditio sine qua non* für die erfolgreiche Durchdringung des Marktes gegen eine zunehmend stärker werdende Konkurrenz wurde. Es lag daher auf der Hand, in einigen ausgewählten deutschen Großstädten Zweigniederlassungen zu errichten, allen voran in der Hauptstadt Berlin (1. Januar 1895), später aber auch in Frankfurt am Main (1902, geschlossen 1912) und Hamburg (1903).

Betriebliche Expansion und Wettbewerbsdruck

Das Wachstum der Jahre um 1905 brachte es mit sich, dass die Produktionsfaktoren Arbeit, Kapital und Boden der Entwicklung angepasst werden mussten. Investitionen in den Anlage-, Infrastruktur- und Humankapitalbereich waren ein Gebot der Stunde. Bei Zeiss wurde ein Bau nach dem anderen aufgerichtet und heute noch erinnern die gebräuchlichen Bezeichnungen „Bau 5“, „Bau 7“ usw. an die Jahre der Erbauung. Auch der Maschinen- und Gerätepark wurde zügig erweitert, „Automaten“ angeschafft, die Elektro-Infrastruktur installiert und der Personalbestand auf die schwer zu bewältigende Nachfrage im Zivil- und Militärgüterbereich eingestellt. Hinzu kamen Filialgründungen, Beteiligungen, Grundstückskäufe und eine erhebliche Aufstockung des Geschäftskapitals auf 9,9 Millionen Mark Ende 1910, 14,65 Millionen Mark per 1. Oktober 1912 und schließlich 17,5 Millionen Mark ein Jahr später.

43 BACZ Nr. 23014 (Protokoll vom 29.8. 1904) Bl. 231 f.

Kerngeschäft und neue Geschäftsfelder

Das „Urgeschäft" von Zeiss, der Mikroskopbau, wurde vervollkommnet und um eine Reihe von Nebenapparaten erweitert. Dazu gehörten neben den noch am Ende des 19. Jahrhunderts entwickelten Produkten wie dem beweglichen Objektführer (1895), dem binokularen Stativ (1897), dem Präpariergestell (1897), dem Prismen-Rotator (1897), dem Kapillar-Rotator und der Mikrometerbewegung (1898) vor allem die 1903/04 entwickelte mikrophotographische Einrichtung für ultraviolettes Licht[44]. Diese Innovation der Anwendung ultravioletten Lichts in der Mikroskopie basierte auf den einschlägigen Forschungen von Zsigmondy und wurde innerhalb des Unternehmens Zeiss von Henry Siedentopf zur Marktreife gebracht. Siedentopf war seit 1899 im Zeisswerk und sollte die Abteilung „Mikro" bis zu seiner Pensionierung 1938 leiten. Auch wenn der Absatz der Spaltultramikroskope zunächst nicht ganz den Erwartungen entsprach (bis Anfang 1906 wurden 26 Stück zum Preis von je 2.000 Mark verkauft), so eröffnete sich doch ein weites wissenschaftliches Anwendungsfeld und ein interessanter Zukunftsmarkt.

Gleichwohl war die Mikroskopie vom Umsatzanteil her gesehen nicht mehr die wichtigste Abteilung. Die 1.173.658 Mark des Geschäftsjahres 1904/05 bedeuteten „nur" noch einen Anteil am Gesamtumsatz von 23,7 Prozent.

Ein relativ neuer und durch die immer beliebter werdende Amateurfotographie wachsender Markt war der für Fotoobjektive. Das Emporkommen dieser Sparte war einem begabten Innovator Abbe'scher Schule zu verdanken, nämlich Paul Rudolph. Er, der spätere Leiter der Abteilung „Photo", hatte den Ehrgeiz, den Absatz Zeiss'scher Objektive zu steigern, so dass er die Gründung einer Kamerafabrik in Betracht zog. Hierzu wurde im Jahr 1900 die Kamerawerk Palmos Ges. gegründet, jedoch per 21. Dezember 1901 wieder aufgelöst. Das Vorhaben hatte sich als Fehlinvestition erwiesen und die Liquidationsmasse war in die im Januar 1902 eingerichtete Kameraabteilung bei Zeiss eingeflossen, wobei Paul Rudolph für einen Betrag von 30.000 Mark geradezustehen hatte[45], also nur für einen kleinen

---

44 BACZ Nr. 1438 (Zeiss-Mikroskoptypen) und BACZ Nr. 17118 (Jahresbericht der Abteilung „Mikro" für das Geschäftsjahr 1945/46).

45 BACZ Nr. 9233 (Vertrag zwischen Carl Zeiss und Dr. Rudolph vom 24.12.1901).

Teil dessen, was auch in den nächsten Geschäftsjahren noch an Verlusten ausgewiesen werden musste. Im Geschäftsjahr 1905/06 hatte man gerade einmal 1.177 Palmos-Kameras verkauft[46]. 1909 ging die Kameraabteilung dann in der Ica AG Dresden, auf, wo mit Zeiss-Objektiven bestückte Fotoapparate hergestellt wurden[47]. Das Fabrikgebäude am Spitzweidenweg verkaufte man im Geschäftsjahr 1904/05 für 35.500 Mark, die Verwaltungsgebäude wurden vermietet[48]. Die anderen Räumlichkeiten des Palmos-Werkes übernahm die Stadt Jena am 25. November 1909 für 93.000 Mark. Schließlich spendete die Carl Zeiss-Stiftung 40.000 Mark zur Einrichtung eines Versorgungshauses in den früheren Räumen von Palmos[49].

Zu den expandierenden Geschäftsfeldern von Zeiss gehörte seit dem 1. April 1897 die Herstellung astronomischer Geräte in einer Werkstätte, die von dem promovierten Chemiker und leidenschaftlichen Astronomen Max Pauly geleitet wurde. Zunächst handelte es sich dabei um eine gemeinsame Gründung von Zeiss und Pauly mit Anteilen am Grundkapital von je 20.000 Mark. Im April 1903 ging die Werkstätte dann als eigene Abteilung „Astro“ (als solche wurde die Werkstätte jedoch schon davor bezeichnet) im Unternehmen auf und Pauly führte sie[50].

Aufbau des Hauptwerks, Bauboom und Investitionen

In den Jahren nach 1905 bildete sich die stark zunehmende Industrialisierung mehr und mehr im Stadtbild ab. Die Nachfrage nach Optik „made in Jena“ erforderte ständige Betriebserweiterungen und leitete einen Bauboom ein, der weit und breit seinesgleichen suchte. Grundstücke mussten permanent hinzugekauft werden, so z.B. 1905/06, als man für 80.000 Mark das an die optische Werkstätte angrenzende Grundstück des Garnisionslazaretts erwarb.

---

46 BACZ Nr. 10762 (Prokurist Petermann, betr. Camera).
47 BACZ Nr. 23020 (Bericht an den Stiftungskommissar vom 19.10.1909).
48 BACZ Nr. 23019 (Bericht über das Geschäftsjahr 1904/05); BACZ Nr. 23015 (Geschäftsbericht 1903/04).
49 BACZ Nr. 9233 (Vertrag zwischen der Carl Zeiss-Stiftung und der Stadtgemeinde Jena vom 25.11.1909).
50 HELLMUTH/MÜHLFRIEDEL: Zeiss 1846–1905, S. 213 f.

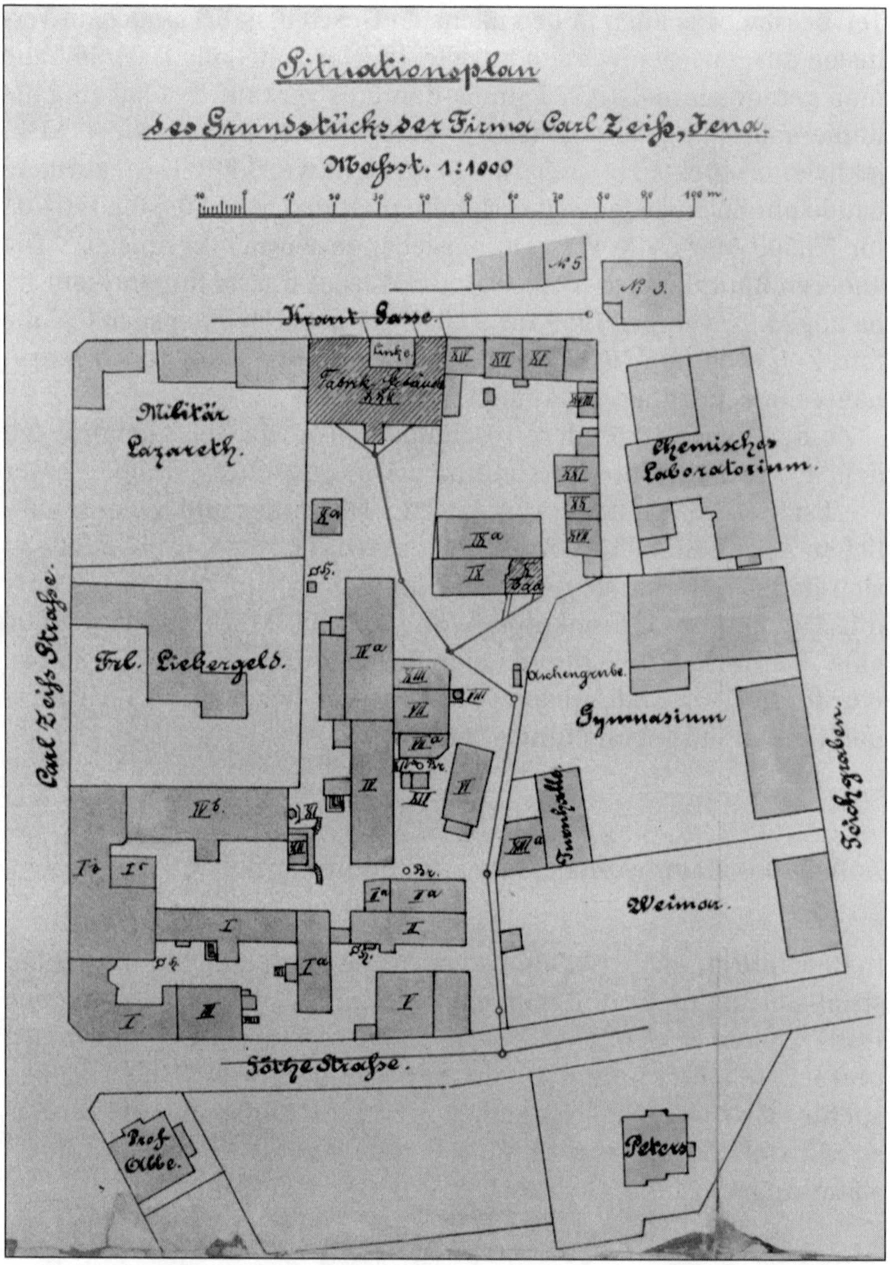

Abb. 6 Plan des Zeiss-Hauptwerkes im Jahre 1900

So erfuhr der Bereich des späteren Hauptwerks eine völlig neue Struktur, wie sie aktuell noch in den erhaltenen Fassaden der Carl Zeiss-Straße, der Goethegalerie und der Krautgasse, die heute die Friedrich-Schiller-Universität beherbergen, besichtigt werden

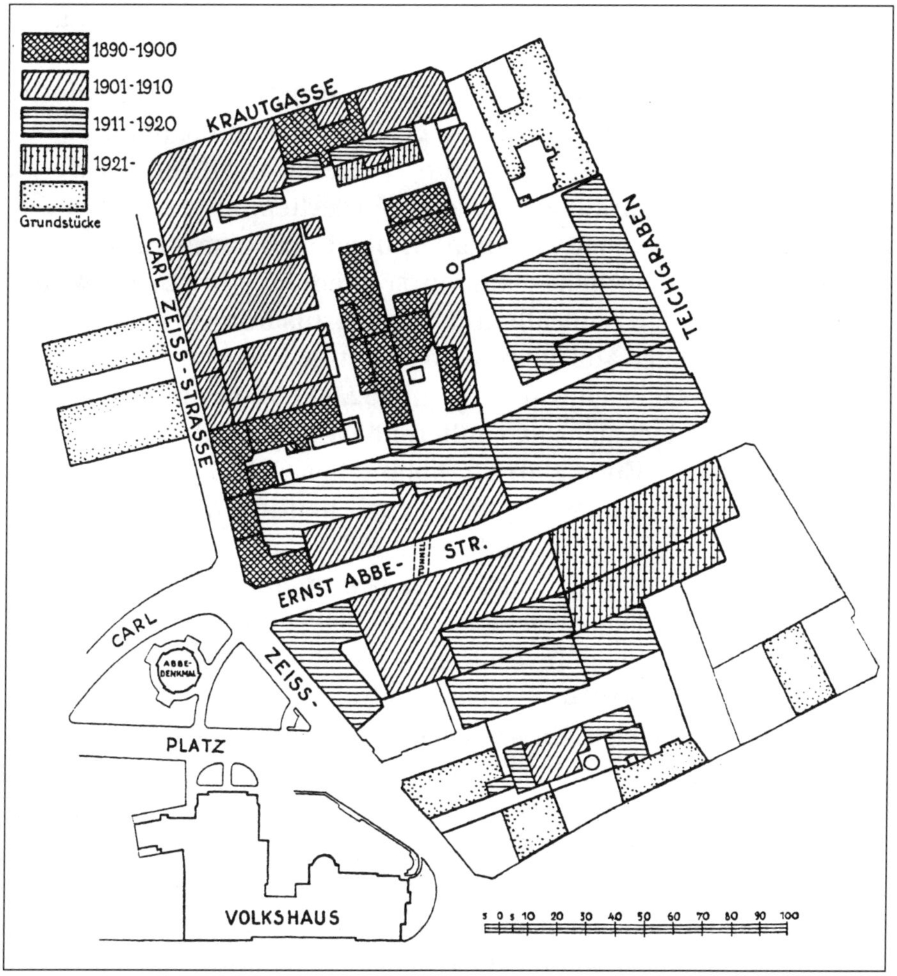

Abb. 7 Bauliche Entwicklung der Werkstätten, Stand um 1925

kann[51]. Seit 1896 unterhielt das Unternehmen Zeiss ein eigenes Baubüro unter der Leitung von Baugewerksmeister Karl Müller, der dann nach 1906 eng mit der Firma Dyckerhoff & Widmann AG (DYWIDAG) zusammenarbeitete, die nach und nach zur „Hausfir-

51 Einen hervorragenden Ein- und Überblick gibt hier die architekturhistorische Arbeit „Das Hauptwerk von Carl Zeiss Jena. Ursprung und Wandel“, hg. vom Thüringischen Landesamt für Denkmalpflege, Bad Homburg und Leipzig 1997, insbesondere der darin enthaltene Beitrag von Bertram Kurze „Architekturgeschichtliche Aspekte zur Fabrikarchitektur in Jena - Die Bauten des Zeiss-Hauptwerkes“, ebenda, S. 16–68.

ma“ von Zeiss und Schott wurde und deren anspruchsvolle Stahlbetonbauten errichtete[52].

In die Gebäude des Hauptwerks kamen neben der Verwaltung und Tischlerei neue Fabrikräume großen Zuschnitts, denn es waren nicht nur für die Fräserei und Dreherei mit ihren schweren Maschinen große Raumkapazitäten erforderlich, sondern Zeiss fertigte bekanntlich auch Maschinen für den Eigengebrauch selbst an. Packräume und ähnliches kamen schließlich hinzu. Im Winter 1906/07 wurde der Zentralbau der Optik zusammen mit der Verlängerung des Verwaltungsgebäudes fertiggestellt. Zur Fertigstellung der beiden Bauten waren allein 432.000 Mark erforderlich[53].

Für die besonders stark expandierende Abteilung „Tele“ (für Teleskopie) wurde bis Ende 1907 ein komplettes Gebäude im Wert von 430.000 Mark errichtet[54]. Mit dem neuen baulichen Zuschnitt ging die Möglichkeit einer Rationalisierung des Arbeitsablaufs einher, sinnvolle Sparten- und Abteilungszusammenfassungen konnten vorgenommen und so eine effiziente Fabrikstruktur gesichert werden. Die umfangreichen Investitionen konnten im Wesentlichen aus den laufenden Erträgen des Unternehmens (1906/06 wurde ein Reingewinn von 1.028.699 Mark verbucht) sowie unter Zuhilfenahme von Mitteln aus dem Reservefonds (400.000 Mark) und zusätzliche Inanspruchnahme eines Anteils von 100.000 Mark aus dem Reingewinn der Firma Schott & Genossen finanziert werden[55].

Nach 1909 schloss sich eine zweite umfangreiche Bauphase an, die ihren Abschluss vor dem Ersten Weltkrieg fand. Dass ein Ausbau diesen Ausmaßes erforderlich war, wird man bereits an der Zunahme der Belegschaft von 1.912 (1907/08) auf 4.678 (1912/13) erkennen können. Der Umsatz stieg in dieser Zeit von 6.920.440 auf 18.657.005 Mark. Einen wesentlichen Anteil daran hatten die stark steigenden Auftragseingänge in der Abteilung „Tele“, in der militär-optisches Gerät hergestellt wurde, das zur Zeit der Balkankrisen in großen Stückzahlen geordert wurde. So sah man sich bald schon wieder räumlich beengt und es reifte 1909 der Entschluss einen fünfstöckigen Stahlbetonbau längs der Ernst-Abbe-

52 KURZE: Fabrikarchitektur, S. 37.

53 BACZ Nr. 23020 (Bericht an den Stiftungskommissar vom 19.10.1909); BACZ Nr. 23021 (Bericht an den Stiftungskommissar vom 29.11.1907).

54 BACZ Nr. 16058 (Gebäudeübersicht des Zeisswerks).

55 BACZ Nr. 23021 (Bericht an den Stiftungskommissar vom 19.10.1909).

Straße in Auftrag zu geben, in den allein 600.000 Mark investiert wurden. 1910 wurde der Bau IX, der einen Aufsatz mit Versuchssternwarte trug und die Abteilung „Astro“ beherbergte, fertiggestellt. In den Bau wurden 320.000 Mark investiert.

Im Bau XI, im Geschäftsjahr 1911/12 errichtet, wurde die Feldstecherproduktion untergebracht. In diesen Komplex wurden 410.000 Mark investiert zuzüglich 108.000 Mark für ein dringend notwendig gewordenes Pack- und Lagergebäude. Kaum war das Gebäude bezugsfertig, waren die Kapazitäten wiederum zu beschränkt, sodass ein erweiterter Teil der Feldstecherproduktion in dem 1912 fertiggestellten Bau XII stattfand, zu dessen Errichtung wiederum 249.000 Mark und ein zweites Pack- und Lagergebäude für 156.000 Mark erforderlich wurden. Hinzu kamen freilich die entsprechenden Konstruktionsbüros, eine Großfräserei und entsprechende Räumlichkeiten für Belegschaft und Verwaltung. Ohne hier weiter ins Detail gehen zu wollen ist doch vorstellbar, wie sehr sich das industrielle Zentrum von Jena in dem Jahrzehnt vor dem Ersten Weltkrieg veränderte. Doch die reichlichen Erlöse des Zeisswerkes und von Schott & Genossen flossen nicht nur in das Hauptwerk und das Glaslaboratorium, sondern kamen allgemein der Stadt und ihren Bürgern zugute. Es sei nur nochmals daran erinnert, dass das Universitätshauptgebäude 1908 und das Volksbad 1909 fertiggestellt wurden, nachdem das Volkshaus bereits 1903 eingeweiht worden war. All diese und viele weitere Einrichtungen sind Ausdruck der überaus günstigen Entwicklung des Geschäfts mit feinmechanisch-optischen Erzeugnissen.

Es versteht sich von selbst, dass mit der skizzierten baulichen Entfaltung des Zeisswerkes und der Stadt eine entsprechende infrastrukturelle Entwicklung einher gehen musste. Die Versorgung mit Strom und Heizenergie[56] musste gesichert und neue Anlagen mit fortschrittlicher Kommunikationstechnik mussten eingerichtet werden. Gerade letzteres war in einem Unternehmen, das zunehmend weltweit operierte, eine zwingende Notwendigkeit geworden. Doch zunächst waren erst einmal innerhalb des Zeisswerkes ent-

56 1909 wurde eine Heizanlage in Betrieb genommen, deren Kosten sich auf 250.000 Mark beliefen; BACZ Nr. 23022 (Bericht über die Geschäftsjahre 1907/08 und 1908/09 vom 11.1.1910). Vgl. BACZ Nr. 189 (Carl-Zeiss-Stiftung 1886–1903) und BACZ Nr. 23027 (Geschäftsbericht über die Geschäftsjahre 1911/12 bis 1913/14).

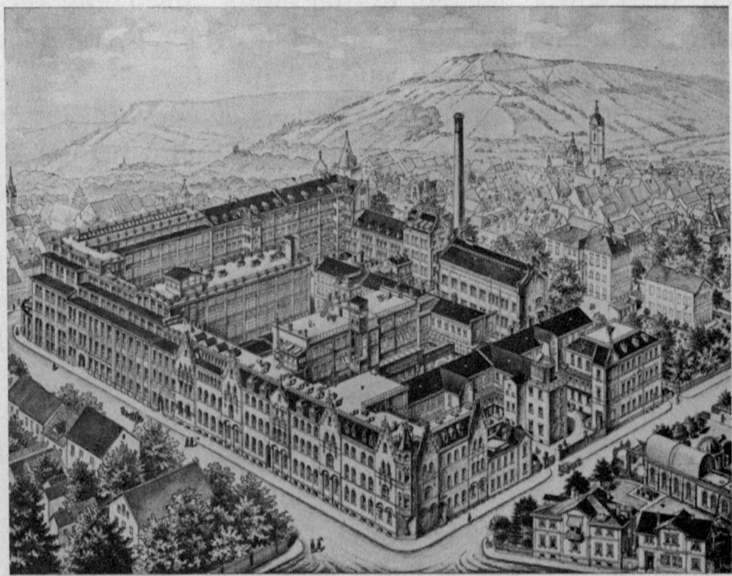

Abb. 8 Zeisswerk, Gesamtansicht (mit Blick auf Jena und Jenzig), um 1908

sprechende Möglichkeiten zu schaffen, kommunizierte doch die Geschäftsleitung bis 1901 mit den Werkmeistern und Leitern der verschiedenen Abteilungen noch über veraltete Sprachrohre. Die erste betriebsinterne Telefonanlage geht auf das Jahr 1903 zurück und noch 1909 waren pro 50 Personen in den Konstruktionsbüros nur vier Fernsprechapparate vorhanden[57].

In Sachen Elektroenergie setzten die beiden Stiftungsunternehmen – sobald dies sinnvoll und leistbar erschien – auf größtmögliche Unabhängigkeit. Im Herbst 1903 war eine neue elektrische Zentrale in Betrieb genommen worden, die eine unabhängige Kraftstromversorgung sicherstellte. Ein Kesselhaus und drei neu installierte Kessel sowie der Bau eines Kohlensilos sollten zudem mögliche Rohstoffengpässe überwinden helfen. Schließlich nahm

57 BACZ Nr. 18824 (Erinnerungen des Zeiss-Pensionärs August Bach); Auerbach: Zeisswerk, 1903, S. 67; BACZ Nr. 263 (Bekanntmachungen der Geschäftsleitung usw. von 1906/07–1911).

man im Jahre 1911 den Bau eines kompletten Elektrizitätswerkes zur Grundversorgung in Burgau in Angriff, das immerhin eine weitere Investitionssumme von 400.000 Mark beanspruchte. Das E-Werk erzeugte zwei Jahre später bereits 4,5 Millionen Kilowattstunden, wovon das Zeisswerk eine Million an die Überlandzentrale zur Einspeisung in das öffentliche Stromnetz abgeben konnte. Die Energieversorgung der beiden Stiftungsbetriebe wurde daneben über eine aus Dampfwerk und Heizwerk bestehende Kraftzentrale mit 9.850 KW und zwei Wasserkraftanlagen (in Burgau und Kunitz) mit 925 KW Nennleistung gesichert[58].

Zunehmende Diversifizierung und neue Abteilungen

Es waren dies jedoch allgemein, d.h. nicht nur in Jena, Jahre des Wachstums und eines konjunkturellen Aufschwungs. Den Boom erlebten auch die Konkurrenten und der Wettbewerb wurde intensiver. Um diesen zu bestehen, musste man sich etwas einfallen lassen. Betriebserweiterung zur Erlangung höherer Losgrößen zwecks Verringerung der Stückkosten war das eine. Den F & E-Bereich auszubauen war das andere. Hinzu kam jedoch die Strategie, die eigene Stärke und Führungsposition in der Branche für Übernahmen zu nutzen, um die Marktführerschaft nicht nur zu stabilisieren, sondern auszubauen. In den Produktsegmenten Feldstecher, Zielfernrohre und Entfernungsmesser war z.B. die Fa. Goerz ein harter Mitwettbewerber und im Zeiss'schen Traditions- und Kerngeschäft, dem Mikroskopbau, lauerten ebenfalls eine Reihe von Konkurrenten darauf, Marktanteile zu gewinnen und verfolgten daher ähnliche Expansionsstrategien.

Es war jedoch nicht damit getan, in den bereits vorhandenen Produktbereichen stark zu bleiben, sondern durch geeignete Diversifizierung neue Märkte zu erschließen. Die Einrichtung neuer Abteilungen war sichtbarster Ausdruck dieser Strategie. So gründete man

---

58 BACZ Nr. 1483 Stiftungskommissar Carl Zeiss-Stiftung, Akten des Stiftungskommissars der Carl Zeiss-Stiftung 1912 (Bericht des Kommissars über das Geschäftsjahr 1910/11 vom 14.2.1912); SCHOMERUS: Geschichte, S. 175; BACZ Nr. 3732 (Kraftwerk Burgau).

1908 die Abteilung „Geo“, in der man geodätische, also Landvermessungsinstrumente herstellte. Und schließlich glaubte man auch, der zunehmenden Automobilproduktion Rechnung tragen zu müssen. Ein intensives Nachdenken über eine Fabrikation von Automobilscheinwerfern hatte im Geschäftsjahr 1907/08 – namentlich bei Rudolf Straubel – eingesetzt. 1911 richtete man dann tatsächlich eine entsprechende Abteilung ein (Abt. „Auto“)[59]. Die Automobilscheinwerfer hatten sich aus den Scheinwerfern für militärische Zwecke entwickelt. Signalanlagen wie z.B. der A.-S.-Scheinwerfer 7 (Grubenlampe) und andere anspruchsvolle Geräte zur Geländebeleuchtung wie das Tripelspiegelsignalgerät gehörten ja schon längere Zeit zum Zeiss-Produktsortiment[60]. Die Autoscheinwerfer waren zwar in der Zeiss-üblichen besten Qualität gefertigt und bestachen durch große Helligkeit, Reichweite und leichte Abblendbarkeit, doch konnte Zeiss in diesem technischen Bereich – der weder mit Linsen noch mit Objektiven zu tun hatte – seine komparativen Wettbewerbsvorteile nicht in der Weise nutzen, wie dies in allen anderen Produktsparten der Fall war. Zudem sollte sich der einschlägige Markt langfristig als relativ nachteilig erweisen. Doch gleichwohl: Man richtete die Abteilung ein und unterteilte sie 1913 angesichts der unterschiedlichen Gruppen von Nachfragern in „Auto“ und „Tele V“, also quasi in eine Zivil- und eine Militärabteilung. Geschäftsgegenstand der ersteren waren die Konstruktion, Herstellung und der Verkauf von Scheinwerfern, Lampen und Laternen, jeweils nebst Zubehör für Automobile, Motorboote, Eisenbahnen und andere Beleuchtungszwecke. In „Tele V“ dagegen ging es um das Geschäft mit Geräten für militärische Zwecke, also Apparate, Scheinwerfer, Spiegel, Signallampen und dergleichen für Heer und Marine[61].

Es sollte sich zeigen, dass man auf dem neuen Markt für Automobilscheinwerfer relativ leicht und schnell ins Hintertreffen geraten konnte, zumal Firmen aus den USA – wo die Automobilindustrie relativ weit entwickelt war – hier mit interessanten Erfindungen aufwarteten. So erwarb die Berliner Firma Auto-Mafam GmbH eine amerikanische Lizenz zur Herstellung sog. Bijur-Anlagen, elektrisch

---

59 BACZ Nr. 226 (Prof. Dr. Rudolf Straubel); BACZ Nr. 11995 (Historie der Auto-Abteilung).

60 Auerbach: Zeisswerk, 4. Aufl. 1914, S. 87 ff., bes. S. 91.

61 BACZ Nr. 264 (Bekanntmachungen der Geschäftsleitung von 1912–31.12.1915).

betriebenen Automobilscheinwerfern, die den mit Azetylen gespeisten Scheinwerfern von Zeiss weit überlegen waren. Zwar reagierte man in Jena ziemlich schnell und erwarb eine Beteiligung an der Auto-Mafam GmbH Berlin im Buchwert von 250.000 Mark, doch zwang der Erste Weltkrieg wohl bald zur Setzung eindeutiger Prioritäten, sodass die Abteilung „Auto“ vorübergehend zum Erliegen kam[62].

Die Verdienste Moritz von Rohrs bei der Berechnung von Brillen ließen es naheliegend erscheinen, die Herstellung derselben ins Programm zu nehmen. Von Rohr war einer der namhaften Erfinder des Hauses Zeiss, wobei vielerlei Anregungen von dem schwedischen Ophthalmologen A. Gullstrand ausgingen. Von Rohrs bedeutendste Invention war wohl das Torische Brillenglas (Punktalglas) sowie das sphärische Punktalglas, dessen Vorzug darin bestand, dass das Glas nicht nur mittig, sondern flächig bis zum Rand scharfe Bilder vermitteln konnte[63]. Die Fortschritte auf diesem Sektor gaben Veranlassung zur Gründung einer speziellen Abteilung „Opto“ im Jahre 1908. In dieses Jahr fiel auch die erste Kontaktaufnahme mit dem amerikanischen Unternehmen Bausch & Lomb in Rochester N.Y.

Schließlich schien es dem bisherigen Sortiment recht angemessen, mit dem Aufbau einer Abteilung für medizinisch-ophthalmologische Instrumente (Abt. „Med“) wiederum ein Nachfragesegment ins Auge zu fassen, für dessen Erschließung Zeiss mit seiner Präzisionsoptik und Feinmechanik günstige Ausgangsbedingungen bot.

Eine Fusion im Jahre 1909: Die Ica AG Dresden

Mit R. Hüttig & Sohn kam im Rahmen der Fusion von 1909 einer der ältesten Kamerahersteller Deutschlands in den Zeiss-Ver-

62 BACZ Nr. 11995 (Historie der Auto-Abteilung), S. 3.
63 BACZ Nr. 7792 (Wichige Erfindungen).

bund[64]. Hierzu gehörte auch Dr. Krügener, ein gelernter Chemiker, der sich damals der aufkommenden Amateur-Photographie zuwandte und eine Kameraproduktion aufbaute, die immerhin 400 Beschäftigte in Lohn und Brot setzte. Zu seinen Entwicklungen gehörte die sog. Detektivcamera in Form eines Buches, die starke Nachfrage fand.

Emil Wünsche, zunächst der Trockenplatten-Fabrikation zugewandt, hatte ebenfalls frühzeitig die Möglichkeit gesehen, die die Amateur-Photographie mit sich bringen sollte. Er errichtete 1887 ein Versandunternehmen und gründete 1896 eine Amateurkamera-Fabrikation. Von seinen Entwicklungen ist die Mars-Kamera bekannt, eine Magazinkamera mit Wechselsack (der späteren Wechselvorrichtung).

Ein weiterer Ica-Partner war die im Jahre 1900 gegründete Palmos-Werke AG, die aus der Firma Kurt Bentzin, Görlitz, hervorging, die ebenfalls die Herstellung photographischer Amateurapparate aufgenommen hatte. Bekanntes Produkt des Werkes war die Palmos-Kamera mit der Besonderheit des geräuschlos laufenden Schlitzverschlusses. Die Aktiengesellschaft wurde bereits 1901 durch Beschluss der Generalversammlung wieder aufgelöst und blieb bei Carl Zeiss, bis sie von dem Jenaer Unternehmen 1909 in die Internationale Camera-Aktiengesellschaft (also die Ica) eingebracht wurde.

Der Ica schloss sich dann 1912 noch die Firma G. Zulauf & Co. aus Zürich an, eine Herstellerin von Spezialkameras, insbesondere der Polyskop-Kamera, die das Produktspektrum der Ica sinnvoll ergänzten. Die Stereoskopie erfreute sich damals – vor allem in den romanischen Ländern und Südamerika – großen Interesses, sodass mit den Zulauf-Produkten beachtliche neue Marktsegmente erschlossen werden konnten[65].

---

64 Der aus Leopoldshain in Schlesien stammende Richard Hüttig legte 1862 mit einem Gehilfen in Berlin den Grundstein zu der späteren Firma R. Hüttig & Sohn. 1887 übersiedelte er nach Dresden, wo er zusammen mit seinem Sohn die Firma R. Hüttig & Sohn, Fabrik photographischer Apparate gründete. 1904 wechselte die Geschäftsführung. Die kaufmännische Führung des Unternehmens übernahm Guido Mengel, dem es auch oblag, aufgrund der Heterogenität des Photomarktes Gemeinsamkeiten zu suchen, die dann in die Fusion von 1909 einmündeten (75 Jahre Photo- und Kinotechnik. Festschrift herausgegeben anlässlich der Feier des 75-jährigen Bestehens der Zeiss Ikon AG. und ihrer Vorgängerfirmen, 1862–1937, o.O., o.J., S. 125).

65 75 Jahre, S. 126 f.

Abb. 9 Gebäude der vormaligen Ica AG in Dresden 1935

Zeiss war zwar Branchenführerin in der feinmechanisch-optischen Industrie, hatte diese Führungsposition jedoch im harten Wettbewerb zu verteidigen. Zu den Konkurrenten gehörten in erster Linie die Optische Anstalt C.P. Goerz in Berlin sowie die Firma Leitz in Wetzlar[66]. Ein scharfer Wettbewerb mit den Mitteln der Preis- und Rabattpolitik war an der Tagesordnung und eine stärkere Bündelung der Kräfte etwa im Wege der Konzentration durch Fusion ein Gebot der Stunde. Dies galt insbesondere für die Kamera-Industrie, deren Markt dem Unternehmen Zeiss besondere Sensibilität abverlangte, da das Jenaer Werk einerseits als bedeutender Hersteller und Großlieferant von Photoobjektiven auftrat, andererseits jedoch auch als Kamerahersteller just mit denselben Unternehmen konkurrierte, die Abnehmer der Objektive waren. So musste man beobachten, dass die anderen Kamerafabriken zunehmend ihre Objektive nicht mehr bei Zeiss orderten, allen voran die Optische

66 BACZ Nr. 23018. Zum historischen Optik-Standort Wetzlar vgl. Wilhelm Homberg: Die optische Industrie in Wetzlar, Diss. Gießen 1928; Willi Erb: Die Leitz-Werke. Ihre Geschichte und ihre Bedeutung für den Wetzlarer Raum, Diss. Marburg 1955.

Anstalt C.P. Goerz. Zügiges Handeln zur Sicherung des Absatzes war also angesagt und es lag der Gedanke nahe, die Kamera-Interessen institutionell zusammenzuführen. Man entschied sich für die Form des Konzerns, dessen Gründung unter dem Namen Ica AG Dresden, am 7. Oktober 1909 erfolgte. Die neue Aktiengesellschaft wurde mit einem Grundkapital von drei Millionen Mark ausgestattet[67], wovon Zeiss 550.000 Mark (21,67 Prozent) hielt und zudem seine Kamera-Abteilung bzw. Kameras im Wert von 100.000 Mark einbrachte[68]. 786.000 Mark (26,2 Prozent) entfielen auf die Aktionäre des aufgenommenen Unternehmens R. Hüttig & Sohn, Dresden, 500.000 Mark auf jene der Firma Emil Wünsche AG für photographische Industrie (Reick bei Dresden) und 400.000 Mark gingen in das Portefeuille der Firma Dr. R. Krügener, Frankfurt am Main. 664 Aktien zu je 1.000 Mark wurden über die Deutsche Bank an den Kapitalmarkt lanciert. Mit der Ica AG als Nachfragerin war für Zeiss der Absatz im Segment für hochwertige Objektive stabilisiert.

Weitere strategische Partnerschaften

Um auch das Segment der geringerwertigen Objektive zu besetzen, ließ das Jenaer Unternehmen im Jahre 1911 ganz in der Nähe, in Saalfeld, eine Optische Anstalt in der Rechtsform einer Gesellschaft mit beschränkter Haftung gründen.

Damit jedoch nicht genug. Auch andere Marktbereiche waren hart umkämpft, so z.B. der klassische Produktbereich von Carl Zeiss Jena, die Mikroskopie. So war es nur folgerichtig, dass versucht wurde, durch geeignete Maßnahmen die Führungsposition zu halten bzw. auszubauen. Im Wesentlichen geschah dies über eine Mehrheitsbeteiligung an der Firma R. Winkel in Göttingen, einem Unternehmen, das neben Mikroskopen auch Projektions- und mikrophotographische Apparate herstellte. Das Unternehmen, das etwa 110 Mitarbeiter beschäftigte, sah sich 1911 aufgrund misslungener Auslandsgeschäfte (u.a. in Rußland und Übersee) einer star-

---

67 BACZ Nr. 12977 (Ica AG. Dresden – Gedruckter Gesellschaftsvertrag in der Fassung von 1917).

68 BACZ Nr. 23020 (Bericht an den Stiftungskommissar vom 19. Okt. 1909).

ken Verschuldung gegenüber und plante die Entschuldung durch Umgründung in eine Aktiengesellschaft, d.h. eine Sanierung mittels Beteiligungskapitals. Buchprüfungen ließen jedoch Zweifel am inneren Wert des Unternehmens aufkommen, sodass die Verbindung mit einem starken Partner als aussichtsreichere Sanierungsalternative erschien. Dieser Partner war die Firma Zeiss. So wurde am 27. April 1911 eine neue Gesellschaft, die R. Winkel GmbH gegründet, die sich unter dem Dach der Zeiss-Gruppe erfolgreich entwickeln und ihre Mitarbeiterzahl im Laufe der folgenden Jahrzehnte mehr als verzehnfachen konnte.

Ergänzend versuchte man schließlich noch andere Produktbereiche zu stärken, z.B. die Medizin-Optik. Dort kam es im Jahre 1909 zu einem Arrangement mit G. Wolf, einem Berliner Fabrikanten von Kystoskopen, d.h. medizin-optischen Geräten, die bei Blasenuntersuchungen eingesetzt werden. Man verständigte sich darauf, dass Zeiss die optischen Elemente und Wolf die mechanische Ausrüstung liefern sollte[69].

Nun war zwar durch die geschilderten Fusionen und Beteiligungen der Binnenmarkt kontrolliert und der Absatz konsolidiert; für ein weltweit tätiges, exportintensives Großunternehmen, zu dem Zeiss inzwischen herangewachsen war, erwiesen sich jedoch Verständigungen mit den ausländischen Anbietern und Nachfragern als von existenzieller Bedeutung. Vor allem in den Vereinigten Staaten, einem riesigen Markt, der zudem vom Hauptkonkurrenten Goerz ziemlich intensiv bearbeitet wurde, musste man beherzt mit der Erschließung neuer Kundenkreise durch Verhandlungen mit geeigneten Partnern beginnen. Solche fand man in den verwandtschaftlich verflochtenen Unternehmen Bausch & Lomb, Optical Company und Bausch & Lomb-Saemüller Company, mit denen Zeiss im Jahr 1907 erstmals Gespräche führte. Es kam zur Fusion der beiden amerikanischen Unternehmen zur Bausch & Lomb Company, an der sich Zeiss mit einem Kapital von 2,5 Millionen Mark beteiligte, ein Anteil, der 1911 auf drei Millionen Mark erhöht wurde. Damit kontrollierte Zeiss mehr als ein Viertel des Kapitals von Bausch & Lomb[70].

---

69 SCHOMERUS: Geschichte, S. 178.

70 BACZ Nr. 753 Verträge mit Bausch & Lomb Rochester (USA) 1907–1911, (Vereinbarung über die Regelung der geschäftlichen Beziehungen zwischen den Firmen Bausch & Lomb, USA und dem Carl Zeiss-Werk vom 27. November 1907); BACZ Nr. 13671 (Prof. Dr. Ing. W. Bauersfeld, Lebensbeschreibung).

Abb. 10 Gemeinsame Sitzung der Geschäftsleitung Carl Zeiss und der Stiftungsverwaltung der Carl Zeiss-Stiftung in Anwesenheit von Edward Bausch, Rochester, September 1911

Der Kontakt mit den Amerikanern brachte beiläufig gewisse Synergien auf dem Gebiet der rationellen Fertigung mit sich. Der Geschäftsleiter Bauersfeld hatte 1911 eine Reise nach Rochester N.Y. zu Bausch & Lomb unternommen. Im Rahmen seines Amerikakontakts lernte er den Rationalisierungsspezialisten M. Gilbreth kennen, der die Taylor'schen Ideen weiterentwickelte und Industriefirmen beriet. So war er auch einige Wochen im Zeisswerk tätig. Er analysierte menschliche Arbeitsprozesse mit Hilfe fotografischer und kinematografischer Methoden und Bauersfeld, der ja bei Zeiss auch für diesen Aufgabenbereich zuständig war, meinte beiläufig, er habe von Gilbreth in Sachen Arbeitsorganisation „mehr gelernt als in meiner ganzen Studiumszeit"[71].

Eine weitere Abstimmung auf dem amerikanischen Markt erreichte Zeiss übrigens 1912 durch die Bildung einer Interessengemeinschaft mit der Continental Films Comp. im Bereich der

71 BACZ Nr. 13671 (Prof. Dr. Ing. W. Bauersfeld, Lebensbeschreibung).

Dreifarben-Kinematographie. Auch mit der Eastmann Kodak Co. konnte man sich in der Form einer IG verständigen[72].

Insgesamt lässt sich sagen, dass Zeiss vor dem Ersten Weltkrieg seine Marktposition durch eine Vielzahl von Beteiligungen festigte und ausbaute. Aus den neun Beteiligungen des Jahres 1910 wurden 15 im Jahre 1914. Deren Wert steigerte sich von über 3,81 Millionen Mark (1911) auf über 7,95 Millionen Mark 1914[73].

Märkte und Produkte

Mit der starken Ausdifferenzierung der Bedürfnisse infolge zunehmender Wohlhabenheit und steigender Realeinkommen seit dem späten 19. Jahrhundert, aber auch im Zuge der Zweiten Industriellen Revolution, einer Wissenschaftsrevolution, schritt die Kommerzialisierung der Gesellschaft voran. Labors wurden zu Symbolen der neuen Wissenschaftsindustrien. Hinzu kamen neue Verkehrsmittel, Kommunikationsformen und Möglichkeiten der Freizeitgestaltung. Häufig zogen technische Neuerungen weitere Innovationen nach sich. Auch Zeiss profitierte stark von der Modernisierungswelle, im Zivilen wie im Militärischen. Ob zu Land, zu Wasser oder in der aufkommenden Fliegerei: Zeiss-Instrumente waren überall dabei. Die Omnipräsenz der hochwertigen Erzeugnisse aus Jena nährte die Nachfrage und man hatte – es wurde schon angedeutet – erhebliche Mühe, das Angebot rasch genug folgen zu lassen.

---

72 BACZ Nr. 8317 (Brief Fischer an Jenkins vom 28.9.1912; Vereinbarung vom 27.9.1912); BACZ Nr. 22754 (Verhandlungen der Geschäftsleitung).

73 BACZ Nr. 1486 (Geschäftsbericht des Stiftungskommissars der Carl Zeiss-Stiftung).

Angebot und Nachfrage nach Zivilgütern

Zu den marktgängigen Produkten der Abteilung „Mess“ gehörte das Abbe’sche Refraktometer. Es fand Anwendung in chemisch-technischen Laboratorien, in Handels-Laboratorien und Nahrungsmittel-Untersuchungsämtern. Neue Verwendung fand es seit etwa 1907 in den Zuckerfabriken Javas, Englands und Deutschlands zur Bestimmung des Wassergehaltes von Sirup und ähnlichen Zwischenprodukten der Zuckerfabrikation. Die Zeiss-Auslandsvertreter wurden entsprechend angewiesen: „Da die Zuckerfabriken im allgemeinen reichliche Mittel haben, so empfehlen wir Ihnen eine spezielle Bearbeitung aller Ihnen erreichbaren Zuckerfabriken“[74].

Darüberhinaus fanden Eintauchrefraktometer guten Umsatz: Sie fanden neue Verwendung in Spiritusbrennereien zur Bestimmung des Alkohol- und Extraktgehaltes in der Maische nach Dr. Frank-Kamenetzky.[75]

Die Labors von Nahrungsmittelchemikern und im übrigen auch Zollämter arbeiteten vielfach mit dem Butterrefraktometer von Zeiss[76].

1908 brachte Zeiss ein neues Produkt aus der Abteilung „Mess“ an den Markt, nämlich ein Blutspectroskop[77], das in Krankenhäusern und bei Blutspendediensten zum unentbehrlichen Arbeitsmittel wurde.

In Metallurgischen Laboratorien, großen Gießereien, Walzwerken oder in Materialprüfungsämtern bei der Brinell’schen Kugeldruckprobe zur Bestimmung der Härte eines Metalles waren Zeiss-Messmikroskope unverzichtbar geworden[78].

Bei der Thermometer-Fabrikation und in Fabriken künstlicher Seide fand das Kapillaren-Mess-Mikroskop von Zeiss zunehmend Anwendung[79].

Viele Höhere Schulen setzten ebenso wie eine große Zahl von Photo-Amateuren das Zeiss-Stereoskop ein[80].

---

74 BACZ Nr. 1486, Bl. 5.
75 Ebenda, Bl. 5.
76 Ebenda, Bl. 6.
77 BACZ Nr. 4855, Bl. 7 (Dez. 1907).
78 BACZ Nr. 1486, Bl. 6.
79 Ebenda, Bl. 6. Zu weiteren wichtigen Neukonstruktionen und Erfindungen siehe AUERBACH: Zeisswerk, 1925, S. 248 ff.
80 Ebenda, Bl. 6.

Zu einem ausgesprochenen Massengeschäft hatten sich die Ferngläser entwickelt. Im März 1908 vermeldete die Tele-Abteilung:

„Der Verkauf unserer Feldstecher hat sich in letzter Zeit, insbesondere während des laufenden Geschäftsjahres, gegenüber dem Vorjahr ganz bedeutend gehoben, sodass wir uns veranlasst sahen, die Fabrikation um jährlich ca. 3000 Stück zu erhöhen“[81].

Im März 1908 teilte das Unternehmen Zeiss den Kauf einer Fabrik in Wien mit. Im April sollte eine Fabrikationswerkstatt nach dort verlegt werden. Des weiteren war an die Errichtung eines Fabrikationsbetriebes mit 30–40 Arbeitern in Riga gedacht, veranlasst durch

„Übernahmen fremdländischer Regierungs-Aufträge, deren Abschluss in jüngster Zeit an die Bedingung geknüpft ist, dass durch Herstellung im eigenen Lande ... in die abzunehmende Ware „nationales Produkt“ wird“[82].

Zu dieser Zeit war Zeiss in allen Abteilungen voll beschäftigt und musste auf allen Ebenen Erweiterungen seiner Kapazitäten vornehmen[83].

Wie andere Abteilungen, so wartete auch „Astro“ mit einigen Neuheiten auf. Dazu gehörte der U.-V.-Spectroholiograph, ein Apparat zur Bestimmung der U.-V.-Durchlässigkeit der Erdatmosphäre für das Sonnenlicht, ferner zur Bestimmung der Schwankungen dieser Durchlässigkeit mit der Veränderung der Höhe der Sonne über dem Horizont und mit der verschiedenen Durchsichtigkeit der Luft. Zu den hauptsächlichen Anwendern gehörten Luftkurorte (z. B. Davos), Mediziner und Sanatorien[84].

Das Zivil-Angebot des Zeisswerks umfasste schließlich im Jahr 1910 Erzeugnisse der Abteilungen „Mikro“ (Mi), „Photo“ (Pho), „Mess“ (Ms) und „Astro“ (As). Aus Mi I stammten Mikroskopobjektive und -okulare, Präpariersysteme und Lupen. Mi II lieferte Stative und mikroskopische Nebenapparate. In Mi III fertigte man mikro-photographische Geräte und Projektionsapparate sowie Epidiaskope (Direktprojektion ohne Dias) und Beleuchtungsapparate. Kystoskope, Gastroskope und Kehlkopfspiegel stammten aus

81 BACZ Nr. 1366 (Monatsberichte für die Geschäftsstellen 1908), Bl. 9.
82 BACZ Nr. 1366 (Monatsberichte für die Geschäftsstellen 1908), Bl. 10.
83 BACZ Nr. 1366 (Monatsberichte für die Geschäftsstellen 1908), Bl. 10.
84 BACZ Nr. 4855, Bl. 5 (Dez. 1907).

Mi IV und Brillen wie auch Fernrohrbrillen stellte man in Mi V her. Die Photo-Fertigung konzentrierte sich auf Photographische Objektive und Nebenapparate.

In der Abteilung Mess, in Ms I, stellte man Optische Messinstrumente, Phototheodolite und Stereokomparatoren her, und in Ms II geodätische Instrumente. 1908 ging hieraus wie erwähnt die Abteilung „Geo" hervor.

Aus der Astro-Fertigung stammten schließlich Astronomische Montierungen und Fernrohre[85].

Zum wirtschaftlichen Wachstum des Unternehmens Zeiss trugen eine Reihe von nachfrageseitigen Impulsen bei. Der Aufschwung der Naturwissenschaften mit großem Bedarf an Mikroskopen gehörte ebenso dazu wie der Auf- und Ausbau des Militärs sowie die Urbanisierung mit entsprechenden kommunalen Einrichtungen (Gesundheitsämter, Veterinärämter etc.).

Das Unternehmen wuchs mit jährlichen zweistelligen Raten. 1911/12 betrug die Wachstumsrate (jeweils gegenüber dem Vorjahr) 30,9 Prozent, 1912/13 24,5 Prozent und 1913/14 24,7 Prozent[86].

Bedeutendste Nachfragerin Zeiss'scher Instrumente, insbesondere solcher aus dem Kerngeschäft Mikroskopie, war wohl die Naturwissenschaft. Es erscheint nicht übertrieben zu sagen, dass in den meisten Laboratorien der Welt mit Zeiss-Mikroskopen gearbeitet wurde. Wissenschaftler ersten Ranges wie die Nobelpreisträger Robert Koch (1905), Santiago Ramón y Cajál (1906) und Paul Ehrlich (1908) benutzten die Mikroskope aus Jena. Mit einigen von ihnen, so mit Allvar Gullstrand, entwickelte man sogar neue Geräte in enger Zusammenarbeit, wie etwa die Spaltlampe (ab 1911). Dieses Große Ophtalmoskop zur reflexfreien Beobachtung des Augenhintergrundes stand bei Zeiss bereits in einer gewissen Tradition augenheilkundlicher Medizintechnik, denn 1898 hatte Czapski mit dem Binokularen Hornhautmikroskop eine bahnbrechende Innovation geschafft. Augenarztpraxen und ophthalmologische Institute gehörten so bald zum Kundenstamm des Zeisswerks.

Und dann gab es freilich schon lange vor dem Ersten Weltkrieg die allenthalben entstehenden Sternwarten, die sich für die einschlägigen Instrumente aus der 1897 gegründeten Abteilung Astronomie interessierten. So wurde der Sternwarte Hamburg-Bergedorf

---

85 BACZ Nrn.11820; 12150; BACKHAUS: Entwicklung, S. 33.

86 BACZ Nr. 1486; SAẞMANNSHAUSEN: Wettbewerbssituation, S. 22.

z.B. 1911 ein 1-m-Spiegelteleskop mit 0,34-m-Dippert Astrograph mit verschiedenen Fernrohren geliefert. Zum Produktsortiment gehörten überdies bald Interferometer, d.h. optische Messgeräte mit extremer Genauigkeit. Höchste Präzision war das Geschäft von Zeiss.

Ein neues Marktsegment eröffnete sich mit der aufkommenden Photogrammetrie, insbesondere in ihrer Anwendung zu Vermessungen aus der Luft. Hier waren es Regierungsstellen, in Preußen und anderswo, die die photogrammetrischen Messapparate aus Jena nachfragten und zur Vermessung der Erdoberfläche aus Freiballons einsetzten.

Nachdem bei Zeiss 1901 der Stereokomparator mit „wandernder Raummarke“ für astronomische, topographische und meteorologische Anwendungsbereiche entwickelt worden war, kam 1909 der nach Eduard von Orel konzipierte Stereo-Autograph zur automatischen linienweisen Kartierung von Komparatordaten hinzu.

Carl Pulfrich baute 1910 auf preußische Anregung hin eine Ballonkammer, die am Korbring eines Ballons aufgehängt wurde. 1911 machte man dieserart erfolgreich Probeaufnahmen[87].

Allgemein wird man sagen können: Überall wo gemessen und präzise geschaut wurde, war Zeiss-Technik mit von der Partie. In dem Maße, wie im späteren Wilhelminischen Reich die Urbanisierung und Verkehrsinfrastruktur zunahm bzw. sich verdichtete, kam der Bodenvermessung, allgemein der Geodäsie wachsende Bedeutung zu. Auch diesen sehr stark expandierenden Markt bediente das Zeisswerk. 1904 war in Jena der Universaltheodolit entwickelt worden, dem acht Jahre später der Repetitionstheodolit RTh II folgte. 1909 und 1911 kamen Nivellierungsinstrumente an den Markt, das Nivellierungsinstrument mit Innenfokussierung und das Präzisions-Nivellierungsinstrument III mit Planplatte. Auch der zunehmenden Motorisierung versuchte man im Zeisswerk Rechnung zu tragen, indem man seit 1911 Autoscheinwerfer – zunächst nur für Luxusautomobile – entwickelte. Immerhin erzielte die neugegründete Abteilung „Auto“ im Geschäftsjahr 1912/13 einen Umsatz in Höhe von 330.444 Mark, der im Folgejahr auf 537.174 Mark gesteigert werden konnte[88].

---

87 Innovation, Heft 1, S. 22.

88 BACZ Nr. 1486; SASSMANNSHAUSEN: Wettbewerbssituation, S. 22.

Ein ausgesprochen breiter Massenmarkt eröffnete sich zudem mit der Brillen(glas)herstellung. Nachdem Moritz von Rohr 1908 eine Fernrohrbrille für hochgradig Kurzsichtige gerechnet und die erste vergrößernde Sehhilfe nach der Gullstrandschen Abbildungstheorie geschaffen hatte, kam es 1910 zur Herstellung Gullstrandscher Stargläser, den unter dem Namen „Katral" geführten weltweit ersten asphärischen Brillengläsern. In einer Serie weiterer Entwicklungen folgten 1912 Brillengläser der Marke „Punktal" und 1914 die Schutzbrillengläser „Umbral" und die Bifokalbrillengläser „Supral".

Dieser bis heute für Zeiss wichtige Markt erbrachte im Geschäftsjahr 1912/13 für die neue Abteilung „Opto" einen Umsatz von 38.922 Mark, der im wesentlichen aus dem Verkauf von 120.000 Brillengläsern resultierte und sich bereits im Folgejahr auf 227.240 Mark (bei einem Ausstoß von 220.000 Brillengläsern) erhöhte[89].

Verbunden mit der Markterschließung in diesem Bereich war eine zähe Auseinandersetzung mit qualitätsstarken Widersachern wie den in Rathenow ansässigen Firmen Busch AG, Nitsche & Günther und Goerz sowie mit Rodenstock in München und im Billigsegment mit der Nürnberger Brillenkleinindustrie[90].

Hinzu kam, dass dieser Markt auch stark von ausländischer, vor allem amerikanischer Konkurrenz bedient wurde, so dass ein *joint venture* nahelag, um schneller in das internationale Geschäft zu kommen. Ein solches kam 1909 zustande, indem sich die Firmen Bausch & Lomb, American Optical Co. und Zeiss zur Optica AG mit Sitz in Jena zusammenschlossen. Sie teilten den Weltmarkt im Bereich hochwertiger Brillen unter sich auf: Die Optica AG sollte Kontinentaleuropa, Asien und Afrika bedienen, die beiden amerikanischen Firmen alle übrigen Märkte[91].

Seitens des Jenaer Unternehmens verfolgte man damit eine Doppelstrategie: Einerseits wollte man den Know-how-Vorsprung der

---

89 BACZ Nr. 16338 (Jahresbericht der Abteilung Opto / Brillen und Brillengläser); BACZ Nr. 1486; SASSMANNSHAUSEN: Wettbewerbssituation, S. 22.

90 RUDOLF BRAUN: Optik und Feinmechanik in Deutschland. Ein Beitrag zur wirtschaftlichen Bedeutung der Optik und Feinmechanik, der Glasinstrumenten-Industrie und der Chirurgieinstrumenten-Fabrikation (Optische Bücherei Bd. 2), Berlin 1921, S. 50 ff., SASSMANNSHAUSEN: Wettbewerbssituation, S. 22.

91 BACZ Nr. 292.

Amerikaner auf diesem Gebiet aufholen und andererseits die potentiellen Konkurrenten von den selbst in Aussicht genommenen Märkten fernhalten[92].

Dies sahen die amerikanischen Partner wohl bald als allzu große Einschränkung und zogen sich 1910 wieder aus dem *joint venture* zurück.

Der Absatz von Zivil-Artikeln erfolgte im Geschäftsjahr 1912/13 zu 34 Prozent in Deutschland und 66 Prozent gingen ins Ausland, nämlich 58 Prozent ins europäische Ausland (davon allein Russland 20,1 Prozent), 6,1 Prozent nach Amerika (3,0 Prozent USA und übriges Nordamerika), 1,7 Prozent nach Asien und je 0,1 Prozent nach Afrika und Australien.

Angebot und Nachfrage nach Militärgütern

Aufgrund der Herstellung strategischer Produkte wie z.B. militäroptischer Geräte kam dem Unternehmen Zeiss eine gewisse politische Relevanz zu. Im Laufe der Jahrzehnte war eine enge Zusammenarbeit mit den Regierungsstellen und militärischen Beschaffungsämtern vieler Länder aufgebaut worden. Der Militärabsatz schlug immer mehr zu Buche.

Schon aufgrund der Grösse des Zeiss'schen Unternehmens, vor allem aber des technologischen Vorsprungs in einigen Sparten der feinmechanisch-optischen Industrie wegen, waren Mitglieder der Zeiss-Geschäftsleitung in einflussreichen Verbänden führend vertreten. Das Unternehmen und seine Produkte hatten sicher politische Bedeutung. Man verbuchte in den Phasen internationaler militärischer Auseinandersetzungen die bedeutendsten Umsätze. Zeiss stellte Gerät her, das die Effizienz von Waffen unterschiedlichster Gattung wesentlich erhöhte. Die Produktpalette in diesem Bereich umfasste Feldstecher, Scheren- und Zielfernrohre, Periskope für U-Boote (seit 1904), Hyposkope (große Batterie-Beobachtungsfernrohre, seit 1907), monokulare Telemeter und Entfernungsmesser etc. Solcherlei Instrumente waren für die moderne Kriegführung unverzichtbar und konnten weltweit nicht in der Qualität hergestellt werden wie in Jena.

---

92 BACZ Nr. 23022, Saßmannshausen: Wettbewerbssituation, S. 23.

Es waren eine Reihe von Faktoren, die den Übergang von Produktionsunternehmen zivilen Charakters in solche, die auch und bei Bedarf überwiegend militärische Güter herstellten, gegen Ende des 19. Jahrhunderts wesentlich gefördert hatten. Im Wilhelminischen Reich war die Verstärkung des Militärs eine fast selbstverständliche Attitüde des Großmacht- und Expansionsstrebens geworden. Hieraus resultierten Heeresreformen und ein umfassendes Flottenbauprogramm. Derlei Entwicklungen waren freilich nicht nur in Deutschland zu beobachten. Militärische Auseinandersetzungen und Krisen im Vorfeld des Ersten Weltkriegs und schließlich dieser selbst ließen Hersteller strategischer Militärgüter wie Zeiss zu einer gewichtigen Komponente im Spiel der Mächte werden.

Im letzten Jahrzehnt des 19. Jahrhunderts hatte man, wie gesagt, im Zeisswerk mit der Fertigung militäroptischer Instrumente begonnen. Genau genommen setzte sie 1892/93 ein. 1895 wurde die Militärabteilung gegründet und die Prismenfeldstecher in der Armee eingeführt. Im Geschäftsjahr 1903/04 betrug der Militärumsatz 900.000 Mark, d.h. ca. 25 Prozent des Gesamtumsatzes. 1904/05 war der Militärumsatz sprunghaft auf 38,8 Prozent des Gesamtumsatzes angestiegen. Hintergrund dieser Nachfragesteigerung war der russisch-japanische Krieg. Zeiss verkaufte z.B. Scherenfernrohre an die russische Armeeverwaltung. Im Jahre 1913 betrug der Militärumsatz ca. 9 Millionen Mark, d.h. 49,8 Prozent des Gesamtumsatzes.

Wie erwähnt, kamen im Wilhelminischen Reich Heer und Marine, das Militär allgemein, nicht zu kurz. Der Staatsetat wurde 1905/09 zu 25,4 Prozent für die Verteidigung verausgabt[93]. Die Modernisierung und Technisierung hielt auch dort Einzug und Lieferanten einschlägiger Geräte winkten neue, ertragreiche Geschäftsfelder. Das Zeisswerk gehörte ab den 1890er Jahren zu diesen Lieferanten, setzte seine Produkte jedoch auch ins Ausland ab.

Hauseigene Erfindungen, bald Innovationen, trugen dazu bei. Neben den bereits genannten Neuerungen gehörten dazu seit 1910 Zielapparate für Geschossabwürfe aus Ballons und ein Jahr später

[93] Gerd Hohorst/Jürgen Kocka/Gerhard A. Ritter: Sozialgeschichtliches Arbeitsbuch Band II. Materialien zur Statistik des Kaiserreichs 1870–1914, 2. Aufl., München 1978, S. 148.

schließlich Zielfernrohre mit drehbarem Okular für Ballongeschütze[94].

Die Frage ist, wie ein überzeugter und erklärter Pazifist wie Ernst Abbe dazu kam, optische Komponenten für militärisches Gerät herzustellen. Überliefert ist, dass er – in ähnlicher Begründung, wie die der Friedenspolitik der 1970er Jahre – der Auffassung war, durch bestmögliche Ausrüstung die höchstmögliche Sicherheit des Landes gewährleistet wissen zu wollen.

Vor dem Ersten Weltkrieg, im Geschäftsjahr 1912/13, resultierte immerhin ein Drittel des Umsatzes von Zeiss aus der Nachfrage militärischer Beschaffungsstellen[95].

Unternehmensintern wurden in der Abteilung „Tele" (Tele-Fertigung; T), die im Jahr 1895/96 gegründet wurde, die meisten Militärartikel hergestellt. T I stellte mono- und bikulare Feldstecher her, T II Scheren-, Stangen- und größere Beobachtungsfernrohre, T III Gewehr- und Geschützzeichenfernrohre sowie Richtkreisel, T IV Entfernungsmesser und T V Signalapparate, Triple-Spiegel und Scheinwerfer[96].

Die Teleskopie, also die Wahrnehmung in weiter Ferne befindlicher Gegenstände mit Teleskopen, sprich Fernrohren: Sie war 1894 ein neues Geschäftsfeld des Zeisswerks geworden. Es liegt auf der Hand, dass insbesondere das Militär solcher Möglichkeiten der Visualisierung des quasi Unsichtbaren bedurfte.

Das Telegeschäft entwickelte sich sehr dynamisch, nachdem Ernst Abbe mit dem Deutschen Reichspatent Nr. 67823 vom 29. Januar 1892, einem „Fernrohrokular mit weit abliegendem Augenpunkt" die opto-technischen Voraussetzungen dafür geschaffen hatte. 1893 ließ er sich dann das „Doppelfernrohr mit vergrößertem Augenabstand", also den Feldstecher, patentieren[97].

Ähnlich wie bei der Konkurrenz, z.B. den C.P. Goerz-Werken, wurde der Kontakt zu Militärstellen und -personen desto enger, je konfliktträchtiger die Zeit war. Bei Zeiss reagierte man darauf in der Weise, dass man den Hauptmann Otto Forstmann am 1. April 1905 als Leiter der Militärabteilung einsetzte[98]. Forstmann über-

---

94 AUERBACH: Zeisswerk, 4. Aufl. 1914, S. 194 ff.
95 SCHOMERUS: Geschichte, S. 176.
96 BACZ Nrn. 11820; 12150; BACKHAUS: Entwicklung, S. 33.
97 BACZ Nr. 32668.
98 BACZ Nr. 17122, LORTZ: Militärgeschäft, S. 20.

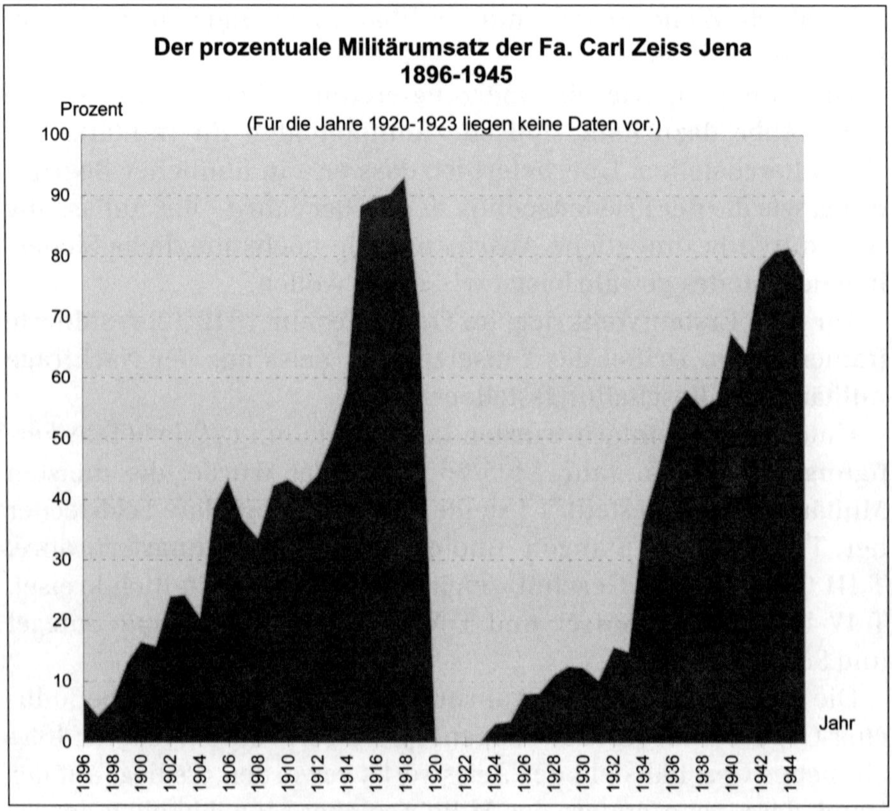

nahm wie sein Vorgänger Dr. Albert König sowohl die wissenschaftlich-technische als auch die kaufmännische Leitung[99]. König galt zusammen mit Braun als Erfinder des Mastfernrohrs[100].

Das Jahrzehnt vor Beginn des Ersten Weltkrieges war geprägt durch eine Vielzahl internationaler Konflikte, die teils militärisch ausgetragen wurden, teils aber auch noch nicht zu offener Auseinandersetzung, wohl aber zu gewaltiger Aufrüstung und Mobilisierung finanzieller und technischer Mittel für den Konfliktfall führten. Dies war insbesondere in den finanzstarken Industriestaaten der Fall. Heeresreformen und Flottenbauprogramme steigerten die Nachfrage nach militärischen Erzeugnissen beträchtlich. Dort entstand ein Nachfragepotenzial, das kaum unterschätzt werden kann.

---

99 BACZ Nr. 17122, BACKHAUS: Entwicklung, S. 83.
100 BACZ Nr. 7792 (Wichtige Erfindungen).

Abb. 11 Erstes Mastfernrohr (1914)

Zu den Konflikten gehörten die Herero- bzw. Namaaufstände in Deutsch-Südwestafrika zwischen 1904 und 1907. Der Russisch-Japanische Krieg (1904/05) und die Erste Marokkokrise (1905/06) sorgten ebenso für Konfliktstoff und Rüstungsnachfrage wie später die zweite Marokkokrise (1911), der Italienisch-Türkische Krieg (1911/12) und die Balkankriege (1912/13)[101]. Wie das Kommerzium eben so läuft: Weder bei Zeiss noch in anderen Unternehmen genierte man sich, gegebenenfalls beide Konfliktpartner mit militärischen Geräten zu beliefern. So war es jedenfalls im Konflikt zwischen Russland und Japan. Während man der russischen Armee Direktlieferungen ins Konfliktgebiet Mandschurei zukommen ließ, versorgte man gleichzeitig Japan mit dem bestellten optischen Gerät. Darunter waren vor allem Armeefeldstecher, Marinefernrohre, Scherenfernrohre und Entfernungsmesser. In der Zeiss-Geschäftsleitung ging man im Januar 1905 davon aus, dass im laufenden Geschäftsjahr 1904/05 (1.10.1904–30.9.1905) die „Kriegsbestellungen von Japan etwa 150.000 M und jene Russlands ca. 400.000 M betragen" würden[102]. Sehr wahrscheinlich lagen die Werte jedoch deutlich höher[103].

Vor diesem Hintergrund ist auch die beträchtliche Steigerung des gesamten ausländischen Militärumsatzes des Unternehmens Zeiss zu sehen, der 1903/04 noch fünfstellig war (95.381 Mark), dann aber 1904/05 bereits siebenstellig (1.392.134 Mark) und schließlich 1905/06 1.458.777 Mark erreichte. Der gewaltige Umsatzsprung 1903/04–1904/05 resultiert wesentlich aus dem Russisch-Japanischen Krieg[104]. Im Jahre 1905 sprach Hugo Ruß, der langjährige Leiter der Abteilung Dreherei, Fräserei und Bohrerei bei Zeiss erstmals von einer Massenproduktion bei Zeiss und einer dadurch bewirkten erheblichen Senkung der Herstellungskosten[105]. Die Kausalkette Konflikt-Massennachfrage-Massenproduktion-Stückkostenreduktion im militärischen Zusammenhang wird uns im folgenden noch einige Male begegnen.

---

101 SCHOMERUS: Geschichte, S. 176.

102 BACZ Nr. 9205, LORTZ: Militärgeschäft, S. 18.

103 BACZ Nr. 23018

104 BACZ Nr. 17122, LORTZ: Militärgeschäft, S. 19.

105 BACZ Nr. 1574 (Geschäftsleitung, Die Entwicklung der Abteilungen Dreherei-Fräserei-Bohrerei-Stanzerei der Firma Carl Zeiss in den Jahren 1885–1910, verfasst im Oktober 1911 von Hugo Russ).

Zweites Kapitel

Zeiss 1914–1918

Das Geschäft im und mit dem Krieg

Während des Ersten Weltkriegs überschritt der Umsatz die 100-Millionen-Mark-Grenze (1918: 107.531.889 Mark), eine Größenordnung, die erst wieder in den späten 30er Jahren annähernd erreicht wurde (1938: 102.786.482 Reichsmark), wobei hier freilich die unterschiedliche Kaufkraft der seit 1876 gültigen Mark und der 1924 eingeführten Reichsmark zu berücksichtigen ist. Auch sind die Angaben für die Jahre zwischen 1914 und 1919 (für 1920–1923 liegen keine genauen Ziffern vor) mit einem erheblichen Deflator zu „entschärfen". Gleichwohl dürfte der in realer Kaufkraft gemessene Umsatz 1918 deutlich über 50 Millionen Mark betragen haben. Wurde der Gesamtumsatz des Zeiss-Werks 1913 noch zu ca. 50,3 Prozent mit Zivilgütern erzielt, so schrumpfte dieser Anteil auf 6,9 Prozent (1918) zusammen, d.h. Zeiss lieferte fast nur noch Militärgüter.

In den vier Kriegsjahren 1914/15–1917/18 erlangte die Militärabteilung einen Anteil von durchschnittlich 91 Prozent am Gesam-

tumsatz. Die Gewinne, die das Unternehmen aus dem Ersten Weltkrieg zog, betrugen ca. 50 Millionen Mark[106]. Es besteht also kein Zweifel, dass die Firma Zeiss wirtschaftlich erheblich vom Krieg profitierte.

Dieser „Erfolg“ war jedoch mit erheblichen Nachteilen erkauft und ging mit beträchtlichen Versorgungsengpässen einher. Der Kriegseintritt Deutschlands bedingte in dem strategische Güter herstellenden Jenaer Unternehmen überdies erhebliche strukturelle Veränderungen und schließlich den Verlust des größten Teils seines Auslandsvermögens unter Einschluss von Patentrechten usw.

Der Kriegsausbruch im August 1914 bedeutete für das Unternehmen zweierlei: Eine zunehmende Militärproduktion unter Kriegs-, d.h. Knappheitsbedingungen im Rohstoff- und Versorgungsbereich sowie allmähliche Absatzeinbrüche und Abbrüche der Geschäftsverbindungen mit den Partnern der alliierten Länder bei gleichzeitiger Intensivierung der Kontakte mit den Achsenmächten. Carl Zeiss Jena war – wie andere Unternehmen mit kriegswichtiger Produktion – ein nicht unwesentlicher Faktor in den strategischen Überlegungen der Reichsleitung geworden. Infolgedessen konnte es sich bis zu einem gewissen Grade nicht mehr dem staatlichen Einfluss entziehen, d.h. konkret der Kontrolle der Militärexporte durch das deutsche Kriegsministerium[107] und der Beaufsichtigung der Zivilausfuhr durch die „Wirtschaftliche Vereinigung der Deutschen Gesellschaft für Mechanik und Optik“[108], die bald als die Zentralstelle für die Ausfuhrbewilligung fungierte[109]. Ein Unternehmen von der branchenmäßigen Dominanz wie Zeiss war freilich in diesem Fachverband prominent vertreten. Max Fischer war

106 BACZ Nr. 1488 (Allein im Geschäftsjahr 1916/17 (1.10.1916–30.9.1917) erwirtschaftete Zeiss einen Reingewinn von 10.074.533,27 Mark); BACZ Nr. 10406 (Hauptbuchhaltung, Bilanz per 30.9.1917).[107] BACZ Nr. 218 (Sammelakte Dr. Max Fischer 1906–1940).

108 Der Fachverband war 1913 unter diesem Namen aus der 1881 gegründeten „Deutschen Gesellschaft für Mechanik und Optik“ hervorgegangen, die wiederum im „Fachverein Berliner Mechaniker“ von 1877 ihre Vorgängerin hatte (BACZ Nr. 6228, Geschichte der wirtschaftspolitischen Organisation der Feinmechanik und Optik).

109 BACZ Nr. 31643 (Karl Albrecht: Die Entwicklung der Organisation der Feinmechanik und Optik, 1943).

stellvertretender Vorsitzender der Vereinigung und so nimmt es nicht Wunder, dass sich die Zusammenarbeit „zufriedenstellend“ entwickelte. Das Jenaer Unternehmen konnte jedenfalls seinen Militärexport von über 6,9 Millionen Mark 1914/15 auf über 13,6 Millionen 1917/18 fast verdoppeln und einen Militärumsatz im selben Zeitraum von knapp 33,6 auf fast 100,1 Millionen Mark nahezu ver-

Die Entwicklung des Militärumsatzes der Firma Carl Zeiss im In- und Ausland während des Ersten Weltkrieges in Mark (lfd. Preise)

	1913/14	1914/15	1915/16	1916/17	1917/18
Gesamtumsatz	23.382.217**	38.015.495	42.875.410	61.175.743	107.531.889
Inlandsumsatz		29.822.906	33.099.769	46.205.808	91.920.157
% des Gesamtums.*		78,45	77,20	75,53	85,48
Gesamtexport		8.192.589	9.775.641	14.969.935	15.611.732
% des Gesamtums.*		21,55	22,80	24,47	14,52
Militärumsatz					
Inland	7.952.728*	26.654.854	30.013.926	41.975.857	86.447.262
% des Inlandsums.*		89,38	90,68	90,85	94,05
Ausland	5.580.416	6.918.168	8.408.658	13.288.417	13.637.318
% des Auslandsums.*		84,44	86,02	88,77	87,35
Summe	13.533.144	33.537.022	38.422.584	55.264.284	100.084.580
% des Gesamtums.*	57,88	88,22	89,61	90,34	93,07
Auslandsanteile					
Österreich-Ungarn	2.663.093	6.250.380	7.048.930	8.321.066	7.572.643
Bulgarien	k.A.	k.A.	1.306	17.050	86
Türkei	k.A.	k.A.	217.005	999.044	944.423
Schweiz	38.000	178.797	276.022	1.179.377	1.225.832
Norwegen	11.549	5.105	12.026	79.084	998
Schweden	61.458	36.352	507.785	444.087	153.602
Dänemark	68.127	77.470	243.831	245.633	122.744
Niederlande	82.495	21.494	89.639	308.830	68.401
Übriges Ausland	k.A.	k.A.	12.114	1.728.346	474.773

Quelle: BACZ: W 62 Wirtschaftsgruppe Feinmechanik und Optik. Wehrwirtschaftliche Arbeiten der Wirtschaftsgruppe Feinmechanik und Optik.

*) eigene Berechnungen
**) Quelle: BACZ Nr. 14952 Betriebsarchiv: Zusammenstellung des Gesamt- und Militärumsatzes der Firma Carl Zeiss von 1895/96-1944/45 (Entnommen aus diversen Akten des Betriebsarchivs)

dreifachen[110]. Während des Ersten Weltkrieges, z.B. im Jahre 1916/17, konzentrierten sich die Exporte sehr stark auf die Doppelmonarchie Österreich-Ungarn (60,40 Prozent), daneben in weit geringerem Umfang auf die Schweiz (8,11 Prozent), Schweden (3,13 Prozent), Holland (2,71 Prozent) und Dänemark (1,73 Prozent)[111]. An einigen Orten wurden Kriegswerkstätten eröffnet, so in Breslau, Metz und Brüssel[112].

Kriegskonjunktur und Personalaufstockung

Aufgrund der massiven Militäraufträge stieg die Mitarbeiterzahl während des Ersten Weltkriegs auf durchschnittlich 7.164 Personen, wobei 1917 erstmals über 10.000 (genau: 10.516) beschäftigt waren, eine Zahl, die erst 20 Jahre später wieder erreicht wurde.

Bereits in den ersten Kriegsmonaten waren wegen der Einberufung einer großen Zahl von Zeiss-Mitarbeitern Neueinstellungen in erheblichem Umfang erforderlich[113]. Bereits 1914 wurden 1.324 Mitarbeiter von Zeiss eingezogen, d.h. ca. 20 Prozent der bei Kriegsbeginn Beschäftigten[114]. Angesichts der vollen Auftragsbücher galt es diese schleunigst zu ersetzen. Dies war wegen der qualitativen Komplexität der Anforderungen an die Arbeitskräfte des Jenaer Technologieunternehmens kein leichtes Unterfangen. Den Neueingestellten waren die über Jahre und Jahrzehnte eingespielten Routinen im täglichen Arbeitsablauf nicht ohne weiteres von heute auf morgen zu vermitteln. Es kann deshalb nicht überraschen, dass die relative Arbeitsproduktivität[115] 1915/16 und 1916/17 jeweils um über 20 Prozent sank.

Überdies reichte es bald bei weitem nicht mehr aus, die bisherigen Mitarbeiterzahlen nur zu halten, sondern angesichts der stark

---

110 BACZ W 62 (Umsatzstatistiken 1914/15–1917/18).
111 Eigene Berechnungen nach BACZ W 62 (Umsatzstatistiken).
112 BACZ Nrn. 10390, 10424 u. 16039.
113 BACZ Nr. 1486 (Protokoll Geschäftsleitung-Sitzung vom 17.9.1914).
114 BACZ Nr. 19795 (Belegschaftsstärke der Fa. Carl Zeiss Jena).
115 Umsatz in Preisen von 1913 pro Arbeitseinheiten. SASSMANNSHAUSEN: Wettbewerbssituation, S. 20.

steigenden Nachfrage war eine erhebliche Aufstockung des Personals notwendig geworden. Es ist leicht vorstellbar, welche Probleme es für die Geschäftsleitung mit sich brachte, in einer Zeit zunehmender Frontabgänge die Beschäftigtenzahl von 5.300 per 1. Oktober 1914 auf 11.151 am 1. Oktober 1917 mehr als zu verdoppeln[116].

Trotz der genannten Einschränkungen verlief der Geschäftsgang 1914/15 infolge der „Kriegsaufträge" sehr lebhaft. „In Friedensartikeln dagegen erfolgte der geringe Absatz meist nur aus alten Beständen." Bedingt durch die „Kriegskonjunktur" stieg das Personal von 5.300 auf 5.767. Bald fehlten jedoch Fachkräfte, da viele Mitarbeiter eingezogen wurden und ein Teil davon auf den französischen Schlachtfeldern umkam:

> „Es machte sich dauernd Mangel an eingearbeiteten Leuten geltend. Die durch Einberufung entstandenen Lücken füllten wir in grossem Umfange durch Frauenarbeit und Nachtschichten aus … Die Lohnverhältnisse unserer Angestellten mussten der Teuerung der Lebensmittel entsprechend erhebliche Aufbesserungen erfahren ... 115 Angestellte sind auf dem Felde der Ehre gefallen"[117].

Bis 30. September 1916 waren es schon 155 gefallene Mitarbeiter.

Im Bericht der Geschäftsleitung über das Geschäftsjahr 1915/16 hieß es, man sei *ausnahmslos* mit Kriegsaufträgen beschäftigt, und zwar so reichlich, „dass fast sämtliche Arbeiter erhebliche Ueberstunden machen mussten. Auch Nacht- und Sonntags-Arbeit musste schließlich geleistet werden. Als im Jahre 1916 im Rahmen des ‚Hindenburgprogramms' eine Bündelung der volkswirtschaftlichen Kräfte erfolgte, hatte dies im Zeisswerk die Konsequenz der Ausweitung der Sonntagsarbeit auf sechs Stunden. Gleichzeitig wurden einige Feiertage gestrichen, sodass als solche nur noch Ostern, Pfingsten und Weihnachten galten[118]. Urlaub wurde nur in dringenden Familienangelegenheiten erteilt"[119]. Das Personal war wieder erheblich aufgestockt worden, und zwar von 5.767 auf 7.287

---

116 BACZ Nr. 22820; vgl. BACZ Nr. 168 (Wirtschaftliche Lage der Firma Carl Zeiss 1890–1937), BACZ Nrn. 19127; 14921.

117 BACZ Nr. 22820 (Geschäftsleitung, Kurzgefasste Geschäftsberichte; Bericht an die Reichsbanknebenstelle Jena vom 25.2.1916 über Geschäftsjahr 1914/15).

118 BACZ Nr. 18827 (Erinnnerungen des Zeiss-Pensionärs Karl Kuhla).

119 BACZ Nr. 22820 (Geschäftsleitung, Kurzgefasste Geschäftsberichte; Bericht an die Reichsbanknebenstelle Jena vom 21.02.1917 über Geschäftsjahr 1915/16).

(am 31.9.1916). Die Löhne und Gehälter waren hoch, sie mussten aber wegen der Lebensmittel-Teuerung durch zweimalige Teuerungszulagen aufgebessert werden.

Während des Ersten Weltkrieges wurden, wegen der permanenten Einberufung von männlichen Arbeitern an die Front, in großer Zahl Frauen eingesetzt.

Verlust von Auslandsvermögen im Krieg

Strukturveränderungen ergaben sich mit Kriegsbeginn nicht nur im Produktions- bzw. Güterbereich hinsichtlich des Verhältnisses von Zivil- und Militärgütern, sondern auch in räumlicher Perspektive. Die Verlagerung der Geschäfte aus dem Gebiet der Kriegsgegner in das der befreundeten Staaten lag auf der Hand. Die Alliierten beschleunigten diese Entwicklung bald nach Kriegsausbruch, indem sie Zeiss-Filialen liquidierten. Dies geschah in Russland und Frankreich bereits 1914, sodann 1915 in Italien und 1916 mit der Londoner Filiale.

Die 1911 eröffnete Pariser Filiale wurde bald nach Kriegsbeginn geschlossen, die Geschäftsbücher und Korrespondenzunterlagen konfisziert, sowie das Lager (u.a. 360 Feldstecher, 70 Scheinwerfer, drei Mikroskope) im Wert von 260.000 Mark in Beschlag genommen[120]. Nach einer Verfügung französischer Behörden vom 11. Mai 1915 wurde die Filiale unter Zwangsverwaltung gestellt und ein französischer Sachwalter eingesetzt. Inventar, Kassabestände und vorhandene Forderungen in Höhe von 115.000 Mark mussten abgeschrieben werden. Insgesamt beliefen sich die Verluste auf 415.000 Mark. Spätere Bemühungen, auf diplomatischen und anderen Wegen einen Teil des konfiszierten Eigentums zurück zu gewinnen, schlugen fehl[121].

---

120 BACZ Nr. 15950 (Paris).

121 BACZ Nr. 15936 (Aus einem Brief von Carl Zeiss an die Beratungsstelle für Angelegenheiten des deutschen Privatvermögens in Frankreich).

Abb. 12 Geschäftsstelle St. Petersburg, um 1914

Geradezu symptomatisch war die Entwicklung in St. Petersburg. Dort war im August 1913 die „Russische Aktiengesellschaft der optischen und mechanischen Werke Carl Zeiss“ gegründet[122] und die Rigaer Fabrik dort eingebracht worden. Unmittelbar nach Kriegsbeginn ging die Leitung der Rigaer Fabrik jedoch an den russischen Obersten Loiko über, der im Auftrag der russischen Regierung handelte. Im Mai 1915 beschlagnahmte man die Fabrik, verlud sie auf Güterzüge und verbrachte sie nach St. Petersburg[123]. Die Betriebseinrichtungen wurden hernach vom russischen Militär als Kaserne benutzt.

Die Hoffnung der Geschäftleitung, durch die Umwandlung in eine russische Aktiengesellschaft der Konfiszierung im Krisenfalle zu entgehen, hatte sich bald zerschlagen. Dies hinderte den Leiter der St. Petersburger Filiale namens des russischen Marineministeriums jedoch nicht daran, eine Verständigung mit der Jenaer Ge-

---

122 BACZ Nr. 4822 (Statut der Russischen AG … der optisch-mechanischen Werke Carl Zeiss 1913).

123 BACZ Nr. 23027 (Bericht über die Besprechung zwischen M. Fischer und M. Seeberg in Malmö am 6.12.1915).

schäftsleitung hinsichtlich der Herstellung von Entfernungsmessern bzw. Pentagonalmessern in St. Petersburg zu suchen. Offenbar war das russische Marineministerium mit den Produkten der englischen Firma Barr & Stroud, die in Russland eine Aktiengesellschaft für optische und mechanische Erzeugnisse mit einem Kapital von 1,2 Millionen Rubel gegründet hatte[124], nicht sehr zufrieden. Dem deutschen Kriegsministerium wurden jedenfalls Rohstoff-Kompensationsgeschäfte in Form von Nickel und Rohgummi in Aussicht gestellt, die durch Vermittlung Schwedens realisiert werden sollten. Das deutsche Kriegsministerium wollte diesem Vorschlag jedoch nicht nähertreten[125].

Die Liquidation der Filialen bedeutete wie erwähnt einen herben Verlust. Ihr Vermögenswert per 30. September 1914 war mit 2.545.859 Mark (St. Petersburg) bzw. 892.634 Mark (Riga) beziffert worden[126]. Die Sicherheiten und Garantien der Carl Zeiss-Stiftung beliefen sich zusätzlich auf über 1,25 Millionen Mark. Bei der späteren Anmeldung konfiszierten ausländischen Vermögens wurden die beiden Filialen in Russland mit 4,5 Millionen Mark beziffert[127].

Mit Italiens Kriegseintritt auf Seiten der Ententemächte war klar, dass die Zeiss-Filiale in Mailand geschlossen würde. Sie wurde im Jahre 1915 liquidiert, wobei man später den Verlust mit 75.000 Mark angab[128].

In Tokio, wo Zeiss eine Verkaufsfiliale zusammen mit einem Partner, Leo Römisch, unterhielt, musste sich das Jenaer Werk unter Verlusten in Höhe von rund 155.000 Mark zurückziehen[129]. Römisch, der zuvor ein Viertel des Stammkapitals gehalten hatte, konnte die Gesellschaft offenbar fortsetzen[130].

---

124 BACZ Nr. 4823 (Gründung Carl Zeiss A.G. in Petersburg, April 1908 – Juli 1914).

125 BACZ Nr. 23027 (Bericht über Besprechung zwischen Fischer und Seeberg am 6.12.1915). Der Deutschrusse Martin Seeberg war davor Filialleiter in St. Petersburg.

126 BACZ Nrn. 10253; 15950 (Petersburg).

127 BACZ Nr. 15947.

128 BACZ Nr. 15958 (Auslands-Kriegsschäden-Angelegenheiten – Carl Zeiss Filiale Mailand); BACZ Nr. 15950 (Mailand); BACZ Nr. 16039 (Entwicklungsdaten der Zeiss-Filialen im Inland und Ausland); BACZ Nr. 10390 (Bilanz per 30.9.1915).

129 BACZ Nr. 10390 (Bilanz per 30.9.1915).

130 BACZ Nr. 7192 (Carl Zeiss Goshi Kaisha, Tokyo: Abschlussbilanzen und Korrespondenzen, Geschäftsjahre 1911/12–1927/28 (Liquidation)).

Weitaus schwerwiegender war freilich der Verlust der Londoner Vermögenswerte. Allein die Grundstücke, Gebäude und Einrichtungen waren rund 1,8 Millionen Mark (90.000 Pfund Sterling) wert[131]. Mit dem Verkauf des Besitzes beauftragte man englischerseits einen öffentlichen Treuhänder. Es kam im April 1918 zur Ausschreibung und den Zuschlag für die Zweigfabrik samt Verkaufsfiliale erhielt just die englische Konkurrenzfirma von Zeiss, das Unternehmen Ross Ltd. Der Versteigerungswert betrug 10.500 Pfund Sterling[132]. Bei Zeiss ging man davon aus, dass alles in allem der Verlust in Großbritannien um die drei Millionen Mark betrug.

Während auf der einen Seite das Militärgeschäft beachtliche Erträge abwarf, gingen dem Unternehmen durch den Wegfall wichtiger Auslandsmärkte bzw. durch Konfiskationen in erheblichem Umfang Vermögenswerte (teilweise für immer) verloren. Mit dem Eintreten Rumäniens in den Krieg gegen Deutschland erhöhten sich derartige Verluste auf über sieben Millionen Mark.[133]

Kriegsbedingte Rohstoff- und Energieverknappung

Es war nur noch eine Frage der Zeit, bis auch das Rohmaterial knapp wurde, wie dies mit der Kohle bereits gegen Ende des Geschäftsjahres 1915/16 der Fall war. Aller Optimismus war verflogen. Düstere Ahnungen von der Zukunft keimten auf:

„Die Umstellung für die Friedenszeit wird uns, nachdem alle nicht den Kriegszwecken dienenden Materialien beschlagnahmt sind, erhebliche Mühe machen“[134].

Um die Energieversorgung der Stiftungsbetriebe von der Kohlenzufuhr möglichst unabhängig zu machen und auch die allgemeine

---

131 BACZ Nr. 15950 (Vermögenswerte der Filialen – London); BACZ Nr. 15948 (Aus der Korrespondenz an den Handelsvertragsverein vom 24.6.1918).

132 BACZ Nr. 15948 (Aus der Ausschreibung des Auktionshauses im April 1918).

133 Ebenda, S. 2.

134 Ebenda, S. 2.

Stromversorgung in der Region zu verbessern, dachte die Geschäftsleitung – namentlich Rudolf Straubel – über die Nutzbarmachung der Wasserkraft der Saale nach[135]. Einen konkreten Niederschlag fand dieses Bestreben im Zeisswerk in der Gründung einer hydrotechnischen Abteilung („Hydro"), deren Aufgabe die planmäßige Erforschung und Entwicklung einschlägiger Projekte sein sollte. Dabei ging man davon aus, dass die geplanten Anlagen sich finanziell nicht nur selbst tragen, sondern auch einen Gewinn von 300.000 bis 500.000 Mark erlösen könnten[136]. Vorgesehen waren drei Kraftwerke unterhalb und eine Vorsperre oberhalb von Ziegenrück, die aus Mitteln des Stiftungsunternehmens finanziert werden sollten. Ferner war der Bau einer großen Talsperre oberhalb von Burgk vorgesehen, für deren finanzielle Abdeckung der reussische Staat sorgen, sowie ein Konsortium gebildet werden sollte[137]. Jedenfalls wurden aus dem Vermögen der Stiftung, genauer: aus dem Reservefonds, Mittel in Höhe von drei Millionen Mark entnommen und in das Vorhaben investiert[138]. Angesichts der Tatsache, dass der Kohlenmangel des Winters 1917/18 bereits zu Energieengpässen und in deren Folge zu – wenn auch nur kurzfristigen – Arbeitsunterbrechungen geführt hatte, erschien diese Investition dringend notwendig. Die Projekte kamen dann zwar erst nach Kriegsende zur Ausführung, doch hatte Zeiss noch während des Krieges Immobilien hierfür aufgekauft, wie z.B. die Holzschleiferei bei Ziegenrück für 340.000 Mark, den Burgkhammer bei Schloss Burgk, eine andere Holzschleiferei mit guter Wasserkraft, sowie ein kleines Gut für weitere 220.000 Mark[139].

---

135 BACZ Nr. 226 (Prof. Dr. Rudolf Straubel zum Gedächtnis); BACZ Nr. 7792 (Nutzbarmachung der Saale-Wasserkräfte);

136 BACZ Nr. 8084 (Auszug aus dem Protokoll vom 9.4.1918).

137 BACZ Nr. 8084 (Auszug aus dem Protokoll vom 9.4.1918).

138 BACZ Nr. 22259 (Nr. 382 – Auszug aus dem Stiftungs-Protokoll vom 30.12.1918).

139 BACZ Nr. 8084 (Auszug aus einem Protokoll vom 1.9.1917).

„Wohlfahrt" im Krieg: Familienhilfe, Versorgung und Teuerungszuschlag

Wenn auf der einen Seite feststeht, dass kriegswichtige Unternehmen wie Zeiss an demselben gut verdienten, so ist andererseits auch sicher, dass sie direkt und indirekt den Krieg – freiwillig und unfreiwillig – mitfinanzierten. Eine indirekte Unterstützung leistete das Jenaer Stammhaus beispielsweise, indem es den Familien der im Kriegsdienst stehenden Geschäftsangehörigen (zumindest derjenigen, die bei Kriegsbeginn dem Zeisswerk angehörten) einen bestimmten Teil des pensionsfähigen Grundlohnes gewährte. So erhielt die Ehefrau 4/16 und für jedes Kind bis zum vollendeten 15. Lebensjahr wurde 1/16 bezahlt. Diese „Familienhilfe" wurde später auf 3/12 bzw. pro Kind auf 1/12 erhöht.

Aufgrund der Kriegskonjunktur nahm die Beschäftigung derart zu, dass zunehmend Arbeitskräfte außerhalb der Stadt bzw. Region Jena angeworben werden mussten. Für diejenigen, die sich für den Umzug nach Jena entschlossen, gab es seit Januar 1915 Umzugshilfen. Andererseits wurde auch auswärts wohnenden Metallarbeitern Familienhilfe gewährt. Am 1. April 1916 wurde eine Kinderzulage eingeführt.

Bald nach Kriegsbeginn wurde eine allgemeine Knappheit und Teuerung offensichtlich, die auch die Güter des täglichen Bedarfs betraf. Daraus zog man im Zeisswerk verschiedene Konsequenzen. Zum einen führte man am 15. Mai 1916 erstmals eine Teuerungszulage ein. Zum anderen gewährte man konkrete Hilfe in institutioneller Form, nämlich im Juni 1916 durch die Einrichtung einer Lebensmittelabteilung, die dann sukzessive zu einer allgemeinen Be- und Versorgungseinrichtung ausgebaut wurde. Die Lebensmittelabteilung schaffte es, von ihrer Gründung bis ins Geschäftsjahr 1918/19 nicht weniger als 916 Waggons mit 167.000 Zentnern Gemüse im Wert von fast zwei Millionen Mark an die Belegschaft auszuliefern[140]. In der Stadt wurden sechs Fleisch- und acht Lebensmittelverkaufsstellen eingerichtet. Besonders die Versorgung mit Fleisch war dadurch erheblich erschwert worden, dass es mittels einer Viel-

140 BACZ Nr. 30219 (Die Lebensmittelversorgung der Stiftungsbetriebe, 1. Jg., Heft 7, April 1920) S. 136.

zahl von Kriegsverordnungen umfassend rationiert und Umverteilungen zugunsten des Heeres vorgenommen wurden. Das Unternehmen Zeiss sah sich, in Verantwortung für seine Mitarbeiter, veranlasst, landwirtschaftliche Güter zu erwerben und die Fleischversorgung in eigener Regie zu übernehmen. Bis zur Einstellung der Fleischhilfe im Frühjahr 1919 waren immerhin 753 Stück Rindvieh, 349 Kälber, 481 Schweine und 506 Hämmel geschlachtet und den Zeissianern und ihren Familien zugeführt worden[141].

Am 24. Juli 1916 wurde zum allgemeinen Nutzen eine Kriegsküche eingerichtet. Not und Knappheit zwangen die Firmenleitung zu Selbsthilfemaßnahmen:

„Zur Steuerung der Verteuerung der Lebensmittel richteten wir uns in großem Maßstabe als Selbstversorger ein durch Ankauf von Landgütern im Werte von rund 2 Millionen Mark. Die Bewirtschaftung kam namentlich unserer Massenküche zugute. Auch sonst haben wir den Einkauf von Lebensmitteln mit Unterstützung der Feldzeugmeisterei in Berlin im Grossen betrieben und dadurch unseren Angestellten wesentliche Erleichterungen verschafft“[142].

Doch trotz umfangreicher Brotzufuhr waren Rationierungen unumgänglich und es ist nachvollziehbar, dass es angesichts immer stärkerer Einengungen des Nahrungsspielraums – etwa in Form der Senkung der Brotration auf 3,5 Pfund pro Kopf und Woche – zu Missmutsäußerungen und Verstimmungen in der Belegschaft kam[143].
So beschaffte das Unternehmen nicht nur Nahrungsmittel einschließlich Saatkartoffeln für die Gärten der Mitarbeiter[144], sondern auch Brennstoff (Kohle, Holz), Schuhe und Kleidung. Selbst eine Schuh-Reparatur wurde werksintern eingerichtet. Die Lebensmittelabteilung existierte übrigens fast fünf Jahre lang, d.h. noch einige Zeit nach dem Krieg. Am 1. April 1921 wurde die Abteilung aufgelöst.

Durchaus nicht alle sozialen Errungenschaften zwischen 1914 und 1918 waren kriegsbedingt. Dies wird deutlich, wenn man etwa an die im Mai 1917 erfolgte Eröffnung des Kinderkrankenhauses

---

141 BACZ Nr. 30219 (Die Lebensmittelversorgung der Stiftungsbetriebe, 1. Jg., Heft 7, April 1920).
142 BACZ Nr. 22820 (Geschäftsleitung, Kurzgefasste Geschäftsberichte) (Bericht an die Reichsbanknebenstelle Jena vom 21.02.1917 über das Geschäftsjahr 1915/16).
143 BACZ Nr. 18827 (Erinnerungen des Zeiss-Pensionärs Karl Kuhla).
144 SCHOMERUS: Geschichte, S. 193.

Abb. 13 Kochanlage, Vorratsraum und Speiseraum der Kriegsküche der Firma Carl Zeiss des Gewerkschaftshauses in Jena (Nov. 1915–Herbst 1919)

der Carl Zeiss-Stiftung denkt oder an die Eröffnung eines Jugendheims des Jugendvereins „Ernst Abbe" auf einem Berggrundstück der Stiftung am Landgrafen.

Dem Kriegsende entgegen …

Ab Frühjahr 1918 kam es zu einem erheblichen Abbau der Aufträge und infolgedessen auch der Beschäftigen. Waren am Ende des Geschäftsjahres 1915/16 insgesamt 11.131 und per 30. September 1917 11.500 Personen im Zeisswerk beschäftigt, so verzeichnete Ende September des Jahres 1918 nur noch 8.000 Beschäftigte. Man hatte also binnen weniger Monate 3.500 Mitarbeiter entlassen müssen[145]. Besonders davon betroffen waren Frauen, die im Krieg als

[145] BACZ Nr. 22820, an RBNS Jena, vom 3.3.1919.

Ersatz für die zum Kriegsdienst eingezogenen Mitarbeiter eingesetzt worden waren. Dies führte sogar soweit, dass z.B. per 1. Oktober 1916 und zum selben Stichtag 1918 mehr als die Hälfte der Zeissbelegschaft Frauen waren, nämlich 3.661 (50,24 Prozent) und 4.038 (50,48 Prozent)[146].

Das Werk arbeitete fast ausschließlich an Instrumenten für Heer und Marine. Die Zuweisung des Rohmaterials erfolgte nur noch über ein umständliches bürokratisches System von Bezugs- und Erlaubnisscheinen. Löhne und Preise waren aus den Fugen geraten und erschwerten jede Disposition, wie die Geschäftsleitung bald berichtete:

> „Die Löhne stiegen auf mehr als das Doppelte der Friedenspreise. Die Beschaffung der nötigen Kohlen bereitete uns oftmals Schwierigkeiten. Die Verkaufspreise erfolgten meist nach Festsetzung der bestellenden Behörden und zwar oft erst in einem weit fortgeschrittenen Stadium der Fabrikation."[147]

Gleichwohl war das Geschäftsergebnis befriedigend. 1917/18 gab es eine hohe Gehalts-Nachzahlung von 7 Prozent[148], die jedoch zu einem erheblichen Teil vom Preisverfall aufgefressen worden sein dürfte. Im übrigen musste man ab Februar 1918 nicht nur die Belegschaft verringern, sondern auch die Arbeitszeiten einschränken. Dies geschah durch Kürzung pro Schicht um vier Stunden, d.h. die Tagschicht umfasste nur noch 56 statt 60 und die Nachtschicht 50 statt 54 Stunden, was einem Abbau von insgesamt 45.000 Stunden pro Woche gleichkam[149].

Es wurde bereits deutlich, dass während des Ersten Weltkriegs eine schleichende Entwertung der Mark stattfand. Die für die Produktion der feinmechanisch-optischen Instrumente dringend erforderlichen Rohstoffe bzw. Rohmaterialien hatten sich in den Kriegsjahren knappheitsbedingt verteuert. Am stärksten waren die Preissteigerungen im Bereich der Schmiermittel. So kostete Automatenöl 1918 380 Prozent dessen, wofür es noch 1914 zu haben

---

146 BACZ Nr. 19795 (Belegschaftsstärke der Fa. Carl Zeiss 1897–1945); SAßMANNSHAUSEN: Wettbewerbssituation, S. 19 Tab. 5.

147 BACZ 22820.

148 BACZ 22820.

149 Vgl. BACZ Nr. 19795 (Belegschaftsstärke der Fa. Carl Zeiss 1897–1945).

war. Bei Leim betrug die Steigerung 330 Prozent, Stahlguss und Bohröl 200 Prozent, Aluminiumblech 194 Prozent und Messingblech 135 Prozent[150].

---

150 BACZ Nr. 12629 (Geschäftsleitung: Niederschrift über die am 18.3.1918 stattgefundene Besprechung über zukünftige Verkaufspreise für optische Instrumente).

DRITTES KAPITEL

Zeiss 1918–1933

Von der Kriegs- zur Friedenswirtschaft

Der verlorene Krieg und der Verlust weitreichender Marktbeziehungen dezimierten die Wirtschaftskraft Deutschlands erheblich. Es kam zu umfangreichen Vermögensminderungen durch den Verlust deutschen Auslandskapitals, durch die Abtretung wertvoller Gebiete und von Kolonialbesitz und durch den Verlust der Handelsflotte. Es galt nun, in den turbulenten Nachkriegswirren die politische und wirtschaftliche Struktur im Rahmen des Möglichen zu stabilisieren.

Zu den am meisten betroffenen deutschen Unternehmen gehörten jene, die vor dem Krieg international tätig waren und über eine Vielzahl ausländischer Filialen und Fabrikationsstätten verfügten. Zeiss war eines dieser Unternehmen.

Die Bedingungen des Versailler Vertrages vom 28. Juni 1919 waren hart. Das Reich verlor 13,1 Prozent seines Vorkriegsgebietes und 10 Prozent der Bevölkerung. Deutschland musste auf 14,6 Prozent seiner anbaufähigen Fläche, 14,5 Prozent der Eisenerze und 26 Prozent seiner Kohlenförderung verzichten. Als Sachleistungen waren alle Schiffe über 1600 Bruttoregistertonnen, ein Viertel der Fischereiflotte, ein Fünftel der Fluss- und Binnenschiffe u.a. auszuliefern[151].

Nach Artikel 264 bis 267 des Versailler Vertrages hatte Deutschland allen Ländern die einseitige, uneingeschränkte und unkündbare Meistbegünstigung bis zum 10. Januar 1925 einzuräumen. Es darf jedoch nicht vergessen werden, dass die Ausschaltung Deutschlands aus dem zwischenstaatlichen Handel auch seinen ehemaligen Partnern beträchtliche Nachteile bereitete, so dass diese sich zunehmend über politische Bedenken hinwegsetzten und die Beziehungen zu Deutschland wieder aufnahmen. Dies galt auch für eine Reihe von ausländischen Geschäftspartnern des Unternehmens Zeiss.

---

151 GUSTAV STOLPER/KARL HÄUSER/KNUT BORCHARDT: Deutsche Wirtschaft seit 1870, 2. Aufl., Tübingen 1966, S. 88 f.

Arbeits- und Ausbildungsverhältnisse

Im Geschäftsjahr 1918/19[152] kam es bei Zeiss zu einem starken Abbau der Produktion und infolgedessen zu weiteren Einschnitten im Personalbereich. Allein vom 1. Mai bis 1. November 1918 wurden von den 10.200 Beschäftigten 2.200, darunter 1.300 weibliche Personen, entlassen. Es sollte aber noch schlimmer kommen, denn allein im Monat November folgten weitere 2.300 Entlassungen[153]. Nach einer anderen Zahlenquelle waren zwischen dem 1. Oktober 1918 und demselben Stichtag 1919 3.068 Frauen entlassen worden[154], wobei es sich, wie erwähnt, fast ausschließlich um solche handelte, deren Einstellung wegen der zum Kriegsdienst Eingezogenen nur vorübergend vorgenommen worden war. Die Kriegsheimkehrer – 337 waren im Krieg umgekommen[155] – wurden ausnahmslos wieder eingestellt. Zudem erhielten sie im November 1918 eine „Ehrengabe". Um diese Zeit zählte das Zeisswerk noch rund 5.000 Mitarbeiter, was etwa dem Stand der Vorkriegszeit entsprach[156].

Das Stiftungsstatut verpflichtete das Unternehmen Zeiss zur Bezahlung von Abgangsentschädigungen im Falle des unverschuldeten Ausscheidens von Mitarbeitern. Grundsätzlich gehörte es zur Unternehmensstrategie, die Belegschaft auch in Krisenzeiten zu halten, so lange es nur irgendwie betriebswirtschaftlich vertretbar war. Angesichts des hohen Stellenwerts des teuren Humankapitals, dessen Generierung im Hause Zeiss ein zentrales Anliegen war (und sein musste), ist eine solche Strategie verständlich. Dies heißt jedoch auch, dass Abgänge – wenn sie denn vorkamen – eine Art *ultima ratio*, quasi unumgänglich waren. Umso mehr sind die tatsächlich ausbezahlten Abgangsentschädigungen als Krisenindikator ersten Ranges zu werten. Demnach waren die Geschäftsjahre 1918/19 mit fast 1,5 Millionen Mark, das Jahr 1923/24 mit 630.540 Mark und das Jahr 1931/32 mit 642.820 RM für das Stammwerk und seine Mitarbeiter die schlimmsten Jahre.

---

152 BACZ Nr. 22820 (Kurzgefasste Geschäftsberichte. Bericht an die Reichsbanknebenstelle Jena vom 10.4.1920 über das Geschäftsjahr 1918/19).

153 SCHOMERUS: Geschichte, S. 198.

154 Vgl. BACZ Nr. 19795 (Belegschaftsstärke der Fa. Carl Zeiss 1897–1945).

155 SCHOMERUS: Geschichte, S. 198.

156 BACZ Nr. 6485.

Um viele Kündigungen möglichst zu vermeiden, entschied sich der Arbeiterausschuss am 9. Dezember 1918 dafür, die tägliche Arbeitszeit von acht auf sechs Stunden zu reduzieren. Doch bereits am 1. April 1919 konnte wieder zur achtstündigen Arbeitszeit zurückgekehrt werden - ein erstes Signal für eine leichte, wie sich herausstellen sollte nur vorübergehende, Besserung.

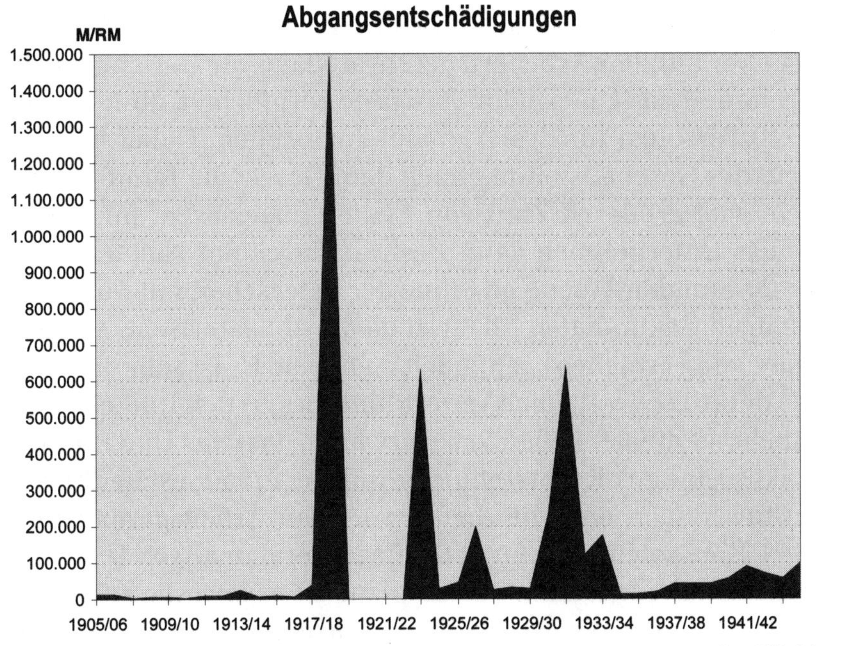

Quelle: UACZ, Bestand BACZ Nr. 7328,8439, 23633.

Ende Januar 1919 war die Akkordarbeit vorübergehend aufgegeben und im Zeitlohn gearbeitet worden. Auch für diese Regelung hatten sich die Arbeiter mit klarer Mehrheit ausgesprochen[157]. Im September 1919 stimmte dann allerdings wieder eine Mehrheit für den Akkord[158] - ein weiterer Hinweis auf die Wechselhaftigkeit in dieser Zeit. Die Arbeitsverhältnisse besserten sich zum Ende des Geschäftsjahres 1919/1920 leicht, wenngleich die Arbeitsintensität und -produktivität noch lange nicht das Niveau der Vorkriegszeit erreichte. Zwischen-

157 Das Abstimmungsergebnis betrug 2087:286 gegen den Akkord (SCHOMERUS: Geschichte, S. 199).

158 SCHOMERUS: Geschichte, S. 207.

zeitliche Forderungen nach Sozialisierung des Betriebes und der Industrie wurden – freilich nicht nur in Jena – erhoben, konnten hier jedoch von einer umsichtigen Geschäftsleitung unter Zugeständnissen und im Einvernehmen der Beschäftigten vermieden werden[159].

Die Demobilmachungsverordnung vom 12. Februar 1920 erlaubte Kündigungen nur dann, wenn die betreffenden Betriebe bereits zur 24-Stunden-Woche übergegangen waren. Bei Zeiss behielt man jedoch wenigstens die 36-Stunden-Regelung bei, konnte aber gleichwohl einige Kündigungen nicht vermeiden. Die darüber später von über hundert Arbeitern geführte Klage vor Gericht gab diesen Recht und das Unternehmen wurde verpflichtet, ab 1. Februar 1921 110 Personen für drei Monate einzustellen. Dabei hätte ein Handeln der Geschäftsleitung nach dem Gesetz die Kündigung einer sehr viel größeren Zahl von Leuten zugelassen. Im Grunde wurde das Unternehmen dafür bestraft, durch das Nichteingehen auf die 24-Stunden-Woche im Sinne der Belegschaft mit Ausnahme der wenigen Gekündigten (die freilich die obligatorische Abgangsentschädigung erhielten) gehandelt zu haben. Es ist sehr die Frage, ob eine derartige gesetzliche Verordnungspraxis den Interessen der Arbeitnehmer diente. Beiläufig sei erwähnt, dass das Unternehmen Zeiss aktiv eine Art Rechtsschutz gewährte, indem es die Prozesskosten für Klagen der Mitarbeiter vor dem Arbeitsgericht übernahm[160]. Eine solche Regelung dürfte in der damaligen Unternehmenslandschaft nicht allzu häufig anzutreffen gewesen sein.

Im übrigen wurde den Beamten und Arbeitern bei Zeiss eine Lohn- und Gehaltsnachzahlung von 4 Prozent des Jahresverdienstes gewährt[161]. Dies ist um so bemerkenswerter, als die Nachkriegszeit – besonders der Sommer 1920 – durch Kaufkraftschwäche und Nachfrageeinbrüche im Bereich der photographischen Industrie gekennzeichnet war.

Waren einerseits Entlassungen nicht zu vermeiden, musste andererseits zum Erhalt des Humankapitalstocks und der Stammbelegschaft nach dem Krieg einiges unternommen werden. Dafür wurden auch besondere materielle Anreize geschaffen (Techniker-

---

159 Vgl. hierzu ausführlich SCHOMERUS: Geschichte, S. 201 ff.

160 SCHOMERUS: Geschichte, S. 181.

161 BACZ Nr. 22820, (Geschäftsleitung an IHK Weimar vom 7.4.21, Geschäftsjahr 1919/20, S. 3).

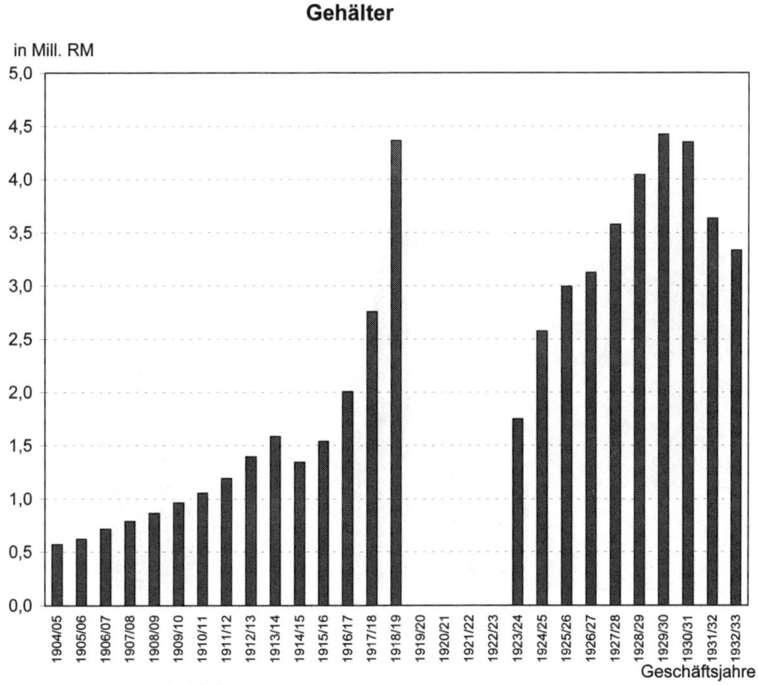

Quelle: BACZ Nr. 8439.

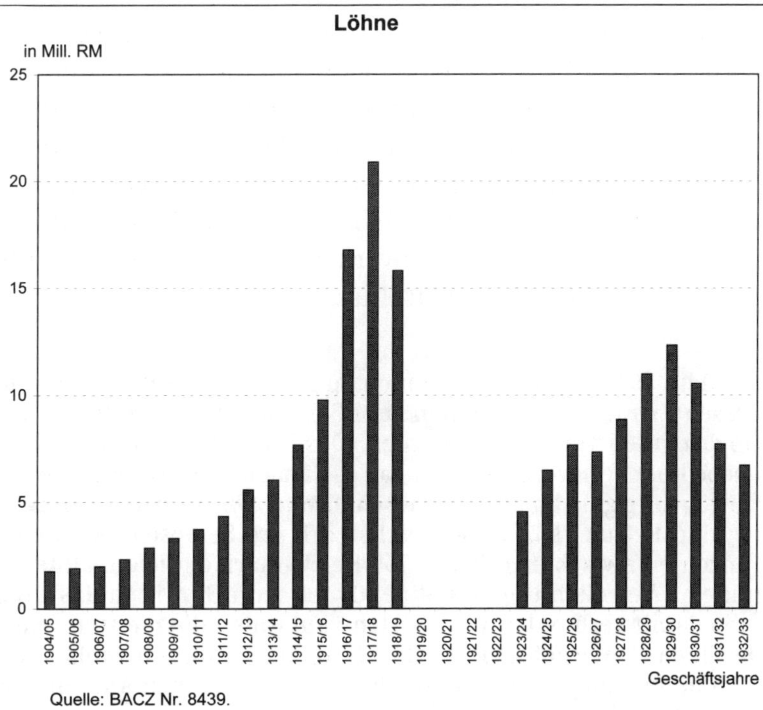

Quelle: BACZ Nr. 8439.

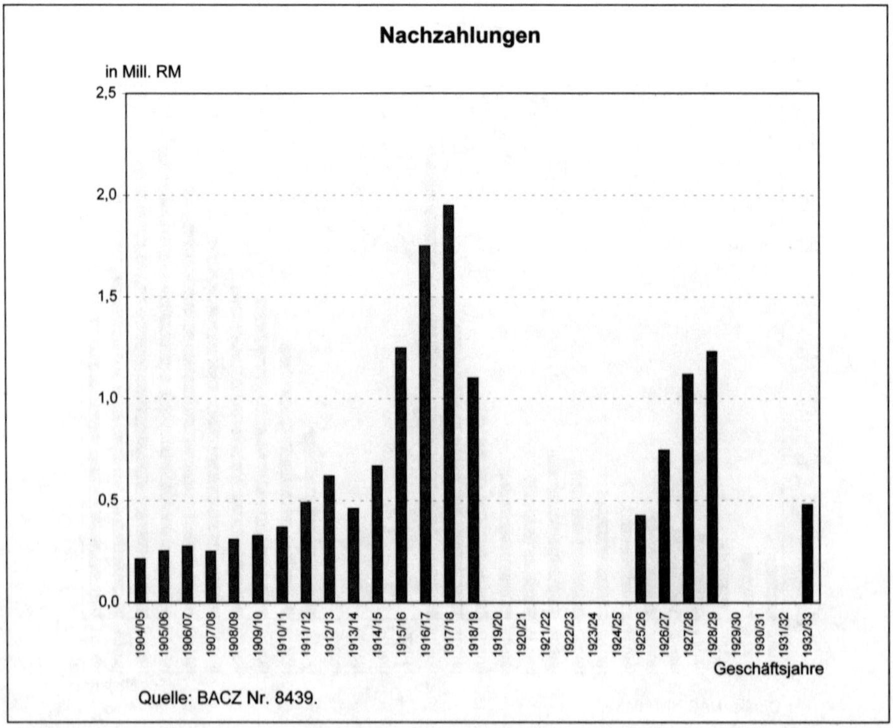

Stipendien etc.[162]). Im übrigen zeugen bereits auf den ersten Blick eine Reihe der in der Zwischenkriegszeit eingerichteten innerbetrieblichen Institutionen davon, wie sehr dem Unternehmen am Ausbildungsbereich gelegen war: Die Abteilung „Anlern", die Werkstatt für die Anlernung Erwachsener, das Berufserziehungswerk, die Lehrwerkstatt für die Feinmechaniker, Lehrwerkstatt für die Grundausbildung, das Lehrbetriebsbüro, die Lehrwerkstatt für die optische Ausbildung, die Lehrwerkstatt für die Metallberufe und später, 1938, die Betriebsberufschule.

---

162 Im März 1918 richtete Zeiss einen Fonds mit 100.000 Mark Kapital ein, dessen Erträge für Stipendien zum Besuch von technischen Fach- und Hochschulen verausgabt wurden. Das Kapital ging zwar 1923 inflationsbedingt verloren; dennoch gab es danach eine Weiterförderung. Die Gewährung ging an begabte Geschäftsangehörige, war leistungsabhängig und betrug 1932 1.500 Reichsmark pro Semester, wovon auf den Einzelnen zwischen 150 und 250 Reichsmark entfielen, ohne dass damit eine Verpflichtung des Stipendiaten zum Eintritt in das Unternehmen damit verbunden war. Gleichwohl traten die meisten später wieder in das Unternehmen ein. Die Empfängerzahl schwankte zwischen 7 (Sommersemester 1934) und 20 (SS 1939). (GERTH: Aus- und Weiterbildung, S. 83).

Abb. 14 Südwerk, Bau 38, Lehrwerkstätte, Innenansicht

Eine qualifizierte Berufsausbildung des Facharbeiternachwuchses wurde in dem Maße wichtiger, wie sich die Großindustrie diversifizierte und das systematisch-wissenschaftliche Element in den Vordergrund trat. Dies war eben in den 1920er und 1930er Jahren der Fall. Seit 1920 gab es bei Zeiss Jena z.B. keine jugendlichen Arbeiter bzw. „Anzulernende" mehr, sondern nur noch Voll-Lehrlinge (vier Jahre), die seit 1919/20 nach einer „psychotechnischen" Eignungsprüfung bei Meister Josef Wagner oder Sachbearbeiter Gustav Immig zentral ausgebildet und hernach auf die einzelnen Abteilungen verteilt wurden.[163]

---

163 1929 übernahm Hugo Schrade die Verantwortung für Ausbildung und Personal, zwischenzeitlich auch Opitz. Es kam nicht von ungefähr, dass z.B. 1930 der Anteil an Facharbeitern bei Zeiss relativ höher war als in anderen Betrieben der optischen Industrie. Humankapital wurde freilich nicht nur in den technischen und Herstellungsbereichen gebildet, sondern auch auf dem kaufmännischen Gebiet der Nachfrage und des Absatzes. Die Absatzorganisation im Ausland wurde systematisch aufgebaut und mit in der eigenen Organisation ausgebildeten Leuten besetzt. „Ueber 20, in mehrjähriger Ausbildungszeit in unseren Werkstätten und Inlandsverkaufsorganisationen durchgebildete intelligente junge Leute sind heute im Ausland als Pioniere für uns tätig". BACZ Nr. 22820 (Geschäftsleitung, Bericht an RBNS Jena vom 19.3.1927 für 1.4.1926–1.3.1927), S. 4. Sie arbeiteten in eigenen Niederlassungen und in den Vertreter-Organisationen.

Neben den innerbetrieblichen Ausbildungsstätten wurden auch außerhalb – aber im Zusammenhang mit den Zeiss'schen Entwicklungen – Bildungseinrichtungen geschaffen, und dies in einer schwierigen Zeit. Erinnert sei nur an die Fachschule für Augenoptik „Hermann Pistor“, die am 7. Oktober 1918 eröffnet wurde[164].

Weltwirtschaftliche Störungen

Die Umstellung auf den Zivilbedarf stand, wie gesagt, in den Nachkriegsjahren im Vordergrund. Frühere Materialien und Erzeugnisse waren inzwischen teilweise unbrauchbar geworden und nicht mehr absatzfähig. Weiterhin herrschte Knappheit an ausländischen Zulieferungen von Metall und Holz, und überdies war ein latenter Auftragsmangel eingetreten. Die Geschäftsleitung von Zeiss sah sich veranlasst, über neue Produktionszweige nachzudenken und entsprechende Abteilungen zu gründen.

Andererseits sollte sich herausstellen, dass Zeiss'sche Geräte im Ausland weiter nachgefragt wurden. Die qualitätvollen Produkte aus Jena blieben offenbar weitenteils unverzichtbar, auch wenn es aufgrund der allgemeinen Not schwer war, die wieder aufkeimende Nachfrage zu befriedigen:

> „Es stellte sich eine allgemeine Warennot nach den Instrumenten unserer Industrie im neutralen Ausland heraus, das zugleich das feindliche Ausland als Vermittler versorgte. Unsere verfeinerten Waren bedürfen zur Herstellung aus den Rohmaterialien einer Gesamtfabrikationsdauer von 8–10 Monaten. Allgemeine Arbeitsunlust, Kohlenmangel, kurze Arbeitszeit und andere Widrigkeiten verlängerten indes diesen Fabrikationsprozess erheblich“[165].

Die Inlandsverkaufspreise mussten den erhöhten Löhnen und Gehältern und der Entwertung der Mark ständig angepasst werden. Zudem fühlte sich das Unternehmen Zeiss wie viele andere Firmen von Regierung und Reichsbank ungenügend unterstützt:

---

164 Vgl. Walter Hörichs: 80 Jahre Fachschule für Augenoptik „Hermann Pistor“ in Jena. In: Verein Technikgeschichte Jena e.V. (Hg.), Jenaer Jahrbuch zur Technik- und Industriegeschichte 1999, Jena 1999, S. 141–152, hier: S. 145.

165 BACZ Nr. 22820 (Geschäftsleitung, Geschäftsbericht vom 10. April 1920 für Geschäftsjahr 1918/19), S. 1 f.

„Im Ausland suchten wir uns mindestens auf den Standpunkt der Vorkriegspreise in Gold zu halten. Unser Bestreben wurde leider vielfach durchkreuzt durch die ohne unser Befragen von Seiten der Regierung veranlasste Aufhebung des Ausfuhrverbots sowie der Aufhebung der Vorschrift, nach dem Ausland in Goldwährung zu berechnen. In dieser Beziehung hat uns leider die Reichsbank, deren Hilfe wir gerufen hatten, im Stich gelassen“[166].

Neben der währungspolitischen Problematik litten die deutschen Unternehmen unter den protektionistischen Machenschaften der anderen Länder. Immer wieder bestand auch in den folgenden Jahren Anlass, sich damit in den Geschäftsberichten kritisch auseinander zu setzen:

„Unter dem Zwang der Verhältnisse ist leider erst Ende November 1919 ein neues Ausfuhrverbot für die Waren unserer Branche erfolgt, so daß diese seitdem nur ausgeführt werden können, wenn sie nachgewiesener Weise zu Friedenspreisen oder darüber in fremder Währung berechnet worden sind. In den letzten Tagen ist glücklicherweise auch das sogenannte Zollloch im Westen geschlossen worden; wir hoffen, dass damit der Aufkauf deutscher Waren im Inland zum Zwecke des Schmuggels nach dem Ausland endlich aufhört. Wir sind daran ausserordentlich interessiert, weil wir bei Fortdauer dieser ungesunden Zustände befürchten müssten, dass uns das neutrale wie feindliche Ausland mit hohen Einfuhrzöllen die Konkurrenz unmöglich macht, oder zum Schutz ihrer heimischen Industrie uns die Einfuhr überhaupt verbietet“[167].

Bis März 1920 kam es zu einer relativ günstigen Geschäftsentwicklung[168]. Der Absatz im Inland war den Umständen entsprechend befriedigend und der Auslandsabsatz ergab, unterstützt durch die wieder in Kraft getretene Auslandskontrolle mit Berechnung in Auslandswährung, gute Resultate. Unmittelbar nach der Abwehr des Kapp-Putsches am 13. März 1920 änderte sich das Bild durch Besserung der deutschen Währung bei gleichzeitigem Einsetzen ei-

---

166 Ebenda, S. 2.

167 Ebenda, S. 3. Zollloch oder „Loch im Westen“ heißt, es war möglich, über das besetzte Rheinland ohne Zollzahlung Handel zu treiben. Damit entgingen dem Reich Zolleinnahmen und die Möglichkeit der Devisenkontrolle (Vgl. Walter Steitz (Hg.): Quellen zur Deutschen Wirtschafts- und Sozialgeschichte vom Ersten Weltkrieg bis zum Ende der Weimarer Republik (Ausgewählte Quellen zur Deutschen Geschichte der Neuzeit, Band XXXVIII), Darmstadt 1993, S. 173).

168 BACZ Nr. 22820 (Geschäftsleitung, Geschäftsbericht vom 7. April 1921 für Geschäftsjahr 1919/20), S. 1.

ner weltweit spürbaren Wirtschaftskrise. Die Krise bedrohte, von Amerika ausgehend, zunächst die Rohstoff-Märkte der Welt, beeinträchtigte aber gleichzeitig den deutschen Export. Die deutsche Währung wies eine rückläufige Tendenz auf. Von Juli 1919 bis zum Kapp-Putsch war der Dollar-Kurs von 15,08 auf 83,89 Mark, d.h. um 465 Prozent gestiegen[169]. Zeiss konnte von den im Goldausland rückläufigen Rohstoffpreisen mit der immer schwächer werdenden Mark kaum profitieren. Kohlen sowie aus dem Ausland kommende Rohmaterialien waren wieder in ausreichender Menge zu haben, wenn auch verschiedene Produkte wie Petroleum, diverse Öle und Schleifdiamanten infolge ihres engen bzw. monopolisierten Marktes noch ausserordentlich hoch im Preis waren. Ferner zeigte sich in den alliierten und neutralen Ländern kaum eine große Neigung zur Aufnahme deutscher Waren. Vielmehr versperrte man die Märkte durch Einfuhr-Verbote für Luxuswaren, Drohungen mit Schutzzöllen, kurz: „... es machte sich der Beginn des Weltwirtschaftskrieges (sic!) gegen Deutschland geltend“[170].

Der konjunkturelle Rückgang in der zweiten Hälfte des Geschäftsjahres 1919/20 ließ die Vorratslager anschwellen. Gleichzeitig drückte die zunehmende Teuerung der Lebensmittel die Reallöhne. Das Unternehmen Zeiss sah sich gegen Ende des Geschäftsjahres zu wiederholten Kreditaufnahmen durch Emission von Anleihen veranlasst, die es ermöglichen sollten, für einige Zeit eine große Mitarbeiterschaft bei schwacher Nachfrage zu halten. Per 1. Juli 1920 wurden 10 Millionen und per 1. Oktober 1920 30 Millionen Mark aufgenommen[171].

---

169 Fritz Blaich: Der Schwarze Freitag. Inflation und Wirtschaftskrise, 2. Aufl., München 1990, S. 24.

170 BACZ 22820 (Geschäftsleitung, Geschäftsbericht vom 7. April 1921 für Geschäftsjahr 1919/20), S. 1.

Absprachen in der Not: Die Mikro-Konvention vom September 1919

Angesichts der kriegsbedingt komplizierten Situation am Binnenmarkt und an den internationalen Märkten versuchte eine Gruppe von Mikroskopherstellern, sich zu verständigen, sprich: ihr Verhalten in Bezug auf Preisgestaltung, Rabatte, Lieferungs-, Zahlungsbedingungen usw. aufeinander abzustimmen. De facto handelte es sich also um ein Konditionenkartell[172]. Zu diesen (gleichwohl in anderen Produktsparten rivalisierenden) Unternehmen gehörten Busch, Leitz, Winkel, Seibert und Reichert aus Wien, wobei die Federführung bei Zeiss, namentlich bei dessen Geschäftsleiter Henrichs lag. Auf diese Weise war eine gewisse Kontrolle der Wettbewerber möglich, was für das Jenaer Unternehmen insbesondere in Bezug auf die Auslandstätigkeit der Firma Leitz von besonderem Interesse war[173]. Selbstredend funktionierte die „Zusammenarbeit" in der Mikro-Gruppe nicht reibungslos, da sich die Teilnehmer nicht immer genau an die Absprachen hielten. Im übrigen waren einige Auslandsmärkte von der Verabredung ausgenommen (z.B. die USA und Kanada, später auch andere Länder). Die Konvention hielt 24 Jahre bis ins Jahr 1943, als sie im Rahmen einer vom Reichswirtschaftsministerium angeordneten Dekartellierung aufgelöst wurde[174].

Am schwierigsten waren Absprachen auf dem bzw. über den amerikanischen Markt. Dort befand sich mit Bausch & Lomb ein sehr potenter Anbieter auf einem national relativ geschützten Markt, sodass es nahe lag, mit diesem friedlich zu kooperieren. In der Tat hatte Zeiss für den Bereich der militärischen Artikel einen Lizenzvertrag mit dem amerikanischen Unternehmen abgeschlossen, war jedoch bei zivilen Gütern auf sukzessive Abstimmung angewiesen. So erhielt der Leiter der New Yorker Zeiss-Filiale bei Bedarf den Auftrag, sich mit Bausch & Lomb über die Preise zu verständigen. Freilich gab es auch hier immer wieder berechtigte

171 BACZ Nrn. 9203, 23011.
172 ZITZMANN: Internationalisierung, S. 78.
173 BACZ Nr. 3428 (Brief Henrichs an Bauer vom 15.10.1925).
174 BACZ Nr. 5815 Mikro-Gruppe, 1931–1941, (Anweisung des Leiters der Wirtschaftsgruppe Feinmechanik und Optik vom 14.8.1943).

Zweifel an der Einhaltung der locker ausgehandelten Vereinbarungen[175].

Der Versailler Vertrag: Konsequenzen für Zeiss und die Gründung der Nedinsco

Der Vertrag von Versailles hatte für die Produzenten von Militärgütern beträchtliche Einschränkungen gebracht. In Art. 168 des Vertrags hieß es:

> „Die Anfertigung von Waffen, Munition und Kriegsgerät aller Art darf nur in Werkstätten und Fabriken stattfinden, deren Lage den Regierungen der alliierten und assoziierten Hauptmächte zur Kenntnisnahme mitgeteilt und von ihnen genehmigt worden ist. Diese Regierungen behalten sich vor, die Zahl der Werkstätten und Fabriken zu beschränken…".[176]

Demnach gehörten Firmen wie Goerz zu jenen, die die Produktion optischen Kriegsgeräts eigentlich hätten aufgeben müssen. Das Unternehmen hatte jedoch über die C.P. Goerz GmbH in Wien und ihre Aktiengesellschaft in Breslau weiter die Möglichkeit, im Ausland Militärgüter herzustellen. Zeiss war es erlaubt, unter kontrollierten Bedingungen für das deutsche Heer zu produzieren. Der Export war indes (nach Art. 170 des Versailler Vertrages) auch dem Jenaer Unternehmen verboten. Freilich bestand wenig Neigung, dem Verbot auch wirklich zu entsprechen. Einmal mehr sollte sich zeigen: Kaufleute und Unternehmen haben zu allen Zeiten Mittel und Wege gefunden, allzu rigorose Beschränkungen zu überwinden.

Mitte 1919 wurden von Zeiss in Zusammenarbeit mit Heeres- und Marinebehörden militäroptische Instrumente im Wert von 2,2 Millionen holländischen Gulden (ca. 12 Millionen Mark) nach

---

175 Vgl. BACZ Nr. 3428 (Brief Bauer an Geschäftsleitung vom 3.10.1933).

176 Peter Longerich (Hg.): Die erste Republik. Dokumente zur Geschichte des Weimarer Staates, München 1992, S. 140.

177 Am 30.9.1921 war in Stockholm die Nordinska Instrument A.B. (Norinab) gegründet worden, an deren Aktienkapital neben Zeiss auch die Nedinsco beteiligt war (BACZ Nr. 15348). 1925 zog sich Zeiss aus der Beteiligung zurück.

Holland und Schweden[177] versandt. Dies bildete den Grundstock für den Aufbau der N.V. Nederlandsche Instrumenten Companie („Nedinsco") im niederländischen Venlo[178]. Hierbei handelte es sich um eine Gesellschaft, die durch holländische Treuhänder von der Carl Zeiss-Stiftung gegründet wurde, die 100 Prozent des Beteiligungs- bzw. Nominalkapitals von zwei Millionen holländischen Gulden hielt[179]. Es war also eine verdeckte Konstruktion, die die Zeiss-Stiftung über Treuhänder und Strohmänner komplett kontrollierte. Die Fabrik wurde am 21. Januar 1921 gegründet[180].

Abb. 15 Montage- und Justierwerkstatt für Zielfernrohre der Firma „Nedinsco" in Venlo

Die Entente musste den Eindruck gewinnen, als habe die Nedinsco die Majorität inne. Ein Treuhänder war es auch, der 1924 die Hol-

178 BACZ Nr. 9455 (Filialen und Beteiligungen).
179 BACZ Nr. 8289 (Anl. V., S. 20: Der Betrieb wurde 1945 eingestellt und die Restvermögenssumme vom holländischen Staat beschlagnahmt).
180 BACZ Nr. 9455 (Filialen und Beteiligungen).
181 BACZ Nr. 19259 (Ausländische Verkaufsfilialen und Beteiligungen).

dinggesellschaft N.V. Finantieele Maatschappij Nederland im Auftrag der Zeiss-Stiftung gründete, wobei die Holding 30 Prozent an der Nedinsco hielt[181]. Die Nedinsco operierte relativ autonom. Sie trat nicht nur nach außen selbstständig auf, sondern genoss auch in Angelegenheiten des Rechnungswesens, des Personals, der Organisation und des Absatzes eine ziemliche Unabhängigkeit. In wesentlichen Fragen – und dazu zählte vor allem der Export militärischer Instrumente in außereuropäische Staaten – wurden die Entscheidungen jedoch in Jena getroffen[182]. Zeiss wickelte bis zum Geschäftsjahr 1935/36 seine ausländischen Militärgeschäfte ausschließlich über die Nedinsco ab und belieferte dieses Tochterunternehmen in großem Umfang mit Halb- und Fertigfabrikaten. So wurde auch der Absatz von Militäroptik in die Sowjetunion über Venlo organisiert[183]. Die Nedinsco übernahm freilich noch andere Funktionen. Das Tochterunternehmen diente Zeiss nämlich auch zur Umgehung der Devisengesetzgebung zu Zeiten der Devisenbewirtschaftung am Ende der Weimarer Republik und in der Zeit des Nationalsozialismus. So galt 1932 die gesetzliche Verpflichtung, Devisen innerhalb von drei Tagen an die Reichsbank abzuliefern. 1932 betrug jedoch das Guthaben von Zeiss bei der Chasebank in New York lediglich 3.000 US-Dollar, das Guthaben der Nedinsco hingegen 350.000 US-Dollar[184]. Die Nedinsco hielt für Zeiss auch Guthaben in anderen Währungen, ohne diese an das Mutterunternehmen abzuführen, was freilich Sinn und Zweck der Sache war. Was Wunder, dass die Devisenstelle des Landesfinanzamtes das Jenaer Unternehmen der „Gewinnverlagerung“ zieh[185]. Die Nedinsco trug in den folgenden Jahren durchaus erheblich zum Gesamtumsatz bzw. zum Export bei[186].

---

182 BACZ Nr. 9455 (Filialen und Beteiligungen). BACZ Nr. 9432 (Besprechung Nedinsco und Zeiss am 24.7.1928).

183 BACZ Nr. 9455 (Bericht des Buchprüfers Dr. Leidigkeit 1934).

184 BACZ Nr. 3428 (Mitteilung von Zeiss an Filiale New York vom 3.3.1932).

185 BACZ Nr. 9455 (Bericht des Buchprüfers Dr. Leidigkeit 1934).

186 BACZ Nr. 21196 (Statistiken, graphische Darstellungen über Exportumsätze 1913–1937); BACZ Nrn. 21191; 21192.

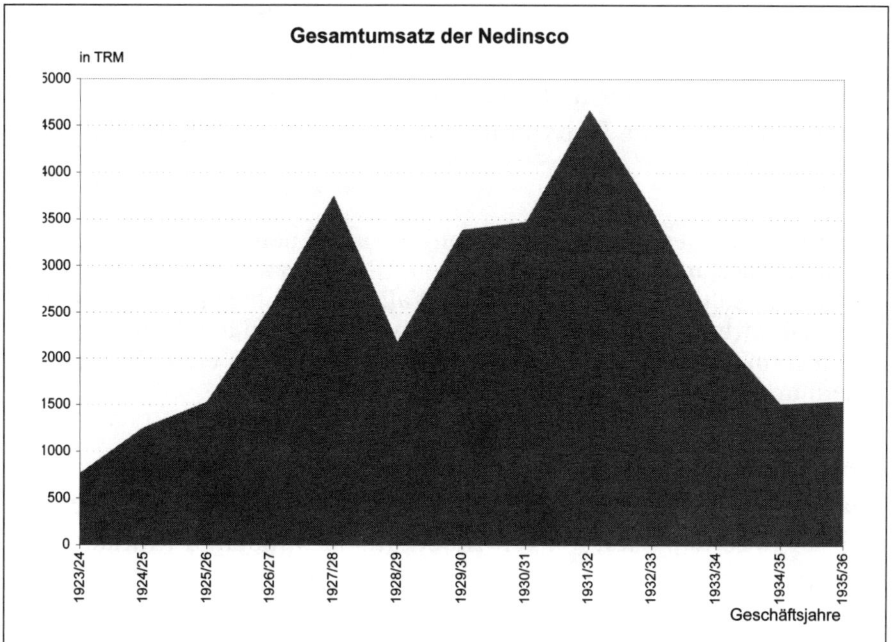

Quelle: BACZ Nr. 22832 (Geschäftsleitung, Umsätze), S. 3.

Politische Turbulenzen und eine schwankende Konjunktur

Zu Anfang des Geschäftsjahres 1920/21[187] beklagte das Unternehmen „schleppenden Geschäftsgang“. Immerhin gelang es, den Absatz den Produktionsmöglichkeiten entsprechend zu steigern. Die Inflationierung der Mark seit Mitte Juli 1921 belebte die Verkäufe in Deutschland.

Die Löhne und Gehälter mussten der allgemeinen Teuerung sukzessive angepasst werden. Insgesamt blieb das Ergebnis des Geschäftsjahres 1920/21 mässig. Den Arbeitern und Beamten im Zeisswerk wurde „nur“ eine Lohn- bzw. Gehaltsnachzahlung von 5 Prozent des Jahresverdienstes gezahlt[188].

---

187 BACZ Nr. 22820 (Geschäftsleitung, Bericht vom 19.4.1922 über das Geschäftsjahr 1920/21, an RBNS Jena).

188 BACZ Nr. 22820 (Geschäftsleitung, Bericht vom 19.3.1924 über das Geschäftsjahr 1922/23, an RBNS Jena).

Der Bericht über das Geschäftsjahr 1921/22[189] nennt den Absatz immerhin „befriedigend". Auch die Belegschaft blieb auf einem Stand von etwas über 5.000 Leuten. Kopfzerbrechen bereitete der Geschäftsleitung die Entwicklung des Auslandsabsatzes, vor allem wegen der

> „Bestrebungen des bisher feindlichen Auslands, den Wirtschaftskrieg als Nachfeier des blutigen Krieges gegen Deutschland zu führen. Durch Hochschutzzölle, Einfuhrverbote und Valuta-Zuschläge (letzteres in Spanien und Portugal) suchte man den deutschen Waren den Einlass zu verbieten. Trotzdem haben unsere Auslandsbeziehungen erfreulicherweise zugenommen"[190].

Dies hing wesentlich mit dem nach wie vor guten Image der Zeiss-Produkte bzw. mit der Qualitätsführerschaft des Unternehmens in vielen Produktsparten der feinmechanisch-optischen Industrie zusammen.

Auf der anderen Seite mussten die deutschen Exporteure jedoch die unerfreuliche Feststellung machen, dass unter politischem Druck die Ausfuhr-Abgaben in Deutschland eine solche Höhe erreichten, dass die Exporterlöse 1921/22 dahinschmolzen.

Die Zeit der großen Inflation

Es ist allgemein bekannt, dass die katastrophale Inflation des Jahres 1923 nicht erst nach dem Ersten Weltkrieg, sondern quasi mit dessen Beginn einsetzte. Die ganze Kriegszeit hindurch mussten Preisanpassungen vorgenommen werden, fand eine Entwertung der Mark statt. Ein Blick auf die Rohstoff- und Betriebsmittelpreise macht dies unmittelbar deutlich. So steigerte sich beispielsweise der Preis für Messingdraht, ein bei Zeiss häufig verwendetes Material, von 1914 bis 1918 um 224 Prozent oder der von Eisenguss um

189 BACZ Nr. 22820 (Geschäftsleitung, Bericht vom 7.4.1923 über das Geschäftsjahr 1921/22, an RBNS Jena).

190 Ebenda, S. 1.

186 Prozent. Maschinenöl war 1918 um 360 Prozent teuerer als 1914 und Siemens-Martin-Stahl steigerte sich im Preis um 196 Prozent[191]. Preissteigerungen um das Zwei- bis Vierfache waren häufig beobachtbar. In ähnlichem Umfang stiegen die Löhne. Realistischerweise müssen deshalb die Umsatzzahlen um einen angemessenen Teuerungsfaktor deflationiert werden. Der gesamte Absatz des Jahres 1917/18 von Carl Zeiss von statistisch ausgewiesenen 108 Millionen Mark dürfte daher (unter Berücksichtigung eines Teuerungsfaktors von 2,0388 bezogen auf die Preisbasis 1913) nur etwa 54,17 Millionen Mark betragen haben[192]. Natürlich versuchte das Unternehmen, auf der Basis möglichst realistischer Daten zu disponieren bzw. angesichts der extremen Preisausschläge für alle Produktbereiche eine Verständigung mit den konkurrierenden Anbietern zu erreichen. So war die Inflationszeit auch die Zeit der vielen vertraulichen Besprechungen, der Prognosen und des Versuchs abgestimmten Verhaltens zum Zwecke der Herstellung wenigstens eines Minimums an Handlungssicherheit. Dazu musste man die Konkurrenz fest im Auge behalten. Im März 1918 wusste man in Jena beispielsweise, dass Goerz die Preise für zivile Feldstecher um 40 Prozent, Leitz Wetzlar dieselben um 50 Prozent erhöhen wollte und man bei der Ica in Dresden gar über Teuerungszuschläge im Bereich von 100 bis 200 Prozent nachdachte[193]. Die einzelnen Abteilungen sollten demzufolge nach Abstimmung mit der jeweiligen Konkurrenz trachten[194]. Folgerichtig bildeten sich wettbewerbsbeschränkende Institutionen wie z.B. der „Kamera-Konzern" des Jahres 1919, ein straff organisiertes Preiskartell einer Reihe von Fabrikanten von Kameras, Verschlüssen und Objektiven[195].

Hatte man, wie erwähnt, bei Zeiss schon während des Krieges auf die Teuerungen mit Einkommens-Zuschlägen reagiert, so galt

---

191 BACZ Nr. 12629 (Geschäftsleitung, Niederschrift über die am 18.3. 1918 stattgefundene Besprechung wegen zukünftiger Verkaufspreise für optische Instrumente).

192 SASSMANNSHAUSEN: Wettbewerbssituation, S. 17, Tab. 4.

193 BACZ Nr. 12629 (Geschäftsleitung, Besprechung vom 18.3.1918 über zukünftige Verkaufspreise für optische Instrumente).

194 BACZ Nr. 17374 (Geschäftsleitung, Besprechung mit Abteilungsleitern vom 22.8.1919 über Preiszuschläge und –berechnung).

195 BACZ Nr. 2348 (Vereinbarung der Kamera-, Verschluss- und Objektivfabrikanten über Förderung der gemeinsamen Interessen und Festlegung von Verkaufspreisen (Kamerakonzern), 1919).

dies für die inflationäre Nachkriegszeit erst recht. So wurden die Pensionen der Zeiss-Beamten per 1. Oktober 1921 den allgemeinen Preissteigerungen durch eine Zulage angepasst[196]. Ab 1. Januar 1922 übernahm man diese Regelungen auch für die Abgangsentschädigungen. Die Wertschwankungen und sich ständig ändernden Auszahlungsmodalitäten im Lohn- und Gehaltsbereich führten – wie allenthalben in Deutschland – zu Unzufriedenheit bei den Beschäftigten, obwohl sich die Entlohnungen bei Zeiss im allgemeinen 10–20 Prozent über dem Niveau der in Thüringen und anderswo im unbesetzten Gebiet bezahlten Löhne und Gehälter bewegten.

Die Lohn- und Gehaltsempfänger erhielten einen dem Sinken der Mark entsprechenden Inflationsausgleich. Am Ende des Geschäftsjahres 1921/22 wurde den Arbeitern und Beamten in Ansehung der Teuerungsverhältnisse eine Nachzahlung von 50 Prozent auf das Gesamteinkommen gewährt, wobei Abschläge davon schon vorher, etwa im Frühjahr 1922, erfolgten. Die Inflationierung erforderte so eine zunehmende Flexibilisierung und Variabilität der Auszahlungsmodalitäten[197]. Zu dieser Flexibilisierung gehörte ein firmeninternes Abkommen vom August 1923 zur Regelung der Entlohnung mit gleitender Lohnskala, das die Lebenshaltungskosten berücksichtigte. Dadurch sollte ein bestimmtes Realeinkommen gesichert werden[198]. Dieses Indexlohnabkommen lief Anfang November 1923 aus. Für die Auszahlung der Löhne wurde eine wertbeständige Form gesucht, weshalb die Firma ab 1. November Notgeld drucken ließ, das mit Goldmarkschatzanweisungen gedeckt werden konnte. Dabei entsprach ein Dollar 4,20 Goldmark. Auf dieser Basis zahlte man ab Mitte November die Löhne in Goldmark aus[199].

Im Geschäftsjahr 1922/23, insbesondere in der Zeit bis Ende Juni 1923, wurde infolge der zunehmenden Inflationierung der Mark

---

196 BACZ Nr. 39461 (Hesberg, Untersuchungen, S. 98 ff. und passim).

197 BACZ Nr. 655 (Löhne in der Inflationszeit 1920–1927); vgl. BACZ Nrn. 689, 781, 1196 und 1606.

198 BACZ Nr. 30461, S. 98 ff.

199 BACZ Nr. 14920 (Nachträglicher Bericht vom 3.11.1944 über Inflationsgeld [Notgeld] und Mitbestimmungsrecht der Stiftungsbetriebe bei der Preisfestsetzung der mit dem Warengutschein eingekauften Lebensmittel. Aus dem Jahre 1923). BACZ Nr. 30461, S. 100 f.

Abb. 16 Zwanzig Milliarden Mark in Zeiss-Inflationsgeld

eine lebhafte spekulative Nachfrage konstatiert. Die monetären Rückflüsse waren jedoch in dieser Hochphase der Inflation so stark entwertet, dass daraus zunächst Verlustgeschäfte resultierten, denen Zeiss mit kurzen Zahlungsterminen zu begegnen versuchte. Anfang Juli 1923 nahm die Inflation einen bedrohlichen Charakter an, und den sukzessive verschärften Zahlungsbedingungen folgte eine zunehmende Zurückhaltung der Käufer, sodass es in den letzten drei Monaten des Geschäftsjahres zu plötzlichen Nachfrageeinbrüchen kam. Mit der Absatzstagnation ging eine drastische Erhöhung der Lagervorräte einher.

Das Rechnungswesen war durch die Hyperinflation ziemlich intransparent, der Zahlungsverkehr wertmäßig und logistisch, ja physisch, zu einem Problem geworden. Die Bilanz per 30. September 1923 war zum Stichtag noch nicht völlig geklärt, weil die verschiedenen Posten in Papiermark je nach dem Datum ihrer Entstehung unterschiedliche Werte darstellten. Da die Papierbilanz kaum mehr als zuverlässiger Indikator angesehen werden konnte, versuchte die Zeiss-Buchhaltung, eine Goldmark-Vermögensaufstellung per 30. September 1923 aufzumachen, um auf annähernd realistischer Basis disponieren zu können.

Die Inflation setzte sich bekanntlich exponentiell fort bis in den November 1923, und somit kam es auch zu weiteren Verlusten an Substanz, die durch den Zufluss entwerteten Geldes bedingt waren.

Um nicht allzuviel auf Lager arbeiten zu müssen und die Reserven nicht völlig aufzuzehren, mussten im Geschäftsjahr 1923/24 800 Beamte und Arbeiter mit der statutarischen Abgangsentschädigung entlassen werden.

Die Zeit der Strukturreformen

Mit der Reform der Währung im Rahmen des Gesetzes vom 30. August 1924 und der Einführung der Reichsmark als Goldkernwährung auf stabiler Deckungsgrundlage konnten die Unternehmen erstmals seit langem wieder auf konsolidierter und sicherer wirtschafts- und finanzpolitischer Basis disponieren[200]. Hierzu trugen auch die Schlieben-Popitz'schen Reformen mit dem Reichsbewertungsgesetz bzw. mit dem Aufwertungsgesetz vom 16. Juli 1925 wesentlich bei, die die inflationsbedingt komplizierten Schuldverhältnisse regelten. Die dunklen Wolken der Inflation und wirtschaftlichen Instabilität hatten sich jedoch 1925 kaum verzogen, als nun hohe Kosten- und Steuerbelastungen, strukturelle Probleme und eine international restriktive Zoll- und Handelspolitik der meisten bedeutenden Industriestaaten den Konjunkturhorizont trübten.

Eine merkwürdige Mischung aus Optimismus und Skepsis spricht aus den Geschäftsberichten der damaligen Zeit. Der Optimismus wurde von einer leichten Geschäftsbelebung im letzten Viertel des Jahres 1924 genährt, der bei Zeiss in erster Linie dem Saison- (Beleuchtungsartikel) und dem Weihnachtsgeschäft zuzuschreiben war.

Mit großen Erwartungen sah das Unternehmen dem Ausgang der Handelsvertragsverhandlungen entgegen, die nach dem 10. Januar 1925 die Deutschland aufgezwungene einseitige Meistbegünstigung ersetzen sollten[201].

---

200 WALTER: Wirtschaftsgeschichte, S. 155 u. 157 ff.
201 BACZ Nr. 22820 (Geschäftsleitung, Bericht vom 21.1.1925).

In einem Bericht an die Reichsbanknebenstelle in Weimar vom 26. März 1925[202] nennt die Geschäftsleitung die hauptsächlichen Herausforderungen und Problemfelder der Zeit beim Namen:

„Die Konkurrenz auf unserem Gebiet ist sehr stark und wir haben uns daher entschliessen müssen, trotz hoher an uns gestellter Steueransprüche und steigender Löhne, die bei uns über die Vorkriegszeit schon etwas hinausragen, billigere Preise anzusetzen, als sie vor dem Krieg galten. Es betrifft dies sowohl Brillengläser wie Mikroskope, Feldstecher und photographische Objektive. Durch sorgsame Rationalisierung müssen wir den Ausfall wieder wett zu machen suchen. Ein wirklicher Geschäftsaufschwung kann erst kommen, wenn wir mit den bisher feindlichen Ländern Handelsverträge abgeschlossen haben werden, die eine gewisse Gleichheit der Zollbelastung herbeiführen. Momentan befinden wir uns noch im hellen Wirtschaftskrieg mit den früheren Feinden und es ist vor dem Herbst dieses Jahres selbst bei günstigem Verlauf der Handelsvertrags-Verhandlungen eine Besserung leider nicht zu erwarten“[203].

Diese Situationsanalyse war geradezu symptomatisch nicht nur für die feinmechanisch-optische Industrie, sondern für die damaligen verarbeitenden Gewerbe im Allgemeinen.

Im letzten Quartal des Jahres 1925 hatte der Absatz von Feldstechern und photographischen Objektiven abgenommen. Lapidar stellte man im Hause Zeiss fest, das Weihnachtsgeschäft 1925 sei „spurlos an uns vorüber“ gegangen.

Eine Wirtschaftskrise erfasste nacheinander Automobilindustrie, Beleuchtungsbranche, photographische Industrie und wissenschaftliche Industrie[204]. Eine zunehmend starke Besteuerung und Kapital- und Kreditnot wurden von den Unternehmen beklagt, die sich bis ins Frühjahr des Jahres 1926 hinein verschlimmerte. Die Umsätze im Januar und Februar waren dementsprechend niedrig. Im Zeisswerk stellte man fest, dass es bei der Konkurrenz und den Abnehmern mehr und mehr zu Entlassungen, Geschäftsaufgaben und Konkursen kam. Da mehr produziert als nachgefragt wurde, blieben die Preise gedrückt, die finanziellen Spielräume wurden enger. Der Preis der Rohmaterialien hatte sich gegenüber 1914 um

202 BACZ Nr. 22820 (Geschäftsleitung, Bericht vom 26.3.1925).

203 BACZ Nr. 22820 (Geschäftsleitung, Bericht vom 26.3.1925 an RBNS über 1. Quartal 1925).

204 BACZ Nr. 22820 (Geschäftsleitung, Bericht vom 17.3.1926 an RBNS für 1.4.25–1.3.26, S.1).

60 Prozent gesteigert. Die Lohnsteigerungen gegenüber 1914 betrugen etwa 20 Prozent. Die Produktpreise erreichten hingegen kaum Friedensniveau. Es war schwer, angesichts dieser enormen Kostenbelastung zu Erträgen zu kommen. Die Eintreibung der Forderungen gestaltete sich überdies besonders schwierig: „Der Eingang der Gelder bedurfte strenger Überwachung und wir sind froh, bisher von grösseren Kreditschäden verschont geblieben zu sein“[205].

Im Zuge der Erzberger'schen Finanzreform war es überdies zu einer Erhöhung der Umsatzsteuer gekommen, die die Händler nun den Fabrikanten aufzubürden versuchten. Die Steuerbelastung war deutlich höher als in der Vorkriegszeit[206].

Protektionismus, wohin man blickte …

Die höheren Belastungen wurden zudem flankiert durch eine recht uneinheitliche Gestaltung der Weltmarktpreise, die den Unternehmen jede Marktdisposition erheblich erschwerte. Ausländische Konkurrenten, etwa französische Hersteller, verkauften ihre Produkte ein Drittel unter deutschen Preisen, kamen aber an die Qualität der deutschen Erzeugnisse nicht heran. Die außenwirtschaftliche Situation litt schließlich stark unter einer sehr restriktiven Außenwirtschaftspolitik der ausländischen Industriestaaten. Die Importzölle für feinmechanisch-optische Erzeugnisse nahmen teilweise prohibitive Züge an und die deutschen Exporteure waren – um überhaupt eine Marktchance zu haben – gezwungen, zu sehr niedrigen Preisen in den ausländischen Markt zu gehen. In Frankreich erhob man z.B. 20–30 Prozent vom Importwert, in England 33 $^{1}/_{3}$ Prozent (exclusive der Reparationsabgabe, die einen durchlaufenden Posten bildete), in Amerika 25–45 Prozent, in Japan gar bis 100 Prozent. Die deutschen Preise für Markenartikel wie solche Zeiss'scher Provenienz mussten demnach so bemessen sein, dass sie einschließlich der Auslandszölle in den Goldländern England, Amerika und Japan den Wettbewerb

---

205 Ebenda.

206 Ebenda, S. 2 f. WALTER STEITZ (Hg.): Quellen zur Deutschen Wirtschafts- und Sozialgeschichte, S. 118 ff.

mit den dort hergestellten Instrumenten aufnehmen konnten. In Frankreich, Italien und in der Tschechoslowakei wäre die Konkurrenz selbst zu den relativ niedrigen deutschen Preisen plus fremdem Zoll nicht zu bestehen gewesen, wenn sich nicht für die höhere Qualität der deutschen Produkte Interessenten hätten finden lassen. Mit einigen Ländern wurde monatelang, teils jahrelang in Zollsachen verhandelt und zwischenzeitlich eben Handelsprovisorien beibehalten, so etwa mit Frankreich. Neben den tarifären Handelshemmnissen griff man im Ausland häufig zu den nicht-tarifären, d.h. man beschränkte die Verkehrsfreiheit, das Niederlassungsrecht, verhängte Einreiseverbote, verteuerte die Kosten für Pässe und Visa oder probierte es mit „Zoll-Plackereien" und dergleichen[207]. Bei anderen Kunden wiederum war die Zahlungsfähigkeit eingeschränkt. So hatte z.B. Russland seinerzeit erhebliche Liquiditätsprobleme[208]. Mit Polen befand man sich gar im „Zollkrieg". Einen der wenigen Lichtblicke stellte ein Handelsabkommen mit Spanien dar. Angesichts dieser international höchst komplizierten Lage war es im Hause Zeiss nur ein schwacher Trost zu wissen, dass es der Konkurrenz noch viel schlimmer erging.

Die Einschränkung der teuren Vielfalt: Rationalisierung

Um die Mitte der 1920er Jahre, nach Währungs- und Finanzreform, waren noch einige grundlegende ökonomische Probleme auch innerhalb der Unternehmen ungelöst geblieben. Viele Industriebranchen, so auch die optische Industrie, litten an einer derartigen Vielfalt in ihren Produktportfolios, dass hier angesichts der volkswirtschaftlichen Situation dringlich eine Reduzierung eintreten musste. Die Zinsen in Deutschland bewegten sich auf hohem Niveau, Kapital war also teuer, und die außenwirtschaftlichen und konjunkturellen Konstellationen waren alles andere als zufrieden-

207 BACZ Nr. 22820 (Geschäftsleitung, Bericht vom 17.3.1926 an RBNS für 1.4.25–1.3.26, S. 3). Vgl. DIETMAR PETZINA: Die deutsche Wirtschaft in der Zwischenkriegszeit, Wiesbaden 1977, S. 68 ff.

208 BACZ Nr. 22820 (Geschäftsleitung, Bericht vom 17.3.1926 an RBNS für 1.4.25–1.3.26, S. 4).

stellend, sodass jede kostensparende Maßnahme zur betriebswirtschaftlichen Notwendigkeit wurde. Dabei hatte die Rationalisierung verschiedene Ausprägungen[209]. Zum ersten ging es um Rationalisierung im engeren Sinne, d.h. um neue Maschinisierung, Typisierung und Normierung (zeitgenössisch häufig als „Normalisierung" bezeichnet) im Produktionsbereich. Zum zweiten musste die Betriebsorganisation rationalisiert, d.h. die Vernetzung der Betriebsteile (Lager, Transport etc.) optimiert werden. Zum dritten war es angezeigt, diese Maßnahmen durch entsprechende Aktivitäten im Bereich des Humankapitals zu flankieren, d.h. die Schulung, Ausbildung und auch Auswahl von Mitarbeitern im Sinne dieser Verschlankung zu forcieren und bei Neueinstellungen eine entsprechende Selektion vorzunehmen. Zum vierten und nicht zuletzt musste die Rationalisierung auf alle Glieder des Stiftungsunternehmens gerichtet sein. D.h. eine wesentliche Möglichkeit der Kostenreduktion bestand in der Konzernierung, Kartellierung, Trustbildung, Fusion oder welche Form der Neuorganisation auf der überbetrieblichen Ebene man immer anstrebte. Die Zusammenlegung von Produktionsteilen und -orten war schlechthin unumgänglich geworden.

Angesichts der Typenvielfalt und des (noch) Fehlens einer deutschen Industrienorm war die Einschränkung der Vielheit geradezu eine *conditio sine qua non.* Im Hause Zeiss ging man schon seit einigen Jahren, spätestens seit 1919 sehr energisch daran, durch Zusammenlegung und Automatisierung die Massenproduktion zu forcieren und damit die Stückkosten zu senken.

Die Rationalisierung war eine der Lehren und Konsequenzen, die man allgemein in der Industrie und so auch bei Zeiss und Schott in Jena aus dem Kosten- und Preisdruck der frühen Weimarer Jahre ziehen musste. Die Steigerung der Effizienz und Rentabilität war ein Gebot der Stunde. Das Geschäftsjahr vom 1. April 1926 bis Ende März 1927 schien davon bereits zu profitieren. Die Belegschaft war um zehn Prozent reduziert worden. Trotz rückläufigen Inlandsabsatzes (mit einigen Ausnahmen, z.B. Beleuchtungskör-

---

209 Harold James: Deutschland in der Weltwirtschaftskrise 1924–1935, Stuttgart 1988, S. 151 ff.

per) bemerkte man eine Geschäftsbelebung[210], auch wenn man in einigen Produktsegmenten, wie z.B. Brillengläsern, nur durch Preisnachlässe die Umsätze halten konnte und damit den Ertrag schmälerte. Die Tatsache, dass die meisten Zeiss-Produkte eine Fabrikationsdauer von sechs bis neun Monaten aufwiesen, erforderte indes eine vorausschauende und umsichtige Planung und höchst aufmerksame Marktbeobachtung und -einschätzung. Zur Erreichung eines günstigeren finanziellen Ergebnisses setzte man weiterhin auf die Rationalisierungsstrategie im Fabrikationsbereich[211].

Überdies wurde 1927 allgemein ein Kaufkraftrückgang beklagt, der die Richtigkeit dieses Vorgehens unterstreicht. Für die Löhne und Gehälter hatte dies allerdings keine Gültigkeit. Zwischen 1923/24 und 1928/29 waren die Netto-Durchschnittsverdienste des über 18 Jahre alten Arbeiters von jährlich 1.389,77 Mark auf 2.779,49 Reichsmark angestiegen[212], was real einen Anstieg von 1.061,54 Mark auf 1.805,57 Reichsmark bedeutete[213].

Exkurs:
Innovation in Präzision. Die Abteilung Feinmess und die „Messrevolution"

Bei „Feinmess" mag man zunächst nur an eine weitere Abteilung von Zeiss denken, die 1918 gegründet wurde. Doch verbirgt sich dahinter ungleich mehr: Nämlich die Frage nach der Effektivität, Wirtschaftlichkeit bzw. Rentabilität eines erheblichen Teils der deutschen Industrie in der Zwischenkriegszeit. Ein beträchtlicher Bereich der lebendigen Arbeit in der Gesamtindustrie entfällt noch heute auf die Feinmessung, insbesondere die Längenmessung, 1988 etwa angeblich 15 Prozent. Man wird die Rationalisierungs-

210 BACZ Nr. 22820 (Geschäftsleitung, Bericht an RBNS vom 19.3.27 für 1.4.26–1.3.27), S. 1.

211 Ebenda, S. 3.

212 BACZ Nr. 30300; Rüdiger Hachtmann: Industriearbeit im „Dritten Reich". Untersuchungen zu den Lohn- und Arbeitsbedingungen in Deutschland 1933–1945 (Kritische Studien zur Geschichtswissenschaft, Bd. 82), Göttingen 1989, S. 45.

213 Windisch: Löhne, Anhang S. XLIII.

wellen in dem betrachteten Zeitraum mit der so entstandenen starken Arbeitsteiligkeit, hohen Kompatibilität der Normteile sowie Fließfertigung, kurz: sämtliche nutzbar gemachten *economies of scale, scope and speed* in ihrer vermutlich starken gesamtindustriellen Wirkung wohl nur ermessen können, wenn man sich über die Errungenschaften der Feinmesstechnik in dieser Zeit im Klaren ist. Aus Charles Chaplins Film „Moderne Zeiten“ kann man dann lernen, dass die Rationalisierung nicht nur neue industrielle Formen schuf, sondern auch den Menschen „industrialisierte“ und zum austauschbaren Teil einer gigantischen Maschinerie werden ließ, sozusagen zum Opfer der „Messrevolution“.

Die Entstehung und Bedeutung der Feinmess-Abteilung

Die Abteilung „Feinmess“ bei Zeiss stand nicht – wie man zunächst vermuten könnte – in der Kontinuität zur Abteilung „Mess“[214]. Es war keine Abteilung, deren Produkte auf einem weithin transparenten Weltmarkt spektakuläre Aufmerksamkeit genossen hätten. Vielmehr waren es überwiegend Produktions- bzw. Investitionsgüter, eben Nicht-Konsumgüter, zu weit vom Konsum und Endverbraucher entfernt, als dass man sie – wie etwa Brillen, Fotoapparate oder Ferngläser – allüberall hätte sehen, kennen- und schätzenlernen können. Aber in den Laboratorien und Werkstätten der Welt, dort, wo es um die Standardisierung von Massenproduktion, um die auf Hochpräzision angewiesene Produktion von Austauschteilen, um die Herstellung von Elementen für äußerst komplexe Baukastensysteme ging – überall da schätzte und kaufte man Zeiss-Feinmess-Produkte. Es waren also vor allem Fabriken, Konstrukteure, Ingenieure des Maschinen- und Gerätebaus (etwa des Lokomotiv-, Fahrzeug-, Flugzeugbaus und der Uhrenindustrie), eine Nachfragerschicht von genauigkeitsorientierten Hochtechnologie-Spezialisten, die die Marken von Zeiss-Feinmess in die Welt trugen.

---

214 Im April 1893 hatte nach den Abteilungen Mikroskopie und photographische Objektive eine dritte Abteilung für optische Messinstrumente ihre Verkaufstätigkeit aufgenommen (BACZ Nr. 168).

Die Feinmess-Abteilung war ein typisches Produkt der Synergie im Zeiss-Unternehmensverbund. Die Optik und Feinmechanik brauchten von Anfang an zu ihrer Kontrolle adäquate Messvorrichtungen (wie den Abbe'schen Längenkomparator, den Dickenmesser oder das Sphärometer (Kugelmesser)). Andererseits konnten die Erfahrungen und Methoden anderer Fabrikationszweige (Lupen, Mikroskope, Projektoren, Ablesefernrohre, Strichplatten) für die Feinmess-Produkte nutzbar gemacht werden. Es waren aber nicht nur diese technischen Voraussetzungen gegeben, sondern vor allem war das erfahrene, routinierte, feinste Arbeit gewöhnte Stammpersonal, also Humankapital, in Jena vorhanden (Werkmeister, Facharbeiter, Konstrukteure), um die Feinmesstechnik zu realisieren. Führender Kopf der Feinmess-Abteilung war zwei Jahrzehnte lang der Breslauer Dr. (phil.!) Otto Eppenstein[215]. Zu seinem Lebenswerk gehörten fundamentale Verbesserungen der Entfernungsmessung. 78 Patente und fünf Gebrauchsmuster gehen auf Eppenstein zurück, darunter (zusammen mit Ulrich Schmidt) der Scherenentfernungsmesser[216]. Die mechanischen Feinmess-Teile konstruierte der Stuttgarter Adolf Steinle[217].

Der stärkste Synergieeffekt bestand wohl darin – und viele Patente bezogen sich darauf – dass man die mechanischen Messverfahren (mit Zirkeln, Tastern, Schublehren, Mikrometern etc.) um optische Mittel ergänzen und bereichern konnte. Die spezifische Symbiose aus Optik und Mechanik auf höchstem Präzisionsniveau war die Basis der Entwicklung der Feinmess-Abteilung zur wichtigsten Zivilgüter-Abteilung im Zeisswerk.

War also auf der Angebotsseite hochwertiges mechanisches und optisches Know-how vorhanden, so kam auf der Nachfrageseite eine günstige Marktentwicklung hinzu, da die Serienfabrikation bzw. Fließproduktion nach amerikanischem Muster und der Fordismus soeben in der Automobilindustrie und in anderen Branchen Einzug gehalten hatten[218]. Aber amerikanische Messwerkzeuge waren

---

215 Eppenstein, Jg. 1876, trat am 1.10.1901 ins Zeisswerk ein und starb am 7.10.1942.

216 BACZ Nr. 7792 (Wichtige Erfindungen).

217 Steinle, Jg. 1882, trat am 18.9.1905 ins Zeisswerk ein und wechselte1946 zu Fa. Hensoldt nach Wetzlar.

218 James: Weltwirtschaftskrise, S. 156.

teuer, wenn sie nach dem Ersten Weltkrieg überhaupt angeboten wurden, d.h. hier war eine echte Marktlücke vorhanden, die das Unternehmen Carl Zeiss erschließen konnte.

Die Austauschbarkeit, Typisierung, Standardisierung, Normung (bei Zeiss gab es seit 1919 eine Normenabteilung) und das Baukastenprinzip waren allenthalben im industriellen Bereich das Gebot der Stunde. Eine Reihe von Rationalisierungswellen erfasste die industrielle Welt. Weltweit benutzte Feinmaß- und Feinmessgeräte kamen seit der Weimarer Zeit immer häufiger aus Jena. Zeiss bestimmte das Weltniveau im Feinmess-Bereich mit. Nirgendwo auf dem Globus wurde genauer gemessen und nirgendwo konnte durch Feinmess-Anwendungen soviel Material und damit Kapital eingespart werden wie in der industriellen Anwendung der Jenaer Innovationen.

Im Rahmen der Durchsetzung des Baukastenprinzips kam es – nicht zuletzt aus Kostengründen – zunehmend auf Messgenauigkeit, aber auch auf Erhöhung der Informationsgeschwindigkeit und höhere Messgeschwindigkeit an. Hier war das Optimeter, ein Vergleichsmessgerät, von erheblicher Bedeutung. In den frühen 30er Jahren konnte mit dem zum Abbe-Längenmesser[219] (1936) ausgebauten Optimeter bereits der Tausendstel Millimeter abgelesen und damit der „Kampf um das Tausendstel" gewonnen werden. Dies mag als Beispiel für die „neue Genauigkeit" genommen werden.

Die Anwendung von Zeiss-Feinmess-Geräten machte sich nicht nur für die Kunden der Industrie bald bezahlt, sondern die Abteilung Feinmess trug auch mit bedeutenden Umsätzen und (zumindest im Geschäftsjahr 1927/28 und 1928/29) mit überdurchschnittlicher Umsatz-Rendite von 22,8 und 17,1 Prozent zu einem guten Betriebsergebnis bei. D.h. man war nicht nur technisch-wissenschaftlich, sondern auch ökonomisch wettbewerbsfähig. Auch die Anteile der Feinmess-Abteilung am Gesamtumsatz des Unternehmens Zeiss waren teilweise erheblich. Sie schwankten zwischen 2,6 und 12,0 Prozent bei einem Durchschnittswert von 5,3 Prozent (1923/24–1944/45).

---

219 Die Qualität des Messmittels wurde erstmals mit dem Begriff der Messunsicherheit und dessen Angabe (Toleranz) charakterisiert. Sie betrug beim Abbe-Längenmesser ± 0,0048 mm bis ± 0,0058 mm, bezogen auf 100 mm Messbereich des Glasmaßstabes.

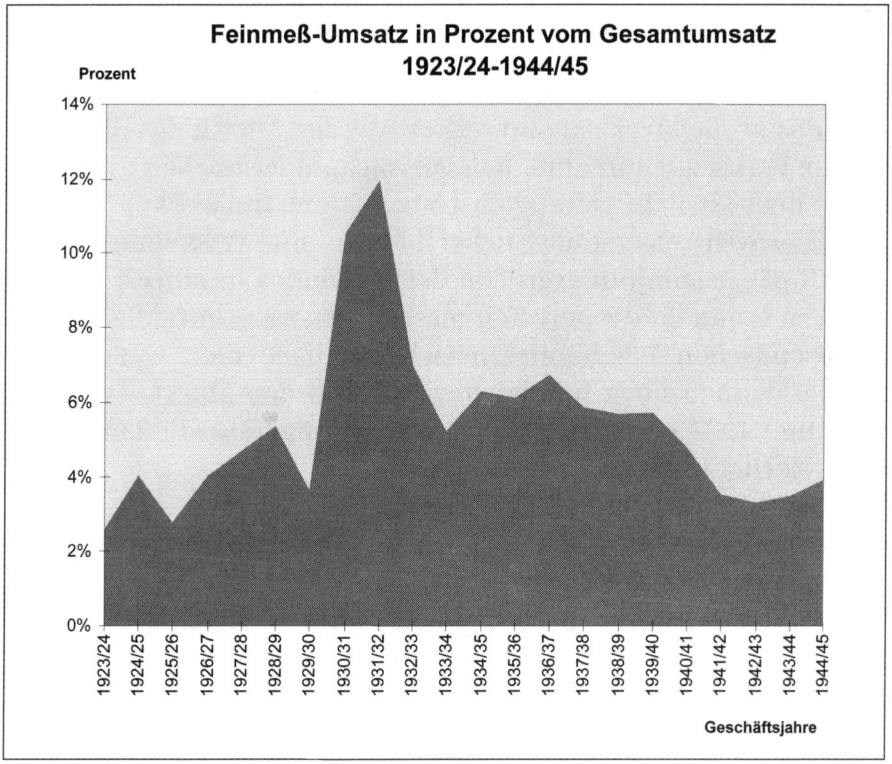

Die Produktpalette

Nach der Herstellung einfacher Messzeuge wie Messschrauben[220], Messschiebern, Höhenreißern, mechanischen Winkelmessern[221] und Linealen begann Zeiss 1920 Geräte anzubieten, die die technische Optik in die Konstruktion von Feinmessgeräten einbezogen. Erste Beispiele waren das Optimeter (von 1920, in Serie 1922), ein optischer Feinzeiger zur sicheren Messung des Mikrometers, oder das in enger Zusammenarbeit mit Georg

220 Von der Feinmessschraublehre Gr. 1, die 1920 in Serie ging, und die 1939 42 Reichsmark kostete, wurden bis 1941 (Einstellung der Fabrikation auf behördliche Anordnung) 27.487 Stück hergestellt (BACZ Nr. 8418, FeV Bericht, nach S. 7, Anlage S. 4a).

221 Ebenfalls 1920 ging ein optischer Universal-Winkelmesser in Serie, von dem bis 1944 16.755 Stück hergestellt wurden und der 1939 94 RM kostete (Ebenda, S. 9a).

Berndt[222] entwickelte Gewindemessmikroskop und der Gewindekomparator.

Damit bekam die Längenmesstechnik eine neue Qualität. 1924 kam das große Werkzeugmikroskop auf den Markt, das die industrielle Praxis gut aufnahm. Baldige Nachahmer blieben nicht aus.

Mit dem ab 1926 gefertigten Universalmessmikroskop (UMM) gelang es weltweit erstmals, neben Längen- und Winkelmessungen alle (fünf) Bestimmungsgrößen des Gewindes in einer Einspannung zu ermitteln. Weitere Feinmess-Großgeräte, etwa die mechanisch-optischen Längenmessmaschinen nach dem Eppenstein-Prinzip, kamen noch im gleichen Jahr auf den Markt. Zwischen 1919 und 1927 waren es 15 Feinmess-Großgeräte, die entwickelt und gefertigt wurden.

Bedeutend war schließlich der (in zwei Typen gefertigte) Endmesskomparator, mit dem der Anschluss an das Urmeter auf Wellenlängenbasis möglich wurde.

Jede Feinmessung erfordert ein Maß zum Vergleich der zu messenden Länge mit der Einheit gleicher Art, d.h. in allen Feinmessgeräten müssen Maßverkörperungen eingebaut sein. Aber auch im praktischen Werkstatt-Alltag sind häufig Unmittelbarmessungen (sog. Absolutmessungen) vorzunehmen. Dazu sind Endmaße oder ein Satz von Endmaßen erforderlich. Solche Parallelendmaße stellen die genaueste Maßverkörperung dar. Derlei Endmaßsätze bot Zeiss ab 1927 an. Um Parallelendmaße kombinieren (aneinanderreihen) zu können, müssen die Endflächen so genau geschliffen („geläppt") sein, dass sie beim Aneinanderbringen außerordentlich fest aneinander haften. Diese hohe Maßhaftigkeit von wenigen Hundertstel Mikrometern der Parallelendmaße ist nur über unmittelbare lichtinterferometrische Maßbestimmung durch Anschluss an die Wellenlängen des Lichts denkbar. Ein solches optisches Prüfgerät für die Maßüberwachung stellte der Interferenz-Komparator (nach Kösters) dar, den Zeiss erstmals 1923 auslieferte. Der „Inko" war *das* Basisgerät der Längenmesstechnik. Im Grunde benötigten alle Behörden oder Industriestellen des In- und Auslandes, die mit der Überwachung von Längenmaßen zu tun hatten, sowie alle Betriebe, die Endmaße (die Urmaße der Technik) herstellten, solche Interfe-

---

222 Georg Berndt, der 1924 das Institut für Messtechnik in Dresden gründete, gilt als Nestor der wissenschaftlichen Feinmesskunde in Europa.

renz-Komparatoren. Nur so konnten Normalendmaße in Lichtwellenlängen ausgewertet werden. Man kann sich vorstellen, welche Bedeutung diese lichtwellengenaue Feinmesstechnik für die Industrie hatte.

Praktische Anwendung und wirtschaftliche Bedeutung

Ein bekanntes Anwendungsbeispiel optischer Messverfahren ist das des Vermessens von Lokomotivrahmen in den Reichsbahn-Ausbesserungswerken. Bei einem Vergleich herkömmlicher rein mechanischer mit optischen Verfahren kam der Oberbaurat bei der Reichsbahn, Iltgen, 1932 zu folgendem Befund:

> „Zeitaufnahmen über die Dauer der Rahmenvermessung a) bei den mechanischen, b) bei den ... optischen Verfahren des Reichsbahn-Ausbesserungswerks Tempelhof haben ergeben, daß für die mechanische Rahmenvermessung mit Linealen und Kreuzwinkel 21, für die optische 12,45 Stückzeitstunden für einen dreiachsigen Rahmen gebraucht werden. Dies entspricht einer Ersparnis von 40 Prozent zugunsten des optischen Verfahrens. Bei dem vom Reichsbahn-Ausbesserungswerk Oels entwickelten Meßverfahren betragen die Werte für einen fünfachsigen Lokomotivrahmen zu a) 25, zu b) 6 Arbeitsstunden, entsprechend einer Ersparnis von 76 Prozent. Die Unterhaltung der Meßlineale, Kreuzwinkel usw. erfordert aus den oben angegebenen Gründen nicht unerhebliche Kosten, die bei den einfach gebauten optischen Einrichtungen höchstwahrscheinlich niedriger sein werden. Da auch die Anschaffungskosten geringer sind als die der mechanischen Meßeinrichtungen, darf die optische Rahmenvermessung als ein bemerkenswerter Fortschritt auf diesem Gebiete bezeichnet werden“[223].

Wie bei der Reichsbahn, so wurden ähnliche Messverfahren in den Eisenbahnwerkstätten Frankreichs, Englands, Niederländisch-Indiens und anderswo eingeführt und natürlich neben dem Lokomotivrahmen auch andere Teile und Großmaschinen vermessen. Es ist leicht vorstellbar, welche Kosteneinsparungseffekte so durch verbesserte Feinmess-Methoden gesamtindustriell bzw. gesamtwirtschaftlich erzielt wurden und damit positiv auf die Wettbewerbsfähigkeit einwirkten.

---

223 SCHOMERUS: Geschichte, S. 247 f.

Abb. 17 Optische Vermessung von Lokomotivrahmen in den 1930er Jahren

Absatz-Organisation

Die Käufer von Feinmess-Werkzeugen nach dem Ersten Weltkrieg gehörten zum großen Teil nicht dem bisherigen Kundenkreis an. Man musste also sowohl die Distributionskanäle neu aufbauen als auch das „Feedback" sichern, d.h. Anregungen für Neukonstruktionen von erfahrenen Sachverständigen[224] aufnehmen. Beides fand man mit der Berliner Fa. Schuchardt & Schütte, der man das Alleinverkaufsrecht für Zeiss-Feinmess-Produkte im In- und Ausland übertrug und mit Dr. Ing. e.h. Josef Reindl einen der besten Kenner der Bedürfnisse der Metallindustrie in den eigenen Reihen hatte.

Im Grunde könnte man den Vertrag zwischen Zeiss-Feinmess und Schuchardt & Schütte kurz mit „Know-how gegen Privileg" charakterisieren, denn es stand das Angebot an Erfahrung und

224 BACZ Nr. 18783 (Vertrag vom 16.5.1927, § 2).

Wissen von Schuchardt & Schütte mit Reindl gegen das Alleinverkaufsrecht und die Gewährung von Dreimonatskrediten von Zeiss.

Leider sollte sich später jedoch herausstellen, dass der Generaldirektor von Schuchardt & Schütte, Victor Giraud, das Unternehmen Zeiss arglistig täuschte und betrog. Die Bilanzen der Geschäftsjahre 1926/27, 1927/28 und 1928/29 waren wissentlich gefälscht, und es stellte sich heraus, dass Giraud sogar die eigenen Zweigniederlassungen der Gesellschaft (Schuchardt & Schütte) hintergangen hatte. Am Ende betrug der Verlust von Zeiss bei bzw. durch Schuchardt & Schütte ca. 643.000 Reichsmark[225]. Die Banken hatten sich ihre Forderungen sichern lassen, die Warengläubiger, darunter erste Adressen der Werkzeugmaschinen-Branche, hatten ebenso wie Zeiss das Nachsehen.

Der Alleinvertrieb ging danach ab 1. Dezember 1930 an die Berliner Fa. Ludwig Loewe & Co. bzw. an Loewe-Gesfürel über. Ab 1934 vertrieb dann Zeiss seine Feinmess-Erzeugnisse in eigener Regie.

Von 1925/26 bis 1928/29 wurden die Feinmess-Produkte ausschließlich auf dem deutschen Inlandsmarkt abgesetzt. Dieses Bild änderte sich mit dem Beginn der Weltwirtschaftskrise 1929 dramatisch. Im Geschäftsjahr 1931/32 war der Auslandsanteil auf ca. 90 Prozent gestiegen.

Neben bekannten Wissenschaftlern wie Otto Kienzle (Passungssysteme Hannover) und Georg Berndt, dem Nestor der wissenschaftlichen Feinmesskunde in Europa, der 1924 das Institut für Messtechnik in Dresden gründete, waren es der technische Direktor der Fa. Schuchardt & Schütte, Josef Reindl, und die Zeiss-Spezialisten Otto Eppenstein und Adolf Steinle, die in den (1917 gegründeten) Normenausschuss berufen wurden. Eppenstein war Wissenschaftler und Steinle Konstrukteur. Ihr Name ist mit dem Weltruf, den Jenaer Feinmesstechnik erlangte, dauerhaft verbunden.

---

225 BACZ Nr. 18381 (Bericht von Eppenstein vom 2.3.1934, S. 3).

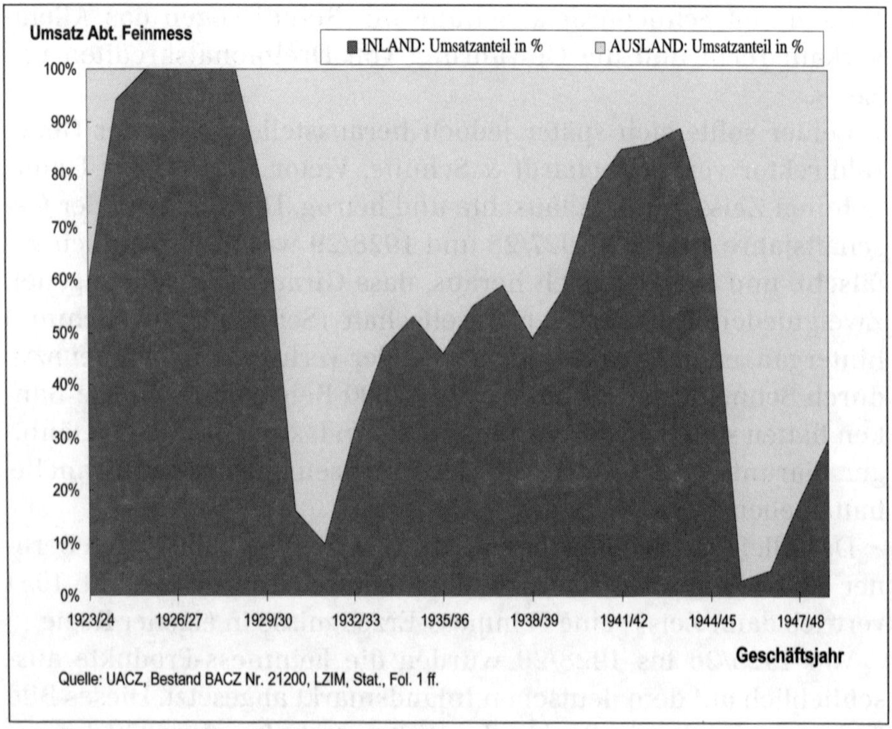

Inventionen und Innovationen

Das Unternehmen Zeiss musste immer die Nähe zur Wissenschaft suchen, schließlich waren die wissensgeleiteten Konstruktionen der Nährboden für den unternehmerischen Erfolg. Infolgedessen versuchte man, mit international renommierten Spitzenkräften zusammenzuarbeiten, zu denen nicht wenige Nobelpreisträger gehörten. Robert Koch, seinerzeit der bedeutendste Bakteriologe, und Paul Ehrlich, der herausragende Serumforscher, sind frühe Beispiele von Anwendern Zeiss'scher mikroskopischer Spitzentechnik. Otto Warburg und Richard A. Zsigmondy arbeiteten mit Zeiss-Mikroskopen in der Weimarer Zeit. Mit letzterem stand die Firma Carl Zeiss, ebenso wie vor dem Ersten Weltkrieg mit Allvar Gullstrand, in engem Kontakt und entwickelte mit ihm zusammen Instrumente. Dieses gegenseitige Lernen und sich konstruktiv Austauschen darf in seiner Bedeutung für die Qualitätsführerschaft, die

Zeiss in einigen Bereichen quasi ein Qualitätsmonopol verschaffte, nicht unterschätzt werden.

Auch darf nicht übersehen werden, welche Relevanz die medizinischen und opthalmologischen Spitzenerzeugnisse für die allgemeine Wohlfahrtsentwicklung und Gesundheit besaßen. Innovationen wie etwa im Bereich der Augenheilkunde das Parallaxen-Refraktometer (nach Henker) zur Prüfung der Sehschärfe oder die reflexfreie Nordensohn-Netzhautkamera waren Anfang und Ende der 1920er Jahre absolut hochkarätige medizintechnische Instrumente, die in den Praxen der Augenärzte in vielen Ländern zur selbstverständlichen Einrichtung wurden.

Wieder andere Innovationen betrafen die Weltraumtechnik, d.h. zunächst die Technik, in den Weltraum zu schauen. Es ist bekannt, dass diese Entwicklung in Jena auf Ernst Abbe zurückging, der bereits 1897 die Abteilung Astronomie („Astro") gegründet hatte und unmittelbar danach das erste astronomische Objektiv mit Gläsern von Schott anfertigen ließ. Noch vor dem Ersten Weltkrieg standen die ersten 1-m-Spiegelteleskope in deutschen Sternwarten, z.B. 1911 in Hamburg-Bergedorf, und zwischen 1922 und 1924 kam es zum Bau des Einstein-Turmteleskops im sog. Einsteinturm des Astro-Physikalischen Observatoriums in Potsdam. Es ermöglichte spektralanalytische Untersuchungen und machte das Observatorium zu einer führenden Institution auf dem Gebiet der Sonnenphysik. Wer immer in dieser Zeit professionell in den Himmel schaute, kam an der Spitzentechnologie des Jenaer Unternehmens nicht vorbei. Dasselbe galt gewissermaßen auch für den Blick vom Himmel herunter. Wenn vor und während des Ersten Weltkriegs oder in der Weimarer Zeit gestochen scharfe Luftbilder auftauchten, dann entsprangen sie mit großer Wahrscheinlichkeit photogrammetrischen Messapparaten aus Jena. Die Luftbilder von Jena, die man aus den 20er Jahren kennt, sind von einer hohen Präzision. Seit 1921 gab es zur Auswertung von Messbildern den Stereoplanigraphen nach Bauersfeld.

Das erste Planetarium der Welt

Bereits vor dem Ersten Weltkrieg war der Begründer des Deutschen Museums in München, Oskar von Miller, an die Firma Zeiss mit dem Ersuchen herangetreten, ein Instrument zu entwickeln, das Bewegungen von Sonne, Mond, Planeten und Fixsternen simulieren konnte. Von Miller hatte die Vorstellung eines Projektionsplanetariums in Form einer drehbaren Holz- bzw. Blechkugel, an deren Durchführbarkeit die Ingenieure und Konstrukteure im Hause Zeiss zunächst Zweifel hegten. Gleichwohl nahmen sich der Ingenieur Putz und der führende Kopf der Konstruktion und Geschäftsleiter Walther Bauersfeld der Aufgabe an und begannen alsbald mit Projektionsversuchen sich bewegender Planeten und Fixsterne auf die weiße Innenfläche der Dachkuppelkonstruktion, die man eigens dafür entworfen hatte. Bauersfelds konstruktive Idee war gleichzeitig die Einführung der Schalenbauweise in den Hochbau[226]. Im Frühjahr 1923 konnte die erste Rohmontage auf dem Fabrikdach erfolgen und im August des Jahres dem in Jena weilenden von Miller vorgeführt werden. Der Münchner Museumsdirektor war davon so angetan, dass er das Gerät (das „Modell I“) vorübergehend – in noch unlackiertem Zustand – nach München überführen ließ, um das Provisorium im Rahmen der Jahreshauptversammlung dem Vorstand des Deutschen Museums präsentieren zu können[227].

Anschließend kam es zur Rückführung des Planetariums nach Jena, wo es fertiggestellt und hernach im Sommer 1924 der Öffentlichkeit zugänglich gemacht wurde. Die Attraktivität dieser Zeiss-Innovation mag daran ermessen werden, dass sich innerhalb von zwei Monaten 50.000 Menschen für die Vorführungen interessierten[228]. In München, wohin die einmalige technische Errungenschaft

---

226 BACZ Nr. 13671 (Prof. Dr. W. Bauersfeld, Lebensbeschreibung), S. 6. Bauersfeld war offenbar nicht nur ein begabter Ingenieur und Konstrukteur, sondern auch ein wertvolles Mitglied der gesellschaftlichen Szene in Jena. Gemeinsame Musikabende mit Spiel auf zwei Klavieren zusammen mit dem akademischen Musikdirektor Prof. Volkmann in den sorgenreichen Jahren 1918 und danach gehören ebenso dazu wie andere Aktivitäten im Freundeskreis, zu dem die Professoren Auerbach, Gutmann, Gerland und Hesse sowie der Steudnitzer Fabrikbesitzer R. Ollendorff zählten. Im übrigen war in der Familie für genügend Unterhaltung gesorgt, denn aus seiner Ehe gingen zwischen 1909 und 1920 acht Kinder hervor (Ebenda, S. 7).

227 BACZ Nr. 32651 (Zeiss-Planetarien in aller Welt).

228 BACZ Nr. 13870 (Erinnerungen des Zeiss-Pensionärs Konstrukteur Fritz Pfau).

Abb. 18 Aufstellung des ersten Planetariums in München (1923)

nach der endgültigen Fertigstellung und Erprobung wieder verbracht wurde, erfreute sich das neue Aushängeschild Zeiss'scher Innovation dann außerordentlicher Bewunderung. Die Sensation schlechthin war gelungen und wurde am 7. Mai 1925 in München endgültig der Öffentlichkeit übergeben. Die Installation in einem der meistbesuchten Museen Deutschlands war nicht nur eine technische Errungenschaft ersten Ranges, sondern bedeutete einen enormen Imagegewinn für das Jenaer Stammhaus. Man besaß damit eine Basisinnovation, die bald nach ihrer Erfindung im Rampenlicht der Öffentlichkeit stand und von einem Millionenpublikum wahrgenommen wurde. Auch wenn die Planetarien nie besonders stark zu den Erlösen des Unternehmens beitrugen[229]: Ihren Wert wird man weniger im monetären als vielmehr im ideellen Bereich (good will) der Werbung für das Unternehmen finden können, und schließlich brachten die Großbestellungen nicht geringe Beschäftigungseffekte für Jena. Dies galt um so mehr, als weitere Entwicklungen wie der hantelförmige Projektor folgten, der 1926 erstmals im Planetarium von Barmen installiert wurde. Dies war auch das Jahr der Eröffnung des Jenaer Zeiss-Planetariums[230]. Weitere Planetarien wurden 1926 in Leipzig, Düsseldorf, Dresden und Berlin installiert. 1927 folgten Mannheim, Nürnberg und Wien, 1928 Hannover, Stuttgart und Rom, 1929 Moskau, 1930 Hamburg, Chicago, Stockholm und Mailand und 1932 Philadelphia[231].

Neuerungen im „Geo"- und „Photo"-Bereich

Allenthalben wo gebaut und im Hoch- und Tiefbau geplant wurde, waren auch die geodätischen Instrumente des Jenaer Herstellers im Einsatz. Erzeugnisse der Abteilung „Geo" verbreiteten sich – zumal in Zeiten von Baubooms – schnell, und das Unternehmen reagierte auf die steigende und vor allem differenzierte Nachfrage zügig mit einer Reihe von Neuentwicklungen. Zu ihnen gehörte der optische Theodolit von 1924 ebenso wie fünf Jahre später das Reduktionstachymeter zur Tachymetrie mit horizontaler Messlatte. Die konstruktive Konzeption der photometrischen Geräte für die Landvermessung, wie z.B. des Zeiss-Planigraphen, und der geo-

---

229 Die Konstruktions- und Entwicklungskosten des ersten Planetariums in Höhe von 145.000 Reichsmark wurden im übrigen dem Deutschen Museum in München durch die Carl Zeiss-Stiftung erlassen (BACZ Nr. 109, Gemeinnützige Aufwendungen der Carl Zeiss-Stiftung).

230 BACZ Nr. 13614 (Einweihung des Planetariums zu Jena am 17.7. 1926, Ansprache Dr. Bauersfeld).

231 BACZ Nr. 32651 (Zeiss-Planetarien in aller Welt). Im Zusammenhang mit der Einweihung des Planetariums in den USA wurde Walther Bauersfeld die Elliot-Cresson-Medaille verliehen. BACZ Nr. 13671 (Prof. Dr. W. Bauersfeld, Lebensbeschreibung, S. 6).

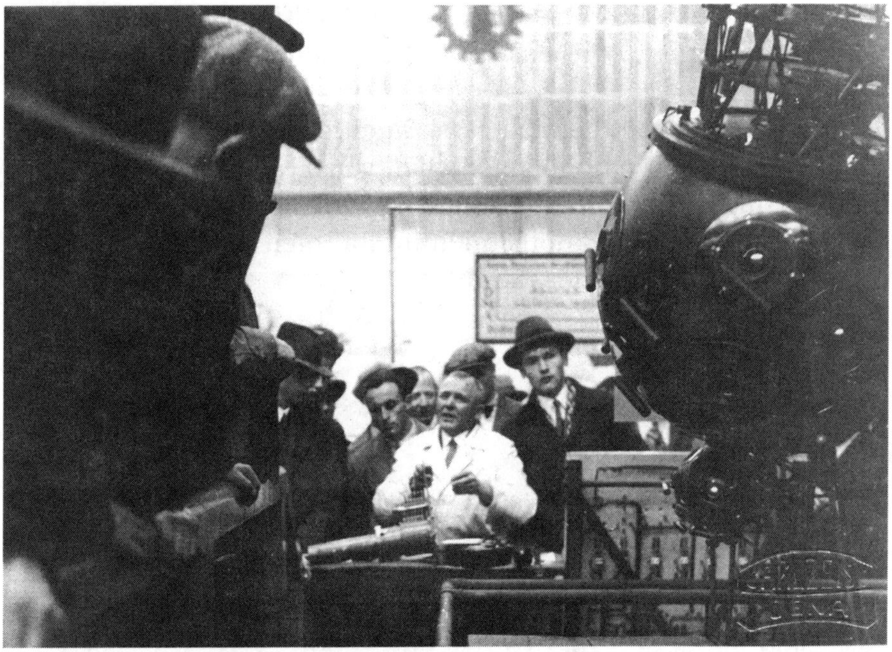

Abb. 19 Monteur Lange gibt Erklärungen zum Planetarium auf der Leipziger Frühjahrsmesse vom 5.–12. März 1933 in Halle 7 (Getriebeschau). Links hinten Dr. Uber

dätischen Instrumente trugen die eindeutige Handschrift Walther Bauersfelds. Für diese und vielerlei andere Geräte waren Zahnräder unabdingbar, und so kam es, dass Bauersfeld sich auch auf dem Gebiet der Zahnradnormung zu einem Experten ersten Ranges entwickelte, weshalb er auch bereits 1921 die Obmannschaft des deutschen Normenausschusses übertragen bekam[232].

Neben Basisinnovationen gab es – und eine Vielzahl von kleinen Schritten ist oft entscheidender als ein großer – in unregelmäßigen Abständen entwickelte Verbesserungsinnovationen. So existierte das Handfernrohr seit 1923 mit einer Vergrößerung, die vom 4- bis 20fachen veränderlich war.

In einem weiteren klassischen Bereich, nämlich bei Photoobjektiven – einem „Massenmarkt" – gelang eine stetige Qualitätsverbesserung durch Steigerung der Lichtstärke. Dies galt nicht nur für Objektive für Filmkameras wie die Contax, die seit 1932 mit dem lichtstarken Objektiv Sonnar 1:2 ausgestattet wurde, sondern bei-

232 BACZ Nr. 13671 (Prof. Dr. W. Bauersfeld, Lebensbeschreibung), S. 6.

spielsweise auch für Objektive, die in der Röntgen-Photographie eingesetzt wurden, wie das Biotar, das seit 1928 zur Verfügung stand.

In einigen Produktbereichen, so auch bei Photoobjektiven und Filmkameras, war eine solche Vielfalt von Typen im Angebot, dass eine Sortimentsbereinigung unausweichlich schien. Die Zusammenlegung von Produktionslinien im Rahmen von Kooperationen oder Fusionen lag auf der Hand.

Die Zeit der Fusionen

Die wirtschaftshistorische Fusionsforschung findet nicht nur im letzten Drittel des 19. Jahrhunderts ein besonders ergiebiges Betätigungsfeld, sondern auch in den mittleren 20er Jahren des 20. Jahrhunderts, als infolge der Neustrukturierung der Märkte und nationalen Industrien nach den Wirren von Weltkrieg und Inflation ein möglicher Weg in der Konzentration gesehen wurde. Ergebnis dieses Prozesses waren Moloche wie die I.G. Farben, die Vereinigten Stahlwerke AG und eben die Zeiss Ikon AG, um nur die größten aus dem industriellen Bereich zu nennen.

Die Motive für die Konzentration waren vielschichtig. Einerseits drückten relativ hohe Steuerabgaben sowie der hohe Preis des knappen Kapitals auf die Ertragsmöglichkeiten. Andererseits war in der feinmechanisch-optischen als auch in anderen Branchen eine gewisse Häufung von Insolvenzen sowie Zwangsverwaltungsmaßnahmen zu beobachten, wovon die Großkunden von Zeiss nicht ausgenommen waren. Ferner bestanden deutliche Überkapazitäten, denen keine äquivalente Nachfrage gegenüberstand, sodass die Preise nachgaben. Hinzu kam ein deutlicher Kostenanstieg im Rohstoff- und Personalkostenbereich, wodurch eine deutliche Verschlechterung der Gewinne eintrat. Sowohl im Scheinwerfer-Geschäft[233] (Zeiss stellte u.a. Glasspiegelreflektoren für Motorrad-

233 BACZ Nr. 22821 (Bericht an den Betriebsrat über das Vierteljahr Juli, August, September 1926).

und Autoscheinwerfer her), als auch bei Feldstechern und Brillengläsern kam es zu erheblichen Umsatzeinbußen im Geschäftsjahr 1925/26. Die Verdienstmöglichkeiten waren gering: „Wir sind froh, wenn wir unter den gegenwärtigen Verhältnissen (März 1926, R.W.) nicht mit Verlust abschneiden“[234].

Einige Konkurrenten fielen aus dem Markt, so Voigtländer, Oigee und Schütz bei Ferngläsern, und Zeiss sah sich ebenso wie die verbleibenden Konkurrenten Hensoldt und Leitz veranlasst, angesichts der zu Schleuderpreisen verkauften Produkte der früheren Wettbewerber erheblich unter dem bisherigen Preisniveau zu verkaufen.

All dies bot der Geschäftsleitung Anlass zu tiefem Nachdenken über nachhaltige Umstrukturierungsmaßnahmen, d.h. z.B. über die Rationalisierung im Produktionsbereich, die Aufgabe unrentabler Geschäftsfelder, die neue Zusammensetzung der Produktportfolios sowie die Neustrukturierung des Konzerns zur Erlangung von Größenvorteilen und Reduzierung der teueren Typenvielfalt neben

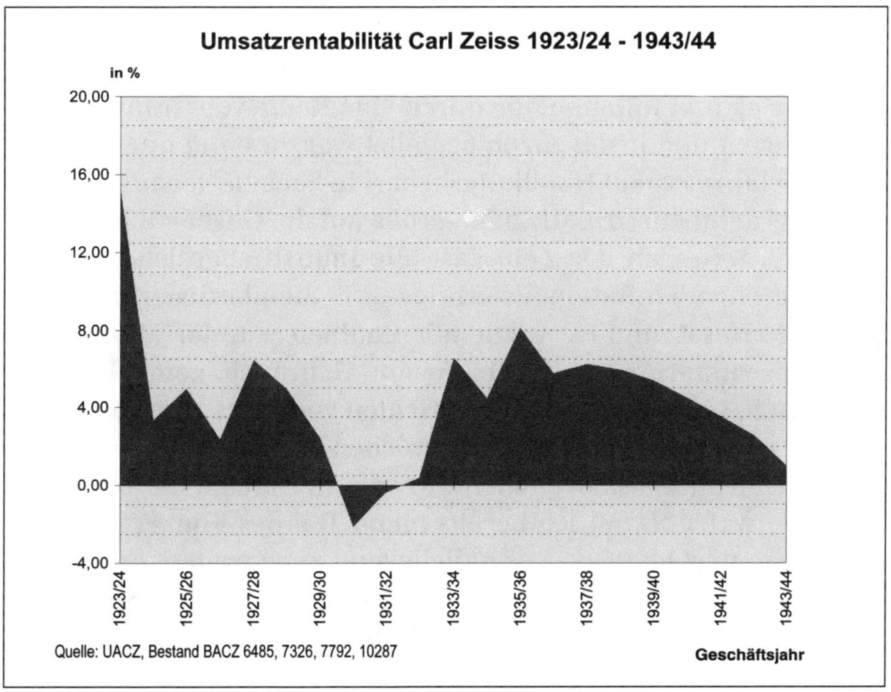

234 BACZ Nr. 22820 (S. 4).

der Straffung der Absatzorganisation. Angesichts der Tatsache, dass im Jahr 1924 die Ica 60, die Contessa 40 und der Konkurrent Goerz gar 80 verschiedene Typen von Fotokameras herstellte, deren Teile praktisch nicht kompatibel waren, lässt sich vorstellen, welche Komplexität nicht nur im Produktionsbereich, sondern auch in der Lagerhaltung und im Vertrieb zu bewältigen war. Den Luxus hoher Typenstreuung konnte man sich einfach nicht mehr leisten.

Wie bereits erwähnt, gehörte der Fotomarkt bereits vor dem Ersten Weltkrieg zu den am härtesten umkämpften Märkten in Deutschland und darüber hinaus. Um in dieser Branche bestehen oder gar dominieren zu können, mussten alle betriebswirtschaftlichen Register gezogen werden. In der Tat hatte man im Hause Zeiss die Entwicklung sehr genau beobachtet und sich das Heft nie wirklich aus der Hand nehmen lassen. Es bedurfte eines weitsichtig denkenden und handelnden Managements, den status quo zu halten und die eigene Position auszubauen. Der strategische Kopf und dafür zuständige Fachmann in der Leitung war Rudolf Straubel. Er hatte bereits 1909 darauf hingewirkt, dass die Ica in Dresden aus vier Kamerabaufirmen entstand und so relativ frühzeitig eine Art Zeiss'sche Richtlinienkompetenz in der Fotobranche erlangte bzw. verteidigte. Angesichts der Verwerfungen des Marktes durch Krieg und Inflation, die durch eine Reihe von Transformationsverlusten und Insolvenzen begleitet war, bestand um die Mitte der 20er Jahre erneut Handlungsbedarf in Sachen Neuausrichtung der Unternehmensstruktur und -größe auf die Gegebenheiten und Herausforderungen der Zeit. Fast alle Industriebereiche wurden von tiefgreifenden Rationalisierungs- und Standardisierungsmaßnahmen erfasst, und es wurde allenthalben von der Möglichkeit der Neustrukturierung durch Fusion Gebrauch gemacht. Zeitgenössisch, so in den Geschäftsberichten von Zeiss, wurde von der „Zucht" nationaler Industrien gesprochen[235].

Da die Firma Zeiss Branchenführerin im Bereich der optischen Industrie war und mit Ica bereits einen Teil des Konzerns erfolgreich fusioniert hatte, war es naheliegend, eine weitere Fusion anzustreben und sich dafür geeignete Partner zu suchen. So kam es 1926 unter Führung des Jenaer Mutterhauses zum Zusammen-

---

235 BACZ Nr. 22820 (Ber. MIHK, 8.1.29 f 1928).

schluss der Ica in Dresden, Contessa-Nettel[236] aus Stuttgart, Goerz[237] in Berlin und Ernemann[238] in Dresden zur Zeiss Ikon AG[239]. Freilich war diese Fusion durch den federführenden Unterhändler, nämlich Rudolf Straubel, von langer Hand vorbereitet worden. Die Fusionsfirmen hatten bereits zuvor im Rahmen eines Interessengemeinschaftsvertrages das Vorhaben gebilligt. Zeiss hatte seine Position durch Mehrheitsbeteiligungen bei der Ica, Contessa-Nettel und Ernemann gesichert und hielt auch bei Goerz eine starke Mino-

---

236 Die Firma Contessa-Nettel AG, Stuttgart, war aus der 1902 gegründeten Süddeutsche Camerawerk Körner & Mayer GmbH, Sontheim am Neckar, hervorgegangen. 1909 firmierte das Sontheimer Unternehmen mit Nettel-Camera-Werk GmbH. Die Firma Nettel hatte sich ursprünglich mit der Herstellung von Reproduktionskameras befasst und nahm 1904 die Herstellung der Nettel-Kamera auf. Zu den Innovationen des Hauses gehörte eine Schlitzverschluss-Kamera zur wechselweisen Verwendung verschiedener Brennweiten. Die Auswechselbarkeit der Objektive war vor allem von Photoreportern und Pressefotographen hoch geschätzt.
In die Contessa-Nettel AG ging später ferner die 1908 entstandene Stuttgarter Firma Drexler & Nagel ein, eine Spezialfirma für kleine Taschenkameras. 1919 kam es zum Zusammenschluss von Drexler & Nagel mit der Nettel-Camera-Werk GmbH zu der Contessa-Nettel AG mit Firmensitz Stuttgart (75 Jahre, S. 128).

237 Die Firma C.P. Goerz war 1886 als Versandgeschäft von Paul Goerz aus Brandenburg a.d.H. ins Leben gerufen worden, das durch innovative Produkte bald internationale Bedeutung erlangte. Zu diesen gehörte die Goerz-Anschütz-Klappkamera, eine gemeinsame Entwicklung von Goerz mit dem Fachphotographen Ottomar Anschütz in Lissa. Zu den aufsehenerregenden Erzeugnissen gehörten ferner die ersten verkitteten symmetrischen Doppel-Anastigmaten, die der Mathematiker Emil von Hoegh berechnet hatte. Seit 1908 wurden von Paul Goerz auch Rollfilme, Filmpacks und Kinofilme hergestellt. Im übrigen wandte er sich der Produktion von optischem Glas zu. Auf diesem Gebiet erweiterte Goerz sein Interessensfeld 1910 in Richtung der Aktiengesellschaft Hahn für Optik und Mechanik in Kassel (75 Jahre, S. 127).

238 Gründer der Ernemann-Werke AG war Heinrich Ernemann, der 1889 in Dresden eine Tischlerwerkstatt, die Atelierkameras herstellte, übernahm und später auf den Bau von Handkameras überging. Von besonderem Interesse im Rahmen der Fusion war aber der Ernemannsche Bereich Amateur-Kinematographie und die kinotechnische Ausrüstung von Lichtbildtheatern, wozu insbesondere moderne Vorführmaschinen gehörten (75 Jahre, S. 127 f.).

239 Zeiss Ikon = Zeiss I(ca) + Con(tessa) = Zeiss Bild (griechisch).

rität[240]. Straubel, der diesen bis dahin größten Zusammenschluss in der Fotobranche eingefädelt hatte, übernahm folgerichtig den Aufsichtsratsvorsitz der Zeiss Ikon AG und wurde Vorsitzender ihres Verwaltungsrates[241].

Aber nochmals zurück: Wie und weshalb kam es zur Fusion, wie wurde sie eingefädelt?

Die Überkapazitäten nach dem Ersten Weltkrieg hatten nicht nur bei den Kameraherstellern die Konzentrationsneigung erhöht, sondern auch bei der filmherstellenden photographischen Industrie, d.h. bei den bedeutenden deutschen und amerikanischen Chemieunternehmen. Sowohl die Schering AG als auch Kodak und Agfa suchten aufnahmefähige Unternehmen. Zeiss versuchte seit 1922 mit Kodak und 1924 mit Agfa eine Verständigung, mit letzteren jedoch ohne Erfolg. Auch mit Kodak ging letztlich die Zusammenarbeit über die Nutzung der Kodak-Vertriebsstruktur in Teilen Afrikas und Asiens nicht hinaus. Mehr war angesichts der ähnlichen Strategien, nämlich nur kleinere Firmen aufzunehmen, auch nicht zu erwarten. So konzentrierte sich die Agfa lieber auf Rietschel. Und an einer „IG Zeiss Ikon" wollte man Agfa ohnehin nicht teilhaben lassen[242].

Zeiss als Branchenführer hatte natürlich ein Interesse, seine Marktposition gegen die stärksten Wettbewerber, insbesondere gegen die C.P. Goerz AG in Friedenau-Berlin auszubauen. Es war nun naheliegend, die Ica AG Dresden, die erwähnte Fusion von 1909, als Ausgangspunkt für weitere Übernahmeprojekte zu benutzen. Folgerichtig versuchte die Carl Zeiss-Stiftung ihr per 30. September 1924 gehaltenes Kapital von 2.693.700 Reichsmark durch den Zukauf von Ica-Aktien im Nennwert von 202.900 Reichsmark (+ 7,53 Prozent) in den beiden folgenden Geschäftsjahren zu erhöhen[243]. Ähnliche Zukäufe erfolgten bei der Stuttgarter Contessa-Nettel AG, wo man 1924/25 eine Aufstockung um 84.000 RM (+5,87 Prozent)

---

240 BACZ Nrn. 22424, 30222.

241 BACZ Nr. 1395 (Akte Rudolf Straubel).

242 BACZ Nr. 166 (Vertragsangelegenheiten mit der Optischen Anstalt C.P. Goerz A.G., Berlin, Brief von Zeiss an die Contessa-Nettel AG vom 4.9.1925).

243 BACZ Nr. 2220 (Zeiss Ikon-Akten der Carl Zeiss-Stifung, Unterlagen zu Körperschaftsteuer-und Vermögensteuer-Bilanzen 1925–1933 (Stiftung Carl Zeiss, Jenaer Glaswerk)).

auf nunmehr 1,515 Millionen Reichsmark erreichte. Auch bei Ernemann konnte die Zeiss-Stiftung 1924/25 Aktien im Nennwert von 25.450 Reichsmark zukaufen. Doch verglichen mit den Absichten, die man mit der Übernahme von Goerz verfolgte, waren dies „peanuts“. In Friedenau war man sich des Hauptwunsches des Jenaer Konzerns sicher bewusst und in der Tat war es Zeiss bis Ende September 1924 nicht gelungen, über die 2.000 Mark, die seit 1910 gehalten wurden, hinauszukommen. Doch konnte die Zeiss-Stiftung im Geschäftsjahr 1924/25 Aktien im Umfang von 30.200 Reichsmark erwerben. Dem weiteren Erfolg des Fusions-Vorhabens kam zugute, dass die Goerz AG im Oktober 1925 eine Erhöhung des Grundkapitals von 1,4 auf 8,4 Millionen Reichsmark für erforderlich hielt, nicht zuletzt inzwischen eingetretener Verluste wegen[244]. Goerz hatte die Werke in Friedenau und Leipzig in das Stammwerk Zehlendorf überführen und massenhaft Entlassungen vornehmen müssen. Durch Verkauf bzw. Vermietung der freigewordenen Immobilien und die Aufnahme teurer Darlehen versuchte man, die Verschlankung zu finanzieren. Für eine günstigere Finanzierungsvariante, etwa eine zinsgünstige Auslandsanleihe, war das Unternehmen Goerz zu klein[245]. Zeiss besaß auch hier einen komparativen Vorteil. Der wesentlichere bestand aber wohl darin, dass Zeiss nach dem Ersten Weltkrieg von den Alliierten eine Genehmigung zur Belieferung des deutschen Militärs erhielt, Goerz (das im Krieg ebenfalls starke Kapazitäten aufgebaut hatte) jedoch nicht. Das Unternehmen musste sich so mit der Herstellung von Sicherheitsschlössern, Spiegelleuchten und Addiermaschinen über Wasser halten. Daneben produzierte man wissenschaftliche Geräte, wie Polarisations-Apparate, Refraktometer, astronomische Instrumente und Kinomaschinen.

---

244 BACZ Nr. 166 (Schriftliche Vereinbarungen Carl Zeiss mit C.P. Goerz vom 18.9.1925).

245 BACZ Nr. 10565 (Geschäftsbericht und Bilanzen der Goerz AG für das Geschäftsjahr 1923/24).

September 1925: Eine Interessengemeinschaft entsteht …

Im Frühjahr 1925 hatte Max Fischer Kontakte zu Goerz aufgenommen, um sich zunächst über eine mögliche Preisabsprache zu verständigen. So jedenfalls sah es die Goerz-Direktion in einem Brief vom 27. Mai 1925:

> „Anlässlich dieser Besprechung sind Fragen erörtert worden, welche unseres Erachtens für die ganze deutsche optische Industrie von Bedeutung sind. Wir denken hierbei in erster Linie an die zurzeit sehr notleidenden Preise“[246].

Weitere Vorverhandlungen zwischen dem Goerz-Direktor Falkenstein und Rudolf Straubel von der Zeiss-Geschäftsleitung im Juli erbrachten eine weitere Annäherung und machten deutlich, dass nun sowohl die Mitglieder der Familie Goerz als auch der Aufsichtsrat eingeschaltet werden mussten[247]. Im September 1925 verhandelte Straubel weiter mit jenen, die das Mehrheitskapital bei Goerz hielten, nämlich die Familienmitglieder Hellmuth und Paul Goerz sowie Dora Goerz verheiratete Langfeld[248]. Ergebnis war, dass Zeiss in den Besitz von Aktien im Nominalwert von 3,505 Millionen Reichsmark und damit einem satten Anteil von über 41,7 Prozent an der Goerz AG kam. Damit war der Grundstein für eine der größten Fusionen in der Industriegeschichte der Weimarer Republik gelegt.

Parallel dazu bzw. im Vorfeld der Abschlussverhandlungen mit Goerz stand die Zeiss-Geschäftsleitung in Verhandlung mit der Contessa-Nettel AG in Stuttgart. Es ist davon auszugehen, dass man durch diese zeitgleich-mehrgleisige Strategie auf den jeweiligen Partner mehr Druck ausüben konnte. Bei den Stuttgartern stellte Zeiss ohnehin die Aufsichtsratsmehrheit[249] und die Ica war über-

---

246 BACZ Nr. 166 (Vertragsangelegenheiten mit der Optischen Anstalt Goerz AG, 1925–1926, Brief der Goerz-Direktion vom 27.5.1925).

247 BACZ Nr. 166 (Brief des Goerz-Direktors Dr. Falkenstein an Prof. Dr. Straubel vom 28.7.1925).

248 Der Firmengründer, Carl Paul Goerz (Jg. 1854), war im Jahre 1923 verstorben.

249 BACZ Nr. 166 (Brief von Zeiss an die Contessa-Nettel AG vom 24.8.1925).

dies zu 80 Prozent Zeiss-kontrolliert. Beide, Ica und Contessa-Nettel, hatten bereits 1920 einen IG-Kontrakt bezüglich Produktion und Verkauf unterzeichnet, sodass das abschließende Treffen in Jena mit dem Abschluss eines Interessenvertrages am 29. September 1925 den vorläufigen Schlusspunkt einer Serie von Verständigungen darstellte. Dabei einigte man sich auf die

1. gemeinsame Regelung der Produktion im Sinne einer möglichst rationellen Ausnutzung der Betriebsmittel;
2. gemeinsame Beschaffung von Rohmaterialien und Vorfabrikaten;
3. gegenseitige Belieferung von Halb- und Fertigfabrikaten;
4. Verständigung über Vertriebsorganisation, Preise, Verkaufsbedingungen im In- und Auslande;
5. Verteilung des von den drei Parteien insgesamt erzielten Gewinnes und Verlustes nach einem festgesetzten Schlüssel.
   In Aussicht genommen für später wurde
6. gemeinsame Propaganda;
7. gemeinsame Verkaufsorganisation[250].

Der Vertrag sollte am 1. Oktober 1925 in Kraft treten. Damit war der erste Schritt getan. Die gemeinsamen Interessen waren vertraglich fixiert, ohne dass einer der Teilnehmer seine Rechtspersönlichkeit aufgab. Dass man jedoch bereits von einem weiteren Schritt ausging, wird daran zu ermessen sein, dass das Unternehmen Carl Zeiss Jena nur indirekt über die Zeiss-Tochter Ica als Vertragspartnerin gegenüber dem Stuttgarter und Dresdener Partner auftrat.

Die Interessengemeinschaft wurde noch im Jahre 1925 verstärkt durch die partnerschaftliche Aufnahme der Firma Ernemann[251] sowie die Kooptation einer Krupp-Tochterfirma[252]. So wurde das Sortiment ergänzt um photographische und kinematographische Aufnahme- und Vorführapparate sowie Photoplatten. Es ist bekannt, dass die Kino-Branche in der Weimarer Zeit ausserordentliche Zu-

---

241 BACZ Nr. 166 (Vertrag zwischen Goerz, Ica, Contessa-Nettel und Carl Zeiss).

251 BACZ Nr. 164 (Rückblick Zeiss-Ikon vom 25.1.1946); 22259 (Bericht Nr. 441 vom 3.6.1925).

252 BACZ Nr. 166 (Brief der Goerz-Direktion an die Zeiss-Geschäftsleitung vom 16.4.1926, Anlage).

wachsraten zu verzeichnen hatte, und es war naheliegend, an diesem Wachstumssektor zu partizipieren[253].

Nach außen hin entschied man sich für eine zurückhaltende Informationspolitik und unaufdringliche Sprachregelung. So findet sich in dem laufenden Bericht der Geschäftsleitung an die Reichsbanknebenstelle vom März 1926 die schlichte Formulierung:

> „Unter unserer Mitwirkung haben sich mehrere Fabriken photographischer Kameras zusammengeschlossen, um gewisse Typen nicht an vielen Stellen, sondern rationell an je einer oder zwei zu fabrizieren, und eine einheitliche Verkaufsorganisation in die Wege zu leiten."[254]

Der nächste Schritt: Die Fusion zur Zeiss Ikon AG, dem „Sammelbecken vielfältiger Werkserfahrungen und alter Traditionen"[255]

Der Gedanke, die Interessengemeinschaft in eine förmliche Fusion zu transformieren, war naheliegend. Dies galt umso mehr, als die Beschlusslage des Reichstags dem sehr entgegenkam, wonach Industriezusammenschlüsse dann steuerbefreit werden sollten, wenn die Fusion im Interesse einer Steigerung der Wirtschaftlichkeit erfolgte[256]. Im April 1926 konnten an den wahren Absichten der Jenaer keine Zweifel mehr bestehen: Sie strebten eine Fusion durch Zusammenlegung aller Aktiva und Passiva an, freilich ohne Aufgabe der eigenen Rechtspersönlichkeit durch die Zeiss-Stiftung und des Jenaer Stammhauses. In die Fusion wurde über Goerz, Ica und Contessa-Nettel hinaus die Firma Ernemann einbezogen, an deren Aktienkapital die Zeiss-Stiftung 40 Prozent hielt. An der Fusion partizipierten Ica und Contessa mit zusammen 52,6 Prozent und Goerz mit 25,6 Prozent. Aus steuertechnischen Gründen erfolgte die Fusion in der Weise, dass Contessa, Ica und Ernemann in

---

253 Vgl. BACZ Nr. 31625 (Die deutsche optische Industrie und ihre Arbeiter), S. 49.

254 BACZ Nr. 22820 (Schreiben an die Reichsbanknebenstelle Jena vom 19.03.1926: Wirtschaftsbericht über den Zeitabschnitt 1.4.1925–1.3.1926).

255 Zeiss Ikon AG, Rückblick auf 100 Jahre Firmengeschichte. In: Zeiss Ikon 1926–1993, ZUsammengestellt und verlegt von Udo Afalter, Gifhorn 1993, S. 90.

256 BACZ Nr. 166 (Steuerfreiheit für Industriezusammenschlüsse – eine Abschrift vom 4.2.1926).

die Goerz AG übergingen und diese ihren Namen in Zeiss Ikon AG wandelte und den Sitz nach Dresden verlegte.

Abb. 20. Ernemann-Bau der Zeiss-Ikon AG, Dresden

Zur Finanzierung des Fusionsvorhabens besorgte man sich Fremdkapital am internationalen Markt:

„Zu Beginn der Zeitperiode (April 1926, R.W.) nahm die Carl Zeiss-Stiftung in Holland eine Anleihe von 5 Millionen Gulden auf zu einem Zinsfuss von 7 Prozent und einem Ausgabekurs von 94. Diese Anleihe kam ausserordentlich schnell zustande und zwar durch Vermittlung des Hauses Warburg, nachdem monatelang mit amerikanischen Firmen zunächst in Amerika und dann in Deutschland verhandelt worden war ...
Einer der wesentlichen Zwecke, welchen die Carl Zeiss-Stiftung mit dieser Anleihe verfolgte, war die bereits früher erwähnte Konsolidierung der Kamera-Industrie Deutschlands und sie führte zur Fusion der vier bedeutendsten Werke ... Die Anleihebedingungen waren s. Zt. als relativ günstig anzusehen, sie sind es aber heute infolge der sehr zu begrüssenden Verbilligung des Geldes nicht mehr."[257]

---

257 BACZ Nr. 22820 (Geschäftsleitung, Wirtschaftsbericht an Reichsbanknebenstelle Jena vom 19.3.27 über Zeitabschnitt 1.4.26–1.3.27), S.2.

Am Zustandekommen der Fusion war auch die Deutsche Bank wesentlich beteiligt. Über ihre eigentlichen Bankfunktionen hinaus trat sie auch für Zeiss im Aufsichtsrat von Ernemann in Erscheinung. Jedenfalls war aus der Interessengemeinschaft vom September 1925 binnen eines Jahres per 15. September 1926 ein neues Gebilde, die Zeiss Ikon AG, amalgamiert worden, an deren Stammkapital von 12,5 Millionen Reichsmark Zeiss durch Umwandlung der Anteile an den verschmolzenen Unternehmen 53,1 Prozent hielt. Diese satte Mehrheit wurde in den nächsten Jahren weiter ausgebaut.

Stammbaum der Zeiss Ikon AG, Dresden

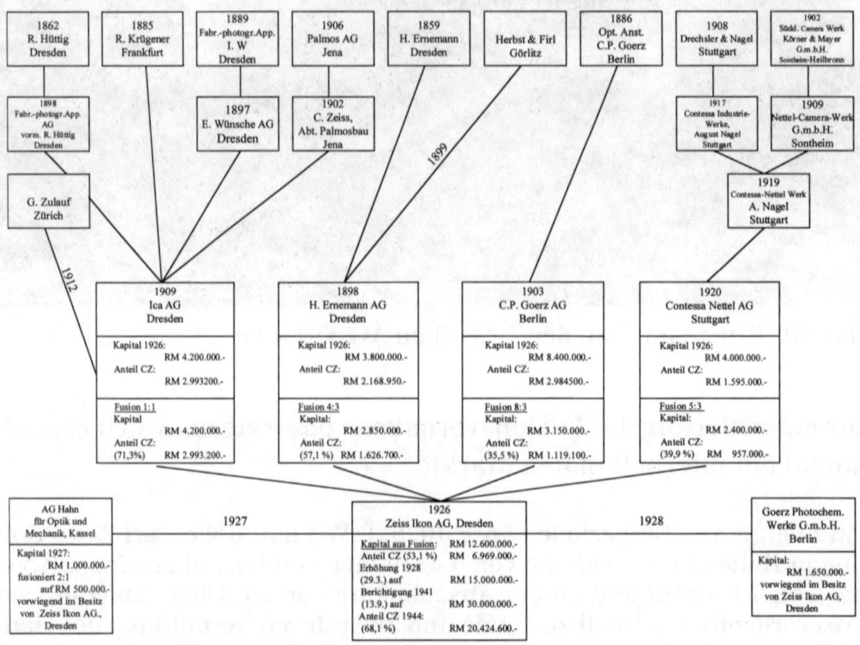

Quelle: 75 Jahre Photo- und Kinotechnik, S. 44 i.V. m. BACZ, passim u. REPORT

Im einzelnen war die Zeiss Ikon AG wie folgt zusammengelegt worden[258]:

258 BACZ Nr. 31625 (Die deutsche optische Industrie), S. 51.

Aktienbesitzer	Altes Aktienkapital (in Mio. Reichsmark)	Neuer Kapitalanteil (in Mio Reichsmark)	Verhältnis der Zusammenlegung
Contessa	4,0	2,4	5:3
Ernemann	3,8	2,85	4:3
Goerz	8,4	3,15	8:3
Ica	4,2	4,2	1:1
zusammen	20,4	12,4	-

Die Dominanz des Jenaer Mutterunternehmens fand nicht nur in diesen Trust-Anteilen seinen deutlichen Ausdruck, sondern zeigte sich bald in der konkreten Durchsetzung strategischer Ziele, etwa der klaren Aufteilung der Märkte. So verzichteten die fusionierten Firmen

„auf die Fabrikation der Optik, der Prismenfeldstecher, der Brillen und bestimmter wissenschaftlicher Instrumente ... wogegen die Firma Carl Zeiss ihrerseits auf die Herstellung von Beleuchtungskörpern Verzicht leistet und uns ihre Verkaufsorganisation überträgt. Es ist ferner in diesem Vertrage eine Teilung der Arbeitsgebiete vorgesehen; uns bleibt die Herstellung und der Vertrieb von Cameras und nicht optischem Zubehör ... vorbehalten, während der Firma Carl Zeiss das Gebiet der optisch-militärischen Geräte, soweit es sich nicht um photographisches und kinematographisches Gerät handelt, überlassen bleibt“[259].

Damit hatte Zeiss sein Kerngeschäft (Mikroskope, Feldstecher, Brillen, Photoobjektive usw.) gegen unliebsame Konkurrenz gesichert und gleichzeitig in der Zeiss Ikon einen sicheren Abnehmer gewonnen. Im übrigen brachte die Fusion erhebliche Einsparungen im Absatzbereich. Produktbereiche, in denen Zeiss ohnehin weniger erfolgreich agierte, wie z.B. bei Beleuchtungskörpern, wurden jenen überlassen, in deren Produktportfolio sie besser passten, eben den Goerz-Werken.

Im Zuge der Trustbildung wurden zudem frühere Arrangements bereinigt. So löste man im Geschäftsjahr 1927/28 den IG-Vertrag zwischen der Krupp-Tochter und der Ernemann AG auf und übernahm das Kino-Geschäft für 808.000 Reichsmark plus 412.500 Reichsmark Abfindung. Dieser Komplex wurde bald nach Dresden überführt. Später baute man diesen Bereich aus, z.B. in-

259 BACZ Nr. 10565 (Bericht des Vorstandes); Vgl. Geschäftsbericht der Zeiss Ikon AG, Dresden. In: AFALTER Zeiss Ikon 1926–1993, S. 2.

dem Zeiss Ikon im März 1929 für 300.000 Reichsmark die Goerz Photomechanische Werke GmbH zukaufte, die qualitativ hochwertiges Filmmaterial herzustellen in der Lage waren[260]. Solcherart folgte der horizontalen die vertikale Diversifizierung.

Ebenfalls über Goerz kam die Zeiss Ikon AG zu einem interessanten Hersteller von Kinoapparaten. Solche wurden von der von Berlinern zu mindestens 80 Prozent kontrollierten und in Kassel ansässigen AG Hahn für Optik und Mechanik produziert. Das Unternehmen, das im übrigen auch Patentschlösser herstellte, hatte über Jahre Verluste ausgewiesen und einen erheblichen Teil seines Stammkapitals aufgezehrt. Durch die Fusion von 1926 war die AG Hahn Teil der Zeiss Ikon geworden. Das Kasseler Werk wurde geschlossen und die Maschinen nach Dresden überführt[261].

Freilich wäre es verwunderlich gewesen, wenn außer Zeiss nicht auch das eng verbundene Jenaer Unternehmen Schott von der Fusion profitiert hätte. Im Bereich der Glasindustrie wurde der Wettbewerb insoweit entschärft, als ein alter Schott-Konkurrent, nämlich die Sendlinger Optische Glaswerke GmbH, das der Goerz-Gruppe gehörte, kurzerhand stillgelegt wurde[262].

Im Geschäftsjahr 1928/29 ging man bei der Zeiss Ikon daran, die Produktion wie geplant zu rationalisieren, die Normierung durchzusetzen und die Typenvielfalt entschieden zu verringern. So wurde z.B. bei der inkorporierten Contessa-Nettel die Zahl der Photoapparattypen von 40 auf 14 reduziert[263].

Das Mutterunternehmen Carl Zeiss Jena nutzte die Fusion wie erwähnt zur Verstärkung seines Kerngeschäfts. Folgerichtig wurden die optischen Abteilungen von Goerz und Ernemann aufgelöst. Überdies schien es nun angezeigt, das weltweite und ausserordentlich positive Image der Firma Zeiss absatzpolitisch durch Verwendung des Markennamens bzw. durch Markentransfer zu nutzen.

Was die Frage des wirtschaftlichen Erfolgs des neuen Riesen Zeiss Ikon anbelangt, wird man angesichts der betriebswirtschaftlichen Kennziffern von einem solchen sprechen können.

---

[260] BACZ Nr. 10565 (Bericht des Vorstandes).

[261] BACZ Nr. 10030 (Sonderdruck zur Zeiss Ikon Aktiengesellschaft, Dresden).

[262] BACZ Nr. 31625 (Die deutsche optische Industrie und ihre Arbeiter), S. 52.

[263] Ebenda, S. 54.

Während die Ergebnisse des ersten Halbjahres des (ersten) Geschäftsjahres 1926/27 nicht zuletzt aufgrund der konjunkturellen Lage noch unter den Umsätzen der vier fusionierten Einzelfirmen blieben, änderte sich dieses Bild bereits im zweiten Halbjahr mit einer erheblichen Überschreitung derselben. Fabrikatorisch gesehen ging man zügig daran, die Parallelproduktion abzubauen. Die Kamerafabrikation des Ernemann-Werkes wurde ins Ica-Werk verlegt, die Herstellung der Fachkinogeräte im Ernemann-Werk zusammengefasst, und die Fabrikation von Projektionsapparaten fand im Werk Reick statt. Die Produktion von Autozubehör und eines bestimmten Teils der Kameras blieb in Stuttgart, wohingegen man in Berlin nur noch ein Kameramodell in größeren Stückzahlen herstellte. Auch die Absatzorganisation wurde neu ausgerichtet und die bisherigen Einzelvertriebsstellen in Dresden vereinigt. Die Werbung nahm den neuen Firmennamen auf, und die neue Marke wurde im In- und Ausland eingeführt. Durch diese Maßnahmen ergab sich eine wesentliche Reduzierung der Herstellungs- und Vertriebskosten, was gegen Ende des Geschäftsjahres 1926/27 spürbar wurde. Allerdings war der Außenwirtschaftsbereich noch nicht konsolidiert, und die Belastung der Unternehmen mit Steuern und sozialen Abgaben wurde als drückend empfunden. Die Fusion kam im übrigen in einer technologisch spannungsreichen Zeit zustande, denn die Fotoindustrie war langsam im Begriff, von der Platte auf den Film überzugehen. Es war bequemer (allerdings auch noch teurer) für den Fotographen und Fotoamateur, den Film zu belichten und das übrige dem Fotohändler zu überlassen, statt sich mit dem umständlichen Fertigstellen der Aufnahmen zu befassen. Dies war auch der Grund, weshalb das Geschäft mit dem sogenannten Fotobedarf nicht mehr so gut lief. Andererseits jedoch fand die Fotographie gerade in dieser Zeit starke Verbreitung. Ähnliches galt für die Amateur- und Schul-Kinematographie. Man stellte sich auf die neue Situation ein, indem man z.B. 1927 den „Zeiss Ikon Film“ auf den Markt brachte, der in den Goerz Photochemischen Werken GmbH hergestellt wurde. Der Absatz der Kino-Theatermaschinen profitierte von der lebhaften Kino-Begeisterung der Weimarer Zeit[264], ein Metier, auf dem die Zeiss Ikon ihre neue Führungsposition ausbaute.

---

264 SILKE BRUNE-BERNS: Im Lichte der Großstadt – Werbung als Signum einer urbanen Welt. In: P. BORSCHEID, C. WISCHERMANN (Hg.): Bilderwelt des Alltags, Stuttgart 1995, S. 90–115, hier: S. 110 f.

Die Steigerung des Betriebsüberschusses von über 4,6 auf 7,9 Millionen Reichsmark sowie die satte Verdoppelung des Gewinns von 454.570 auf 1.119.632 Reichsmark ermöglichte ohne weiteres eine Dividendenzahlung von 6 Prozent bereits im Geschäftsjahr 1927/28[265]. Per 1. Juli 1927 war das Beleuchtungsgeschäft mit der entsprechenden Verkaufsorganisation von Carl Zeiss Jena auf Zeiss Ikon übergegangen.

1928/29 kam es zwar wieder zu einer Ausschüttung von 6 Prozent; durch Umsatzrückgänge in einigen Abteilungen kündigte sich jedoch bereits die bevorstehende Wirtschaftskrise an. Gleichwohl schüttete Zeiss Ikon auch noch im Geschäftsjahr 1930/31 4 Prozent Dividende aus – ein Zeichen dafür, dass sie die weltweite scharfe Rezession weit weniger empfindlich traf als die Konkurrenz.

Die Besetzung der Chefetage bei Zeiss Ikon

Selbstredend manifestierte sich das wechselseitig enge Zusammenwirken zwischen dem Stammhaus in Jena und der Zeiss Ikon-Zentrale in Dresden auch in der Besetzung leitender Positionen mit qualifiziertem Spitzenpersonal. Aufgrund der Vielfalt und Komplexität der im Konzern zusammenzuführenden technischen Entwicklungen und Geräte musste ein versierter Konstrukteur mit exzellenter Hochschulausbildung das Heft in die Hand nehmen. Einen solchen fand man in dem Rheinländer Heinz Küppenbender, der am 1. September 1927 als wissenschaftlicher Mitarbeiter bei Zeiss Jena begonnen hatte und von der Geschäftsleitung als selbständiger Leiter der Konstruktionsbüros in Dresden und Stuttgart, später auch in Berlin, vorgeschlagen wurde. Küppenbender nahm am 15. Juli 1929 seine Tätigkeit in Sachsen auf und führte 65 Konstrukteure und Zeichner[266]. Er war es, der nun konkret die Reduzierung der Typenvielfalt beispielsweise im Kamerabereich vorzunehmen hatte. Die über 600 Kamera-Modelle, die der erste Zeiss Ikon-Hauptkatalog

265 BACZ Nr. 10565 (Geschäftsbericht und Jahresabschluss 1926/27 und 1927/28).

266 BACZ Nr. 1395; VA 2047 (Lebenslauf vom 21.7.1941); BACZ Nr. 22408 (Verwaltungsratssitzung vom 28.5.1929); vgl. BACZ Nrn. 22066; 13393; 1395; 20834; 30273; 14933.

noch umfasste, musste er auf ein vernünftiges Maß vermindern und gleichzeitig Neuentwicklungen vornehmen. Eine solche gelang ihm mit der Kreation einer Kleinbildkamera von hoher Qualität, der Contax. Jedenfalls behauptete der Konzern unter seinem Chefkonstrukteur Küppenbender über Jahre die Führung in der Kamera- und Kinotechnik und später – in der Zeit des Nationalsozialismus – auch in den einschlägigen Bereichen der Militärtechnik.

Auf diesem Sektor hatte, wie erwähnt, Goerz in Wien und Breslau bereits einiges in den Trust eingebracht. Zudem kam es im August 1930 zu einer 50 Prozent-Übernahme an der Budapester Ferdinand Süss Präzisionsmechanische und Optische Anstalt AG, einem Hersteller von militärischen Gütern[267].

Während Küppenbender u.a. für die Konstruktion und Modellpolitik zuständig war, übernahm der gelernte Exportkaufmann Alfred Simader ebenfalls am 15. Juli 1929 die kaufmännische Leitung im Vorstand der Zeiss Ikon AG, nachdem er davor lange Jahre bei Carl Zeiss Jena gewirkt hatte. Ihm unterstand das Finanz-, Rechnungs- und Steuerwesen sowie die Absatzorganisation im In- und Ausland. Er zeichnete verantwortlich für die Gründung der Niederlassungen in Tokio, London, Paris, Amsterdam, Mailand und Stockholm[268].

Exkurs: Die Fernseh A.G.

Nicht nur einmal hatte man im Hause Zeiss über die Sinnhaftigkeit und Erfolgsträchtigkeit zu entscheiden, auf neuen strategischen Geschäftsfeldern aktiv zu werden und zu investieren. Die Perspektiven waren häufig überaus verlockend, zumal angeregt bzw. gefördert durch Beteiligungen, Tochterfirmen oder strategische Allianzen, die ein spezifisches und gut verwertbares Know-how in den Konzern einbrachten. Insonderheit galt dies für die Fusionen von 1909 und 1926, im Rahmen derer Geschäftsbereiche und Technologiefelder in den Konzern eingebracht wurden, die weit über die Kernkompetenz von Zeiss hinausgingen. Als Beispiel in diesem Zusammenhang mag die am 11. Juni 1929 mit 100.000 Reichsmark

---

267 BACZ Nr. 18351 (Vertrag vom 14.8.1930).

268 Zeitungsbericht in: AFALTER: Zeiss-Ikon 1926–1993, S. 74.

(je 25.000 Reichsmark) Stammkapital gegründete Fernseh A.G. gelten. Mit diesem Unternehmen, das sowohl Produktion und Marketing als auch die Sicherung von Schutzrechten einer der Basisinnovationen des 20. Jahrhunderts schlechthin, des Fernsehens, zum Gegenstand hatte, versuchte man zumindest ein neues zukunftsträchtiges strategisches Geschäftsfeld abzutasten[269]. Die Partner von Zeiss Ikon, die mit Ernemann und Goerz einschlägige Kompetenz für diesen Bereich aufwies, waren die Unternehmen Robert Bosch, Stuttgart, Radio AG D. S. Löwe, Berlin und die Londoner Baird Television Ltd. Dr. Paul Goerz wurde zum Direktor der Fernseh A.G. bestimmt. Freilich dachte man nicht nur an die zivile Nutzung des Fernsehens, sondern an die Möglichkeiten seiner militärischen Verwendung. Alexander Ernemann, Paul Goerz und Alfred Simader waren in Dresden die treibenden Kräfte[270].

In der Fernseh-Angelegenheit gab es allerdings in Jena und Dresden unterschiedliche Vorstellungen hinsichtlich der generellen Frage der weiteren Beteiligung, als auch – für den Fall der Befürwortung – des Wie und in welchem Umfang, denn auch bei Zeiss Ikon war man nur an einer Teileproduktion interessiert (Modulationsgeräte, Empfänger). Weitere strategische Überlegungen, etwa eine Bündelung der Aktivitäten in einer Forschungsgesellschaft, die neben Fernsehtechnologie elektronenoptisches und elektronenmikroskopisches Know-how umfassen sollte, verfolgte man von Seiten des Hauses Zeiss eher halbherzig. Im übrigen wurde spätestens Anfang des Jahres 1935 deutlich, dass den glühenden Nationalsozialisten Ohnesorge weniger fachliche, als vielmehr ideologische, chauvinistische und rassistische Gründe veranlassten Telefunken den Vorzug vor der Fernseh A.G. zu geben. Ihm war nicht nur ein Dorn im Auge, dass mit der Television Ltd. des Fernsehpioniers Baird ein ausländisches Unternehmen der Fernseh A.G. angehörte, sondern mit der D. S. Loewe AG ein Unternehmen, das Eigentum jüdischer Teilhaber war. 1938 sah sich Loewe gezwungen, seine Anteile an der Fernseh A.G. an die Mehrheitseigner Bosch und Zeiss Ikon abzutreten. 1935 bereits hatte Bosch die

---

269 BACZ Nr. 18034 (R. Möller, G. Schubert: Zehn Jahre Fernsehtechnik. In: Fernseh AG (Hg.), 10 Jahre Fernseh AG).

270 BACZ Nr. 22413 (Brief von Ernemann und Simader an Prof. Straubel vom 6.9.1934). Straubel war nach seinem Ausscheiden in Jena Vorsitzender des Verwaltungsrates der Zeiss Ikon AG.

Baird-Anteile erworben. 1939 übernahm das Stuttgarter Unternehmen auch die Zeiss Ikon-Anteile und war somit (seit 19. Oktober) alleinige Inhaberin der inzwischen so benannten Fernseh GmbH. Das Grundkapital betrug 410.000 Reichsmark, wobei Paul Goerz einer der vier Geschäftsführer war[271].

Im übrigen ist bekannt, dass die Nationalsozialisten ihr ziviles „Fernseh-Programm" im Zweiten Weltkrieg nicht mehr weiter verfolgten. Militärisch zählte die neuartige Verbindung von Gleitbomben und Fernsehlenkhilfen zu den „Geheimwaffen" des „Dritten Reiches". Diese militärischen Fernseh-Projekte hatten schon recht frühzeitig auch einen bürgerlichen Namen: Dr. Ing. e.h. Wilhelm Ohnesorge (1872–1962). Er, den Hitler 1937 zum Reichspostminister ernannte und der schon im Ersten Weltkrieg der Obersten Heeresleitung für die Fernmeldetechnik verantwortlich war, hatte bereits in seiner Zeit als Präsident des Reichspostzentralamts in Berlin und ab 1933 als Staatssekretär im Reichspostministerium glühendes Interesse für die Fernsehtechnik als solche und deren militärische Anwendung insonderheit entwickelt[272]. Auch einige Akten aus dem Zeiss-Archiv belegen dies. Ein Aktenvermerk von Paul Goerz vom Januar 1934 deutet nicht nur an, dass man in Jena aktuell mit dem Reichsluftfahrtministerium verhandelte, sondern auch anfangs der dreißiger Jahre ein Projekt zur Verwertung der Fernsehtechnik bei der Luftwaffe gemeinsam mit den Russen erwog:

> „Da ich wusste, dass Herr Staatssekretär Ohnesorge insbesondere die militärische Entwicklung des Fernsehens interessierte, orientierte ich ihn über alles, was wir bisher auf diesem Gebiet gearbeitet haben, erzählte ihm u.a. auch von dem mit den Russen vor einigen Jahren bearbeiteten Projekt, über welches wir im Augenblick mit dem RLM verhandeln."[273]

Ohnesorge hatte das wissenschaftliche Neuland und das Potenzial seiner massenwirksamen Nutzung in den späteren zwanziger Jahren erkannt und gezielt Aufträge an die Fernseh A.G. und Telefun-

---

271 BACZ Nr. 22413 (diverse Akten, Notizen und Briefe).

272 JOSEPH HOPPE: Fernsehen als Waffe. Militär und Fernsehen in Deutschland 1935–1950. In: Ich diente nur der Technik. Sieben Karrieren zwischen 1940 und 1950 (Berliner Beiträge zur Technikgeschichte und Industriekultur. Schriftenreihe des Museums für Verkehr und Technik Berlin, Band 13), Berlin 1995, S. 53–88, hier: S. 64 f.

273 BACZ Nr. 22413 (Aktenvermerk 31.1.1934), S. 2.

ken vergeben. Er war es wohl, der die Umstellung von mechanischen auf elektronische Verfahren der Bildabtastung und -wiedergabe in Deutschland durchsetzte und damit Anschluss an entsprechende Entwicklungen in den USA und England hielt. Ohnesorge war es denn auch, der die militärische Relevanz der Fernsehtechnik erkannte und vehement den Auskauf des Engländers Baird und die Arisierung der Firma Loewe (arisiert: Löwe; im Krieg: Opta) betrieb[274].

Deflation und Weltwirtschaftskrise

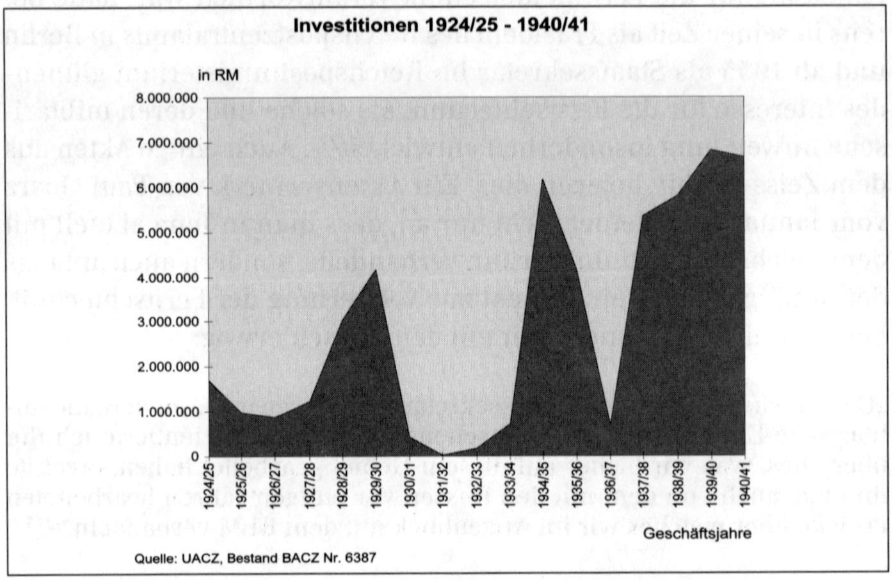

Quelle: UACZ, Bestand BACZ Nr. 6387

Konzentration, Rationalisierung, Standardisierung und Fusionierung erforderten in der zweiten Hälfte der 1920er Jahre erhebliche Finanzmittel. Die Investitionen nahmen in den Geschäftsjahren 1928/29 und 1929/30 erheblich zu.

War man im Januar 1929 noch relativ zuversichtlich, was die weitere Wirtschaftsentwicklung anbelangte, so wurde im Laufe des

274 HOPPE: Militär und Fernsehen, S. 65.

Frühjahrs doch ein Umsatzeinbruch auf dem Binnenmarkt spürbar, den man zunächst durch verstärkten Export kompensieren konnte. So wird man aus der Sicht des Jenaer Unternehmens erst das Jahr 1930 als Krisenjahr bezeichnen können, in dem erstmals ein schmerzlicher Rückgang des Gesamtumsatzes hingenommen werden musste, der zu drei Vierteln aus der Binnenmarktschwäche resultierte.

Im Bericht der Geschäftsleitung an die Mittelthüringische Industrie- und Handelskammer in Weimar vom Dezember 1930 wird darüber wie folgt berichtet:

> „Das Geschäftsjahr 1930 stand auch für unsere Firma und die durch sie vertretene Branche unter dem Zeichen einer Weltwirtschaftskrise. War der Umsatz der ersten 4 Monate noch relativ befriedigend, so setzte mit Mitte des Jahres etwa die Wirkung der wirtschaftlichen Krisis umso stärker ein, bis in den letzten Monaten ein Umsatzrückgang von einem Drittel gegenüber dem Vorjahr eintrat. Auf das ganze Wirtschaftsjahr 1930 ausgedehnt, hat unsere Firma einen Umsatzrückgang von rd. 10 Prozent. Von diesem Rückgang wurde sowohl das Inlands- wie auch das Auslandsgeschäft betroffen, das letztere im Gegensatz zu unseren vor 12 Monaten geäusserten Erwartungen. Verantwortlich hierfür sind die politischen Wirren in Asien, insbesondere Indien und China, ebenso wie in Südamerika Argentinien, Brasilien etc. Aber auch die bedeutenden europäischen Absatzmärkte wie Italien und England zeigten sich wenig aufnahmefähig für unsere Spezialprodukte, und zwar nicht nur wegen der in den Ländern selbst herrschenden Wirtschaftskrise, sondern auch wegen der hierdurch hervorgerufenen administrativen Massnahmen für die Förderung der einheimischen Industrie und die Bekämpfung des Imports ausländischer Ware. Auch Spanien sei in diesem Zusammenhang erwähnt, wo politische Wirren und in Verbindung damit der Währungsverfall die Absatzmöglichkeiten stark beeinflussen.“[275].

Weiter wird berichtet, der Absatz in die Vereinigten Staaten sei durch die Erhöhung der dortigen Import-Wertzölle von bereits hohen 45 Prozent auf prohibitive 60 Prozent empfindlich getroffen worden. Hingegen war der französische Markt relativ stabil geblieben, und man hoffte nach den Verhandlungen über die Ablösung des Dawesplans durch den Youngplan auf die „*Homologierung*“ des Vertrags und die Auslösung von Aufträgen.

---

275 BACZ Nr. 22820 (Geschäftsleitung, an MIHK Weimar vom 29.12.1930 für 1930), S. 3.

Das Geschäft mit Russland erfuhr durch die Erhöhung der Ausfallbürgschaft seitens des Reichs und der Länder eine besondere Förderung, wovon auch das Unternehmen Zeiss profitierte.

Die Belegschaft konnte relativ lange konstant auf über 5.700 Personen gehalten werden, jedoch zwang der gewaltige Umsatzrückgang in den letzten Monaten des Jahres 1930 die Leitung zu einem Abbau, zunächst etwa in Höhe von 10 Prozent der Belegschaft, genauer gesagt, in erster Linie der Arbeiter, was einer relativen Erhöhung der Selbstkosten gleichkam.

Die Materialpreise waren zwar durchschnittlich um etwa 10 Prozent gefallen, doch wirkte sich diese Tatsache frühestens innerhalb eines Jahres in den Gestehungskosten fertiger Waren aus, weil ja sowohl die auf Lager als auch die in Fabrikation befindlichen Waren noch aus Materialien höherer Einkaufswerte fabriziert wurden und ausserdem Rohmaterialbestände zu höheren Anschaffungspreisen noch vorhanden waren. Einen erheblich größeren Kostenfaktor stellten in der optischen Industrie jedoch die Löhne dar. Diese waren unter Brünings Vorgängern behördlicherseits „in unverantwortlicher Weise gegen den Willen und gegen die Argumente der Industrie“[276] erhöht worden. Gemeint war der Reichsfinanzminister Heinrich Köhler, der Ende 1927 eine Anhebung der Beamtenbezüge in den unteren Besoldungsgruppen in zweistelliger Höhe durchsetzte[277]. Ein Nachziehen der Lohn- und Einkommensgruppen in anderen Bereichen, so auch in der Wirtschaft, konnte nicht ausbleiben. Nur ein starker Abbau dieser übertrieben hohen Löhne hätte jedoch eine Senkung der Gestehungspreise in einem Maße herbeiführen können, wie sie zur Belebung des Geschäfts und zur Wiedererlangung der internationalen Wettbewerbsfähigkeit erforderlich gewesen wäre. Bekanntermaßen griff die Regierung Brüning zu derlei unpopulären Maßnahmen, indem sie durch Notverordnungen die Beamtengehälter kürzte, aber auch die Industrieunternehmen folgten mit Lohn- und Gehaltssenkungen.

Die wirtschaftliche Situation war unübersichtlich geworden. Gleichwohl blieb man im Hause Zeiss Ende 1930 erstaunlich optimistisch:

---

276 BACZ Nr. 22820 (Geschäftsleitung, an MIHK Weimar vom 29.12.1930 für 1930), S. 1.

277 Blaich: Freitag, S. 92.

Abb. 21 Zeisswerk, Gesamtansicht, um 1930

„Ein Urteil abzugeben über die Absatzaussichten für die nächste Zeit halten wir für unmöglich; wir können nur sagen, dass wir an eine unmittelbare Besserung gegenüber den gegenwärtigen Verhältnissen glauben“[278].

Diese Hoffnung erwies sich als trügerisch, wozu nicht zuletzt einige externe Faktoren wesentlich beitrugen. Dazu gehört beispielsweise Großbritanniens Aufgabe des Goldstandards und die Abwertung des Pfundes Sterling 1931, der andere Länder (Japan, Skandinavien, südamerikanische Länder, Balkanstaaten) und 1933 die USA folgten. Auf diesen Märkten verteuerte sich der Absatz ausländischer Lieferanten und fiel infolgedessen der Umsatz stärker als in den Ländern, die nicht abgewertet hatten (Frankreich, Niederlande, Schweiz, Italien). Der Export ziviler Produkte nach Belgien konnte sogar noch erhöht werden[279], und das Russlandgeschäft

278 BACZ Nr. 22820 (Geschäftsleitung, an MIHK Weimar vom 29.12.1930 für 1930), S. 1.

279 BACZ Nr. 15339 (Jenaer Jahresversand in Civil-Artikeln 1911/12–1933/34).

erlangte gar eine nie dagewesene Dimension[280]. Freilich: Der Gesamtumsatz von Carl Zeiss Jena fiel von 27.601.160 Reichsmark (1930/31) über 23.412.360 Reichsmark (1931/32) auf 20.084.000 Reichsmark (1932/33)[281]. Die Umsatzeinbrüche ließen Entlassungen und Kurzarbeit unumgänglich erscheinen. Zeiss senkte seine Mitarbeiterzahl von 5.968 im Jahr 1930 um 26 Prozent auf 4.407 im Jahr 1933 bzw. bediente sich des Instrumentariums der Kurzarbeit[282].

Der Inlandsumsatz fiel wie erwähnt etwas stärker als der Auslandsumsatz. Stabilisierend wirkte das Russlandgeschäft, dessen Anteil am Gesamtumsatz 1930/31 13,41 Prozent und im Geschäftsjahr darauf 13,13 Prozent betrug, bevor es 1932/33 wieder auf „normale" 4,41 Prozent absank. In der Zeit der Weltwirtschaftskrise schwankte die Exportquote um die 50 Prozent, wobei allein der Anteil der Sowjetunion 1930/31 26,99 Prozent und 1931/32 27,26 Prozent der Zeiss-Exporte ausmachte[283].

Ein weiterer Grund dafür, dass das Unternehmen Zeiss relativ glimpflich die Weltwirtschaftskrise überstand, lag in der nachhaltigen Binnennachfrage nach militärischem Gerät, dessen Anteil in Aufschwungsphasen schneller stieg bzw. in Abschwungsphasen weniger stark sank als der Zivilumsatz.

In den zehn Geschäftsjahren 1923/24–1932/33 hatte Deutschland bei den Zivil-Artikeln einen Anteil von durchschnittlich 46 Prozent, das Ausland entsprechend von 54 Prozent, wovon 34,1 Prozent auf das ausländische Europa entfielen.

Es ist interessant, die Preispolitik des Unternehmens zu beobachten. Hier war man an die Absprachen im Rahmen der erwähnten Mikro-Konvention gebunden und beließ es international sehr lange bei den relativ hohen Preisen. Erst im April 1932, als in Deutschland längst per Notverordnung erhebliche Preissenkungen durch-

---

280 Dieses Phänomen der starken russischen Nachfrage war jedoch auch in anderen Industrie-Branchen zu beobachten (Vgl. VERENA SCHRÖTER: Die deutsche Industrie auf dem Weltmarkt 1929 bis 1933, Frankfurt/M. et al. 1984, S. 184 ff.).

281 BACZ Nr. 7235 (Aufstellung der Jahresumsätze); BACZ Nr. 9455 (Bericht des Buchprüfers Dr. Leidigkeit 1934).

282 BACZ Nr. 168 (Wirtschaftliche Lage der Firma Carl Zeiss 1890–1937), S. 2.

283 Eigene Berechnungen nach BACZ Nr. 7235 i.V. m. BACZ Nr. 9455.

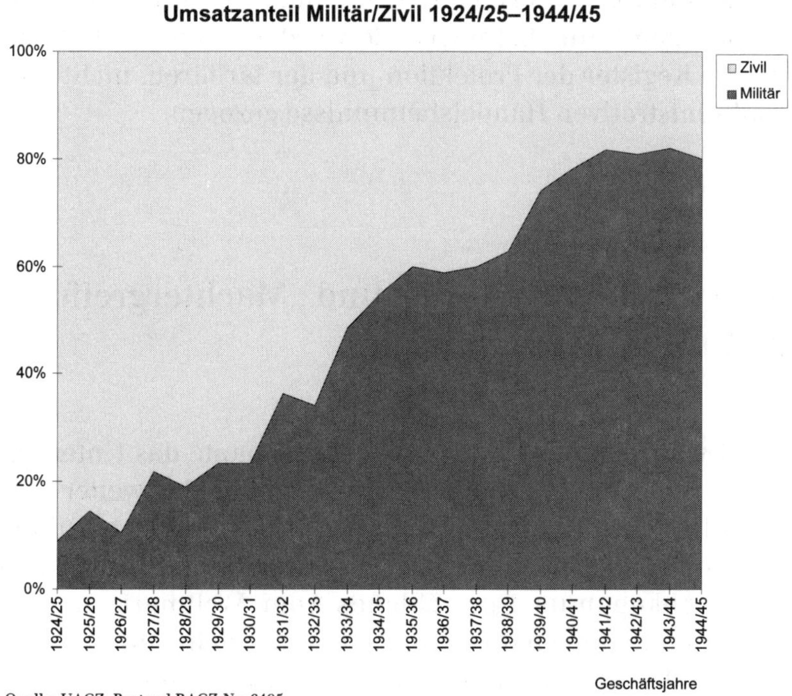

Quelle: UACZ, Bestand BACZ Nr. 6485

gesetzt worden waren, ging man vorsichtig und nur in einigen wenigen Ländern (z.B. in Skandinavien) daran, die eigenen Preise im Sinne einer Reduktion zu überdenken. Erst ein halbes Jahr später entschied man sich im Hause Zeiss, die Preise weltweit dem deutschen Niveau anzupassen[284]. Damit war jedoch ein wesentliches Problem noch nicht gelöst: die Devisenfrage. Ausländische Zahlungsmittel wurden damals knapper und teurer. Auf diese Weise verlor Zeiss allein in den Jahren 1930 bis 1934 etwa 800.000 Reichsmark. Freilich sann man auf Abhilfe und fand – wie andere Unternehmen in dieser turbulenten Zeit – eine Lösung in Form des Scrips-Verfahrens, doch war damit auch nur ein Teil der Verluste zu kompensieren[285]. Schließlich war in einigen Ländern (Frankreich, Ungarn, Tschechoslowakei, Schweiz) eine sehr restriktive Außen-

284 BACZ Nr. 5815 (Sitzungsprotokolle der Mikro-Gruppe vom 4.4.1932 und 25.9.1932).
285 BACZ Nr. 15350 (Referat von Henrichs am 29.10.1934).

handelspolitik zu beobachten, indem man z.B. nur bestimmte Einfuhrkontingente zuließ. Im Grunde wurden in der Weltwirtschaftskrise alle Register der Protektion und der tarifären, nicht-tarifären und administrativen Handelshemmnisse gezogen.

Zeiss zwischen Weltkrieg und „Machtergreifung“ – Eine Zusammenfassung

Vor und während des Ersten Weltkrieges baute das Unternehmen Zeiss seine technologischen Kompetenzbereiche weiter aus und akkumulierte Erfahrungswissen. An dieses ließ sich anknüpfen, auch wenn während des Weltkrieges durch die „Schwarzen Listen“ und die Abkopplung Deutschlands vom Weltmarkt auch Zeiss zunächst im feinmechanisch-optischen Bereich vom internationalen Geschäft ausgeschlossen war. Doch trotz großer Anstrengungen schafften es England, die USA und Frankreich auch in der Periode nach den Rationalisierungen nicht, die von Zeiss gesetzten Spitzenstandards in der Optik zu erreichen, sodass sich deren Adaptions- bzw. Imitationsfähigkeit in Grenzen hielt und Zeiss sich durch Qualitätsführerschaft am Weltmarkt halten konnte.

Dies konnte auch durch den Aufbau massiver tarifärer und nicht-tarifärer Handelshemmnisse in den Industriestaaten nicht verhindert werden. Weder die Safeguarding-Zölle in Großbritannien, die optische Produkte mit ca. 50 Prozent belasteten, noch die weit höheren japanischen Zölle (bis zu 100 Prozent) oder die 1929 eingeführten amerikanischen 45 Prozent-Zölle warfen Zeiss aus dem internationalen Geschäft, auch wenn Einbußen hinzunehmen waren.

Externe Ereignisse wie die Inflation, die Abwertungen 1931 in Großbritannien und in der Folge auch in anderen Ländern (Skandinavien, Südamerika, USA), die Zeiss-Produkte auf den dortigen Märkten bis zur Unverkäuflichkeit verteuerten, die Weltwirtschaftskrise etc. vermochten die Stellung von Zeiss am Weltmarkt nur temporär zu beeinflussen.

In der Inflationszeit fakturierte man in stabiler ausländischer Währung und hatte mit Max Fischer einen erfahrenen Kaufmann in der den Export 1919 bis 1923 beaufsichtigenden „Außenhandelsstelle für Mechanik und Optik" im Verwaltungsrat sitzen. Dennoch bestand freilich bis 1923 für die Devisen Ablieferungspflicht.

A la longue wird man sagen können, dass in den einzelnen Produktbereichen die Qualitätsführerschaft immer wieder die Marktführerschaft in ausländischen Marktsegmenten mit sich brachte, ob man z.B. der führende Anbieter hochwertiger Feldstecher am amerikanischen Markt oder der führende Wettbewerber im Mikroskopbereich in Südamerika war.

Wie gesehen waren durch die Hyperinflation 1923 die Karten neu gemischt worden. Angesichts der latenten Preisturbulenzen war schwer voraussehbar, wer aus diesem undurchsichtigen Wettbewerb erfolgreich hervorgehen würde. Man wird jedoch feststellen können: Das Unternehmen Zeiss war gut präpariert. Es verfügte nicht nur über eine enorm starke Kapitalbasis, sondern hatte auch 1919 unter dem Druck von Not und Knappheit eine konsequente Rationalisierung und Neustrukturierung des Produktportfolios vorgenommen. Bei der Entscheidung über neue Geschäftsfelder hatte man sich auf die traditionellen Stärken besonnen und doch nicht, wie unmittelbar nach dem Krieg geplant, Möbel und andere wesensfremde Produkte hergestellt, sondern die Synergien aus den vorhandenen Leistungsbereichen und Abteilungen geschöpft. In diesem Zusammenhang kam es zu bemerkenswerten Neuerungen. Die Abteilung Feinmess sei hier nur als Beispiel genannt. Man besann sich auch wieder auf die Exportstärke des Unternehmens, die zwar durch den Krieg wesentlich gelitten hatte, doch war es den ausländischen Herstellern nicht möglich, die Zeiss'sche Qualitätsführerschaft zu brechen. So blieb die Auslandsnachfrage groß, und das Jenaer Unternehmen blieb exportstark und damit unabhängig von Schwächen des Binnenmarkts. Durch die Inflation ging man mit relativ viel Realismus und klarem Blick, ließ sich also durch Scheingewinne nicht blenden und blieb damit vor dem Aufbau unmäßiger Kapazitäten bewahrt. Auch das finanzielle Gebahren verriet Weitblick, indem man eigene Berechnungs- und Indizierungssysteme benutzte und die finanziellen Reserven inflationssicher aber liquiditätsnah anlegte. Im übrigen bot die Stiftung damals – im Unterschied zu heute – Steuervorteile.

Nach der Währungsreform war die Kaufkraft geschrumpft, und es waren Überkapazitäten vorhanden, die man im Krieg und veranlasst durch Scheinkonjunkturen in der Inflationszeit aufgebaut hatte. Die Folge war häufig – zumal angesichts des in Deutschland relativ hohen Zinsniveaus – eine Überschuldung, die entweder in die Insolvenz führte oder aber die Möglichkeit der Übernahme durch andere Unternehmen beträchtlich erhöhte. Zeiss war in der glücklichen Lage, weder überschuldet zu sein noch bestand die Gefahr, sich zugreifenden Fusionsinteressen aussetzen zu müssen. Die Stiftung hatte eine solide Kapitalbasis und war groß genug, um zinsgünstige Auslandsanleihen aufnehmen zu können. Auch hatte das Unternehmen kein Stück Innovationskraft eingebüßt und konnte aufgrund seiner dominanten Marktstellung völlig autonom und unabhängig bleiben. Dass es keineswegs selbstverständlich war, die Zeit zwischen Kriegsende und Währungsreform derartig glimpflich zu überstehen, zeigt das Beispiel Goerz und zeigen viele Fälle außerhalb der Branche. Der Verdrängungswettbewerb entfaltete in der Zeit der ökonomischen Beschränkungen und der Intransparenz seine größte Dynamik.

Nach der Fusion von 1926 kam es darauf an, Bestrebungen, die dahin gingen, neben der Zeiss Ikon weitere ähnlich große Konzerne (etwa unter Beteiligung der chemischen Industrie) aufzubauen, in Schach zu halten und weiter die externe Expansion zu betreiben. Immerhin gelang es Zeiss durch geschicktes strategisches Management, seine Spitzenposition in der optischen Industrie zu halten und erheblich auszubauen. Viele der ehemals ähnlich großen Konkurrenzfirmen, man denke an Goerz, Nitsche & Günther, Busch und Voigtländer, hatten an Autonomie und Souveränität eingebüßt. Als ernstzunehmender deutscher Wettbewerber blieb allenfalls Leitz übrig. Der Wetzlarer Widersacher bot ebenfalls höchste Qualität und war im obersten Preissegment angesiedelt.

Doch es konnte schon seit Jahrzehnten nicht mehr genügen, nationale Märkte zu beherrschen, sondern gefragt war die internationale Wettbewerbsfähigkeit. Auch diesbezüglich wurden durch die Fusionen der 1920er Jahre bedeutende Schritte getan, zumal die ausländische Konkurrenz – zu denken wäre auf Weltmarktebene an Spencer, Bausch & Lomb oder Krauss in Paris – während des Ersten Weltkriegs durch starke Unterstützung des Staates, versucht hatte, die Dominanz des Jenaer Unternehmens zu brechen und die eigene optische Großindustrie zu stärken. Spätestens der Erste Weltkrieg hatte schließlich gezeigt, welchen immensen strategischen Stellenwert etwa optische Militärgüter, zumal für die Luftaufklärung, hatten. Die optische Industrie war längst zu einem politischen Faktor geworden, der selbstredend die Regierungen der Industrieländer auf den Plan rief. Es zeigte sich jedoch, dass es nicht möglich war, eine Hochtechnologie-Industrie kurz- oder mittelfristig aufzuziehen bzw. zu adaptieren. Dazu bedurfte es, vom Kapital abgesehen, neben dem technischen Know-how einer über lange Zeit trainierten und spezialausgebildeten Arbeiterschaft sowie einer gereiften und wissenschaftlich versierten, branchenkompetenten Führungsmannschaft mit viel Erfahrung im komplizierten internationalen Geschäft. Die Wirtschaftsgeschichte kennt kein einziges Beispiel einer ad-hoc-Adaption von Hochtechnologie und so verwundert es nicht, dass Zeiss in seinen klassischen Geschäftsfeldern weltweit ungeschlagen blieb und neuentstandene Wettbewerber hinter sich lassen konnte. Beispielsweise galt dies für das Feldstechergeschäft. Zeiss hatte es 1925 bereits wieder geschafft, auf dem schwierigen nordamerikanischen Markt die Führung zu übernehmen, gefolgt von Hensoldt und Busch[286].

Insgesamt wird man also sagen können, dass Zeiss aus den Turbulenzen der Nachkriegszeit, der Inflation, der Währungsreform, der wirtschaftlichen Konzentration und der nervösen Konjunktur und Außenwirtschaft gestärkt und unangefochten hervorging. Dies spricht für die Weitsicht und Geschicklichkeit der Geschäftsleitung ebenso wie für die Tüchtigkeit der Ingenieure, Konstrukteure, Kaufleute und Arbeiter von Zeiss. Dem Stiftungsunternehmen gehörten 1926 allein in Deutschland 8.517 Beschäftigte an, davon 4.629 im Jenaer Werk und 3.451 bei Zeiss Ikon. Weitere 437 Mitarbeiter arbeiteten in den durch die Stiftung mehrheitlich beherrschten Unternehmen und weitere über 2.000 Beschäftigte fanden Lohn und Brot in den Auslandsgesellschaften, die zwar zum Zeiss-Komplex gehörten, aber ihre eigene Rechtspersönlichkeit bewahrt hatten. Dazu zählten namentlich die Nedinsco, Goerz Pressburg, Goerz Wien, Anschütz und Süss in Budapest. Hinzuzurechnen wären nicht zuletzt die ca. 800 Schottianer, an deren Glaswerk die Zeiss-Stiftung wesentliche Anteile hielt. Kein anderes Unternehmen der optischen Industrie in Deutschland erreichte auch nur annähernd eine ähnliche Größenordnung. Die nächst größeren waren Ernst Leitz mit 1.178 Mitarbeitern vor Nitsche & Günther mit 1.164, G.

286 BACZ Nr. 3426 Carl-Zeiss-Filiale New York, Februar 1924 – Nov. 1929, (Brief von Bauer an Zeiss Jena vom 3.10.1925).

Rodenstock mit 955 und die Busch AG mit 808 Beschäftigten. Bei Gauthier waren seinerzeit 468 Leute beschäftigt, in den zwei Ruhnke-Fabriken insgesamt 465, bei Askania 390, bei Voigtländer 369 und bei Rapsch schließlich 350. Es folgten eine Reihe von Betrieben mit 200 und weniger Beschäftigten[287]. Wie dominant die Zeiss'sche Position geworden war, geht schon allein daraus hervor, dass über 40 Prozent der Arbeiter der deutschen optischen Industrie dem Zeiss-Konzern angehörten. Allein das Jenaer Zeisswerk bot über 20 Prozent von ihnen Arbeit. Man kann sich aufgrund des Gesagten auch leicht vorstellen, welche Bedeutung Zeiss als Zulieferer und Abnehmer zukam, doch soll dieser Aspekt hier nicht weiter vertieft werden.

Von einigem Interesse ist vielleicht noch die Frage, auf welchen Märkten die Erzeugnisse des Zeiss-Stiftungskonzerns dominant waren, insbesondere in Hinsicht auf den Export. Hier lässt sich feststellen, dass Zeiss in seinen klassischen Feldern nicht nur das überaus hohe Niveau halten, sondern sogar beträchtlich ausbauen konnte. Während im Kernbereich Feldstecher, Fernrohre, Operngläser usw. der Anteil am deutschen Export bereits vor dem Ersten Weltkrieg bei 60 Prozent lag, konnte dieser auch in der Weimarer Zeit immer über 50 Prozent gehalten und 1928 sowie 1931 auf 65 Prozent und darüber hinaus gesteigert werden. Geradezu spektakulär entwickelten sich die Anteile im Bereich der ungefassten Augengläser und der optischen Messinstrumente, Teleskope, nautischen und geodätischen Geräte. Lag der Exportanteil von Carl Zeiss Jena bei Augengläsern im Jahre 1913 noch bei wenigen Prozenten, konnten 1926 bereits über 25 Prozent und 1931 gar 55 Prozent registriert werden. Ganz ähnlich verlief die Entwicklung bei den Messinstrumenten und Geräten. Weit weniger dynamisch bzw. sogar rückläufig waren die Bereiche geschliffenes optisches Glas und Mikroskope sowie Photographische Linsen, Objektive und Apparate[288]. Es ist dabei jedoch zu beachten, dass die Nedinsco in der deutschen Ausfuhrstatistik nicht auftauchte.

---

287 BACZ Nr. 31625 (Die deutsche optische Industrie und ihre Arbeiter), S. 12 f. u. 53.

288 BACZ Nr. 11989 (Deutsche Ausfuhr optischer und feinmechanischer Artikel insgesamt dem Wert nach und Anteil von Carl Zeiss, Jena, dem Wert nach und prozentual in den Jahren 1912–1933 (Statistik)).

Wenn die Firma Zeiss wie geschildert am Ende der 1920er Jahre in den meisten Produktsparten der optischen Industrie Branchenführerin war, so nicht zuletzt deshalb, weil das Unternehmen einen genügend „langen Atem“ hatte, der aus seiner finanziellen Basis und schlichten Größe einerseits und aus seiner Qualitätsführerschaft andererseits resultierte. Im Grunde waren diese Faktoren mitentscheidend dafür, dass sehr harte Auseinandersetzungen mit Konkurrenten erfolgreich bestanden werden konnten. Immerhin waren es 1927 noch 63 Unternehmen in der feinmechanisch-optischen Branche, die mit modernisierten Fertigungsmethoden arbeiteten, auch wenn sie freilich nicht die Breite der Zeiss'schen Produktpalette aufwiesen, sondern mehr spezialisiert waren. In diesen Spezialbereichen waren sie sehr ernstzunehmende Wettbewerber. Ein gutes Beispiel stellt die Emil Busch AG, Optische Werke Rathenow dar, deren Produktportfolio sich mit dem der einschlägigen Zeiss-Abteilung ziemlich deckte, nämlich der Bereich der Brillen und Brillengläser. Gerade hier war jedoch eine starke Typenbereinigung sehr schwer durchführbar, da eine sehr individualisierte Nachfrage die Vielgestaltigkeit der Herstellung erforderlich machte und die Rationalisierung damit ihre deutlichen Grenzen hatte. Man könnte dies auch als relativen Wettbewerbsnachteil der Busch AG ansehen. Das Rathenower Unternehmen lieferte der jungen Zeiss Ikon AG einen erbitterten Preis- und Rabattkampf, wurde jedoch durch deren Typenbereinigung und den damit zusammenhängenden Ausverkauf vieler Modelle selbst unter Druck gesetzt. Zudem gehörte Busch zu jenen Unternehmen, denen die Kompensation des Militärgeschäfts durch Zivilprodukte nicht gelungen war. Man hatte ständig mit hohen Lagerbeständen arbeiten müssen, die viel Kapital banden und konnte, wie erwähnt, die Kostenseite durch Rationalisierung nur geringfügig entlasten. Der unternehmerische Erfolg blieb aus, die Bilanzen rot, wenn man von den kargen 40.000 Reichsmark des Jahres 1927 einmal absieht, die man wohl weniger dem aktiven Geschäft als vielmehr den 1926 angelegten Stillen Reserven verdankte. Sie waren also eher buchungstechnischer Natur. Jedenfalls blieben die Aktionäre jahrelang ohne Dividende und die Aktien waren durch den gedrückten Kurs günstig zu erwerben, wovon man bei Zeiss reichlich Gebrauch machte und das Portefeuille mit Busch-Papieren füllte.

Mit der ebenfalls in Rathenow angesiedelten Optische Werke Rapsch AG existierte jedoch eine zähe, an der Busch AG interessierte Widersacherin vor Ort, und es kam zu einem Ringen um die Aktienmehrheit (von der Presse als „Brillenschlacht von Rathenow" wahrgenommen[289]), das letztlich die Jenaer für sich entschieden. Zeiss war es gelungen, Aktien im Nennwert von 1,46 Millionen Reichsmark aufzukaufen und damit 45,625 Prozent der Stimmrechte zu übernehmen. Für den Fall, dass alle Inhaber von Beteiligungskapital von ihrem Stimmrecht Gebrauch gemacht hätten, hätte dies nicht genügt. Doch durch Absprache mit der Dresdner Bank, die 6,25 Prozent hielt und einer Übernahme durch Zeiss eher gewogen war als einer solchen durch die Rapsch AG, konnte die Stimmenmehrheit gesichert werden. Rapsch argumentierte, Zeiss ginge es nicht um Sanierung sondern um Ausschaltung eines Konkurrenten und erreichte eine Überprüfung des Vorgangs, die jedoch just durch die der Dresdner Bank, nahestehende Treuhand-Vereinigung AG vorgenommen wurde. In Jena wurde der Einfluss, den man angeblich bei Busch hatte, bewusst heruntergespielt. Immerhin kehrten mit Kotthaus und Straubel zwei Geschäftsleiter von Zeiss in den Aufsichtsrat der übernommenen Busch AG ein, in dem im übrigen Kleemann, ein Direktor der Dresdner Bank, saß, sodass die Hälfte der Stimmen gesichert war. Zudem stimmte der Belegschaftsvertreter der Busch AG mit Zeiss und Dresdner Bank, da er sich von dieser Konstellation die Sicherung der Arbeitsplätze erhoffte, ein Wunsch, der durchaus in Erfüllung ging.

Nachdem die Busch AG unter Kontrolle war und die Rapsch AG ohne Chance blieb, in Rathenow eine entscheidende Gegenposition zu Jena aufzubauen, blieb dort nur noch die Nitsche & Günther AG übrig. Hier stimmte man die gegenseitigen Interessen dergestalt ab, dass man Aktienpakete tauschte, also eine „friedliche" Lösung bzw. eine strategische Allianz präferierte. Die Mehrheit des Beteiligungskapitals befand sich in Familienbesitz, und man kam überein, einen Pakettausch vorzunehmen. Zeiss erhielt 20 Prozent des Stammkapitals von Nitsche & Günther, diese wurden an Zeiss Ikon mit 7 Prozent beteiligt, was nominal etwa gleichen Größenordnungen entsprach. Produktbezogen einigte man sich darauf, dass die Herstellung teurer Brillengläser in Rathenow aufgegeben wurde, Zeiss dafür auf die Produktion von Brillengestellen verzichtete, um diese von dort zu beziehen.

---

289 BACZ Nr. 22326 (Die Brillenschlacht von Rathenow. In: Berliner Morgenpost vom 25.7.1929).

Außer dem Standort Rathenow war Wetzlar ein zentraler Platz der deutschen optischen Industrie. Mit Leitz und Hensoldt existierten dort leistungsfähige Unternehmen und ernstzunehmende Konkurrenten. Hensoldt verkaufte Feldstecher in Deutschland und auf wichtigen Auslandsmärkten, z.B. in den USA, zu vergleichsweise niedrigen Preisen[290]. Zeiss gelang es schließlich im Geschäftsjahr 1928/29, die Aktienmehrheit bei der Hensoldt & Söhne AG zu erwerben und das Werk nicht nur dem örtlichen Widersacher zu entziehen, sondern es auch vor der Insolvenz zu bewahren.

Es wurde bereits deutlich, dass in den 1920er Jahren eine Reihe von Gütermärkten angebotsseitig oligopolisiert waren. Dies galt für das Mikroskop- und Feldstechergeschäft ebenso wie für die optische Luftbildtechnik. Dort existierte auf dem nationalen Markt neben Zeiss eigentlich nur die Aerotopograph GmbH in Dresden; es bestand also ein nationales Dyopol. Starke Wettbewerber waren in der Schweiz angesiedelt. Um diesen Paroli bieten zu können vereinigten sich die beiden deutschen Kontrahenten 1931 zur Zeiss-Aerotopograph, indem Zeiss bei dem bisherigen Konkurrenten eine 51 Prozent-Mehrheit übernahm[291].

---

290 BACZ Nr. 22881 (Angelegenheiten Hensoldt & Söhne AG).

291 BACZ Nr. 580 (Die geschichtliche Entwicklung der Firma Zeiss-Aerotopograph vom Dipl.-Ing. F. Manek) (Ms.), BACZ Nrn. 8652; 17446.

Viertes Kapitel

Zeiss 1933–1939

„Gleichschaltung“

Die Weltwirtschaftskrise hinterließ auch in Jena deutliche Spuren. Von den 5.958 Beschäftigten am 1. Juli 1930 arbeiteten am 1. Januar 1933 noch 4.461, d.h. es fand eine Schrumpfung der Belegschaft um etwa ein Viertel statt. Jedoch: In anderen Unternehmen war der Rückgang schärfer und die Möglichkeit der politischen Instrumentalisierung der Krise eher gegeben. Der harte Schwenk ins braune Rechts blieb zwar in Jena nicht ganz aus, war aber mit einem Mandat, das die NSDAP 1932 im Jenaer Stadtrat hielt, eher bescheiden.

Gleichwohl nahm das politische Leben nach der „Machtergreifung“ oder vielmehr nach dem 21. März 1933, dem Tag von Potsdam, der „Nationalen Erhebung“, in Jena wie anderswo deutlich radikalere Formen an. Die Macht sollte auch in den Betrieben ergriffen, die Belegschaften „gleichgeschaltet“ werden. Vor diesem Hintergrund ist das Bestreben der Nationalsozialisten in Thüringen zu sehen, die Stiftungsbetriebe unter Kontrolle zu bekommen, dem Stiftungskommissar Machtbefugnisse zu verleihen und diese Position einem der ihren vorzubehalten. So wurde der langjährige Stiftungskommissar und Präsident des Oberverwaltungsgerichts in Jena, Dr. Ebsen, von dem Thüringischen Innen- und Volksbildungsminister, Fritz Wächtler, seines Postens enthoben und an dessen Stelle per 1. Juni 1933 ein kaufmännischer „Beamter“ der Firma Zeiss namens Julius Dietz gesetzt. Dietz hatte zunächst dem von der NSBO beherrschten Betriebsrat angehört, der am 19. Mai 1933 nach dem Muster der NSBO-Betriebszelle der Zeiss Ikon AG eingesetzt worden war[292]. Dietz fiel nichts anderes ein, als in einem dafür eigens eingerichteten Büro in völliger Missachtung der Stiftungssatzung Beamte und Angestellte von Zeiss protokollarisch zu vernehmen, wohl in der Absicht, Beweiskräftiges gegen die Geschäftsleitung zu sammeln. Zugleich ernannte er einen neuen Betriebsrat unter Führung des Elektrotechnikers Max Zipler, der Dietzens übles Spiel mittrieb. Als am 19. Oktober 1933 der Reichsleiter der DAF, Robert Ley, einer Betriebsversammlung im Zeisswerk beiwohnte, nutzte der NSDAP-Mann Zipler, entgegen einer

---

292 RÜDIGER STUTZ, Der ungeliebte „Nationalsozialistische Musterbetrieb“. Carl Zeiss Jena und die Deutsche Arbeitsfront. In: F. MARKOWSKI (Hg.), Schliff, S. 96–119, hier: S. 98 f.

Empfehlung von Arbeiterratschef Erich Keilig, die Gelegenheit, gegen die Geschäftsleitung Vorwürfe zu erheben in dem Sinne, ein grundlegender Wandel seit der Machtergreifung sei bei Zeiss ausgeblieben. Zipler ging sogar soweit, von Ley eine baldige Intervention in Jena zu fordern, und dies, obwohl er wusste, dass nicht zuletzt durch ein großangelegtes Siedlungsprojekt durch die Carl-Zeiss-Siedlungs-GmbH 130 Wohnungen errichtet und damit erheblich Arbeitsbeschaffung betrieben wurde. Im übrigen stellte man bei Zeiss zwischen dem 13. Juni und dem 1. Dezember 1933 530 Männer neu ein und entließ aufs ganze Jahr 1933 bezogen 188 Frauen als sogenannte Doppelverdienerinnen bzw. tauschte sie gegen ihre erwerbslosen Ehegatten aus[293]. Angesichts dessen mussten selbst Parteimitglieder Ziplers Entgleisungen als unsachlich ansehen.

Es sollte jedoch noch einige Zeit dauern, bis Zipler und Dietz das Handwerk gelegt wurde. Im Dezember 1933 erließ der Minister Wächtler gar eine Polizeiverordnung, die dem Stiftungskommissar Dietz Weisungsberechtigung gegenüber der Geschäftsleitung erteilte und damit de facto die Leitung in dessen Hand legte – ein Umstand, der der Intention der Satzung völlig zuwiderlief und von der amtierenden Geschäftsleitung als Affront aufgefasst werden musste.

Dies musste auch für den Versuch der „Ziplers" gelten, gewisse leitende Stellen zu besetzen, wie z.B. diejenige des für die Ausbildung der Lehrlinge zuständigen Werkmeisters. Hier konnte Kotthaus seine energischen Widersacher jedoch zuweilen mit ihren eigenen Waffen schlagen, indem er bei diesbezüglichen Personalvorschlägen darauf verwies, dass diese nicht einmal den selbstgesteckten Anforderungen der DAF entsprachen[294].

NSDAP-Mitglieder (Feist, Scheller) gegen NSBO-Radikale (Zipler etc.)

In der NSDAP gab es, wie in allen anderen Parteien, höchst unterschiedlich motivierte Mitglieder: Solche, die einfach nach dem Scheitern der Weimarer Republik eine neue Politik befürworteten,

---

293 STUTZ: Musterbetrieb, S. 103 f. u. 106.
294 STUTZ: Musterbetrieb, S. 109.

der NSDAP beitraten und gleichwohl an demokratischen Grundprinzipien festhielten und solche, die fanatisch auf die sofortige totale Gleichschaltung hinarbeiteten. Zwischen diesen beiden Polen bewegte sich die Masse der Parteimitglieder.

Die außerhalb der „Bewegung“ Stehenden mussten stets mit Sonderbehandlung rechnen, jüdische Mitbürger allzumal. Zur qualitativen Komplexität dieser Frage gehört nicht nur, wie Mitglieder der Bewegung solche außerhalb behandelten, sondern ganz wesentlich ist die genaue Beobachtung dessen, was innerhalb der Nazipartei und ihrer Organisationen bzw. der ihr „zugeschalteten“ Institutionen vor sich ging, etwa in der DAF, NSBO usw. Erbitterte Kämpfe von Mitgliedern der NSDAP untereinander dürften keine Seltenheit gewesen sein.

Abgesehen davon, dass die vorwiegende Einstellung in Jena vor der „Machtergreifung“, wie erwähnt, wohl kaum pro-nationalsozialistisch genannt werden kann, gibt es eine Reihe von Belegen dafür, dass Zeiss-Mitarbeiter, die Mitglieder der NSDAP waren, durchaus von Zeissianern, die nicht NSDAP-Mitglieder waren, als Vertretung anerkannt wurden. Immerhin wandten sich die fünf Arbeiterinnen, die im Spätsommer 1933 gegen den Nazifunktionär und Betriebsratsvorsitzenden, den erwähnten Elektrotechniker Max Zipler vor das Arbeitsgericht Jena zogen, an die beiden Altzeissianer und NSDAP-Mitglieder, die technischen Beamten Richard Feist und Ernst Scheller, um gegen die rigorosen NSBO/DAF-Maßnahmen zu klagen und wurden von diesen in ihrer Absicht bestärkt. Die geradezu erzwungene Einsetzung des Vorsitzenden des Betriebsausschusses Zipler und dessen gegen die Betriebsleitung gerichteten Äußerungen hatten wie gesagt selbst Parteimitglieder in Rage gebracht. Jedenfalls verließen eine Vielzahl von Zeissmitarbeitern, Angestellte und Arbeiter, die DAF-Verbände und brachten so ihren Unmut über die destruktiven Umtriebe der „Ziplers“ zum Ausdruck. Feist und Scheller wurden sogar kurzzeitig verhaftet.

So gab es, wie gezeigt, innerhalb der Jenaer NSDAP von vornherein zwei Lager: Auf der einen Seite die Front der großmäuligen DAF/NSBO-Männer mit Zipler, dem NSBO-Kreisobmann Fritz Meister, Julius Dietz usw. und „gemäßigte“ Mitglieder der Partei auf der anderen Seite, unter ihnen nicht zuletzt August Kotthaus. Kotthaus mit seinen guten Verbindungen nach Berlin (etwa zum 1933 ernannten kommissarischen Präsidenten des Reichspatentamts, Johannes (Hans) Harting[295], der mit Wirkung ab 1. April 1935 einer der Geschäftsleiter bei Zeiss wurde) gelang es, die Hitzköpfe der NSBO um Zipler in Schach zu halten und den Vertrauensrat (die institutionelle Nachfolgerin des Betriebsrates nach dem Arbeitsordnungsgesetz von 1934) im Juni 1934 so zusammenzusetzen, dass die gemäßigteren Kräfte – idealistisch und patriotisch gewiss auch sie – die Oberhand hatten.

Nach Bauersfelds Angaben wirkten einige Persönlichkeiten außerhalb des Unternehmens immer wieder an der Konfliktbereinigung mit bzw. standen mit gutem Rat zur Verfügung. Dazu gehörten der Reichstreuhänder Dr. Wiesel in Weimar und der Jenaer Rechtsanwalt Dr. Klopfleisch. Letzterer war es wohl auch, der Bauersfeld nach dessen eigenen Angaben den Rat gab,

> „wir würden alle Angriffe leichter abwehren können, wenn wir aus (sic!) selbst irgendwie zur Partei bekennen würden. Es wäre dringend erwünscht, daß eine größere Zahl anständiger und gebildeter Menschen am Parteileben teilnähme. So entschloß ich mich denn, mit einem kleinen Monatsbeitrag von 4 bis 6 RM förderndes Mitglied der SS zu werden, die damals noch in keiner Weise anrüchig war... Weiter wurde uns nahegelegt, mit einem kleinen Monatsbeitrag förderndes Mitglied des NSFK zu werden. Der Beitritt zur DAF und zur NSV ergab sich zwangsläufig, weil man im Weigerungsfalle als Staatsfeind behandelt worden wäre“[296].

Um Leute vom Schlage Dietz oder Zipler loszuwerden und deren Machenschaften offenzulegen, setzte sich die Geschäftsleitung also mit Parteiorganen in Berlin in Verbindung, insbesondere mit Minister

---

295 So argumentiert STUTZ: Musterbetrieb, S. 114. Der 1868 geborene Rummelsburger hatte 1885 bis 1891 in Berlin und München Physik, Astronomie und Mathematik studiert, war 1893 bis 1897 Mitarbeiter der Physikalisch-Technischen Reichsanstalt in Berlin und nach 1897 Assistent von Ernst Abbe im Zeisswerk. 1899 bis 1907 war er Direktor der Optischen Werke Voigtländer & Sohn in Braunschweig und ab 1908 Regierungsrat im Reichspatentamt in Berlin. Hier stieg er auf zum Geheimen Regierungsrat, Senatspräsidenten und zuletzt bis 1933 zum Präsidenten des Amtes (Die Technik, 6. Jg., Heft 11, Nov. 1951, S. 514). Harting, ein Experte auf optisch-physikalischem Gebiet, wurde dann auf Antrag der drei Geschäftsleiter und mit Zustimmung des Stiftungskommissars Esau seines nur kommissarischen Status’ enthoben und statutsmäßiges Mitglied der Geschäftsleitung. D.h. seine Berufung im Jahr zuvor war statutenwidrig, wurde aber wohl akzeptiert, da seine fachliche Kompetenz unbestritten war. Soweit bekannt, war Harting nicht Mitglied der NSDAP. Am 1. April 1940 schied er im Alter von 72 Jahren auf eigenen Wunsch aus der Geschäftsleitung aus (BACZ Nr. 9207; SCHOMERUS: Geschichte, S. 297).

296 BACZ Nr. 13671 (Prof. Dr. Ing. W. Bauersfeld, Lebensbeschreibung), S. 7.

Frick, der eine Untersuchungskommission nach Jena entsandte, die politisch unvoreingenommen war. Zu ihr gehörten Staatsrat Esau, der Direktor der Physikalisch-Technischen Reichsanstalt, sowie der genannte Geheimrat Dr. Johannes Harting. Die Geschäftsleitung war couragiert genug, gegen den Eingriff in ihre relative Autonomie Einspruch beim Thüringischen Staatsministerium einzulegen und Anfechtungsklage beim Oberverwaltungsgericht Jena anzudrohen, für den Fall, dass dem Einspruch nicht stattgegeben werde. Danach beschäftigte der Fall immerhin eine Reihe von Reichsministern. In Berlin trafen sich im Mai 1934 die Reichsminister der Justiz (Gürtler), des Innern (Frick) und der Wirtschaft (Schmidt) sowie ein Vertreter des Reichswehrministeriums mit dem Gauleiter von Thüringen, Sauckel, und Minister Wächtler[297]. Das bemerkenswerte Ergebnis dieser Runde war die Tatsache, dass Dietz als Stiftungskommissar abberufen wurde. Dietzens Hinauswurf sollte alsbald die Absetzung des inzwischen nationalsozialistisch „gleichgeschalteten“ Betriebsrats folgen, der sich Intrigen hatte vorwerfen lassen müssen.

An die Stelle des „Interims-Stiftungskommissars“ Dietz trat Staatsrat Esau[298]. Harting wurde in die Geschäftsleitung aufgenommen. Der Treuhänder Dr. Wiesel sorgte für die Einsetzung eines neuen Betriebsrats[299].

---

297 Der Minister Wächtler war später Gauleiter in Bayreuth. BACZ Nr. 13671 (Prof. Dr. Ing. W. Bauersfeld, Lebensbeschreibung), S. 8.

298 Der aus einer Bauernfamilie in Tiegenhagen, einem kleinen Ort im Weichseltal gebürtige Esau war seit 1939 Präsident der Physikalisch-Technischen Reichsanstalt. Er war Schüler und Assistent Max Wiens. Vor, während und nach dem Ersten Weltkrieg war er dann bei Telefunken tätig und ausgewiesener Experte auf dem Gebiet der drahtlosen Telegraphie bzw. der Ultrakurzwellen. 1925 berief ihn die Jenaer Universität als Professor für technische Physik. 1932–1935 und 1937–1939 war er Rektor der Universität. 1933 war er thüringischer Staatsrat, 1934 Stiftungskommissar der Carl Zeiss-Stiftung geworden. (BACZ Nr. 1395, fol. 21; Auszug aus: „Das Reich“, Nr. 29, vom 16.7.1944).

299 Von 1936 bis 1940 war der Mechaniker und spätere Mitarbeiter Robert Mechau Betriebszellenobmann bei Zeiss. Er war derjenige, der im August 1933 auf dem Obersalzberg ein Aussichtsfernrohr installiert und Kotthaus auch fürderhin mit „Stimmungsbildern“ von Hilters Urlaubsdomizil versorgt hatte. (BACZ Nr. 14940 (unvollständige Kurzbiographie über Robert Mechau); BACZ Nr. 30222 (Zeiss Werkzeitung, Jg. XVI, Heft 1, Februar 1941). Stutz: Musterbetrieb, S. 101 u. 306 Anm. 3, gestützt auf BACZ Nr. 22803 (Betriebsobmann Robert Mechau, 1924 bis 1944)).

Abb. 22 Betriebsappell anlässlich der Eröffnung des Kreistages der NSDAP am 18. Juni 1938. Mechau am Rednerpult

Insgesamt scheint es so – und dies war wohl der Hintergrund für die zunächst überraschend erscheinende Berliner Entscheidung – als habe die Vorstellung, dass das Hitler-Regime des rüstungswichtigen Welt-Unternehmens Zeiss dringend bedurfte, die Einsicht in die Sinnlosigkeit eines Konfrontationskurses genährt. Das Verhältnis zwischen Zeiss und dem Regime intensivierte sich freilich. Es sollte bis zum Ende des Dritten Reiches ein recht ambivalentes bleiben. Zeiss war für die rüstungstechnischen Ambitionen des Reiches ein völlig unverzichtbarer Faktor, zumal die Verwendung opto-technischen Instrumentariums in den kriegswichtigen Bereichen deutlich zunahm und schon bei der Kriegsvorbereitung (etwa bei der Luftaufklärung und Luftbildkartographie) eine entscheidende Rolle spielte. Überlegenheit in Sachen Optik war ein militärstrategischer Faktor ersten Ranges. Entsprechend vorrangig musste die Behandlung des in diesem Bereich international führenden Unternehmens sein. Auch mussten seine Spitzenkräfte in den einschlägigen Reichsverbänden zur Mitarbeit verpflichtet werden und desto besser war es dem Unternehmen möglich, eigenständige Interessen durchzusetzen.

Stiftungssatzung versus „Führerprinzip“

Mit dem Gesetz zur Ordnung der nationalen Arbeit vom 20. Januar 1934 und mit der Gleichschaltung der Industrie im Gesetz zur Zwangskartellierung, hatte die Wirtschaft nach innen und nach außen eine neue Struktur erhalten. Die Wirtschaft wurde in mehreren großen Reichsgruppen zusammengefasst und diese wiederum in Wirtschaftsgruppen unterteilt. So bestand die Reichsgruppe Industrie aus 31 Wirtschaftsgruppen, unter denen sich auch eine für Feinmechanik und Optik befand. Darauf wird noch zurückzukommen sein.

Die maßgeblichen Personen auf der Führungsebene bei Carl Zeiss Jena waren bei Beginn des nationalsozialistischen Regimes Rudolf Straubel, Walther Bauersfeld, August Kotthaus und Paul Henrichs.

Im Arbeitsordnungsgesetz wurde das Führerprinzip, genauer: Das „Ein-Führer-Prinzip“ verankert, sodass fürderhin nicht mehr vom Unternehmer und seinen Mitarbeitern, sondern vom Betriebsführer und seiner Gefolgschaft die Rede war. Dem Betriebsführer kam die letzte Entscheidungskompetenz und (formal) uneingeschränkte Autorität zu. Eine solche Leitfigur sah die Satzung des Jenaer Stiftungsunternehmens (§ 7 f.) jedoch nicht vor. Vielmehr galt das Kollegialprinzip mit mindestens zwei und höchstens vier Geschäftsleitern. Man einigte sich als Kompromiss darauf, dass die vom Leitungs-Kollegium getroffenen Entscheidungen nur von einem Mitglied nach außen vertreten wurden. Diese Funktion übertrug man August Kotthaus[300]. Nach dessen Tod am 12. Juli 1941 war Walther Bauersfeld vorübergehend Betriebsführer, bevor ihm am 1. Januar 1943 Heinz Küppenbender nachfolgte[301].

---

300 BACZ Nr. 16366 (Memorandum zum Führerprinzip in der Wirtschaft, verfasst von Friedrich Schomerus).

301 BACZ Nr. 274. Aufgrund seiner Stellung wurde Bauersfeld vom Chef des Heereswaffenamtes am 20. April 1938 zum Wehrwirtschaftsführer ernannt. 1937 waren er und seine Geschäftsleitungskollegen Kotthaus und Henrichs auf Wunsch des Gauleiters Sauckel in die NSDAP eingetreten. Bei der NSKK stieg Bauersfeld zum Obersturmführer auf, ohne Auto oder Motorrad fahren zu können. (BACZ Nr. 13671 (Prof. Dr. Ing. W. Bauersfeld, Lebensbeschreibung), S. 8 f.).

Rudolf Straubels Abschied aus der Unternehmensleitung

Rudolf Straubel gehörte der Geschäftsleitung bereits seit 1903 an. Der Physiker hatte zum engsten Kreis um Ernst Abbe gehört und war wie dieser von der Universität in die Industrie gewechselt, nachdem er bereits als Hochschullehrer intensiven Kontakt zu Zeiss gepflegt hatte. Er war wesentlich an den Fusionen vor und nach dem Ersten Weltkrieg beteiligt und in vielen Gremien tätig. So war er z.B. bei der Zeiss Ikon AG Aufsichtsratsvorsitzender und Vorsitzender des Verwaltungsrates[302]. Sein Wirkungskreis war außerordentlich breit. Die Gründung der Abteilung „Opto“ 1912 gehörte ebenso dazu wie seine Planung eines Netzes von Kraftwerken, Immobilienkäufe und Personalangelegenheiten. Im übrigen nahm er neben seiner Leitungstätigkeit weiter Lehraufgaben wahr.

Per 1. Oktober 1933 schied Straubel, 69-jährig, aus der Geschäftsleitung des Unternehmens Carl Zeiss und der Jenaer Glaswerke Schott & Genossen aus[303]. Hierauf wird an späterer Stelle noch zurückzukommen sein.

Spuren des Opportunismus?

Die Zeiss-Geschäftsleitung schien die neue „Bewegung“ 1933 unterstützen zu wollen und zeigte einen wie auch immer zu begründenden Opportunismus. Aufschlussreich ist hier ihr „Allgemeiner Anschlag“ im Zeisswerk vom 15. November 1933, der eine deutliche Entfremdung vom Abbe'schen Geist offenbart:

> „Das Wahlergebnis in Jena hat gezeigt, daß die Geschäftsangehörigen des Zeisswerkes am letzten Sonntag bei der Abstimmung als Deutsche ihre Pflicht getan haben. Auch wir sagen Ihnen dafür unseren Dank.
> Leider hat ein Mitarbeiter, Herr Professor v. Gruber, eine persönliche Aufforderung zur Beteiligung an der Abstimmung am 12. XI. demonstrativ abgelehnt. Diese Haltung ist unvereinbar mit den Pflichten, welche die

302 BACZ Nr. 1395 (Akte R. Straubel).
303 SCHOMERUS: Geschichte, S. 317.

Abb. 23
Dr. Friedrich Schomerus

Mitarbeiter, insbesondere in leitenden Stellungen, dem Zeisswerk gegenüber haben. Wir haben uns deshalb veranlaßt gesehen, die Entlassung auszusprechen“[304].

Es hätte jedoch den Gepflogenheiten im Hause Zeiss widersprochen, wenn man einen fähigen Mitarbeiter aus einem solch relativ nichtigen Grund endgültig entlassen hätte. Möglicherweise sollte der „Anschlag“ nur demonstrativen Charakter haben. Darauf deutet jedenfalls hin, dass man für O. v. Gruber offenbar anderweitig Verwendung hatte, denn er war später wissenschaftlicher Leiter der Abteilung für geodätische Instrumente und für Bildmessung des Zeisswerkes und der Zeiss-Aerotopograph GmbH[305].

---

304 Alarich Fischer: Der Kampf zwischen den Arbeitern und den kapitalistischen Managern des Zeiss-Konzerns – Ausdruck des Antagonismus ihrer Klasseninteressen, Diss. phil. Jena 1960, 2 Bde., Bd. 1: Text, Bd. 2: Quellen, Literatur und Anlagen, hier: Bd. 2, Anl. 22, Abschrift aus BACZ Nr. 9505.

305 BACZ Nr. 1395, v. Gruber starb am 3. Mai 1942.

Beziehungen zwischen Zeiss und dem nationalsozialistischen Regime

Die Beziehungen des Unternehmens Zeiss zu den neuen Machthabern waren zwangsläufig vielfältiger Natur. Die Unterstützung reichte von einfachen, sog. nationalen, Spenden bis hin zur Mitarbeit in den Berufs- und Industrieverbänden des Dritten Reichs.

Die „nationalen Spenden“, die Zeiss allein bis zum 7. November 1933 an unterschiedliche Empfänger leistete, beliefen sich auf 121.452,73 Reichsmark, davon 1.502,80 Reichsmark in Form von Warengeschenken. Den größten Posten von 40.000 Reichsmark empfing das Propaganda-Ministerium in Berlin für das Winterhilfswerk. Sodann beteiligte sich Zeiss an der Adolf-Hitler-Spende der Deutschen Wirtschaft, die an die Berufsgenossenschaft Berlin zu überweisen war, mit einer ersten Rate von 13.125 Reichsmark (von insgesamt 52.500 Reichsmark). Nicht ganz so „selbstverständlich“, wohl auch der Höhe nach nicht, waren sicher die Sauckel-Marschler-Spende sowie die Spende an die NSDAP-Gauleitung Weimar über je 10.000 Reichsmark. Sehr stark unterstützt wurde ferner die Hitler-Jugend, ebenso wie die HJ-Gefolgschaft „Ernst Abbe“ des Zeiss-Werks. Sie wurde einmal mit knapp 3.500 bzw. ein andermal mit über 9.500 Reichsmark Spenden unterstützt[306]. Unter den Spendenempfängern befanden sich ferner die N.S. Nothilfe (Gau München-Oberbayern), die NSBO (für Erwerbslosenspeisung und die Wiederinstandsetzung eines Gewerkschaftshauses), die NS-Volkswohlfahrt und die S.A. Weimar. Hinzu kamen hin und wieder die Übernahme von Saalmieten für die NSDAP, NSBO und die Hitler-Jugend.

Der Übergang zur gelenkten Wirtschaft

Bereits vor der „Machtergreifung“ Ende Januar 1933 hatten sich die volkswirtschaftlichen Rahmendaten verbessert. Die Konjunktur hatte ihr Tal durchschritten und die Arbeitslosenquote war bereits

306 BACZ Nr. 9162 (Anlage 8, vom 7.11.1933).

Abb. 24 SA-Brigadetreffen in Jena (1934)

im Jahr 1932 wieder rückläufig. Was jedoch bevorstand, war eine wesentliche Einschränkung des wirtschaftlichen Freiheitsgrades und der Übergang zu einer gelenkten Wirtschaft unter Zugrundelegung des von Hitler proklamierten Primats der Politik vor der Wirtschaft. Diese hatte nach den Vorstellungen der Nationalsozialisten der Politik zu dienen und nicht umgekehrt. Das neue Regime erließ bald entsprechende Gesetze, so das Gesetz über Treuhänder der Arbeit vom 19. Mai 1933, das Gesetz zur Verminderung der Arbeitslosigkeit vom 1. Juni 1933, das Gesetz zur Zwangskartellierung vom 15. Juli 1933, das Gesetz zur Ordnung der nationalen Arbeit vom 20. Januar 1934 und das Gesetz zur Vorbereitung des organischen Aufbaus der deutschen Wirtschaft vom 27. Februar 1934[307].

Das marktwirtschaftliche System wurde zwar prinzipiell beibehalten und die Eigentums- und Verfügungsrechte blieben weitgehend privat, doch ließen diese Gesetze bereits eine gewisse Bevormundung der Wirtschaft erkennen, etwa derart, dass Unternehmen

307 Vgl. Ingo von Münch (Hg.): Gesetze des NS-Staates. Dokumente eines Unrechtssystems, 3. neubearb. u. wesentlich erw. Aufl. 1994, S. 145 ff.; Esenwein-Rothe: Wirtschaftsverbände von 1933 bis 1945, Berlin 1965, S. 44.

wie Zeiss in der „Wirtschaftsgruppe Feinmechanik und Optik" zwangsorganisiert wurden. Darüber an späterer Stelle mehr.

Die Finanzierung des Unternehmens

Eine Reihe von wirtschaftspolitischen Maßnahmen des Jahres 1934 stellten Reglementierungen der unternehmerischen Finanzpolitik dar. Insbesondere galt dies für das Kapitalanlagegesetz vom 29. März[308] und das Anleihestockgesetz vom 4. Dezember[309]. Sie verfügten eine Limitierung der Dividendenausschüttungen auf 6 Prozent, in Sonderfällen auf 8 Prozent mit der Maßgabe, dass darüber hinausgehende Beträge der Golddiskontbank zur Verfügung zu stellen bzw. in öffentlichen Anleihen anzulegen seien.

Im Grunde steckte dahinter der Gedanke einer starken Einschränkung der privatwirtschaftlichen Anleihefinanzierung, um den Kapitalmarkt stärker auf Staatstitel zu lenken, sprich: Ihn besser kontrollieren zu können, denn Hitler scheute nichts mehr, als über offen begebene Anleihen die Verschuldung des Staates offensichtlich werden zu lassen. Er wollte, wie er sich selbst ausdrückte, „keine finanzielle Volksabstimmung". Die Entscheidungen über die Finanzierungsform wurden erheblich eingeschränkt. Die Ausgabe von Obligationen durfte nur noch mit ministerieller Genehmigung erfolgen, d.h. auch die Unternehmensfinanzierung wurde gelenkt, um nicht zu sagen gleichgeschaltet. Dies geschah z.B. dadurch, dass man die Finanzierung politisch gewünschter Projekte so günstig gestaltete, dass kein vernünftiger Unternehmer auf deren Inanspruchnahme verzichtet hätte. Dazu gehören Lieferantenkredite (in den 30er Jahren 5,5 Prozent vom Umsatz gegenüber sonst 2,5 Prozent) ebenso wie Kundenanzahlungen (Kundenvorauszahlungen)[310], wobei das Militär nach 1933 zweifellos der beste Kunde der Firma Zeiss wurde. Durch die Wehrmachtsaufträge hatte sich die

---

308 RGBl. I, S. 295; Avraham Barkai. Das Wirtschaftssystem des Nationalsozialismus; Ideologie, Theorie, Politik 1933–1945, Frankfurt am main 1998, S. 186 f.

309 RGBl. I, S. 1222.

310 Lars Merten: Die Finanzierung des Unternehmens Zeiss 1905–1945, Diplomarbeit (Ms.), 1997, S. 41, gestützt auf BACZ Nr. 10330 u. passim.

Auftragsstruktur des Unternehmens zwischen 1931/32 und 1933/34 entsprechend stark geändert. Die Kundenvorauszahlungen nahmen von 4 Prozent auf fast 25 Prozent zu. Per 1. Oktober 1942 beliefen sich die Vorauszahlungen für Militäraufträge auf 38 Millionen Reichsmark[311]. Die Liquiditätssituation war durch die engen Verflechtungen mit der Rüstungsindustrie äußerst komfortabel. Und Zusatzliquidität konnte man sich durch Lombardierung von Steuergutscheinen, Reichsschatzanweisungen und anderen Wertpapieren jederzeit beschaffen.

Insgesamt wird man festhalten können, dass die genannten Gesetze und darüber hinausgehende Maßnahmen des NS-Regimes sich keineswegs nachhaltig negativ auf den Jenaer Stiftungskonzern auswirkten. Man folgte bei Zeiss schon immer einer konservativen Bilanzpolitik und bildete seit jeher in erheblicherem Umfang lieber Stille Reserven, als dass man eine extensive Ausschüttungspolitik betrieb und stolze Gewinne präsentierte. Dies wäre dem Charakter des Stiftungsunternehmens auch gar nicht angemessen gewesen. Die Reserven benutzte man wenn nötig zur Aufstockung, wie dies z.B. 1936/37 in einem Umfang von 15 Millionen Reichsmark der Fall war. Die Beschränkung der Fremdkapitalbeschaffung mittels Anleihen wäre für Zeiss nur dann gravierend gewesen, wenn keine Finanzierungsalternativen zur Verfügung gestanden hätten. Dies war jedoch nicht der Fall. Später, mit der Dividendenabgabeordnung vom 12. Juni 1941, wurden Kapitalerhöhungen sogar erleichtert, wovon dann auch innerhalb des Stiftungskonzerns lebhaft Gebrauch gemacht wurde.

Jedoch griff man umso intensiver auf das staatlich geförderte Instrumentarium der Wechselfinanzierung in Form der sog. Oeffa- und Mefo-Wechsel zurück. So befanden sich per 9. August 1935 Oeffa-Wechsel in Höhe von fast 2,8 Millionen Reichsmark und Mefo-Wechsel im Umfang von fast 19,9 Millionen Reichsmark im Besitz von Zeiss. Der Umfang der bewältigten Rüstungsaufträge lässt sich erahnen wenn man bedenkt, dass bis 30. September 1937 bei Zeiss Mefo-Wechsel in Höhe von über 95,6 Millionen Reichsmark eingegangen waren. Später wurde die Mefo-Finanzierung teilweise durch Lieferschatzanweisungen ersetzt[312].

---

311 Ebenda, S. 42–45, gestützt auf BACZ Nr. 9077 u. passim.

312 Vgl. zum Kontext Walter: Wirtschaftsgeschichte, 2. Aufl. 1998, S. 181–183.

Wie in diesem Abschnitt gezeigt, stellte die Finanzierung kein großes Problem dar. Weitaus schwieriger war es für multinational tätige Unternehmen, sich den neuen außenwirtschaftlichen Prioritäten des Hitlerregimes anzupassen.

Schachts „Neuer Plan" und seine Umsetzung bei Zeiss durch Henrichs

Bei der Bewältigung der äußerst komplizierten außenwirtschaftlichen Verhältnisse im Zusammenhang mit den Plänen des Reichswirtschaftsministers Hjalmar Schacht waren die jahrzehntelange Erfahrung mit ausländischen Märkten und den internationalen Handels-, Zoll- und Währungskonstellationen von enormer Bedeutung. Für Henrichs musste es nun darum gehen, Schachts Pläne in seiner Branche, der Feinmechanik und Optik, konkret zu unterfüttern, d.h. die Modalitäten der Ausfuhrförderung und Exportverfahren, der Preisberechnung und Abwicklung des Zahlungs- und Verrechnungsverkehrs zu klären[313]. Da von den Herstellern im Rahmen der „Wiederwehrhaftmachung" und Aufrüstung immer häufiger Bestellungen öffentlicher militärischer Stellen entgegengenommen wurden und den Wehrmachtslieferungen umfangreiche Preisprüfungen vorauszugehen hatten, war zunächst ein Dschungel von Vorschriften und Richtlinien zu durchdringen. Die Transaktionskosten dürften sich in dieser Zeit vervielfacht haben.

Henrichs übernahm – nicht zuletzt aufgrund solcher Erfahrungen – den wirtschaftspolitischen Entscheidungsträgern gegenüber

---

313 BACZ Nr. 8054 (Mitteilungen der Wirtschaftsgruppe Feinmechanik und Optik Nr. 1, Jan. 1942); W 11; W 30 (Ausfuhrfragen 1935–1944); W 94. Ähnlich wie Küppenbender gehörte Henrichs einer Vielzahl von Organisationen an. Seit 1930 war er im Vorstand des Reichsverbands der Deutschen Industrie vertreten und war ungefähr zur selben Zeit als Mitglied in den vorläufigen Reichswirtschaftsrat gewählt worden. 1931 wurde er Mitglied des Beirates der Golddiskontbank. 1936 berief ihn der handelspolitische Ausschuss der Reichsgruppe Industrie zum Mitglied und 1940 avancierte er zum Mitglied von deren großem Beirat. Im übrigen gehörte er dem Ostasienausschuss an. BACZ Nr. 16997; BACZ Nr. 3390.

häufig die Rolle des Mahners[314]. Er wies nicht nur häufig auf die Problematik des Facharbeitermangels hin, sondern forderte auch immer wieder energisch die Sicherstellung der ausländischen Rohstoffzufuhr und insbesondere – nicht zuletzt der Devisen wegen – eine beherzte Politik der Exportförderung[315]. Doch diese war angesichts protektionistischer Maßnahmen des Auslands (Importverbote, -boykotte, Streichung von Aufenthalts- und Niederlassungsrechten usw.) immer schwerer durchsetzbar. Zudem erstickten die Exporteure förmlich im Formularkram, was Henrichs veranlasste, eindringlich die Vereinfachung der Exportbürokratie zu fordern[316].

Paul Henrichs war 1937 zum Leiter Wirtschaftsgruppe Feinmechanik und Optik berufen worden[317]. Bei ihm deutet einiges darauf hin, dass er eine gewisse Distanz zur Nazi-Bewegung hatte und deren plumpen Antisemitismus verabscheute. Seine jahrelange Tätigkeit im anglo-amerikanischen Raum und die Ehe mit einer Engländerin[318] hatten ihn resistent gegen ausländer- und judenfeindliches Gehabe des Regimes gemacht und für die jüdischen Zeissianer zu einer Person, der man Vertrauen entgegen brachte.

Zu den umständlichen und intranspartenten Regulierungen gehörte das Scrips-, Sperrmark- und Dollarbondverfahren. 1935 waren die Preisprüfstellen errichtet worden, deren Aufgabe darin bestand, die Preisdifferenzen zwischen Binnen- und Außenmarkt zu ermitteln und die Differenz den deutschen Exporteuren zuzuführen, die den ausländischen Markt teilweise mit Dumpingpreisen zu bedienen hatten. Im Grunde hätte man solche Wirkungen auch durch die Abwertung der Reichsmark erreichen können, doch wandte man stattdessen differenzierte Wechselkurse im Außenhandel an. Finanziert wurde das Dumping, d.h. die Exportsubvention, durch eine Exportumlage der deutschen Industrie.

---

314 BACZ Nr. 8054 (Mitteilungen der Wirtschaftsgruppe Feinmechanik und Optik Nr. 1, Jan. 1942); W 11; W 37 (Zahlungs- und Lieferbedingungen 1938–1943); W 123.

315 BACZ Nr. 18556.

316 BACZ Nr. 17265. Während des Zweiten Weltkriegs verschärfte sich die Situation noch dadurch, dass der Staat ab 1942 für Militärlieferungen keine Vorauszahlung mehr leistete, Preisdruck vorhanden war und die Abgaben erhöht wurden.

317 BACZ Nr. 8054.

Abb. 25
Geschäftsleiter
Paul Henrichs

Die politisch angestrebte Verlagerung der Exportregionen erreichte man durch die Forcierung bilateraler Handelsabkommen. Verrechnungs- und Clearingabkommen sollten einen „Außenhandel ohne Devisen" mit dem Ziel der Globalkompensation ermöglichen.

Den Zahlungsverkehr zwischen den Handelspartnern sollten sog. Clearingstellen abwickeln, d.h. Zeiss wurde nun nicht mehr wie früher von seinem ausländischen Handelspartner bezahlt, sondern erhielt den Erlös für seine Warenlieferungen direkt von der deutschen Clearingstelle. Entsprechend hatten deutsche Importeure den Importgegenwert bei der Clearingstelle einzubezahlen.

Aufgrund der Verschiedenheit der Exportverfahren fielen auch die Ausfuhrerlöse in unterschiedlicher Form an. Eine Analyse derselben aus dem vierten Quartal 1935 mag davon eine Vorstellung vermitteln. 44 Prozent der Erlöse fielen in Form von Devisen und Reichsmark an, 45 Prozent gelangten auf Verrechnungskonten und

11 Prozent entfielen auf Ausländersonderkonten für Inlandszahlung und Kompensationen[319].

Die vom Regime erstrebte Bilateralisierung des Außenhandels und dessen neue Schwerpunktbildung nach strategischen und politischen Gesichtspunkten zeigte bald Wirkung in der Form deutlicher Verlagerungen. Während das Geschäft mit Westeuropa und der USA-Export (dieser allerdings auch wesentlich aufgrund der dortigen Protektionsmaßnahmen) eher rückläufig waren, nahm das Geschäft mit Süd- bzw. Südosteuropa, Nordeuropa, Südamerika und Asien (dort insbesondere mit China) erheblich zu. Die allgemein in den 1930er Jahren festzustellende Verlagerung des Außenhandels[320] fand somit auch am unternehmenshistorischen Beispiel Zeiss eine deutliche Bestätigung[321].

Das Auslandsgeschäft litt freilich unter der starken „Entwertungs-Konkurrenz". In den Dominien des Empire sowie in Skandinavien und Ostasien war es die englische Konkurrenz, in Mittel- und Südamerika sowie ebenfalls teilweise in Ostasien die amerikanische und in Asien die japanische Konkurrenz, die mit ihren entwerteten Währungen überaus günstig anboten. Vor allem die Zeiss-Töchter, so die R. Winkel GmbH in Göttingen, hatten mit ihren Kurs-Stativen auf den ausländischen Märkten gegen harte Mitwettbewerber zu kämpfen. Hinzu kamen die protektionistischen Maßnahmen von Ländern wie Frankreich, Belgien, der C.S.R. und Italien, die Landesprodukte selbst unter Inkaufnahme von Qualitätsnachteilen bevorzugten[322]. Gemäß dem „Neuen Plan" von Reichswirtschaftsminister Hjalmar Schacht und der in diesem Rahmen vorgenommenen Verlagerung der Geschäftsverbindungen u.a. nach Südosteuropa kam es zu umfangreichen bilateralen Kompensationsabschlüssen mit Bulgarien. In diesem Zusammenhang lieferte Zeiss 100 Glühlampen-Trichinoskope und 100 Reisemikroskope dorthin, wobei die Abteilungen „Mess", „Med", „Geo" und

---

318 STUTZ: Musterbetrieb, S. 116.

319 ZITZMANN: Internationalisierung, S. 30 FN 139, gestützt auf BACZ Nr. 16996 (Referat von Henrichs). (ASKI: Ausländersonderkonten für Inlandszahlung).

320 WALTER: Wirtschaftsgeschichte, 2. Aufl., S. 186 f.

321 Vgl. BACZ Nr. 21197 (Export-Umsatz-Statistiken).

322 BACZ Nr. 22832 (Geschäftsleitung, Umsätze).

„Tele M“ sowie die Zeiss-Aerotopograph in diesen Auftrag involviert waren[323].

In der Zeit des Nationalsozialismus war die Exportquote stark rückläufig.

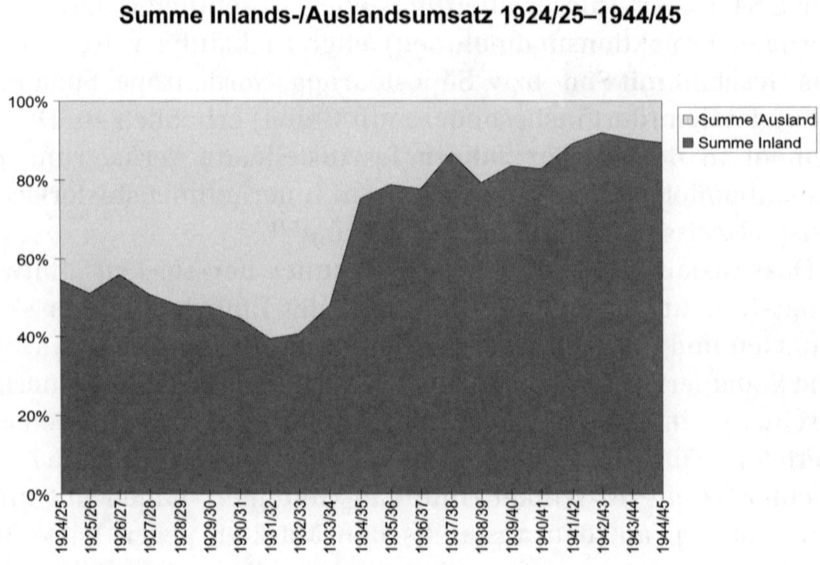

Quelle: UACZ, Bestand BACZ Nr. 6485.

Während 1933 noch 31,37 Prozent des Umsatzes im Ausland erzielt wurden, waren es 1939 gerade noch 19,1 Prozent[324]. Wichtige Absatzmärkte fand Zeiss nun verstärkt in Asien, insbesondere in China und Japan[325].

Mochte das Ziel einer neuen strategischen Schwerpunktbildung auch erreicht worden sein, so blieben gleichwohl die Grunddefizite der Außenwirtschaft bestehen, insonderheit die Devisen- und Zahlungsbilanzproblematik.

---

323 BACZ Nr. 22832 (Geschäftsleitung, Umsätze). Die Abt. Mikro verzeichnete 1935/36 gegenüber 1934/35 immerhin einen Umsatzzuwachs von 2,913 auf 3,515 Millionen Reichsmark, d.h. um über 20,6 Prozent.

324 BACZ Nr. 19217.

325 BACZ Nr. 21197.

Besonderer Aufmerksamkeit erfreute sich der Außenhandel, vor allem der Export von Rüstungsgütern oder strategischen Rohstoffen. Dafür wurde angesichts der bis dahin aufgetretenen Mängel im Oktober 1935 gesorgt, indem man strengere Ausfuhrbestimmungen erließ und sowohl die Organisation als auch die Kontrolle über die ausgehende sensible Ware verstärkte.

Auf den politischen und ökonomischen Wandel hatte man sich in der Weise eingestellt, dass man die Tochterfirmen ausbaute (Busch, Winkel), staatliche Subventionen und Kredite in Anspruch nahm, neue Werke gründete (Getewe), die Gründung von Staatsbetrieben mittrug (Gablonz, Turn) und dabei immer sehr genau darauf achtete, dass die hochwertigsten Geräte im Stammwerk hergestellt wurden.

Inventionen und Innovationen im Zivilbereich

Zeiss verstand es auch in den „gelenkten" 1930er Jahren, obwohl durch das politische System die Autonomie auch des Unternehmens sehr eingeschränkt war, sich seine Quasi-Monopolposition bzw. Sonderstellung am Markt zu bewahren. Dies hängt nicht zuletzt damit zusammen, dass es gelang, immer wieder mit Basis- oder Folgeinnovationen den Markt neu aufzurollen (bzw. die Konkurrenz einzuwickeln) und durch konsequente Reduzierung der Typenvielfalt die Bildung durchschlagender Marken zu erleichtern. Die Contax von Zeiss Ikon ist hier nur eines von vielen Beispielen, die weltweit erste Kamera mit Entfernungsmesser (1932), die Contax II mit Messsucher und Selbstauslöser war der nächste Clou und schließlich die Contax III mit photoelektrischem Belichtungsmesser die kleine Sensation von 1936.

Die vordergründige Betrachtung der rüstungswichtigen Produktionsbereiche lässt häufig übersehen, wie entscheidend die Entwicklungen in den zivilen Produktbereichen waren. Dies galt für die klassischen Felder Mikroskopie, Ferngläser und Photoobjektive sogar in ganz besonderem Maße. Ein regelrechter Durchbruch gelang 1936 mit der Herstellung des Prototyps eines Phasenkontrastmikroskops nach Frits Zernike. Der Niederländer Zernike, später (1953) Nobelpreisträger, hatte 1933 ein neues mikroskopisches

Abb. 26 Zeiss-Stand auf der Frühjahrsmesse im Mai 1936

Kontrastierungsverfahren erfunden, das Aufnahmen am lebenden Material ermöglichte und z.B. für die Zellforschung einen erheblichen Fortschritt bedeutete[326]. Es war eine kleine Sensation, als Kurt Michel 1943 im Laboratorium der Abteilung „Mikro“ mit Hilfe dieser neuen Technik den ersten Zellteilungsfilm „drehte“[327].

Eine ähnlich aufsehenerregende, ja geradezu revolutionäre Innovation gelang Alexander Smakula 1935 mit einem neuen Verfahren der reflexmindernden Beschichtung. Dieser sogenannte T-Belag (T-Schutz[328]) entsprang der Idee, Reflexe durch Interferenzen

326 Frits Zernike: Das Phasenkontrastverfahren bei der mikroskopischen Beobachtung. In: Zeitschrift für technische Physik 16 (1935), S. 454–457; Vgl. Horst Riesenberg: 150 Jahre Mikroskope von Zeiss. In: Verein Technikgeschichte Jena e.V. (Hg.), Jenaer Jahrbuch zur Technik- und Industriegeschichte 1999, Jena 1999, S. 61–73, hier: S. 69 f.

327 Schomerus: Geschichte, S. 226

328 BACZ Nr. 7792 (Wichtige Erfindungen). Vgl. hierzu: Erich Hacker: Physik und Technologie Optischer Schichten. Wichtige industrielle Innovationen und Entwicklungen aus Jena. In: Verein Technikgeschichte Jena e.V. (Hg.), Jenaer Jahrbuch zur Technik- und Industriegeschichte 1999, Jena 1999, S. 75–108, hier: S. 75–82.

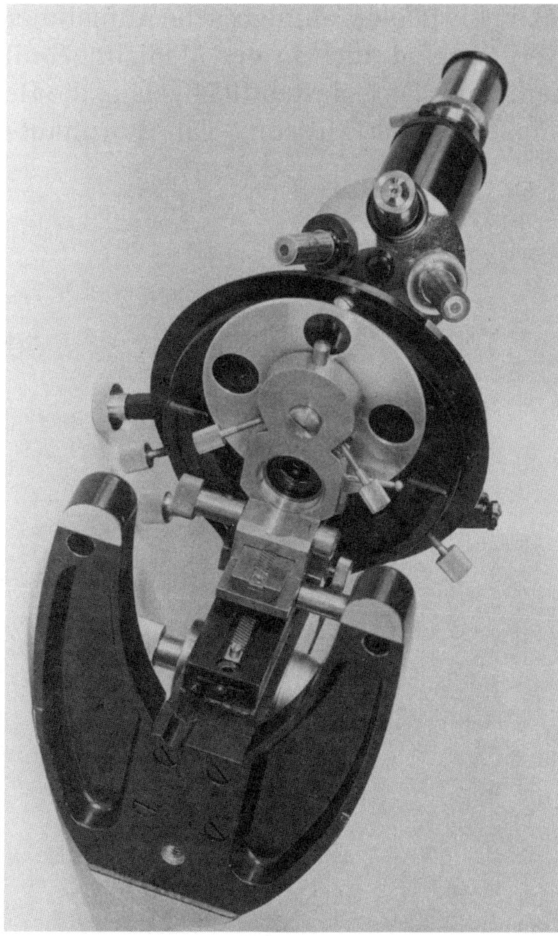

Abb. 27
Phasenkontrastmikroskop, Blick von unten auf den Kondensor

mittels einer dünnen Oberflächenschicht zu vermindern. Durch diese Entspiegelung war es möglich, das Problem des hohen Lichtverlustes an optischen Grenzflächen dramatisch zu reduzieren. Diese Erfindung eröffnete insbesondere dem ganzen Spektrum viellinsiger Objektive ungeahnte Möglichkeiten, so etwa der Entwicklung von Ferngläsern, deren Lichtdurchlässigkeit um nicht weniger als 50 Prozent gesteigert werden konnte. Die Augenoptik profitierte davon ebenso wie – sogar in besonderem Maße – die Halbleitertechnik, war nun doch die Konstruktion hochkorrigierter Objektive möglich geworden, mithin eine der Grundlagen für heutige optische Spitzentechnologie.

Der T-Belag war jedoch nicht die einzige Innovation des Jahres 1935, denn mit dem Topogon konnte erstmals ein Weitwinkelobjektiv für photogrammetrische Aufnahmen auf den Markt gebracht werden. Und auch in der Medizintechnik gab es wieder bemerkenswerte Fortschritte. 1934 gelang die Herstellung eines Ophthalmometers zur Messung von Hornhaut-Krümmungsradien und

Abb. 28 Topogon-Objektiv

–Astigmatismus. 1936 entwickelte Zeiss ein Projektionsperimeter zur Gesichtsfeldmessung. Beide Instrumente gehörten bald zum Standard in den Praxen der Augenärzte.

Die Neuentwicklungen in den anderen Abteilungen waren wohl weniger spektakulär, trugen gleichwohl zum Unternehmenserfolg nicht unbeträchtlich bei. Die Geodäsie bot 1938 ein neues Kurventachymeter namens Dahlta an, welches für das Messen mit vertikaler Messlatte gedacht war.

Die zivilen Produktionsbereiche wurden nun mehr und mehr durch militärtechnische ersetzt. Gleichwohl kam es auch während des Zweiten Weltkriegs noch zur Entwicklung von Geräten des – auf den ersten Blick – zivilen Bedarfs. So wurden z.B. 1941 die ersten Kleinplanetarien mit optischer Projektion ausgeliefert. Ihr Einsatz freilich diente dem Navigationstraining[329].

Abb. 29 Werbung der Firma Carl Zeiss für den T-Belag

[329] VOLKMAR SCHORCHT: Das Planetarium wird 75. In: Innovation 3, 1997, S. 16.

Das „Zivilgeschäft"

Teilweise partizipierte die Firma Zeiss an den zivilen Aufbauprogrammen der Nationalsozialisten. Im Geschäftsjahr 1935/36 galt dies insbesondere im Zusammenhang mit Hitlers Bau der „Reichsautostrassen" für den die Lieferung einer großen Zahl geodätischer Instrumente (Abteilung „Geo") erforderlich war, was sich im Geschäftsjahr 1935/36 in einer merklichen Umsatzsteigerung niederschlug[330].

Das „Astro"-Geschäft mit Rom blieb ebenfalls gut: „Die grösseren Lieferungen der letzten beiden Geschäftsjahre (1933/34 und 1934/35, R.W.) setzen sich vornehmlich aus den Bestellungen der Sternwarte des Vatikan zusammen."[331]

Auch die „Mess"-Instrumente Zeiss'scher Provenienz erfreuten sich dank der engen Zusammenarbeit der Firmenlabors mit Instituten und der naturwissenschaftlichen Praxis einer regen Nachfrage. Einige Produkte, wie z.B. das „Pupho" (Pulfrich Photometer), behielten ihre führende Stellung in dem Segment, obwohl die Konkurrenz versuchte, mit ähnlichen Instrumenten Schritt zu halten. Im Bereich des Spektrographenbaus gelang es durch erfolgreiche Neukonstruktionen, Anschluss an den erfahrenen Mitwettbewerber Hilger zu bekommen. Der Abteilung „Mess" kam vor allem der Ausbau des Industriegeschäfts im Inland zugute[332]. Ähnliches galt für die Abteilung „Mikro", nicht jedoch für die Medizintechnik (Abt. „Med"), wo man keinen Ausgleich im Industriegeschäft finden konnte. Eine Umsatzbelebung erhoffte man sich Mitte der 30er Jahre durch die verbessert herausgebrachte Pantophoslampe mit Metallspiegel, die man zudem preisgünstiger anbot. Allerdings war hier starke Konkurrenz in der C.S.R., Schweden, England, Ungarn, USA und Japan zu erwarten. Unter den neueren augenärztlichen Geräten setzte sich im übrigen die Spaltlampe nach Comberg gut

---

330 BACZ Nr. 22832 (Geschäftsleitung, Umsätze), S. 7.
331 BACZ Nr. 22832 (Geschäftsleitung, Umsätze), S. 6.
332 BACZ Nr. 22832 (Geschäftsleitung, Umsätze), S. 9. Der Umsatz der Abt. „Mess" steigerte sich 1934/35 auf 1935/36 von 1,058 auf 1,468 Millionen Reichsmark, d.h. um über 38,7 Prozent.

durch. In diesem Segment hatte man auf den ausländischen Märkten vor allem mit Bausch & Lomb, also der amerikanischen Konkurrenz, zu kämpfen[333].

Auf einem der klassischen Sektoren der optischen Industrie und einem Kerngeschäft von Zeiss, der Mikroskopie, trugen Neuentwicklungen im Bereich der Stativ-Konstruktionen dazu bei, den Vorsprung gegenüber den Mitwettbewerbern zu vergrössern. Ein starkes Industriegeschäft sorgte hier für wachsende Erträge. Die „Renner“ am Markt für „Mikro“-Artikel waren die Glühlampentrichinoskope und das gut eingeführte „Neophot“.

Im Hause Zeiss hatte man sich über die Jahrzehnte hinweg daran gewöhnt, dass immer wieder Sonderkonjunkturen in bestimmten Produktbereichen vorkamen. Im Geschäftsjahr 1935/36 war dies z.B. mit Spezialscheinwerfern der Abt. „Auto/Aco“ der Fall. Die Verkäufe konnten fast verdoppelt werden, da der Hauptabnehmer, die Feuerwehren, in diesem Jahr in Deutschland reorganisiert

Abb. 30 Pulfrich-Photometer Modell 1926

333 BACZ Nr. 22832 (Geschäftsleitung, Umsätze), S. 10.

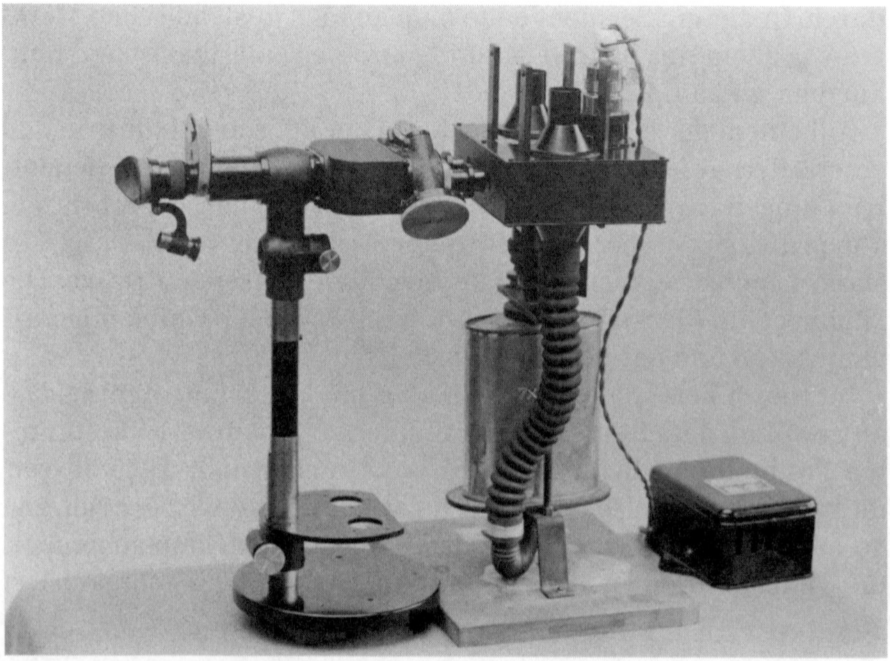

Abb. 31 Pulfrich-Photometer Modell 28 mit Nebelmesser und Drägerfilter

Abb. 32 Neophot-Einrichtung für Makroaufnahmen mit Tessar (20.6.1934)

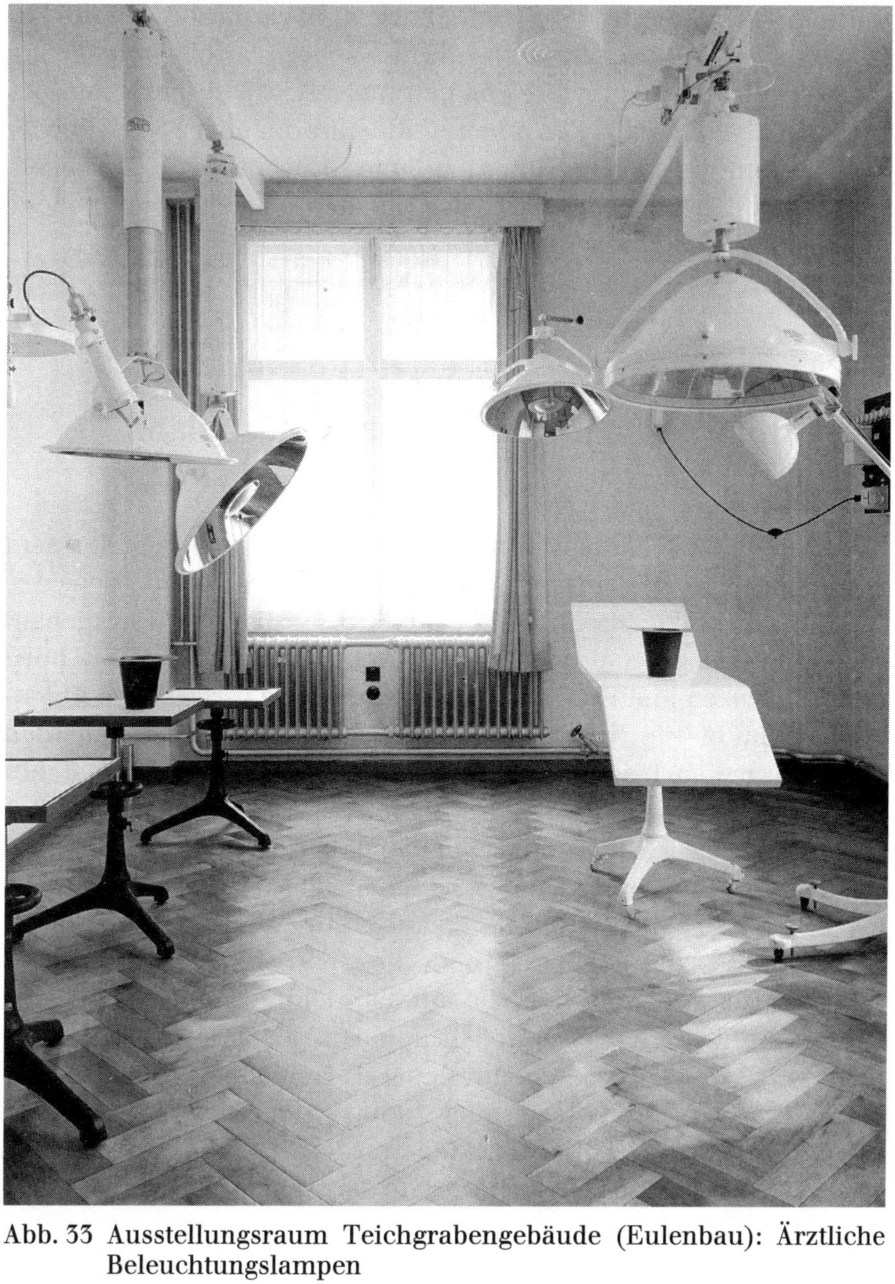

Abb. 33 Ausstellungsraum Teichgrabengebäude (Eulenbau): Ärztliche Beleuchtungslampen

wurden[334]. Auf der anderen Seite hatte man zu dieser Zeit die Fabrikation von Autoscheinwerfern und Suchern bereits aufgegeben und betrieb auch schon 1933/34 den Ausverkauf dieser Geräte.

Demgegenüber gab es in anderen Abteilungen eher Lieferschwierigkeiten infolge außergewöhnlich hohen Eingangs von Aufträgen. Dies war z.B. bei der Abt. „Tele“ der Fall, deren Leichtmetallmodelle plötzlich reißenden Absatz fanden[335].

Das Militärgeschäft von Zeiss in Deutschland

Es wurde bereits deutlich: Eine Vielzahl von Erzeugnissen aus dem Produktportfolio des Zeisswerks eignete sich gut für militärische Anwendungsbereiche, die in den 30er Jahren systematisch ausgebaut wurden. Dies geschah einerseits durch Zukauf von Know-how, durch Lizenzen und Beteiligungen oder sonstige vertragliche Abmachungen im In- und Ausland. Bemerkenswert ist, dass sich unter den Übernahmen auch solche Firmen befanden, die mit Zeiss bis dahin nicht im Wettbewerb standen. Der Grund der Eingliederung war also weder die Beseitigung unliebsamer Konkurrenz noch die Erweiterung eines schon vorhandenen Geschäftsfeldes, sondern vielmehr der Aufbau eines neuen militärtechnisch orientierten Produktportfolios. Als Beispiel dafür mag man die Übernahme der Firma Anschütz & Co., Kiel, ansehen, die auf dem feinmechanischen Sektor tätig war und durch Kreisel-Konstruktionen bekannt wurde, die man in allen Fahrzeugen der Schiene, des Wassers und der Luft fand.
Die Firma war bereits im Januar 1930 von der Nedinsco und damit quasi von Zeiss übernommen worden[336]. Zu den Hauptauftraggebern von Anschütz gehörte die deutsche Kriegsmarine. Für

334 BACZ Nr. 22832 (Geschäftsleitung, Umsätze), S. 12. Der Umsatz von „Auto/Aco“ war 1935/36 gegenüber dem Vorjahr von rund 184.000 auf 227.000 Reichsmark angestiegen.

335 BACZ Nr. 22832 (Geschäftsleitung, Umsätze), S. 14. Umsatzsteigerung: Von 1,906 auf 2,589 Millionen Reichsmark 1935/36 gegenüber 1934/35.

336 BACZ Nr. 8824.

U-Boote und Kriegsschiffe war der magnetische Kreiselkompass – die Basisinnovation des Unternehmens – unverzichtbar, da er nicht den geographischen, sondern den magnetischen Pol anzeigte. Ähnlich weitentwickelte Kreiselanlagen wurden auf der ganzen Welt nicht gebaut, sodass Anschütz ein wirtschaftlich sehr erfolgreiches Unternehmen war. Die Firma Anschütz & Co. war mit der N.V. Nederlandsche Technische Handel Maatschappij Amsterdam (Giro) eng verbunden. Dabei handelte es sich sicher um ein Unternehmen, das – ähnlich wie die Nedinsco für Zeiss – für Anschütz die Funktion einer verdeckten ausländischen Produktionsstätte wegen der verbotenen Exporte infolge des Versailler Vertrags hatte. 1937 liquidierte man die Giro und übertrug das Vermögen auf Anschütz & Co[337].

Im Rahmen des forcierten U-Bootbaus in den späten 30er Jahren partizipierte Zeiss so über seine Neuerwerbung von 1930 am Aufrüstungsprogramm der deutschen Kriegsmarine und der Luftwaffe (Fliegerhorizonte), vor allem nach dem Vierjahresplan. Allein vom Reichsluftfahrtministerium erhielt Anschütz 425.000 Reichsmark Beihilfe und ein zinsgünstiges Darlehen in Höhe von 1,775 Millionen Reichsmark zur Verfügung gestellt[338].

Eine weitere Expansion im Bereich der Spitzentechnologie hatte Zeiss im Juni 1931 mit der Gründung der Zeiss-Aerotopograph GmbH Jena erreicht. Es handelte sich hierbei um die Übernahme eines früheren Konkurrenten, nämlich der Aerotopograph GmbH Dresden, einer Art Familien-GmbH der Gesellschafter Eduard Oskar und Oskar Messter. Sie waren Spezialisten für Bildmesstechnik und Photogrammetrie, waren also in einem ähnlichen Segment tätig wie die Zeiss-Abteilung „Bildmess“. Die neue Jenaer Gesellschaft wurde zu 50 Prozent (210.000 Reichsmark) von Zeiss kontrolliert, an der anderen Hälfte partizipierten Eduard Oskar Messter mit 42,86 und Oskar Messter mit 7,24 Prozent. Innerhalb der Zeiss-Gruppe diente die Zeiss-Aerotopograph GmbH als Vertriebs- und Servicegesellschaft zum Vertrieb der Bildmessgeräte von Zeiss, die 1936 noch zu über 90 Prozent exportiert wurden und damit wesentliche Devisenbringer darstellten. Danach war der Export rückläufig und das Reichsluftfahrtministerium gab größere Serien in Auftrag[339].

---

[337] BACZ Nr. 15316.
[338] BACZ Nr. 8132; Beyermann: Militärgeschäft, S. 37.
[339] BACZ Nr. 580.

Gebäude der Zeiss-Aerotopograph wurden pachtweise der Abteilung Statistik und Rohstoffe der Wirtschaftsgruppe überlassen, die von Dr. Huber beziehungsweise von Brennecke geleitet wurde.

Von den Aufträgen profitierte vor allem auch die Friedenauer Technische Werkstätte GmbH (Fritewe), die auf den Bau militärischer bzw. militäroptischer Geräte spezialisiert war. Zu ihrem Produktspektrum gehörten Apparate zu Höhenmessstudien ebenso wie Zielgeräte für Kampfflieger und Bombenwichtgeräte. Es handelte sich bei dieser Gesellschaft um ein Tochterunternehmen von Goerz Wien, das am 2. November 1934 in Berlin-Friedenau mit 20.000 Reichsmark Stammkapital gegründet wurde. Somit war Zeiss über Zeiss Ikon indirekt beteiligt. Diese Form der Beteiligung wurde am 7. Februar 1936 in eine direkte (durch Zeiss und Zeiss Ikon) umgewandelt bei gleichzeitiger Erhöhung des Stammkapitals auf 1 Million Reichsmark. Ende Juni 1939 übernahm Zeiss die Anteile von Zeiss Ikon, wodurch die Fritewe Organgesellschaft des Jenaer Zeisswerks wurde[340]. Eine direkte Beteiligung konnte man inzwischen ruhig offenlegen, da der ursprüngliche Grund für die Schaffung der Fritewe weggefallen war. Offenbar war es zunächst darum gegangen, die deutschen Regierungsstellen über den längst bestehenden Zusammenhang zwischen Goerz und Zeiss im Unklaren zu lassen, also Wettbewerb vorzugaukeln, wo keiner war. Die wahren Verhältnisse waren durch die Geschäftsleitung erst am 30. Oktober 1935 gegenüber General Milch dargelegt worden[341]. Im Grunde handelte es sich um ein Tochterunternehmen, in dem man ohne weiteres den Nachbau kontrollieren konnte.

Eine weitere Gesellschaft, deren Gründung in den 30er Jahren von Zeiss ausging, war die Geraer Technische Werkstätte GmbH (Getewe). Sie war am 22. März 1937 gegründet worden und stellte Visiere und später Kommandogeräte her. Das Jenaer Zeisswerk hielt an dem Stammkapital von 900.000 Reichsmark 90 Prozent, die rest-

340 BACZ Nr. 8673; Beyermann: Militärgeschäft, S. 42.

341 BACZ Nr. 22281. Erhard Milch wurde 1926 Vorstandsmitglied der Deutschen Lufthansa-AG, am 3. Februar 1933 Stellv. Reichskommissar für die Luftfahrt, am 1. Mai 1933 Staatssekretär im Reichsluftfahrtministerium, 1936 General, 1939 Generalinspekteur der Luftwaffe, 1940 Generalfeldmarschall und Generalluftzeugmeister (Hermann Weiß (Hg.): Biographisches Lexikon zum Dritten Reich, Frankfurt am Main 1998, S. 320).

Abb. 34 Friedenauer Technische Werke GmbH (Fritewe), Berlin-Friedenau: Ansicht des Fabrikgebäudes

lichen 10 Prozent lagen bei der Optischen Anstalt Saalfeld. Im Oktober 1937 wurde das Stammkapital auf 1 Million bei gleicher Quotierung aufgestockt. Der Betrieb diente ausschließlich der Militärproduktion und wurde infolgedessen vom Oberkommando des Heeres massiv unterstützt, nämlich mit einem zinslosen Darlehen von 5,8 Millionen Reichsmark[342]. Wie kriegswichtig die Getewe war, mag man an der Steigerung ihrer Belegschaft innerhalb eines Geschäftsjahres (1937/38–1938/39) von 153 auf 442 Personen und ihres Umsatzes von 118.317 Reichsmark auf 892.859 Reichsmark ermessen. Nach dem Charakter der Gesamtkonstruktion der Zeiss-Gruppe zu urteilen war die Getewe innerhalb derselben eher ein Fremdkörper (reine Produktion ohne F&E-Anteile) und unter Ertragsgesichtspunkten ohne große Bedeutung. Gleichwohl hat sich das Stammhaus mit diesem Tochterunternehmen einen Teilbereich angegliedert, der vertragliche Bindungen an das OKH aufwies, also nicht mehr autonom war. Zeiss war nämlich verpflichtet, den Betrieb für die Dauer von zehn Jahren zu Wehrmachtszwecken zu unterhalten

342 BACZ Nr. 5847.

und im Falle einer vorzeitigen Stillegung hätte die Wehrmacht die Anteile zu übernehmen gehabt[343].

Die Getewe war jedoch nicht die einzige Gesellschaft, die 1937 von Zeiss unter Einbeziehung des OKH gegründet wurde. Hierzu zählte auch – der Fall ist dem der Getewe sehr ähnlich – die Saalfelder Apparatebau-Gesellschaft mbH (SAG), die am 19. Oktober 1937 ins Leben gerufen wurde und optische Entfernungsmesser für Flak-Batterien, sog. Statelgeräte, herstellen sollte. Das Stammkapital betrug 1 Million Reichsmark, die zu 90 Prozent vom Zeisswerk und zu 10 Prozent von der Optischen Anstalt Saalfeld eingebracht wurden. Das OKW finanzierte derweil die Produktionsanlagen mit einem zinslosen Darlehen und verausgabte insgesamt 6,2 Millionen Reichsmark[344]. Das Unternehmen diente ausschließlich der Militärproduktion, insbesondere der Herstellung des Entfernungsmessers EM 36, also eines optischen Präzisionsgerätes, dessen Herstellung in Großserie in der SAG versucht wurde.

Es wurde bereits darauf hingewiesen, dass das Jenaer Stammhaus versuchte, militärische Massenproduktion oder überhaupt Fertigungsbereiche ohne hohe F&E-Anteile an andere Orte und in andere Firmenteile zu verlagern. Auf diese Weise verfuhr man in den 30er Jahren insbesondere mit den früheren Konkurrenten, die im Rahmen der Fusionen von 1909 (bzw. unmittelbar danach) und 1926 der Zeiss-Gruppe einverleibt wurden. Die R. Winkel GmbH, Göttingen, wurde so zu einem Vorlieferanten Zeiss'scher Militärprodukte degradiert. Dabei handelte es sich um Sehrohre und Rohrzielapparate für fast alle Waffengattungen. Während 1934 der Zivilumsatz bei Winkel noch deutlich höher war als der Militärumsatz, betrug letzterer 1938 bereits ein Vielfaches des ersteren[345].

Ganz ähnlich verlief die Entwicklung der Emil Busch AG Rathenow, deren Aktienmehrheit Zeiss im Mai 1929 erlangt hatte. Sie wurde die zuständige Einheit für die Zulieferung von militärischen Massenprodukten wie Feldstechern, Marschkompassen usw. Durch die „Abschiebung" der Betriebsbereiche mit starkem Wachstum militärischer Erzeugnisse wollte man dem Eindruck vorbeu-

343 BACZ Nr. 5847; BEYERMANN: Militärgeschäft, S. 44.
344 BACZ Nr. 5847; BEYERMANN: Militärgeschäft, S. 47.
345 BACZ Nr. 8801.

gen, bei Zeiss handele es sich überwiegend um ein Rüstungsunternehmen. Die Verflechtungsbeziehungen waren Außenstehenden kaum bekannt. Deutlich geht das Bemühen der Geschäftsleitung um eine „reine Weste“ aus den Firmenunterlagen hervor. In einem Protokoll vom 19. April 1934 heißt es im Zusammenhang mit Aufträgen des Reichsluftfahrtministeriums:

„Herr Kotthaus stellte sich auf den Standpunkt, dass es ihm sympathisch wäre, wenn die Aufträge direkt an die Firma Busch erteilt würden, damit nicht ein Kesseltreiben gegen die Firma Zeiss erfolgen könne, dass sie auf alle Aufträge ein Monopol bekomme. Selbstverständlich ist Voraussetzung, dass die Firmen untereinander sich genauestens über schwebende Aufträge verständigen“[346].

Das Militärgeschäft von Zeiss im Ausland

Das Auslandsgeschäft mit Militärgütern wurde in der Regel über die ausländischen Tochterunternehmen realisiert. Seit den Jahren der Weimarer Republik gehörten Unternehmen wie Goerz-Berlin mit seinen Werken in Wien und Bratislava zur Zeiss-Gruppe, deren Standort sich besonders für die Belieferung des südosteuropäischen Marktes eignete. Ein weiteres Unternehmen in dieser Region war die Ungarische Optische Werke AG Budapest (UOW), die seit 18. April 1931 durch eine Mehrheitsbeteiligung von Zeiss kontrolliert wurde[347]. Die UOW waren interessant, da sie von der ungarischen Regierung gestützt wurden. Ihre Belegschaft stieg von 280 im Jahr 1933 auf 2.167 (1939) an. Der Betrieb beschäftigte sich mit der Zünderproduktion. Bezüglich einer Lizenz dafür gab es ein Abkommen zwischen Carl Zeiss und der Firma Gebrüder Junghans AG, Schramberg, vom 6. Juli 1935[348]. Junghans deshalb, weil bei der UOW auch Uhrwerkszünder hergestellt wurden[349]. Aus den

346 BACZ Nr. 9960; Beyermann: Militärgeschäft, S. 40.
347 BACZ Nr. 9021.
348 BACZ Nr. 22722; Beyermann: Militärgeschäft, S. 73.
349 BACZ Nr. 22722.

Quellen geht hervor, dass die mechanischen Zeitzünder sogar noch während des Zweiten Weltkrieges – womöglich über Drittländer – nach England exportiert wurden[350].

Die UOW waren nicht das einzige Unternehmen im Einflusskreis von Zeiss, in dem Zünder hergestellt wurden. Dies war auch beim Goehle-Werk der Fall, das sich zwar in Staatseigentum befand, an dessen Aufbau jedoch die Zeiss Ikon stark beteiligt war. Diese baute das Werk auf und betrieb es mit eigenen Leuten[351]. Dabei ging es um die Herstellung von Granatzündern.

Goerz Wien (die Oesterreichisch-Ungarisch Optische Anstalt C.P. Goerz Ges.mbH, gegründet 1905) und Goerz Preßburg (die Aktiengesellschaft K.P. Goerz Optische Anstalt Bratislava, gegründet 1908) standen unter einer gemeinsamen Leitung, waren juristisch jedoch selbständig. Die beiden Unternehmen hatten schon im Ersten Weltkrieg das österreichische und ungarische Heer mit Militäroptik ausgerüstet. Im Zuge der Bereinigungsmaßnahmen des Jahres 1926 war am 15. April das Militärgeschäft von Goerz-Berlin auf Goerz-Wien und das Zivilgeschäft in umgekehrter Richtung übertragen worden. Gleichentags erwarb Carl Zeiss Jena die beiden Werke für 475.000 Reichsmark von Goerz-Berlin, sodass Zeiss von nun an einen „eigenen" Produzenten und Auslieferer für Militäroptik in Südosteuropa besaß. Von Vorteil war überdies die starke F&E-Orientierung der österreichischen Tochterfirma, die in der Militärtechnik zahlreiche Patente hielt. In dieser Fähigkeit zu F&E bestand auch der wesentliche Unterschied etwa zu Busch. Zum Produktportfolio gehörten z.B. Entfernungsmesser, Abwurfgeräte, Bombenabwurffernrohre, Kommandogeräte, Korrektoren, Scherenfernrohre, Richtkreise und Richtungshörer, brisante Militärgüter, die Goerz in über 40 Länder der Welt exportierte. Das Wiener Unternehmen erwies sich damit als wertvoller Devisenbringer. Eine enge Zusammenarbeit gab es u.a. mit den Skoda-Werken in der C.S.R.

Von ähnlich starkem Exportinteresse wie die beiden Goerz war die N.V. Nederlandsche Instrumenten Companie Venlo (Nedinsco). Sie war – wie erwähnt – am 12. Januar 1921 gegründet worden, um die nach dem Ersten Weltkrieg noch großen Lagerbestände an

---

350 BACZ Nr. 22722.
351 BACZ Nr. 22426.

Militärgerät der Firma Zeiss vor der Vernichtung durch die interalliierte Kontrollkommission zu bewahren[352]. Jene Märkte, die von Goerz nicht bedient wurden, insbesondere die im Westen bzw. in Europa, belieferte man von Venlo aus. Dabei umfasste die Produktpalette ähnliche Instrumente wie bei Goerz und noch einige mehr: Feuerleitgeräte, Signal-Geräte, Stereoskope, Drallmesser usw.[353]. Durch Goerz und Nedinsco war Zeiss stets am internationalen Markt für Militärgüter präsent, kannte die technischen Entwicklungsrichtun-

Abb. 35 Rundblick-Fernrohr, Scherenfernrohr, um 1930 (?)

gen und Neuheiten, sowie die Präferenzen der offiziellen Einkäufer einer Vielzahl von Ländern. Über die Nedinsco konnte Zeiss bei der Vergabe von Großaufträgen bedeutender großer Streitmächte mitbieten und in bestimmten brisanten Marktsegmenten wie der U-Boottechnik (Periskope) präsent bleiben. Und auch für die Nedinsco galt, was bei Goerz schon hervorgehoben wurde: Sie war eine Devisenbringerin ersten Ranges. Über die Konten der Nedinsco in Amsterdam, Basel, Den Haag und New York, auf die die erwirtschafteten Mittel flossen, konnte Zeiss frei verfügen. Mit dem sog. Volksverratsgesetz von 1933, nach dessen Bestimmungen deutsche Unternehmen sämtliches Auslandsvermögen zu melden hatten, war die Devisenquelle kaum mehr zu vertuschen. Dass man dennoch versuchte, ohne Genehmigung bzw. Einschaltung der Devisenbehörde

352 BACZ Nr. 6662 (Nedinsco. Organverhältnis mit CZJ).
353 BACZ Nr. 8765.

auf die Devisenbestände der Nedinsco zurückzugreifen, brachte der Zeiss-Geschäftsleitung am 8. Februar 1934 die Reklamation des Präsidenten des Landesfinanzamtes Rudolstadt ein[354]. Die Behörden ahnten dabei kaum, welche Vermögenswerte die Nedinsco zur Disposition hatte, nämlich neben einer Vielzahl teurer Immobilien noch Wertpapiere und einen Goldschatz von 80 Kilogramm Gewicht[355].

In Fällen, wo der Auslandsmarkt nicht direkt bedient werden konnte, musste man sich anderer Instrumentarien behelfen. Dazu gehörte auch die Lizenzvergabe. Besonders restriktiv wurde der Marktzugang in den Vereinigten Staaten gehandhabt, sodass sich Lizenzen gerade dort anboten. Bereits am 1. Mai 1921 war zwischen dem Marktführer in den USA, der Bausch & Lomb Company

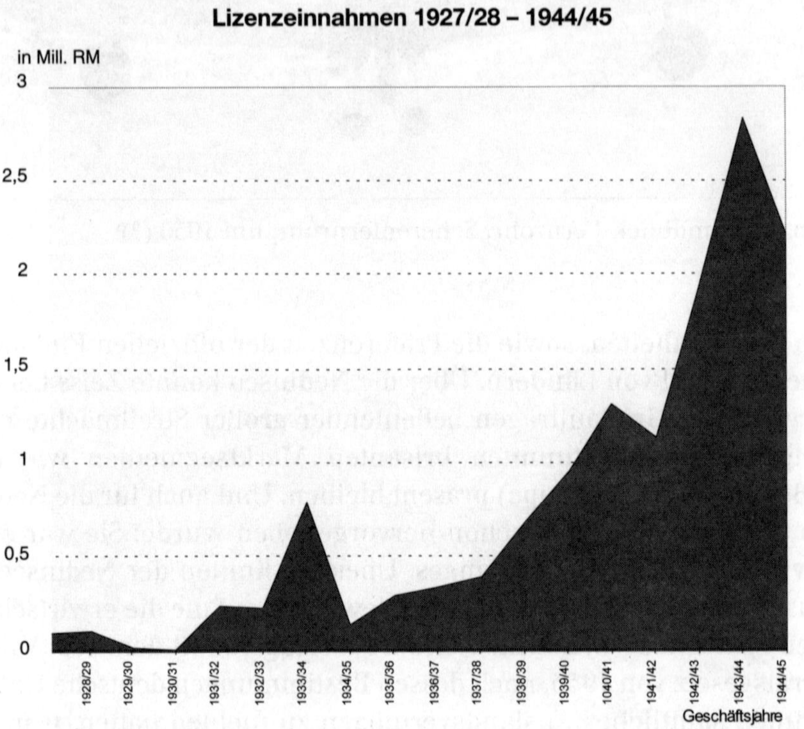

Quelle: UACZ, Bestand BACZ Nr. 14826

354 BACZ Nr. 6662; BEYERMANN: Militärgeschäft, S. 67.
355 BACZ Nr. 9509; BEYERMANN: Militärgeschäft, S. 67.

und Carl Zeiss Jena ein geheimer Vertrag über die Entwicklung, Konstruktion und Produktion sowie den Absatz militärischer Instrumente auf Lizenzbasis zustande gekommen, der eine Laufzeit von 20 Jahren haben sollte[356]. Auf diese Weise waren die Jenaer indirekt am amerikanischen Markt präsent, verpflichteten Bausch & Lomb zum Absatz nur innerhalb der USA und erlösten darüberhinaus in 15 Jahren (1921–1936) über eine Million Reichsmark[357]. Allerdings ging dadurch auch Know-how in nicht unbeträchtlichem Umfang über den Atlantik, weshalb sich eine ausschließlich ökonomische Bewertung hier verbietet. Der Technologietransfer war unter militärstrategischen Gesichtspunkten möglicherweise eher von Nachteil.

Die erwähnten und andere von Zeiss vergebene Lizenzen führten durchaus zu beachtlichen Einnahmen. Diese stiegen zwischen 1934/35 und 1944/45 kontinuierlich an.

Ausbildung und Lehre bei Zeiss

Eine grundsolide Berufs- bzw. Fachausbildung war in Betrieben wie Zeiss, wo es um komplizierte technische Verfahren ging, von besonderer Wichtigkeit. Entsprechend hoch musste die Investition in den Wissenserwerb sein und umso stärker das Ziel, bei wenig Fluktuation eine gut ausgebildete Stammbelegschaft zu generieren. In diesem Zusammenhang war auch die Ausbildung der Ausbilder von besonderer Wichtigkeit. 1939 waren dafür 25 Werkmeister, Lehrgesellen und andere tätig[358].

Seit 1933 gab es darüberhinaus politische Vorgaben, die zu berücksichtigen waren. Neben der beruflichen Grundbildung sollte die „Charakterschulung“ nicht vergessen werden. Was man dar-

356 Schumann: Einst und Jetzt, S. 324.

357 BACZ Nr. 9432.

358 BACZ Nr. 6329 (Umfrage der Wirtschaftskammer Thüringen, Industrieabteilung, betreffend: Tatsächliche Angaben über industrielle Lehrfirmen, Stand vom 1. Juli 1939, beantwortet von O. Bihlmaier (Ausbildungsleiter)).

unter verstehen konnte, verdeutlichte einer der Geschäftsleiter, Kotthaus, am 4. August 1933 in einer Ansprache an die Lehrlinge: Es sei

„...unsere Aufgabe, dass wir auch unsere Jugend in diesem Geiste, im Wehrgeist, erziehen. (...) nur in kerngesunden Menschen kann ein gesunder Geist stecken und die Willens- und Entschlußkraft und die Verantwortungsfreudigkeit, die zu Höchstleistungen führt. Und nur kerngesunde Menschen werden auf Grund ihrer Kraft und ihrer Gewandtheit den Glauben haben an die Ueberlegenheit und Unbesiegbarkeit des einzelnen und unseres ganzen Volkes (...) Darum will das Zeisswerk alsbald beginnen, Euch nicht nur zu erziehen zu tüchtigen Facharbeitern, sondern insbesondere auch zu stolzen deutschen Menschen...“

Die Lehrlinge wurden sodann von Kotthaus aufgerufen, sich in die Werkschar der Hitlerjugend einzutragen und darauf hingewiesen, dass die Teilnahme in der Hitlerjugend nur Vorteile bringe[359]. In der Tat wurden z.B. die Sommerlager für Lehrlinge seit 1933 im Zusammenwirken mit der HJ-Gefolgschaft „Ernst Abbe“ organisiert und von Zeiss durch Kostenübernahme und Gewährung von Sonderurlaub unterstützt. So fuhren beispielsweise 1936 400 Zeiss-Lehrlinge mit einem Sonderzug zu einem Jugendlager an die Ostsee. Sie erhielten dafür Sonderurlaub, der zu zwei Dritteln der Zeit bezahlt wurde. Lehrlinge, die sich nicht in der HJ befanden, wurden davon ausgeschlossen. Schließlich handelte es sich dabei um eine Veranstaltung paramilitärischen Charakters, denn Appelle, morgendliche Befehlsausgaben und weltanschauliche Schulung standen auf der Tagesordnung[360]. Wie absurd die Benennung der HJ-Gefolgschaft nach dem Namen Ernst Abbes war, mag man daran ermessen, wie sehr dieser sich seinerzeit bemüht hatte, gerade weltanschauliche Diskriminierungen im Stifungsunternehmen Zeiss unter keinen Umständen zuzulassen. Eine entsprechende Passage hatte er in das Stiftungsstatut eingefügt, wo es in Paragraph 56 hieß:

„Bei Anstellung der Beamten der Stiftung und der Stiftungsbetriebe, der Geschäftshilfen und Arbeiter muß jederzeit ohne Ansehen der Abstammung, des Bekenntnisses und der Parteistellung verfahren werden“[361].

---

[359] BACZ Nr. 11070 (Ansprache des Geschäftsleiters Dipl.-Ing. Kotthaus an die Lehrlinge vom 4.8.1933).

[360] BACZ Nr. 6232.

[361] Schomerus: Geschichte, S. 304.

Abb. 36
Dipl.-Ing.
August Kotthaus, Geschäftsleiter und Betriebsführer (18.11.1884–12.7.1941)

Als um die Mitte der 30er Jahre ein eklatanter Facharbeitermangel offenkundig wurde und das Regime im Rahmen des Vierjahresplans verstärkte Rüstungsanstrengungen unternahm, mussten auch die Ausbildungsbereiche reorganisiert werden. Infolgedessen lag der Anteil der Facharbeiter in der Zeiss-Gruppe mit 53,6 Prozent (Carl Zeiss Jena 51,9 Prozent) auch höher als im Branchendurchschnitt (46,5 Prozent). Im Zeisswerk Jena gab es 1930 lediglich 5,6 Prozent Angelernte (Gesamte Optische Industrie: 21,4 Prozent). Der jeweilige Rest waren Ungelernte. Die Zahl der „Anlernlinge" wurde mit Beginn des Zweiten Weltkrieges erheblich forciert[362].

[362] Bis 1920 hatte es im Zeisswerk noch männliche Jugendliche ohne Lehrverhältnis gegeben. Danach existierten zwei Alternativen der beruflichen Ausbildung: den Lehr- oder den Anlernberuf. Lehrstellen für weibliche Jugendliche gab es bis 1944 nicht. Weiblichen Kräften standen zu dieser Zeit nur Anlernberufe im Büro oder in den Zeichenbereichen zur Verfügung (GERTH: Aus- und Weiterbildung, S. 8).

Abb. 37
Jugendlager der Gefolgschaft „Ernst Abbe" der Hitlerjugend

Die Lehrlingsausbildung erfolgte im dualen System in den einzelnen Abteilungen und in der Berufsschule Jena. 1938 wurde eine Werk-Berufsschule eingerichtet[363]. Doch bereits seit der späten Weimarer Zeit hatten Werksangehörige von Zeiss, meist Mechanikermeister und Ingenieure, an der staatlichen Gewerbeschule in Jena nebenberuflich unterrichtet, und zwar schwerpunktmäßig in den Fächern Berufskunde, Fachzeichnen und Arbeitskunde[364].
Im Rahmen der reichsweiten und reichsgültigen Maßnahmen zur „Gleichschaltung" achteten die Nationalsozialisten auch auf die Vereinheitlichung der Ausbildung des Facharbeiternachwuchses. Unter vorheriger Einschaltung der Wirtschaftsgruppen wurde die Vorbereitung der Berufsausbildung in die Zuständigkeit des DATSch (Deutscher Ausschuss für technisches Schulwesen) gelegt[365]. Die Zuständigkeit der Vermittlung von inner- und überbetrieblichen Schlüsselqualifikationen von Erwachsenen lag in den Händen des Amtes für Berufserziehung und Betriebsführung der Deutschen Arbeitsfront (DAF).

Der bei Zeiss meistgelernte Beruf war der des Feinmechanikers. Spezialarbeit hoher Präzision erforderte noch mehr der Beruf des

363 BACZ Nr. 19401 (Lehrwerkstatt und Werk-Berufsschule in ihrer Entwicklung von 1939–1955).
364 Gerth: Aus- und Weiterbildung, S. 38.
365 BACZ Nr. 6702 (Merkblatt der Reichsgruppe Industrie zur Ausbildung des Arbeiternachwuchses, Berlin, Juni 1937).

Abb. 38 Südwerk: In einer Lehrwerkstatt, 26.2.1938

Feinoptikers. Das Arbeiten in engsten Toleranzgrenzen musste über Jahre trainiert werden, wobei es vor allem auf „Sauberkeit, Vorstellungsvermögen, Formgebungsvermögen, Handruhe usw."[366] ankam.

366 Oskar Bihlmaier: Berufserziehung in einem feinmechanisch-optischen Betrieb. In: Berufsausbildung in Handel und Gewerbe, Heft 17, Berlin, September 1941. Jeweils im Oktober hatten interessierte Dreizehnjährige die Gelegenheit, bei dem Zeiss-Psychologen und Ausbilder Dr. Wohlfahrt einen Auswahltest zu absolvieren und ein bestimmtes Berufsfeld auszusuchen. Von den Nationalsozialisten ist allgemein bekannt, dass sie versuchten, die Zahl der Lehrlinge in den einzelnen Berufs-Sparten vorzugeben bzw. zu beeinflussen. Soweit sichtbar unterblieb dieser Einfluss bei Zeiss weitgehend. Dies wurde auch nach dem Krieg von der amerikanischen Untersuchungskommission festgestellt: „*It is probable that the Nazi influence was not as great at Zeiss as elsewhere and that the allocation to trades was based largely on the recommendations of Zeiss who seem to have enjoyed the same independence.*" Report on the firm of Carl Zeiss, Jena, ed. by Combined Intelligence Objectives Sub-Committee (CIOS). CIOS Target Number: 28/7.107; CIOS Trip No.: 251. London, H.M. Stationery Office Item No. 28, File XXXIII–51, (1947) (Zitiert: Report, S. 102). (Im vorletzten Kriegsjahr 1944 gab es noch 255 in Ausbildung befindliche Jugendliche).

Ähnlich wie ein halbes Jahrhundert zuvor waren bei Zeiss eine Vielzahl hoch- und höchstqualifizierter Leute tätig. Es gab also genügend „Vorbilder". Unter den Professoren Joos und Bauersfeld und den beiden anderen Geschäftsleitern waren weitere sechs Professoren und 83 Promovierte neben einer noch grösseren Gruppe wissenschaftlich qualifizierter Assistenten Teil des inventiven und innovatorischen Potenzials des Unternehmens Zeiss. Sie konnten stets – und in der Stiftungsverfassung war dies festgeschrieben – auf die Universität Jena und die ihr angeschlossenen Institute als Wissensressource zurückgreifen sowie diese mit ihrem Wissen befruchten. Einige Persönlichkeiten aus den Führungsbereichen von Zeiss lehrten regelmäßig an der Universität. Der Kontakt zwischen Theorie und Praxis, Universität und Unternehmen, blieb eng wie zu Abbes Zeiten. Entsprechend erstklassig ausgestattete Labors und Werkstätten trugen wesentlich zur Inwertsetzung und Umsetzung des Know-how bei.

Löhne, Einkommen und Arbeitsverhältnisse

Während der Weimarer Republik (1919 bis Anfang 1933) zählte man durchschnittlich 5.060 Werksangehörige, während es in den über 12 Jahren des Nationalsozialismus durchschnittlich 10.981 waren. Die Spitze lag 1942 bei 14.887 Personen im Jahresdurchschnitt[367].

1933/34 betrug der Netto-Jahresdurchschnittsverdienst 2.237,56, 1938/39 2.426,71 und 1943/44 2.898,51 Reichsmark[368]. Real bemessen waren dies 1.848,46, 1.921,08 und 2.049,14 Reichsmark[369], d.h. die Realeinkommen waren während der Zeit des Nationalsozialismus gestiegen. Es ist jedoch zu berücksichtigen, dass bereits vor und in verstärktem Maße während des Zweiten Weltkriegs die Produktion von Zivilgütern wesentlich eingeschränkt wurde, sodass

367 Zahlen nach BACZ Nrn. 8417, 19795 und 7792 (Eigene Berechnungen nach den dortigen Daten).
368 BACZ Nrn. 652, 10800, 30273.
369 Windisch: Löhne, Anhang S. XLIII.

den Einkommensempfängern die konsumtive Verwendung ihrer realen Kaufkraft zunehmend erschwert wurde. Bekanntlich stieg infolgedessen das Sparaufkommen der Bevölkerung, das wiederum im Wege der „geräuschlosen" Kriegsfinanzierung für militärische Zwecke abgeschöpft wurde[370].

Die Bruttoeinkommen des Führungspersonals, d.h. der Ingenieure, Wissenschaftler usw. betrugen ein Mehrfaches der genannten Verdienste der Arbeiter. Spitzenleute und Geschäftsleiter wie Prof. Joos verdienten um 1945 ca. 2.500 Reichsmark monatlich. Die durchweg promovierten, zum Teil habilitierten Leute im Hochtechnologiebereich, also in den Labors, Rechenbüros usw. wie Hansen, Kessler und Hartinger erhielten knapp über 1.500 Reichsmark und die anderen verdienten zwischen 600 und 1.200 Reichsmark. Chefkonstrukteure wie Steinle in der Konstruktionsabteilung von Bauersfeld verdienten 1.800 Reichsmark monatlich und Riedinger, der den Patentbereich unter sich hatte, erhielt 1.600 Reichsmark. Ähnlich wie in den Labors lagen die Verdienste der verantwortlichen Konstrukteure nicht unter 650 Reichsmark monatlich[371].

Jüdische Mitarbeiter bei Zeiss

Es spricht für sich und hatte gute Gründe, dass Ernst Abbe in einem der Paragraphen des Stiftungsstatuts von 1896 den Passus aufnahm, bei der Einstellung von Mitarbeitern dürfe weder die Weltanschauung noch die ideologische oder konfessionelle Überzeugung eine Rolle spielen. Vielmehr habe sich die Entscheidung ausschließlich an den Fähigkeiten der Betreffenden zu orientieren. Diese Bestimmung wurde nach 1933 und noch mehr im Gefolge der „Nürnberger Gesetze" von 1935 auf eine harte Probe gestellt. Aus der Zeit vor 1933 ist – soweit bekannt – kein Fall aktenkundig geworden, bei dem die Gesinnung im Rahmen der Einstellung bzw. Beschäftigung eine Rolle gespielt hätte. Schon zu Abbes Zeiten arbeiteten jüdische Wissenschaftler und andere Mitarbeiter bei Zeiss, darunter so bedeutende

---

370 Walter: Wirtschaftsgeschichte, 2. Aufl., 1998, S. 197 u. 206.
371 REPORT, S. 144 f. u. 151.

Leute wie Siegfried Czapski und Felix Auerbach. Czapski unterhielt gute persönliche Beziehungen zu dem einzigen jüdischen Ordinarius an der Universität Jena, Eduard Rosenthal und hatte dafür gesorgt, dass Auerbach – gegen den Widerstand des Kurators der Universität – eine außerordentliche Professur erhielt. Auch Abbe war der aufkeimende Antisemitismus seiner Zeitgenossen eher zuwider.

Sowohl im Stammwerk Jena als auch bei der Zeiss Ikon AG waren auf fast allen Ebenen jüdische Mitarbeiter beschäftigt. Der ranghöchste unter ihnen war der Vorstandsvorsitzende von Zeiss Ikon, Emanuel Goldberg[372]. Doch in Dresden wie auch anderswo wurden bereits vor 1933 antisemitische Töne gegen jüdische Konzernangehörige angeschlagen.

Das Beispiel eines der Geschäftsleiter, Rudolf Straubel[373], macht deutlich, dass es nach der „Machtergreifung“ schon genügte, mit einer Jüdin verheiratet (in der zeitgenössischen Terminologie: „jüdisch versippt“) zu sein, um vom Dienst suspendiert zu werden. Straubel musste am 30. September 1933 auf Drängen der Nationalsozialisten bei der Stiftungsverwaltung seinen Posten als Geschäftsleiter zur Verfügung stellen[374]. Einem Bericht des Sohnes Harald Straubel[375] zufolge wurde sein Vater im Juni 1933 vor die Alternative gestellt, sich entweder von seiner jüdischen Frau zu trennen oder aus der Firma auszuscheiden[376]. Da er eine Scheidung ablehnte, erwirkte der thüringische Volksbildungsminister Wächtler seinen Rücktritt aus der Geschäftsleitung und von seiner Lehrtätigkeit an der Universität Jena. Den Vorsitz im Aufsichtsrat der Zeiss Ikon AG Dresden hatte er jedoch weiter inne.

---

372 Stutz: Musterbetrieb, S. 98.

373 Zu Straubel vgl. Schomerus: Geschichte, S. 312–318.

374 Backhaus: Entwicklung, S. 15 f.

375 Harald Straubel bezeugte auch die Schickanen, denen seine Mutter am 10. November 1938 im Zuge der Judenprogrome („Reichskristallnacht“) ausgesetzt war. Sie wurde – wie alle Juden – verhaftet und die Nacht über festgehalten, am nächsten Tag jedoch wieder auf freien Fuß gesetzt. Straubel schreibt: „Von weiteren Aktionen weiß ich noch, daß meine Mutter eine ‚Buße‘ von 5 000.- RM zahlen mußte, und daß aus ihrem Privatbesitz ein sehr wertvolles Bild (Der Raub der Europa) mitgenommen wurde.“ (Zit. n. Albrecht Schröter: Juden in Jena vom Ende des 19. Jahrhunderts bis zum Holocaust. In: Juden in Jena, S. 35–73, hier: S. 61.

376 Gisela Müller: Jüdische Mitarbeiter in der Leitungsebene der Firmen Carl Zeiss und Otto Schott. In: Juden in Jena, S. 152–173, hier: S. 168.

Ein anderer Sohn von Rudolf Straubel, der Diplom-Ingenieur Dr. Werner Straubel, teilte das Schicksal des Vaters insofern, als er 1933 die Leitung der Militärabteilung bei der Zeiss-Filiale in Berlin, die er seit 1931 innehatte, aufgeben musste. Er blieb jedoch in anderer Funktion weiter im Unternehmen tätig und erhielt während des Zweiten Weltkriegs eine Unabkömmlichkeits- (UK) Stellung, weswegen die Geschäftsleitung des Zeisswerks 1941 von der NSDAP-Kreisleitung Jena-Stadtroda scharf angegriffen wurde. Offenbar setzte sich die Zeiss-Führung durch, denn Werner Straubel blieb bei Zeiss und gehörte im Juni 1945 zu den 84 Zeissianern, die von den Amerikanern („we take the brain“) nach Heidenheim verbracht wurden[377].

Über Straubel und Eppenstein kam 1919 Wilhelm Langer zu Zeiss. Er hatte im Jahr 1910 einen von der Firma organisierten Ferienkurs für Stereophotogrammetrie besucht und war dabei in Kontakt mit den beiden gekommen. Langer war seit August 1916 mit der „Halbjüdin“ Helene Nothmann, deren Adoptiveltern Zuckerkandl Juden waren, verheiratet. In der Weimarer Zeit arbeitete Langer im hydrotechnischen Büro von Zeiss, dessen Einrichtung auf Straubels Initiative zurückging und dessen Leitung Langer 1924 übernahm. Straubel war bestrebt, durch Wasserkraftanlagen an der oberen Saale elektrische Energie zu gewinnen und dadurch unabhängiger vom Rohstoff Kohle zu werden. Langer führte das „Hydrobüro“ auch in den 30er und 40er Jahren. Er starb 1973 in Jena. Seine Frau Helene hatte am 14. Juni 1944, als Wilhelm Langer auf Dienstreise war, den Transportbefehl nach Theresienstadt erhalten und wählte vor der Deportation – wie im April 1944 schon Marie Straubel – den Freitod[378].

Ähnlich wie Langer wurde in den 20er Jahren Dr. Max Herzberger durch Straubel als Wissenschaftler für das Zeisswerk gewonnen. Zu seinem Tätigkeitsfeld gehörte die theoretische Problemlösung auf geometrisch-optischem Gebiet. Herzberger musste das Unternehmen 1933 verlassen und war danach bei der Eastman Kodak Company in den USA tätig[379].

Auf Drängen des Gauwirtschaftsberaters der NSDAP Thüringen, Otto Eberhardt, begann 1937 eine Art arischer Qualitätsprüfung

---

377 MÜLLER: Jüdische Mitarbeiter, S. 169.
378 MÜLLER: Jüdische Mitarbeiter, S. 164 f.
379 MÜLLER: Jüdische Mitarbeiter, S. 161.

sämtlicher im In- und Ausland tätigen Mitarbeiter beider Stiftungsunternehmen. Kotthaus hatte Eberhardt darüber im Mai 1937 Bericht zu erstatten. Auf der Liste befanden sich z.B. die Namen Dr. Otto Eppenstein, Franz Loewen und Max Meyerstein.

Der „Fall“ Eppenstein

Der 1876 in Breslau geborene Otto Eppenstein war einer der am besten vorgebildeten Mitarbeiter des Unternehmens Zeiss. Er hatte an den Universitäten Heidelberg, Breslau, Wien und Jena Physik, Mathematik und Philosophie studiert und zählte Leute wie Abbe, Auerbach, Eucken, Kuno Fischer, Frege, Knopf, Liebmann, Straubel und Winkelmann zu seinen akademischen Lehrern. Er promovierte im Mai des Jahres 1900 an der Universität Jena mit einer Dissertation „Über die Dampfdruckerniedrigung verdünnter Lösungen“ und erhielt am 1. Oktober 1901 Anstellung durch die Carl Zeiss-Stiftung bei der durch diese unterhaltenen Universitätssternwarte. Als „Assistentoid“, wie er sein Arbeitsverhältnis selbstironisch nannte, betätigte er sich an der von Straubel und Abbe dort eingerichteten Station für Erdbebenforschung. Im übrigen arbeitete er sich in die geometrische Optik ein und war zwischen 1902 und 1904 mit der Überarbeitung der von ihm stark erweiterten zweiten Auflage von Czapskis „Theorie der optischen Instrumente nach E. Abbe“ beschäftigt. Als im Jahre 1907 der Leiter der kurz davor eingerichteten Abteilung für Entfernungsmesser (der späteren Abteilung „Feinmess“) Christian v. Hofe, ein Angebot der optischen Werkstätte von C.P. Goerz in Berlin annahm, konnte Eppenstein für dessen Nachfolge gewonnen werden, eine Tätigkeit, die er dann 35 Jahre lang ausfüllen sollte. In dieser Zeit arbeitete er nicht nur eng mit den leitenden Kollegen bei Zeiss zusammen, wie mit den Optik-Spezialisten Albert König, Hans Boegehold, dem Konstrukteur Adolf Steinle oder Labormitarbeitern wie F. Schnabl, sondern auch mit dem führenden Experten der Feinmesskunde in Deutschland, Professor Berndt in Dresden. Im übrigen verband ihn eine persönliche Freundschaft mit dem technischen Leiter der Firma Schuchardt & Schütte in Berlin, Dr. h.c. Reindl, einer weiteren Kapazität auf dem Gebiet der Feinmesstechnik[380].

---

[380] BACZ Nr. 17680.

Eppenstein war also ein erfahrener und weithin hochangesehener Wissenschaftler und Erfinder. Er war Spezialist in der Entwicklung von Entfernungsmessern und – wie erwähnt – seit 1907 Chef der entsprechenden Abteilung[381]. Er hielt eine Vielzahl von Patenten, den Nachforschungen Ernst Wanderslebs zufolge 86 inländische und 55 in den USA. Von Kotthaus wurde er als „vorläufig unentbehrlich“[382] apostrophiert. In der Tat konnte man auf seinen Erfahrungshorizont und sein inventorisches Talent unmöglich verzichten. Angesichts der von ihm entwickelten Geräte war der Jude Eppenstein „kriegswichtig“. Sinngemäß ging dies auch aus der Korrespondenz der Chefetage mit verschiedenen offiziellen Stellen hervor. In den Akten des Geschäftsleiters Kotthaus findet sich am 18. Oktober 1938 der Vermerk:

> „Ich habe Herrn Riede (Kriminalkommissar, R.W.) erklärt, dass die Zulassung einer Auswanderung für Dr. Eppenstein im Reichsinteresse unterbunden werden müsste, da Eppenstein die neueren Konstruktionen unserer Firma nicht nur kenne, sondern maßgebend daran gearbeitet habe; er geniesse auch das volle Vertrauen höherer militärischer Stellen“[383].

Einen Monat später Kotthaus:

> „Herr v. Keller besuchte mich am 11.11. wegen der Überführung der Juden in das Konzentrationslager... Ich unterrichtete v. Keller darüber, dass Dr. Eppenstein mit Rücksicht auf seine soeben überstandene Operation weder transport- noch haftfähig sei und dass deshalb die politische Leitung Jena von der Festsetzung Eppensteins Abstand genommen habe. Ich bat deshalb v. Keller, seinerseits keine Schritte zu unternehmen, da ein solcher Schritt über die Gauleitung doch den Eindruck erwecken könne, als ob die Frage am Orte nicht richtig geregelt worden sei“[384].

Am 12. Dezember 1938 gab es in Berlin eine Besprechung Kotthaus‘ mit v. Keller. Wieder ging es um Dr. Eppenstein, dem inzwischen – wie allen Juden – der Führerschein entzogen worden war. Kotthaus

---

[381] BACZ Nrn. 13889; 17680.

[382] STUTZ: Musterbetrieb, S. 116.

[383] BACZ Nr. 9724 (Geschäftsleitung, Kotthaus, 1.1.1935–30.6.1941, o. Pag., Aktenvermerk vom 18.10.1938).

[384] BACZ Nr. 9724 (Geschäftsleitung, Kotthaus, 1.1.1935–30.6.1941, „Betrifft Dr. Eppenstein“, Aktenvermerk vom 18.11.1938).

Abb. 38
Dr. Otto Eppenstein

suchte die Rückversicherung beim Oberkommando der Wehrmacht (OKW), dass die Arbeitserlaubnis von Eppenstein aufrechterhalten blieb[385].

Eppenstein war offenbar der einzige jüdische Mitarbeiter, der im Mai 1939 noch im Zeisswerk tätig war, denn als der Oberfinanzpräsident von Thüringen in Rudolstadt, Dr. Tietmann, sich in Sachen „Sicherheitsleistung für Reichsfluchtsteuer des Dr. Otto Eppenstein" an Kotthaus wandte, erklärte sich die Firma bereit, für ihren Mitarbeiter die Bürgschaft zu übernehmen. In diesem Zusammenhang schreibt Kotthaus:

> „Herr Dr. Eppenstein ist als einziger Jude in unserem Betriebe noch tätig, da er an wichtigen geheimen Wehrmachtsgeräten mitgearbeitet hat und weiterhin mitarbeitet"[386].

---

385 BACZ Nr. 9724 (Aktenvermerk von Kotthaus am 13.12.1938).

386 BACZ Nr. 9724 (Geschäftsleitung, Kotthaus, Kotthaus an Dr. Tietmann am 4.5.1939).

Am 8. Juni 1939 genehmigte das OKW die Belassung von Dr. Eppenstein in seiner damaligen Stellung bei Zeiss „auf Zeit“[387]. Am 16. September 1939 bat Kotthaus um Ausgangserlaubnis für Eppenstein auch nach 20 Uhr und darum, ihm eine Bescheinigung auszuhändigen, damit er sich gegebenenfalls ausweisen könne[388]. Eppenstein starb am 7. Oktober 1942 und war bis kurz davor im Zeisswerk tätig. In einer Denkschrift von Boegehold und Wandersleb vom Februar 1955 wird retrospektiv auf die Eppenstein-Beerdigung am 10. Oktober 1942 Bezug genommen und über diese Zeit vermerkt:

> „Öffentlich durfte Otto Eppenstein schon lange nicht mehr genannt werden; er war längst, als er noch in vollster Tätigkeit stand, totgeschwiegen worden, und wenn eine Arbeit von ihm zitiert wurde, so stand an der Stelle seines Namens ein †“[389].

Ernst Wandersleb

Der erwähnte Ernst Wandersleb, seit 1901 bei Zeiss und wissenschaftlicher Mitarbeiter im Photographischen Rechenbüro und der Photoabteilung bzw. ab 1911 deren Leiter, war der Schwager von Eppenstein. Er hatte im Jahre 1906 dessen Schwester Emmy geheiratet.

Wandersleb war begeisterter Freiballon-Flieger und verband sein Hobby mit dem Beruf, indem er die selbstentwickelten Tessare zur Luftbild-Photographie verwendete. Auf dem Gebiet der Objektiv-, Filter- und Linsenentwicklung hielt er über 20 Patente. Wandersleb war für das Unternehmen ein eminent wichtiger Mitarbeiter. Seit 1933 ständigen Anfeindungen des Regimes ausgesetzt,

---

387 BACZ Nr. 9724 (Geschäftsleitung, Kotthaus, Verfügung des OKW Az. 65f 20W Stb W Rü IIIb Nr. 2066/39 vom 8.6.1939).

388 BACZ Nr. 9724 (Geschäftsleitung, Kotthaus, Kotthaus an Polizeidirektor Schmidt am 16.9.1939). Seit 1. September 1939 hatte es gesetzliche Ausgangsbeschränkungen für Juden im Winter ab 20 Uhr und im Sommer nach 21 Uhr gegeben.

389 BACZ Nr. 17680, S. I/1. Vgl. Hans Boegehold/Ernst Wandersleb: Zum Gedächtnis von Otto Eppenstein. In: Jenaer Jahrbuch 1956, Jena 1957.

wurde er 1939 von der Gestapo verhört und verlor seine beruflichen Position. Gleichwohl erhielt er nach diesem Betriebsverbot (er war am 9. Februar 1939 beurlaubt worden) Spezialaufträge von

Abb. 39
Dr. Ernst Wandersleb

Kotthaus, Harting und Opitz, die er in Arbeitsräumen der Optikerschule bzw. zunächst im Volkshaus ausführte.
Wandersleb hatte sich verschiedentlich kritisch zum Regime bzw. zu Hitlers Buch „Mein Kampf" geäußert und dessen niedriges Niveau bezüglich der Rassenfrage beklagt. Wegen dieser „Rassenfrage" war es zu Differenzen mit einem Zeiss-Mitarbeiter namens Merté gekommen. Dr. Willy Merté war sicher nicht irgendjemand, sondern als Erfinder z.B. des Biotar[390] ein unverzichtbarer Spezia-

---

390 BACZ Nr. 7792 (Wichtige Erfinder).

list. Wandersleb erhielt eine polizeiliche Vorladung und Verwarnung wegen seines Verhaltens in der Sache Merté[391]. Die Geschäftsleitung, namentlich Kotthaus, zog – wie erwähnt – ihren langjährigen Mitarbeiter als Leiter der Foto-Abteilung zurück und wies ihm eine besondere Funktion zu.

Wandersleb nahm nach dem Krieg seine Leitungsfunktion wieder wahr und entlastete im übrigen einige Führungsleute bei Zeiss, z.B. Ernst Opitz[392], der zwar der NSDAP angehörte, aber offenbar sich nicht nur für Wandersleb einsetzte, sondern auch seinen persönlichen Verkehr mit den Familien Eppenstein und Langer nicht abbrach[393].

Emmy Wandersleb war übrigens – ähnlich Erna Schrade – im Januar 1945 nach Theresienstadt deportiert worden, überlebte jedoch und konnte am 20. Juni 1945 nach Jena zurückkehren.

Ausländische jüdische Mitarbeiter bei Zeiss

In den Auslandsfilialen des Jenaer Unternehmens waren 1937 sechs jüdische Mitarbeiter in unterschiedlichen Funktionen beschäftigt. Darunter war der Leiter der Filiale Wien, der Deutsche Oskar Lachmanski (Jahrgang 1870), der bereits seit 28. März 1898 bei Carl Zeiss beschäftigt war. Er sollte am 1. April 1938 in Pension gehen.

In der Filiale Paris war der Franzose Alexander Bronstein (Jahrgang 1902) beschäftigt, und zwar als „Propagandist", also Werbefachmann. Er gehörte dem Unternehmen bereits seit dem 17. April 1929 an und sollte – dem 1937er Bericht zufolge – „bei Gelegen-

---

391 BACZ Nr. 9724 (Geschäftsleitung, Kotthaus, Ks/Mo vom 9.2.1939; Aktenvermerk Ks vom 22.3.1939; Besprechung am 21.4.1939 zwischen Wandersleb, Harting und Kotthaus). (Vgl. BACZ Nr. 22813).

392 Ernst Opitz (Jg. 1889) stammte aus Elsterwerda und trat am 20.11. 1921 bei Zeiss ein (vgl. BACZ Nr. 11613). Von 1925 bis zum Ende des Zweiten Weltkriegs war er Abteilungsleiter der Betriebsleitung für allgemeine Betriebsmittel (ABL) (vgl. BACZ Nrn. 23173; 23174). Zu seinem Bereich gehörten die Kraftwerke ebenso wie der Werkschutz, die Werkfeuerwehr, die Schlosserei, elektrische Abteilung, Lehrlings-Werkstatt, Transportabteilung usw. (vgl. BACZ Nr. 15739).

393 Müller: Jüdische Mitarbeiter, S. 170 f. nach Rink, Anlage.

heit“ ersetzt werden. Vor 1933 oder bis Anfang 1933 war Professor Dr. Goldberg in der Filiale Paris beschäftigt[394].

Dasselbe – die Ersetzung „bei Gelegenheit“ – galt für den Polen Martin Benzen (Jahrgang 1914) in der Filiale Brüssel, der dort als „Opto“-Expedient tätig war und dem Jenaer Unternehmen seit 16. Dezember 1932 angehörte.

Die Filiale London wurde von einem Engländer, J.W. Atha (Jahrgang 1866), geleitet. Atha war am 1. Dezember 1920 bei Zeiss eingetreten und sollte bis Ende 1938 nur noch halbtägig tätig sein. Für ihn sollte eine Übergangsregelung ersonnen werden, um eine mögliche Tätigkeit Athas für die Konkurrenz zu verhindern.

In der New Yorker Filiale arbeiteten 1937 zwei jüdische Mitarbeiter, beide Amerikaner. Eric Sobotka (Jahrgang 1900), war Verkäufer und seit 5. Mai 1930 für Zeiss tätig. Philip Spiegel (Jahrgang 1909) war Kontorist und seit 1. Juli 1926 in der Firma. Bemerkenswert ist der Zusatz in dem „Bericht betreffend Juden“, der im Zeiss-Archiv liegt: „Ersatz devisenmässig zunächst nicht zu verantworten“[395].

Jüdische Mitarbeiter in nicht-leitender Position

Franz Loewen (Jahrgang 1883) war seit September 1910 Angestellter im Zeisswerk, 1911 bereits in der Wiener Filiale und sodann für Zeiss in London tätig. Ab 1928 war er im Außendienst Verkäufer im Feinmess-Bereich und gleichzeitig Rohstoff-Einkäufer. Er blieb auch nach 1933 im Außendienst, war aber fortgesetzten Anfeindungen der Nationalsozialisten ausgesetzt. Auf Veranlassung von Geschäftsleiter Henrichs leitete Loewen ab Oktober 1937 die New Yorker Zweigniederlassung. Doch blieb das Drängen der Auslandsorganisation der NSDAP, Loewen durch einen „Arier“ zu ersetzen, nicht aus. Ihr Vertreter vermerkte im April 1940 gegenüber der Geschäftsleitung, die Firma gehe auf Parteiwünsche „*nur mit einem gewissen Widerstreben ein...*“[396]. Angeblich übte das Reichswirt-

394 BACZ Nr. 22799 (Bericht betreffend Juden), S. 2.
395 BACZ Nr. 22799 (Bericht betreffend Juden), S. 2.
396 MÜLLER, Jüdische Mitarbeiter, S. 162 nach RINK: Einzelschicksale, Anlage.

schaftsministerium direkten Druck aus. Loewen blieb bis 15. November 1940 für Zeiss in New York tätig und erhielt auf Henrichs Bemühungen hin eine Abgangsentschädigung in Höhe von 2.700 US-Dollar[397].

Max Meyerstein (Jahrgang 1879) arbeitete seit 5. Juni 1905 als Werkmeister bei Zeiss. Er war in der Weimarer Zeit Angehöriger der SPD und gehörte bis mindestens Dezember 1936 der Sportgruppe im Reichsbund jüdischer Frontsoldaten an. Auf eine Anfrage des Reichsstatthalters in Thüringen an die Kreisleitung der Jenaer NSDAP, ob Meyerstein eine leitende Stellung einnehme und Einblick in das Auslandsgeschäft habe, wurde dies verneint. In einem Brief von Betriebsführer Kotthaus an Staatsrat Eberhardt vom 28. Mai 1937 heißt es:

> „In der Juden-Frage möchte ich doch etwas behutsamer vorgehen als zuletzt besprochen. Ich möchte vermeiden, dass die Regelung der Juden-Frage in unserem Betrieb überhaupt das Arbeitsgericht beschäftigt und die Frage evtl. ins Ausland getragen wird. Zunächst möchte ich einmal Meyerstein pensionieren mit Rücksicht auf den Umstand, dass sein Sohn sich in der Tschechoslowakei zur Ausbildung befindet, wozu übrigens die Kosten mit Zustimmung der Devisenstellen jeweils überwiesen werden, wie ich hörte. Diese Stellungsnahme zum Fall Meyerstein muss jedermann einleuchten, da die Möglichkeit von Verstössen gegen die Geheimhaltung doch naheliegt. Friedmann (und) Hirschowitz möchte ich zunächst einmal in uns nahestehende kleinere Betriebe bringen und das weitere für später vorbehalten. Ich hoffe, dass die übersandten Unterlagen Ihnen erschöpfende Auskunft geben und stehe evtl. zu weiteren Angaben gern zur Verfügung. Heil Hitler! Ihr sehr ergebener...“[398]

Meyerstein, 1937 in dem „Bericht betreffend Juden“ als „Bürogehilfe“ ausgewiesen[399], wurde 1938 pensioniert und 1940 von den Nationalsozialisten zum Verkauf seines Anwesens Wilhelm-Frick-Straße 52 veranlasst. Er wurde nach Buchenwald verbracht und dort am 21. März 1942 getötet.

Der Zeiss-Lehrling Werner (wohl der Sohn von Max) Meyerstein arbeitete bis Anfang 1933 bei Zeiss in Jena[400].

---

397 BACZ Nr. 15815, S. 77.
398 BACZ Nr. 22799 (Zitierter Brief), S. 2.
399 BACZ Nr. 22799 (Bericht betreffend Juden), S. 1.
400 BACZ Nr. 22799 (Bericht betreffend Juden), S. 2.

Sehr wenig wissen wir über zwei weitere seit Anfang 1933 nicht mehr bei Zeiss beschäftigte Juden, den Wissenschaftler Dr. Herzberger und den Optiker Dallmann.

Ein weiterer jüdischer Mitarbeiter bei Zeiss war Georg von Orth (Jahrgang 1869). Der gelernte Techniker, der bereits 1895 ins Zeisswerk kam, erwarb sich als Mitarbeiter im Konstruktionsbüro („Kobo") große Verdienste und hielt zwei Patente. 1933 wurde er – etwas vorzeitig und seines jüdischen Glaubens wegen – pensioniert. Die Firma Zeiss stellte am 1. April 1936 seine Frau Charlotte von Orth (Jahrgang 1890) im firmeninternen Bibliotheksbereich ein. Orth erhielt seine Pension voll ausbezahlt. Die „halbjüdischen" Kinder wurden zur Erholung in dem Kinderkurhaus der Carl Zeiss-Stiftung in Bad Sulza verpflegt und erhielten nach dem Tod der Mutter am 6. September 1943 bis zum vollendeten 18. Lebensjahr Waisenpension. Von Orth starb im Jahre 1945. (An anderer Stelle heißt es allerdings: „Ihr Mann war Jude, ist aber verschollen")[401]. Die Tochter von Ernst Abbe, Grete Unrein, übernahm die Vormundschaft für die Kinder.

Es mögen um 1937 ein knappes Dutzend Juden bei Zeiss gearbeitet haben. Es sieht so aus, als habe man noch lange, zumindest bis Mitte 1938 versucht, die jüdische Präsenz im Unternehmen moderat abzubauen, d.h. (internationales) Aufsehen und die Schädigung des Geschäfts unbedingt zu vermeiden[402].

Einer der „volljüdischen" Mechaniker war Elias Hirschowitz (Jahrgang 1885), der seit 4. Februar 1910 im Zeisswerk tätig war. Aus Anlass seiner 25-jährigen Zugehörigkeit zur Firma erhielt er im Jahre 1935 ein Ehrengeschenk. In der Folgezeit war er in der Werkstatt seines jüdischen Glaubens wegen einer Reihe von Diffamierungen und Unannehmlichkeiten ausgesetzt, sodass ihn die Geschäftsleitung aus dem Verkehr zog und dafür sorgte, dass er zu der Zeiss-Tochtergesellschaft Optische Anstalt Saalfeld GmbH versetzt wurde. Da seine Frau in Jena wohnen blieb, erhielt er Trennungsentschädigung. Im Dezember 1938 ging die Ablehnung seiner Person in Saalfeld bei Teilen der Belegschaft bis hin zur Weigerung, mit ihm zusammen zu arbeiten, wonach ihn die Firma Zeiss nach den Statuten pensionierte und ihm später in Heimarbeit

---

401 BACZ Nr. 15815, S. 76.
402 STUTZ: Musterbetrieb, S. 117.

Abb. 40 Aufnahme von der Fahrt der Zeiss-Jubilare am 21. Mai 1939 nach Coburg, Probstzella. Kotthaus spricht. Von links nach rechts: Grete Unrein, Dietzmann (Abt. Photo), Mechau

eine Beschäftigung vermittelte[403]. Dies kann frühestens Ende April des Jahres 1940 der Fall gewesen sein, denn aus einer Aktennotiz von Kotthaus vom 20. April geht hervor, dass sich Hirschowitz mit 122 Reichsmark monatlich in Pension befinde, solches aber in dessen Alter von ca. 55 Jahren nicht angehen könne, da das übliche Pensionsalter 65 betrage. In einem Briefentwurf an das Landesarbeitsamt schlug Kotthaus weiter folgende Formulierung vor:

„Es erscheint uns dringend notwendig, nicht nur mit Rücksicht auf die finanzielle Seite, sondern auch mit Rücksicht auf den notwendigen Arbeitseinsatz der Juden, dafür zu sorgen, dass diesen Juden eine angemessene Beschäftigung zugewiesen wird, solange diese arbeitsfähig sind. Für Nachricht wären wir dankbar“[404].

Der andere der beiden Mechaniker war Herbert Friedmann (Jahrgang 1914), der seit 1. April 1930 bei Zeiss arbeitete. Über ihn hieß

403 BACZ Nr. 15815, S. 76.

404 BACZ Nr. 9724 (Betrifft: Mechaniker Jude Hirschowitz. Briefentwurf vom 20.4.1940 Ks/Mo.).

es in dem „Bericht betreffend Juden; Liste der Juden im Zeisswerk Jena“ von 1937, er werde – ebenso wie Elias Hirschowitz – *„zunächst in nahestehende Firmen versetzt“.*

Zeiss-Mitarbeiter mit jüdischen Partnern

Eine Reihe von Zeiss-Mitarbeitern hatten einen jüdischen Partner. Seit Straubels Entlassung 1933 kannte man die möglichen Konsequenzen.

Ähnlich wie Straubel war auch der Ludwigsburger Hugo Schrade (1900–1974), seit Juni 1930 mit einer Jüdin, Erna Hess aus Stuttgart, verheiratet. Schrade, der an der TH Stuttgart Maschinenbau studierte hatte, Diplom-Ingenieur war und 1928 promovierte, kam am 2. Dezember 1929 zu Zeiss und war in der Planungsabteilung tätig[405]. Die Auseinandersetzungen um seine Person zwischen der Zeiss-Geschäftsleitung und den Dienststellen der NSDAP erreichten am 12. Dezember 1940 ihren vorläufigen Höhepunkt, in dem der Kreisleiter der Partei an Gauleiter Sauckel (nach ihm war in Jena eine Straße benannt!) schrieb, es sei für einen Nationalsozialisten unerträglich, „von der Gnade dieses Judenjungen irgendwie abzuhängen“[406]. 1941 kam es zu einer Entlassungsforderung, der sich Geschäftsleiter Kotthaus mit dem Hinweis auf die Wichtigkeit und Notwendigkeit Schrades für das Zeisswerk entgegenstellte. Schrade weigerte sich weiterhin standhaft, sich von seiner jüdischen Frau zu trennen. Am 16. Oktober 1944 wurde Hugo Schrade von der Gestapo verhaftet und zur Organisation Todt nach Halle zwangsverpflichtet[407], wogegen die Geschäftsleitung heftigen Protest einlegte. Kurz vor Kriegsende konnte Schrade nach Jena zurückkehren. Seine Frau Erna war Ende 1944 nach Theresienstadt deportiert worden. Sie überlebte und wurde nach dem Einmarsch der Amerikaner zurückgeholt. Nach der Mitnahme der 84

---

405 BACZ Nr. 11613 (Organisationsplan des Zeisswerks mit genauer Personenangabe der leitenden Personen. Mai 1945); BACZ Nr. 19544 (Kurzbiographie über Werkleiter Dr. Hugo Schrade 1960); BACZ Nr. 22073.

406 Zit. n. MÜLLER: Jüdische Mitarbeiter S. 166, dort nach RINK: Einzelschicksale, Anlage.

407 STUTZ: Musterbetrieb, S. 117.

Zeissianer durch die Amerikaner nach dem Krieg wurde Hugo Schrade Geschäftsleiter des Zeisswerks und blieb bis 1966 Werksleiter und Generaldirektor.

„Halbjuden“ bei Zeiss

Zu den „Halbjuden“ bei Zeiss zählte der Hilfsarbeiter und spätere Bürogehilfe Ludwig Rosenfeld (Jahrgang 1907), der seit dem 28. Juni 1928 dem Betrieb angehörte. Sein Vater war Jude, seine Mutter „arisch“. Alle Versuche seitens der Nationalsozialisten, ihn beiseite zu schieben, ließ die Geschäftsleitung unbeachtet und Rosenfeld wurde durchgehend in seiner Stellung belassen[408].

Im Außendienst befanden sich einige jüdische oder „halbjüdische“ Mitarbeiter. Zu letzteren gehörte der Leiter der Amsterdamer Zeiss-Filiale, Reinhardt Czapski, ein Sohn des früheren Geschäftsleiters Siegfried Czapski. Mit der Besetzung der Niederlande durch deutsche Truppen im Jahr 1940 musste er seine Position aufgeben und baute sich in Brasilien eine neue Existenz auf[409].

Direkte Hilfe für die jüdischen Mitarbeiter und deren Angehörige ging weniger von der Geschäftsleitung aus, als vielmehr von unteren Ebenen und von außerhalb. In diesem Zusammenhang ist besonders Ernst Abbes Tochter, Grete Unrein, zu nennen, die sich mit großer Energie für die jüdischen Mitbürger und insbesondere deren Ehefrauen einsetzte[410].

Es gab auch den Fall eines jüdischen Ehepaares, Anna und Dr. Mordko Herschkowitsch, wobei er wissenschaftlicher Mitarbeiter bei Zeiss und bereits am 9. Juni 1932 verstorben war. Anna Herschkowitsch erhielt die gemäß dem Stiftungsstatut vorgesehene Witwen-Pension und ihren Kindern wurden seitens des Unternehmens Zuschüsse gewährt, damit sie studieren und ihre Ausbildung vollenden konnten. Als sich die Witwe Ende der 1930er Jahre entschloss, nach Amerika auszuwandern, ihr aber die Mittel dafür

---

408 BACZ Nr. 15815, S. 77.

409 MÜLLER: Jüdische Mitarbeiter, S. 157

410 Zu Grete Unrein vgl. SCHOMERUS: Geschichte, S. 320 f.

Abb. 41
Dr. Hugo Schrade
(4.5.1942)

fehlten, gewährte ihr die Firma auf Veranlassung der Geschäftsleitung den Betrag von 12.600 Reichsmark, womit die Auswanderung ermöglicht wurde[411].

Der Umgang mit politisch Andersdenkenden

Im Zeisswerk arbeiteten einige Personen, deren politische Überzeugung allgemein bekannt, quasi öffentlich, und dem Regime ein Dorn im Auge war. Zu ihnen gehörte der Schlosser August Urban (Orban) (Jahrgang 1882). Er war ein aktives Mitglied der KPD und hatte sich im Betrieb „in recht unangenehmer Weise ... bemerkbar

411 BACZ Nr. 15815, S. 76.

gemacht...“[412]. Nach 1933 war er vorübergehend verhaftet worden. Die NSDAP forderte die Entfernung Urbans aus dem Zeisswerk, was die Geschäftsleitung mit der Begründung ablehnte, er mache lediglich von seinen staatsbürgerlichen Rechten Gebrauch und es gebe daher keinen Grund, ihn zu entlassen. Weder änderte Urban seine politischen Ansichten, noch wurde er vom Betrieb entfernt und war auch nach dem Kriege noch im Zeisswerk tätig.

Ein weiteres sehr aktives KPD-Mitglied war der Maurer Richard Grau (Jahrgang 1891), der seit 18. August 1913 bei Zeiss als Hilfsoptiker arbeitete. Er schied am 4. September 1931 aus der Firma aus, um in die UDSSR zu gehen. 1934 kehrte er aus Russland zurück. Da er in Jena als „führender Kommunist“ bekannt war und sich damit den Anfeindungen und Verdächtigungen der Nationalsozialisten aussetzte, vermittelte ihn die Zeiss-Geschäftsleitung an eine befreundete Firma in Berlin, Kollmorgen. Nach einigen Jahren erhob die NSDAP Einspruch gegen die Beschäftigung Graus, dieser wurde nachfolgend mit einer Maschine ausgestattet, mit der er Heimarbeit leisten konnte, womit seine Existenz gesichert war. Nach dem Krieg kehrte er nach Jena zurück.

Ähnlich lag der Fall bei dem Mechaniker Alfred Böhme (Jahrgang 1905). Er war seit August 1934 bei Zeiss tätig. Unter dem 20. Oktober 1934 wurde dem Unternehmen vom Arbeitsamt Zittau mitgeteilt, Böhme sei eifriges Mitglied der SPD gewesen und habe auch an einem von der SPD eingerichteten Hochschulkursus(!) teilgenommen. Auch sei er 1933 in Schutzhaft gewesen. Böhme wurde von der Geschäftsleitung unbehelligt gelassen und war bis nach dem Krieg bei Zeiss beschäftigt, um danach eine Funktion als Gewerkschaftssekretär zu übernehmen.

Späte „Ehren“ für einen „Musterbetrieb“

Das Jahr 1936 war nicht nur durch Maßnahmen der Mobilisierung und Reorganisation bzw. Bündelung der Kräfte durch die nationalsozialistischen Machthaber geprägt, sondern auch durch neue

---

412 BACZ Nr. 15815, S. 76.

Anreize zu wirtschaftlichen Höchstleistungen, die angesichts auffälliger Knappheitserscheinungen im Rohstoff- und Versorgungsbereich auch dringend geboten schienen[413]. Während also im Rahmen des Vierjahresplanes versucht wurde, dem Mangel Abhilfe zu schaffen, war man andererseits bestrebt, den Unternehmen ihre zusätzlichen Anstrengungen schmackhaft zu machen. Hatte man früher bereits zu „Erzeugungsschlachten" aufgerufen, als ginge es um einen Krieg um Lebensmittel, so proklamierte Hitler am 29. August 1936 den „Leistungskampf der deutschen Betriebe". Den Besten sollte dann jeden 1. Mai des Jahres das Prädikat „Nationalsozialistischer Musterbetrieb" verliehen und die „Goldene Fahne" der DAF überreicht werden. Seitens des Unternehmens Zeiss war es Friedrich Schomerus, der bereits im Juli 1937 versuchte, umfangreich zu begründen, weshalb Zeiss hierfür in erster Linie in Frage kam. Insbesondere verwies er auf den beachtlichen Beitrag des Unternehmens im Rahmen der Rüstung und Devisenbeschaffung, aber auch auf die vorbildliche Verfassung des Stiftungsunternehmens einschließlich der Verdienste Ernst Abbes[414]. Doch blieb die große Ehrung zunächst aus und kam man über eine kleinere ehrenvolle Aufmerksamkeit auf regionaler Ebene in Form des Gaudiploms von Thüringen für hervorragende Leistungen nicht hinaus, das ebenfalls am 1. Mai verliehen wurde[415]. Dass sich 1938 die Erwartungen Schomerus' noch nicht erfüllten, stattdessen gar die Ruhlaer Gebrüder-Thiel-Werke die „Goldene Fahne" schwenken durften, nahm man in Jena mit Verwunderung zur Kenntnis. Kotthaus gab zwar vor, die Sicherung des Betriebes habe ihn mehr zu interessieren als die „Schönheit der Arbeit", das Leitmotto des DAF-Leistungswettbewerbs[416], doch deuten eine Reihe von Interventionen, nicht zuletzt eine bei Fritz Sauckel im Mai 1939, darauf hin, dass der Jenaer Betriebsleitung die Angelegenheit nicht ganz egal war. Einen etwas bitteren Beigeschmack erhielt das Ganze zudem dadurch, dass das abermalige Ausbleiben der be-

---

413 WALTER: Wirtschaftsgeschichte, 2. Aufl., 1998, S. 191.

414 BACZ Nr. 3408 (Schomerus an den Gauobmann der DAF, Triebel. Schreiben vom 29.6.1937).

415 BACZ Nr. 3408 (Verzeichnis der an die Firma Carl Zeiss Jena verliehenen Auszeichnungen).

416 BACZ Nr. 3408 (Aktennotiz von Kotthaus vom 24.5.1938 mit Vermerk über eine Besprechung mit der DAF bzw. dem Reichsbetriebsgemeinschaftsleiter Jäzosch, Berlin, tags zuvor).

gehrten Auszeichnung im Jahre 1939 mit einem Verstoß des Unternehmens Zeiss gegen Devisenvorschriften begründet wurde. Erneut mußte sich das Unternehmen mit einem Gaudiplom zufrieden geben.

Offenbar hatten in Berlin einige maßgebliche Personen mitzureden, die nicht gerade von der Linientreue des Jenaer Unternehmens und seiner Geschäftsleitung überzeugt waren. Zu diesen zählte wohl der Reichsamtsleiter der DAF, Hupfauer, ebenso wie hochrangige Leute im Stab von Rudolf Heß. Augenscheinlich hatte man dort noch zu gut in Erinnerung, dass die Implantierung der NS-Betriebszellen 1933/34 im Zeisswerk („Affäre Dietz") nicht ganz reibungslos ablief. Doch am 1. Mai 1940 war es dann soweit: Das Jenaer Traditionsunternehmen wurde auf Vorschlag von Robert Ley als nationalsozialistischer Musterbetrieb in die Reihe der Träger der „Goldenen Fahne" der DAF aufgenommen[417]. Dabei wird von den Verantwortlichen in Berlin weniger die Linientreue des Jenaer Unternehmens prämiert worden als für Sie vielmehr die Einsicht ausschlaggebend gewesen sein, dass Zeiss einfach zu (kriegs-)wichtig war, um es weiter unter Vorhaltung fadenscheiniger Gründe zu übergehen. Möglicherweise hielt man die Firma Zeiss zunächst auch deshalb nicht genügend für förderungswürdig, weil dort noch relativ lange jüdische Mitarbeiter wie Otto Eppenstein beschäftigt waren.

Die Ausfuhrgemeinschaft für Kriegsgerät (AGK)

Es war naheliegend, dass Zeiss als Hochtechnologieunternehmen mit kriegswichtigem Know-how in den großindustriellen Interessenverbänden, d.h. in der Reichsgruppe Industrie, in der Wirtschaftsgruppe IX Feinmechanik und Optik und in der Ausfuhrge-

---

417 Vgl. vertiefend hierzu STUTZ: Musterbetrieb, S. 96–119 sowie allgemein: JÜRGEN REULECKE: Die Fahne mit dem goldenen Zahnrad: der „Leistungskampf der deutschen Betriebe" 1937–1939. In: DETLEV PEUCKERT, et al.: Die Reihen fest geschlossen. Beiträge zur Geschichte des Alltags unterm Nationalsozialismus, Wuppertal 1981.

meinschaft für Kriegsgerät (AGK) adäquat beteiligt werden musste. Die AGK stellte quasi das Nadelöhr der deutschen rüstungsexportierenden Industrie dar und zählte die größten Firmen zu ihren Mitgliedern[418]. Es handelte sich um einen freiwilligen Zusammenschluss von Herstellern bestimmten Kriegsgeräts. Als Kriegsgeräte im Sinne des Gesetzes galten: Waffen und Munition jeder Art, sowie deren Bestandteile und Zubehör, nicht jedoch Jagdwaffen, Teschings, Luftgewehre, Pistolen und Revolver unter 630 Gramm Gewicht, Hieb- und Stoßwaffen, sowie industriell verwendeter Sprengstoff. Hinzu gehörten ferner Einrichtungen, die zum Einsatz und Gebrauch von Kriegswaffen bestimmt waren, wie z.B. Mess-, Ziel-, Kommandogeräte, U-Boot-Sehrohre, Ausstoßrohre, Abwurfvorrichtungen etc. Dazu kamen Tanks, Panzerwagen und Panzerzüge ebenso wie Kriegsschiffe, Kriegsluftfahrzeuge und deren Bestandteile[419]. Die AGK hatte dafür zu sorgen, dass neben der Ausfuhrförderung auch die Verschleuderung von Waren und die gegenseitige Unterbietung der deutschen Lieferfirmen im Ausland unterblieb. Im übrigen gehörte die Führung einer Statistik zu den Aufgaben.

Für jeden Produktionsbereich wurde ein Obmann gewählt. Für die optisches Gerät betreffenden Gruppen 5a und 5b wurde Kotthaus (später Catasta) gewählt[420]. Die Gruppe a-b bestand aus 11 Unternehmen. Neben Zeiss und Zeiss Ikon, Dresden, waren dies die Askania-Werke, Berlin, Emil Busch in Rathenow, Hensoldt & Söhne aus Wetzlar, Max Hildebrand in Freiberg, Franz Kuhlmann, Rüstringen-W., Ernst Leitz, Wetzlar, R. Reiss, Liebenwerda, Heyde in Dresden und Navigation, Berlin[421]. Carl Zeiss Jena war aber auch in einer anderen Gruppe präsent, und zwar gemeinsam mit den Askania-Werken Berlin, der Fa. Electroacustic aus Kiel sowie Siemens-Apparate und Maschinen Berlin[422]. Die AGK ihrerseits war eine quasi-monopolistische Institution, da kein Unternehmen eine Ausfuhrerlaubnis erhielt, das nicht über die AGK (mit Ange-

---

418 BACZ Nr. 22816 (Zeiss Jena, AGK).
419 BACZ Nr. 22816 (AGK, Liste A).
420 BACZ Nr. 22815 (Sitzungsprotokoll vom 17.1.1936).
421 BACZ Nr. 22816 (Konto-Korrent der A.G.K. – Gruppe a-b vom 1.4.1936–31.3.1937, Anlage 3).
422 BACZ Nr. 22816 (Konto-Korrent der A.G.K. – Gruppe a-b vom 1.4.1936–31.3.1937, Anlage 4).

boten) an das Ausland herangetreten war. Die Angebotssteuerung erfolgte also über die AGK. Exportberechtigungen sollten nach dem Willen der AGK nur die Konstruktionsfirmen erhalten. Wer nicht in der Lage war, den Aufrüstungsforderungen des Regimes mit eigenen Kapazitäten zu entsprechen, musste den Nachbau eigener Produkte zulassen.

Wer in der AGK eine Schlüsselposition innehatte, konnte die Geschicke seiner Branche mitbestimmen. Carl Zeiss Jena war mit Kotthaus als Vertreter in einer solchen vertreten. Das Jenaer Unternehmen war im Grunde spätestens seit den Fusionen von 1926 und danach konkurrenzloser Branchenführer und konnte diese Dominanz nun durch die Übernahme prominenter Verbandspositionen ausbauen, also gewissermaßen den Ton innerhalb der feinmechanisch-optischen Industrie angeben[423]. Die Dominanz von Zeiss offenbart sich bereits bei einem Blick auf die Statistik der AGK. Eine Zusammenstellung der Exportabschlüsse für Kriegsgerät der einzelnen Firmen im Zeitraum von 1. November 1935 bis 1. Juli 1940[424]. Bei optischen Geräten (Allgemeine Optik) entfielen von 10.043.396 Reichsmark allein 8.286.004 Reichsmark (82,5 Prozent) auf Carl Zeiss Jena und 744.289 Reichsmark auf die Zeiss-Tochter Goerz (7,4 Prozent). Im Bereich Mess- und Zielgerät partizipierte Zeiss mit 21.972.385 Reichsmark von insgesamt 42.016.951 (52,3 Prozent). Zählt man jedoch auch hier die Tochterunternehmen Busch (1.606.545 Reichsmark; 3,8 Prozent) und Goerz (10.254.807 Reichsmark; 24,4 Prozent) hinzu, so liegt der Anteil der Zeiss-Gruppe auch hier bei über 80 Prozent. Auch bei Kommando- bzw. Schallaufnahmegerät und optischem Nachrichtengerät wurden hohe Zeiss-Anteile verzeichnet.

Die AGK hatte sowohl Koordinierungsaufgaben (Verteilung und Abstimmung von Aufträgen, Preisüberwachung usw.) als auch die

---

423 BACZ Nr. 22262 (Goerz Wien, Schriftwechsel).

424 Hans-Erich Volkmann: Außenhandel und Aufrüstung in Deutschland 1933 bis 1939. In: Friedrich Forstmeier, Hans-Erich Volkmann (Hg. i. Auftr. d. Militärgesch. Forschungsamts): Wirtschaft und Rüstung am Vorabend des Zweiten Weltkrieges, 2. Aufl., Düsseldorf 1981, S. 81–131, hier: S. 124–126, Anlage II. Die dort angegebenen Daten wurden zusammengestellt unter Berücksichtigung aller bis 1.1.1941 erfolgten Stornos und Berichtigungen.

Pflicht, über die Waffenausfuhr genau Buch zu führen, deren Ausfuhr nach der Aufhebung des Ausfuhrverbotes 1935 wieder erlaubt war[425].

Die Nachbauproblematik

Zu den nicht gering zu schätzenden Möglichkeiten der Exklusivposition gehörte in den genannten Organisationen die Mitentscheidung über Quantitäten und Qualitäten der Produktion und über Spezialaspekte des Absatzes. Insonderheit war damit auch die bereits erwähnte Nachbaufrage tangiert, d.h. die für ein führendes Hochtechnologieunternehmen geradezu existenzielle Problematik der ausschließlichen Nutzung der Inventionen und Innovationen. Hier zahlte sich die jahrzehntelange Erfahrung und das Verhandlungsgeschick von August Kotthaus aus, der die einschlägigen Wünsche des Regimes geschickt verzögerte und Entscheidungen im Sinne des Jenaer Stammhauses herbeiführte. Worum ging es?

In Hinsicht auf einen Konfliktfall war es günstiger, kriegswichtige Industrien über mehrere Standorte verteilt zu haben, um einem Totalvernichtungsrisiko aus dem Weg zu gehen. Diese Art räumlicher Risikostreuung erforderte die Kopier- oder Adaptierbarkeit der Hochtechnologie bzw. die Möglichkeit des Nachbaues. Mit diesem Anliegen war 1933 General Bockelberg an Carl Zeiss Jena herangetreten und hatte verlangt, Zeiss möge in nahestehenden Firmen Nachbaumöglichkeiten schaffen[426]. Als Zeiss jedoch Mitte 1934 zur Akzeptanz sehr weitgehender vertraglicher Regelungen bis hin zu einer Zurverfügungstellung von Nachbauunterlagen an Dritte für die Mobilisierungsvorbereitung aufgerufen wurde, war der Geschäftsleitung die enorme Brisanz dieses Anliegens sehr bewusst und man versuchte es zunächst mit einer Ablenkungs- und Verzögerungsstrategie[427]. Im Oktober 1935 wurde die Sache wieder

---

425 BACZ Nr. 22816 (Zeiss Jena, Ausfuhrgemeinschaft für Kriegsgerät).

426 BEYERMANN: Militärgeschäft, S. 30; BACZ Nr. 9724 (Zeiss Jena, Korrespondenz Kotthaus).

427 BACZ Nr. 9724.

aufgegriffen, und die Geschäftsleitung erreichte gegenüber den Generälen Liese und Leeb immerhin, dass Zeiss für den Nachbau der nach dem Ersten Weltkrieg erfolgten Eigenentwicklungen die Fertigungsstätten selbst bestimmen konnte. Doch das Regime forderte Gehorsam, d.h. es versuchte das Jenaer Unternehmen im Frühjahr 1936 zu einem inakzeptablen Vertrag zu pressen. Inzwischen waren nicht nur die genannten waffenamtlichen Unterhändler in die Angelegenheit involviert, sondern auch Keppler[428], Sauckel[429], Eberhardt[430] und Göring[431]. In einem geharnischten Einschreiben an General Liese vom 2. Mai 1936 wurde dieser gebeten, Sauckel mitzuteilen, die Stiftungsverwaltung von Zeiss sei nicht gewillt, den vorliegenden Vertrag zu unterschreiben[432], allenfalls in einer geänderten Form. Wohl nach einer Vermittlung Sauckels verständigten sich Keppler, Eberhardt und Kotthaus schließlich in einer Unterredung darauf, dass die Nachbaurechte im Sinne der Vorstellungen des Unternehmens geregelt werden sollten[433]. Doch ganz ohne

---

428 Der bayerische Fabrikant Wilhelm Keppler (geb. 1882), ein Vertrauter Hitlers, hatte nach den NSDAP-Wahlerfolgen 1930 einen „Freundeskreis" aus Spitzenleuten der Wirtschaft um Hitler zu versammeln. Wie zu sehen ist, blieb diese Vermittlungsarbeit weiterhin ein Charakteristikum der Tätigkeit Kepplers. Er war zu dieser Zeit Beauftragter Hitlers in der Reichskanzlei und Vertrauensmann der Industrie im Reichsstand der Deutschen Industrie. In ähnlicher Form wie mit der Zeiss-Geschäftsleitung hielt er auch die Verbindung von Wehrmacht und Reichswirtschaftsministerium zur Führung des IG-Farben-Konzerns, später im Auftrag der Vierjahresplan-Behörde (ESENWEIN-ROTHE: Wirtschaftsverbände, S. 187 f.; BARKAI: Wirtschaftssystem, S. 106 f.)

429 Vgl. PETER W. BECKER: Fritz Sauckel – Generalbevollmächtigter für den Arbeitseinsatz. In: SMELSER et al. (Hg.): Elite I, S. 236–245. Zur Einschätzung von Sauckels machtvollem und findigem Lavieren zwischen dem lange Zeit relativ undefinierten Bereich von Reich und Gau siehe JÜRGEN JOHN: Rüstungswirtschaftlicher Strukturwandel und nationalsozialistische Regionalpolitik. In: DETLEV HEIDEN und GUNTHER MAI (Hg.), Nationalsozialismus in Thüringen, Weimar/Köln/Wien 1995, S. 227.

430 Der Staatsrat Otto Eberhardt war Vertreter Thüringens in Berlin und Gauwirtschaftsberater des Gaues Thüringen der NSDAP (BACZ Nr. 22799).

431 BACZ Nr. 8413 (Zeiss Jena, Schriftwechsel mit Reichswehr).

432 BACZ Nr. 8416 (Zeiss Jena, Schriftwechsel mit Reichswehr).

433 BACZ Nr. 3376 (Zeiss Jena, Verhandlungen mit Reichskriegsministerium).

Zugeständnis an den Vermittler Sauckel dürfte das Ganze nicht abgelaufen sein. Jedenfalls gibt es Hinweise darauf, dass die Suhler Interessen des Reichsstatthalters von Thüringen durch den Jenaer Konzern Unterstützung erfuhren. Diese Interessen konzentrierten sich auf die Berlin-Suhler Waffen- und Fahrzeugwerke und den Aufbau der Wilhelm-Gustloff-Stiftung in der Industrieregion Suhl. Sie befanden sich unter Sauckels Kontrolle und er versuchte von dort aus – nicht zuletzt unter Ausnutzung seiner Gleichschaltungskompetenzen –, seine Machtbasis auszubauen.

Es lag im Selbstverständnis der nationalsozialistischen Doktrin begründet, den Versuch zu unternehmen, strategisch wichtige Unternehmen wie Zeiss politisch unter Kontrolle zu bekommen. Die Geschäftsleitung hatte sich so – wie geschildert – von Anfang des Regimes an heftiger Versuche der Gleichschaltung und des Eingriffs in die stiftungsmäßige Verfassung des Unternehmens zu erwehren. Jedoch hatten sich die Meinungsführer der Partei inzwischen weitgehend von frühen nationalsozialistischen Vorstellungen einer „Sozialisierung" verabschiedet und waren realistisch genug zu sehen, dass eine privatwirtschaftlich motivierte, funktionsfähige Großindustrie dem Staat mehr nützte als funktionärsgeführte Unternehmen ohne Erfahrungswissen. So lag es nahe, an den bislang überaus erfolgreichen Strukturen nicht zu rütteln und die Geschäftsleitung von Zeiss in der bisherigen Form beizubehalten. Klar war andererseits, dass das Unternehmen, auch wenn es in den Gesamtrahmen der nationalsozialistischen Wirtschaftsorganisation eingefügt war, versuchen musste, innerhalb des Systems seine Autonomie weitgehend zu bewahren. Dies galt für die verschiedenen Teile des Konzerns in unterschiedlicher Weise. Deutlich war von vorneherein das Bestreben, das Jenaer Stammwerk so wenig wie möglich mit Massen- bzw. geringwertiger Rüstungsgüterproduktion zu belasten, diese vielmehr in die Subunternehmen und Tochterfirmen zu verlagern. Auf der anderen Seite nutzte man das sich klar abzeichnende wachsende staatliche Nachfragepotenzial und die gewährten Subventionen zur Expansion. Man errichtete neue Fabriken und Staatsbetriebe quasi auf Kosten desselben und etablierte genau dort das militärische Massengeschäft. Man könnte hier von einer selbstbewussten Politik der Autonomiesicherung und der Risikostreuung sprechen. Es ist hier sicher zu beachten, dass mit Straubel und Bauersfeld noch zwei von drei (später wieder vier) Geschäftsleitern tätig waren, die bereits vor, während und

Abb. 42 Reichsstatthalter Fritz Sauckel spricht am 1.7.1941 zu der Zeissbelegschaft im Volkshaus Jena: Geschäftsführer Kotthaus inmitten der Größen aus der NSDAP

nach dem Ersten Weltkrieg mit an der Spitze des Unternehmens standen und die große, ja existenzielle, Gefahr einer allzu starken Militärorientierung kennen mussten. Dementsprechend gefestigt trat die Geschäftsleitung nach außen auf. Wenn schon vermehrte Rüstungsproduktion unumgänglich war, dann sollte der Auftraggeber, sprich der nationalsozialistische Staat, dafür aufkommen. Dass das Regime praktisch von vorneherein Kriegspläne hatte, wurde spätestens im August 1934 klar, als in einer Besprechung zwischen Major Ansat und Geschäftsleiter Kotthaus nicht nur der Fall einer militärischen Auseinandersetzung planerisch durchgespielt, sondern dabei auch eine Kriegsdauer von vier Jahren angenommen wurde. Konkret ging es dabei um die Sicherstellung des Rohstoffs Bor, der für die Herstellung optischen Glases völlig unverzichtbar war[434].

---

434 BACZ Nr. 8413; Beyermann: Militärgeschäft, S. 26.

Wirtschaftsgruppe Feinmechanik und Optik

Nach den Vorstellungen der von Reichswirtschaftsminister Kurt Schmitt im „Gesetz zur Vorbereitung des organischen Aufbaus der gewerblichen Wirtschaft“ formulierten neuen „Ordnung der Wirtschaft“ waren die neu zu schaffenden Verbände diejenigen, denen erhebliche Macht zukam. Die Fachhierarchie sah die Zusammenfassung von Untergruppen zu Fachgruppen und diese zu Hauptwirtschaftsgruppen vor. Von den 13 vorgesehenen fasste eine Hauptwirtschaftsgruppe die Fachgruppen „Maschinenbau, Elektrotechnik, Optik und Feinmechanik“ zusammen[435]. Schmitts Ziel war eine Organisation, die als Lenkungsinstrumentarium des Staates taugte[436]. Das berufsständisch-horizontale war in das vertikale, streng fachlich definierte Strukturprinzip transformiert worden und ermöglichte es außerverbandlichen Kräften kaum mehr, ihre Interessen durchzusetzen[437]. Die in bestimmten Industriebereichen dominierenden Industriellen strebten nach der Verbandsmacht, in der die Figur des „Führers“ nach den Vorstellungen des Vorsitzers des Reichsverbandes der Elektroindustrie und 1934 von Schmitt zum „Führer der gewerblichen Wirtschaft“ ernannten Fabrikanten Philipp Keßler eine entscheidende Rolle spielen sollte:

> „Diese Führer (müssen) erstens Männer sein, die tadelsfrei im Charakter sind, zweitens solche, die den nationalsozialistischen Staat zuverlässig bejahen ... Es ist drittens wichtig, daß die Männer Erfahrung haben, und viertens, daß sie im Leben nachweislich Erfolg gehabt haben ...“[438] .

Die Wirtschaftsgruppe Feinmechanik und Optik orientierte sich bis zu einem gewissen Grad an der Deutschen Gesellschaft für Mechanik und Optik, deren Präsidium Paul Henrichs, der kaufmännische Leiter des Zeisswerks, seit 1927 angehört hatte. Henrichs wurde

---

435 ESENWEIN-ROTHE: Wirtschaftsverbände, S. 44.

436 Ebenda, S. 45.

437 Ebenda, S. 55.

438 Vgl. PHILIPP KEßLER: Organisatorische Grundlagen der Wirtschaftslenkung, in: Wirtschaftslenkung (Tagungsprotokoll vom 24.4.1934 des Ausschusses für Allgemeine Wirtschafts- und Sozialpolitik des Reichsstandes der Deutschen Industrie). Zit. in ESENWEIN-ROTHE: Wirtschaftsverbände, S. 58 FN 8.

am 20. September 1937 zum Leiter der Wirtschaftsgruppe berufen[439]. Es ist davon auszugehen, dass er die für diese Position geforderte „Linientreue“ aufwies, worauf Ausführungen bei Gelegenheit seiner Amtsübernahme hindeuten:

> „Notwendig ist zu überlegen, was die Stunde fordert, und freiwillig in freudiger Überzeugung an den Aufgaben, die vom Führer gestellt sind, mitzuarbeiten. Voraussetzung hierfür ist die positive Einstellung zum nationalsozialistischen Staat; nur diese berechtigt und verleiht den Mut, auch einmal Kritik in bejahendem Sinne zu üben, wenn eine solche angebracht ist. Nationalsozialismus trägt seine Erfüllung nicht in Reden und Anordnungen, sondern muß Herzenssache eines jeden einzelnen sein. Die Grundhaltung entscheidet und macht die Entschließung im Einzelfalle leichter“[440].

In seiner Eigenschaft als Leiter der Wirtschaftsgruppe war er gleichzeitig seit 1940 Mitglied des großen Beirats der Reichsgruppe Industrie, deren handelspolitischem Ausschuss er bereits seit 1936 angehört hatte. Seit 1941 war er Mitglied des Ostasienausschusses. Ferner war er seit Anfang 1940 berufenes Mitglied im Ausschuss für wirtschaftliche Fertigung beim Reichskuratorium für Wirtschaft-

---

439 BACZ Nr. 8054 (Mitteilungen der Wirtschaftsgruppe Feinmechanik und Optik Nr. 1, Januar 1942).

440 „Paul Henrichs zum 60. Geburtstag“. In: Mitteilungen der Wirtschaftsgruppe Feinmechanik und Optik, Nr. 1, Jan. 1942, S. 3. In: BACZ Nr. 8054. Während Küppenbender Leiter des technischen Apparates bei der Zeiss Ikon und später im Jenaer Zeisswerk war, oblag der finanzwirtschaftliche Bereich Paul Henrichs, der bereits im Jahre 1901 als erster kaufmännischer Lehrling in die Firma Carl Zeiss eingetreten war. Er konnte also bereits auf eine 25-jährige Firmenzugehörigkeit zurückblicken, als er per 1. Oktober 1926 in die Geschäftsleitung berufen worden war, um dort die Ressorts Verwaltung, Verkauf und Finanzen zu verantworten. Seit dem 20. Juli 1934 gehörte er auch der Geschäftsleitung der Jenaer Glaswerke Schott & Genossen an. Als Nachfolger von Max Fischer hatte er das Unternehmen bald nach seinem Amtsantritt durch die schwerste Wirtschaftskrise zu führen, die die Weltwirtschaft bis dahin durchlaufen hatte. Hinzu kamen die komplexen Umstrukturierungsmaßnahmen infolge der Fusion und schließlich die Problematik der gelenkten Wirtschaft und der Zwangslagen in den 30er Jahren. Bei vielen Artikeln waren Preisvorgaben an der Tagesordnung. BACZ Nr. 1395 (Akte Paul Henrichs); BACZ Nr. 30222 (Zeiss-Werkzeitung, Jg. 16, Heft 2, April 1941). BACZ Nr. 16251. W 120.

lichkeit. Daneben hatte er eine Reihe bezirklicher Funktionen inne, wo er z.B. seit 1938 im Rahmen der Fachgemeinschaft Eisen und Metall Leiter der Bezirksfachgemeinschaft Thüringen war.

In Würdigung seiner Aufgaben erhielt er im Sommer 1940 mit einem persönlichen Schreiben Görings das Kriegsverdienstkreuz des „Führers“ verliehen.

Die Funktion des Leiters der Wirtschaftsgruppe nahm Henrichs bis 1943 wahr[441]. Er war jedoch nicht der einzige aus dem Zeiss-Konzern, der in der Wirtschaftsgruppe in verantwortlicher Position mitwirkte, denn der Hauptgeschäftsführer derselben, Dr. Karl Albrecht, entstammte der Emil Busch AG Rathenow, deren Aktienmehrheit Zeiss im Mai 1929 übernommen hatte und die seitdem quasi den Status eines Zeiss-Tochterunternehmens hatte. Albrecht besaß bei Busch Prokura, war Abteilungsleiter und verfasste Mitte der 20er Jahre gar eine Firmengeschichte seines Stammhauses[442]. Albrechts Aufgabe als Beauftragter des Wirtschaftsministeriums war es, die Industrie zur Produktion von Militärgerät zu bewegen und eine Art Controlling darüber zu leisten. Es war geplant, den einschlägigen Firmen abzuverlangen, wenigstens die Hälfte ihrer Produktionskapazitäten dafür zur Verfügung zu stellen. Die andere Hälfte sollte für den Export von Zivilprodukten reserviert bleiben, um an Devisen zu kommen[443].

Eine gewisse Dominanz des Jenaer Unternehmens in der Wirtschaftsgruppe Feinmechanik und Optik ergab sich nicht nur aus den leitenden Funktionen der Zeissianer Henrichs und Albrecht[444]. Auch ein Blick auf die Statistik (S. 235) verdeutlicht den Beitrag.

Der gesamte Export, der über die Wirtschaftsgruppe lief, wurde in den Produktbereichen Zielfernrohre, optische Messinstrumente und Feinmessinstrumente zwischen 1936 und dem ersten Halbjahr 1941 stets zu weit über 50 Prozent, zuweilen bis zu 100 Prozent aus der Zeiss'schen Produktion bedient[445].

---

441 BACZ Nr. 15815 (Unterlagen über P. Henrichs).

442 Karl Albrecht: Die Geschichte der Emil Busch A.-G. Optische Industrie Rathenow vom wirtschaftswissenschaftlichen Standpunkt (Optische Bücherei, Bd. 3), Erfurt 1925.

443 REPORT, S. 132.

444 Albrecht und Henrichs kannten sich seit Herbst 1933 persönlich (siehe Brief von Karl Albrecht an Henrichs zu dessen 60. Geburtstag in BACZ Nr. 8054).

445 BACZ Nr. 22286.

	Zielfernrohre		Mikroskope		optische Mess-instrumente		Feinmess-instrumente		sonstige optische Mess-instrumente	
Kalenderjahr 1936	k.A.	k.A.	43	64	61	66	76	89	69	94
1. Halbjahr 1937	98	100	45	59	77	86	86	93	64	88
2. Halbjahr 1937	k.A.	k.A.	41	81	83	88	84	93	20	88
1. Halbjahr 1938	97	100	41	68	79	93	86	97	31	100
2. Halbjahr 1938	99	100	38	81	82	63	91	95	40	100
1. Halbjahr 1939	95	34	34	57	70	79	88	100	99	100
2. Halbjahr 1939	k.A.	k.A.	26	31	64	61	88	80	98	100
1. Halbjahr 1940	92	99	36	48	66	50	85	98	98	100
2. Halbjahr 1940	86	100	42	57	66	63	k.A.	k.A.	k.A.	k.A.
1. Halbjahr 1991	100	100	33	49	59	52	k.A.	k.A.	k.A.	k.A.

Quelle: Zusammengestellt aus BACZ, Bestands-Nr.: 22286; Krämer, S. XVIII.
(1. Spalte jeweils Anteil von Zeiss am Gesamtexport der Wirtschaftsgruppe Feinmechanik und Optik, 2. Spalte jeweils Anteil von Zeiss am Rußlandexport der Wirtschaftsgruppe Feinmechanik und Optik)

Im Rahmen der Aufrüstungsbestrebungen Hitlers wurde die deutsche feinmechanisch-optische Industrie zu einem wichtigen strategischen Faktor. Zeiss und Zeiss Ikon waren die führenden Unternehmen auf diesem Sektor und schienen sich des politischen Einflusses so wenig entziehen zu können wie irgend ein anderes industrielles Großunternehmen in den 30er Jahren. Nach dem Tod von August Kotthaus war Heinz Küppenbender per 15. August 1941 in die Geschäftsleitung des Zeisswerks in Jena eingetreten[446]. Dieser war im Oktober 1934 bei der Zeiss Ikon AG als Prokurist, im September 1935 zum stellvertretenden Vorstandsmitglied und im April 1938 zum ordentlichen Vorstandsmitglied bestellt worden[447]. Darüberhinaus saß er im Aufsichtsrat der Emil Busch AG, Optische Industrie Rathenow[448].

Zu seinen Aufgaben gehörte die Produktionsleitung, d.h. die Lösung der Rohstofffrage sowie die Koordination und Verbindung mit

446 VA 2047 (Allgemeiner Anschlag vom 13.8.1941); BACZ Nr. 1723 (Zeiss-Werkzeitung, Jg. 18, Heft 1, Febr. 1943).

447 VA 2047 (Lebenslauf vom 21.7.1941); BACZ Nr. 1395 (Zeiss-Ikon Werkzeitung: Waffe und Werkzeug, Nov. 1941).

448 BACZ Nr. 23631 (Emil Busch A.G., Opt. Industrie Rathenow).

Abb. 43
Dr. Karl Albrecht
(11.3.1942)

dem Reichsminister für Bewaffnung und Munition. Küppenbender oblag es nun, Wehrmachtsgerät zu konstruieren, beispielsweise Geräte zum Bombenabwurf im Horizontal- und Sturzflug. Im Krieg, am 11. Juli 1941, ernannte ihn der Reichsminister der Luftfahrt zum Beauftragten für das Sondergebiet Bombenzielgeräte der deutschen Luftwaffe. Bereits im Januar 1941 war er zum Wehrwirtschaftsführer in seinem Bereich „berufen" worden[449].

[449] VA 2047; BACZ Nr. 1395. Küppenbender war in der optischen Industrie und den einschlägigen Institutionen des Regimes vielfacher Funktionsträger. Zu den genannten Aufgaben kam noch seine Mitgliedschaft im Wissenschaftlichen Beirat der Optischen Arbeitsgemeinschaft im Heereswaffenamt, seine Mitgliedschaft im Ausschuss für Leistungssteigerung und seine Berufung in den Beirat der Gauarbeitskammer. BACZ Nr. 3406 (Brief des Leiters der Industrieabteilung der Gau-Wirtschaftskammer Thüringen an Küppenbender vom 14.12.1943); BACZ Nr. 3369 (Brief des Gauleiters Thüringen vom 5.8.1943 an Küppenbender).

Abb. 44
Dipl.-Ing. Dr.
Heinz Küppenbender

Die Industrie hatte seit 1940 wieder Verantwortungs- und Handlungsspielräume bekommen, die früher den Beschaffungsämtern der Wehrmacht oblagen. Die Handlungskompetenz war also von den Militärs auf die Ingenieure übergegangen, die nun die feinmechanisch-optische Industrie in zwei Sonderausschüssen führten (G1 „Optisches und feinmechanisches Rüstungsgerät" und G2 „Wehrmachts- und Allgemeines Gerät"). Beide Ausschüsse wurden von Zeiss-Leuten geleitet: G1 von Küppenbender und G2 von Paul Henrichs, der der Geschäftsleitung von Zeiss seit 1926 angehörte[450].

Als „Vorsitzer" des Sonderausschusses G1 hatte Küppenbender die Produktionsstrukturen den Anforderungen der Wehrmacht anzupassen, d.h. zu rationalisieren, die Konstruktionen zu vereinfachen und gleichzeitig das logistische Potenzial zu optimieren[451].

---

450 BACZ Nrn. 23631; 3372 (Brief Küppenbenders vom 16.10.1942 an das Oberkommando des Heeres).
451 Siehe hierzu Organigramm in BACZ Nr. 22838.

Sein Stellvertreter war Dr. Karl Albrecht, der erwähnte Hauptgeschäftsführer der Wirtschaftsgruppe Feinmechanik und Optik.

Der Sonderausschuss war in acht Arbeitsgruppen (A bis H) aufgeteilt, die jeweils wieder einen bis neun Arbeitskreise bildeten. Diese hatten wiederum „Vorsitzer", von denen einige dem Zeiss-Konzern angehörten. So war Vorsitzer der Arbeitsgruppe C „Richtgeräte und Beobachtungsoptik für Marine und Flak" der bei Zeiss tätige Dipl.-Ing. E. Schreiber und auch sein Stellvertreter H. Maaz gehörte dem Zeisswerk an. Die Arbeitsgruppe D „Entfernungsmesser" leitete der Konteradmiral a.D. W. Hirth von Carl Zeiss Jena und auch hier war der Stellvertreter ein Zeiss-Mitarbeiter, nämlich Oberingenieur G. Kresse. Zweiter Stellvertreter der Arbeitsgruppe F „Kommando-Geräte 40 u. 40M" war Dipl.-Ing. O. Schmidt vom Zeisswerk und der Vorsitzer von Arbeitsgruppe G „Hilfskommandogerät" war der Direktor des von Zeiss kontrollierten Goerzwerks in Berlin-Zehlendorf, Dr.-Ing. H. Hemscheidt. Ferner gab es – ebenfalls unter dem Vorsitz von Küppenbender – einen sechsköpfigen Planungsausschuss sowie 12 Bezirksbeauftragte in den Wehrkreisen, in denen sich einschlägige Fertigungsstätten für optisches und feinmechanisches Rüstungsgerät befanden. Den Wehrkreis IXb, Bezirk Thüringen, Jena, vertrat der Dipl.-Ing. A. Winkler von Carl Zeiss Jena.

Fünftes Kapitel

Zeiss 1939–1945

Kriegsbeginn und „Übergangswirtschaft“

Der Kriegsausbruch im September 1939 führte – zumal in den militärstrategisch wichtigen Großindustrieunternehmen wie Zeiss – vollends zur praktisch vollständigen Zurückdrängung der Zivilproduktion zugunsten der Herstellung von Militärgerät. Bis zum Jahre 1939 stellte Zeiss nicht weniger als 20.306 verschiedene militärtechnische Erzeugnisse her[452]. 1939 produzierte das Zeisswerk Güter im Wert von 114 Millionen Reichsmark. Dieser wurde bis 1944 (236 Millionen Reichsmark) um mehr als das Doppelte gesteigert, und zwar über 141 Millionen (1940), 170 Millionen (1941), 216 Millionen (1942) auf 189 Millionen (1943)[453].

Die rückläufige Restgröße ziviler Produktion wurde ebenfalls stärkerer Lenkung unterworfen und der Wirtschaftsgruppe Feinmechanik und Optik übertragen. Innerhalb der Wirtschaftsgruppen hatten meist deren Geschäftsführer die Funktion des Mobilisierungs- (Mob-)Beauftragten inne, im Falle der Wirtschaftsgruppe Feinmechanik und Optik also Karl Albrecht. Sie hatten bis zum 10. September 1939 Produktionspläne aufzustellen, den Firmen die notwendigen Einzelanweisungen zur Erweiterung, Drosselung oder Stilllegung ihrer Produktion zuzustellen und damit die Umstellung auf die Kriegswirtschaft zu organisieren. Darüber war Bericht zu erstatten[454]. Offenbar ging der Übergang in der Feinmechanik und Optik – sehr im Unterschied zu anderen Industriegruppen – relativ reibungslos vor sich. Die Wirtschaftsgruppe erhielt 1942 die Funktion einer Reichsstelle und damit noch direktere Eingriffsmöglichkeiten in den zivilen Bereich der Feinmechanik und Optik. Die Reichsstelle wurde von Henrichs als Reichsbe-

---

452 Wolfgang Mühlfriedel, Edith Hellmuth: Die Firma Carl Zeiss Jena 1933–1939. In: Detlev Heiden, Gunther Mai (Hg.), Nationalsozialismus in Thüringen, Weimar/Köln/Wien 1995, S. 247–268, hier: S. 268.

453 REPORT, S. 90.

454 Rolf-Dieter Müller: Die Mobilisierung der deutschen Wirtschaft für Hitlers Kriegführung. In: Militärgeschichtliches Forschungsamt (Hg.), Das Deutsche Reich und der Zweite Weltkrieg, Bd. 5: Organisation und Mobilisierung des deutschen Machtbereichs, Erster Halbband: Kriegsverwaltung, Wirtschaft und personelle Ressourcen 1939–1941, Stuttgart 1988, S. 349–689, hier: S. 368. Dort Verweis auf den Bericht von Albrecht vom 31.10.1939, Anatomie des Krieges, Nr. 100.

auftragtem geleitet. 1943 wurden die Sonderausschüsse „Optisches und feinmechanisches Rüstungsgerät“ und „Allgemeine feinmechanische und optische Erzeugnisse“ eingeführt. Ferner gab es Fachreferate des Lenkungsbereichs, die sich aufgliederten in: Augenoptik, optische Geräte, Foto-, Kino- Projektionsgeräte, feinmechanische Erzeugnisse und Erzeugnisse der Medizinmechanik[455]. Diese Neuorganisation und der Maßnahmenkatalog standen ganz im Zeichen der Straffung unter zunehmend stärker werdendem Kriegsdruck, im Rahmen derer Albert Speer als Reichsminister für Bewaffnung und Munition, insbesondere aber Hans Kehrl als Schöpfer der Lenkungsbereiche versuchten, die beträchtlichen organisatorischen Defizite des gesamten industriellen und Kriegsapparats zu beseitigen und die Bewirtschaftung zu erleichtern. Einige wenige Daten mögen die Schwerfälligkeit und Ineffizienz des Lenkungssystems verdeutlichen: Sämtliche industriellen Hersteller der Feinmechanik und Optik mussten nach dem bis 1943 gültigen Bewirtschaftungsverfahren allein für die Beschaffung von Eisen und Metallen jährlich insgesamt 2,5 Millionen Anforderungsscheine ausstellen. Nach den neu eingeführten Bewirtschaftungsverfahren reduzierte sich die Zahl der auszufüllenden Scheine auf „nur“ noch 8.000[456]. Die Aufgaben der Ausschüsse nahmen durch den zunehmend schwierig zu erfüllender Anspruch der Deckung des kriegswichtigen Bedarfs an Umfang und Komplexität zu. Erforderliche Erzeugnisse mussten nach Sorten und Typen genau festgelegt, technische Vorschriften über ihre kriegsgemäße Ausstattung ausgearbeitet, sogenannte Bestverfahren und Bestbetriebe durch Fertigungszeitenvergleiche ermittelt und im übrigen genaue Erzeugungspläne, Belegungspläne und Herstellungsanweisungen erstellt werden. Der totale Krieg erforderte offenbar nun auch die totale Planung und Lenkung. Die kriegswichtige Fertigung bedurfte einer neuen Differenziertheit, stetiger Dringlichkeitsabschätzungen, Kapazitäts- und Bedarfsanalysen und dergleichen, sodass der Sonderausschuss „Optisches und feinmechanisches Rüstungsgerät“ de facto auch die Funktion einer „Auftragssteuerungsstelle“ wahrnahm. Diese Aufgabe gestaltete sich schon deshalb problematisch, weil es im Zuge der Auswahl der „Bestbetriebe“ zur Selek-

---

455 BACZ Nr. 31643 (Karl Albrecht, Feinmechanik und Optik, Lenkungsbereich V, Wirtschaftskartei 388 vom 4.6.1943, Pag. 3052)

tion, d.h. zum Ausscheiden bestimmter Fertigungen und Betriebe kommen musste. In diesem Zusammenhang waren die Bezirksbeauftragten zu konsultieren. Als lenkende Instanz zunehmend wichtig wurde die Zentralstelle für Optik und Feinmechanik beim Rüstungsamt des Reichsministers für Beschaffung und Munition. Die organisatorische Durchdringung – dies sei hier nur in groben Zügen angedeutet – reichte z.B. bis zur Lehrenprüfstelle beim Oberkommando der Wehrmacht in bezug auf die optischen und feinmechanischen Messwerkzeuge. Angesichts dessen lässt sich leicht ermessen, welchen Grad an Intransparenz und Ineffizienz Hitlers militärischer Produktionsapparat in der Phase seiner größten Beanspruchung aufwies. Nur durch erhebliche Anstrengungen gelang es z.B. 1943 noch, die Versorgung der Augenoptiker und ihrer Geschäftseinrichtungen mit Brillengläsern und Brillengestellen sicherzustellen. Infolge der Rationalisierungen und kriegsbedingter Stilllegungsaktionen bei Großhändlern und Herstellern war es zu Engpässen gekommen, die nur dadurch leidlich zu beseitigen waren, dass die Geschäftsführung der Deutschen Brillengläser-Konvention e.V. (dabei handelte es sich um ein reines Preis- und Konditionenkartell) in eine Treuhandstelle als Abteilung der Reichsstelle umgewandelt wurde. Diese Treuhandstelle erhielt die Aufgabe, treuhänderisch die Kundenlisten der stillzulegenden bzw. stillgelegten Betriebe zu verwalten und die Umschaltung der Lieferbeziehungen durchzuführen. Gleichzeitig hatte die Stelle die laufenden Geschäfte der bestehenden Marktregelung auf dem Gebiet der Brillengläser wahrzunehmen[457]. In diesem Fall wurden also die Organe des Kartells vollständig mit den Organen des Lenkungsbereichs verschmolzen, sozusagen die Gleichschaltung durch Umschaltung erreicht. 1944 erfolgte eine erneute Straffung durch deren Zusammenfassung im Hauptausschuss „Feinmechanik“[458]. Dadurch hatte Henrichs weiterhin den besten Einblick und Steuerungsmöglichkeiten im zivilen Bereich seiner Branche unter Einschluss des Außenwirtschaftsverkehrs.

---

456 BACZ Nr. 31643, Pag. 3051.
457 BACZ Nr. 31643, Pag. 3058.
458 BACZ Nr. 6228 (Geschichte der wirtschaftspolitischen Organisation der Feinmechanik und Optik).

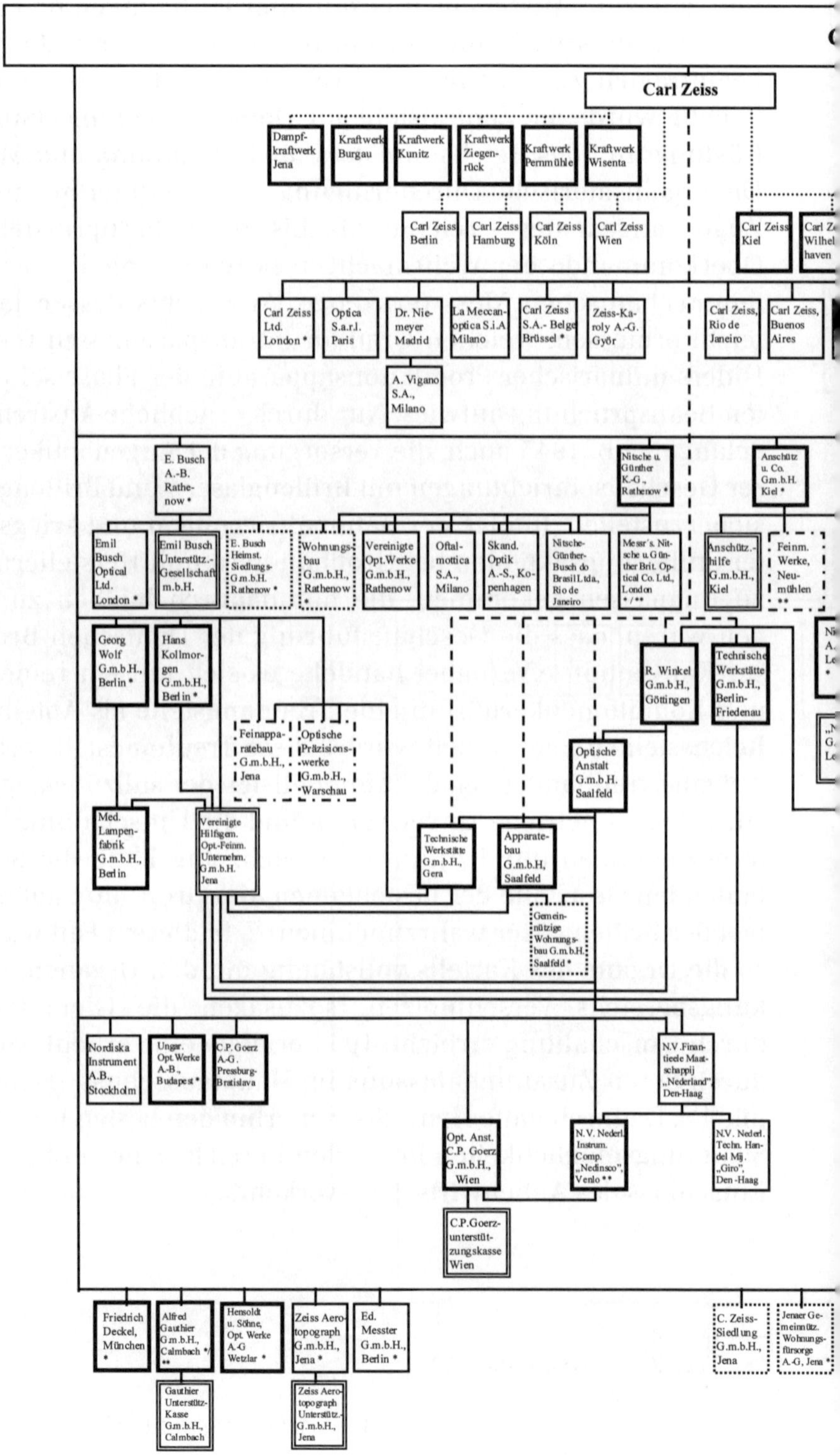
Carl Zeiss
Dampf-kraftwerk Jena
Kraftwerk Burgau
Kraftwerk Kunitz
Kraftwerk Ziegen-rück
Kraftwerk Pemmühle
Kraftwerk Wisenta
Carl Zeiss Berlin
Carl Zeiss Hamburg
Carl Zeiss Köln
Carl Zeiss Wien
Carl Zeiss Kiel
Carl Zeiss Ltd. London *
Optica S.a.r.l. Paris
Dr. Nie-meyer Madrid
La Meccan-optica S.i.A. Milano
Carl Zeiss S.A.- Belge Brüssel *
Zeiss-Ka-roly A.-G. Györ
Carl Zeiss, Rio de Janeiro
Carl Zeiss, Buenos Aires
A. Vigano S.A., Milano
E. Busch A.-B. Rathe-now *
Nitsche u. Günther K.-G., Rathenow *
Anschütz u. Co. G.m.b.H. Kiel *
Emil Busch Optical Ltd. London *
Emil Busch Unterstütz.-Gesellschaft m.b.H.
E. Busch Heimst. Siedlungs-G.m.b.H. Rathenow *
Wohnungs-bau G.m.b.H., Rathenow *
Vereinigte Opt.Werke G.m.b.H., Rathenow
Oftal-mottica S.A., Milano
Skand. Optik A.-S., Ko-penhagen *
Nitsche-Günther-Busch do Brasil Ltda, Rio de Janeiro
Messr's. Nit-sche u. Gün-ther Brit. Op-tical Co. Ltd., London */**
Anschütz.-hilfe G.m.b.H., Kiel
Feinm. Werke, Neu-mühlen **
Georg Wolf G.m.b.H., Berlin *
Hans Kollmor-gen G.m.b.H., Berlin *
R. Winkel G.m.b.H., Göttingen
Technische Werkstätte G.m.b.H., Berlin-Friedenau
Feinappa-ratebau G.m.b.H., Jena
Optische Präzisions-werke G.m.b.H., Warschau
Optische Anstalt G.m.b.H. Saalfeld
Med. Lampen-fabrik G.m.b.H., Berlin
Vereinigte Hilfsgem. Opt.-Feinm. Unternehm. G.m.b.H. Jena
Technische Werkstätte G.m.b.H., Gera
Apparate-bau G.m.b.H, Saalfeld
Gemein-nützige Wohnungs-bau G.m.b.H. Saalfeld *
Nordiska Instrument A.B., Stockholm
Ungar. Opt. Werke A.-B., Budapest *
C.P. Goerz A.-G. Pressburg-Bratislava
N.V. Finan-tieele Maat-schappij „Nederland", Den-Haag
Opt. Anst. C.P. Goerz G.m.b.H., Wien
N.V. Nederl. Instrum. Comp. „Nedinsco", Venlo **
N.V. Nederl. Techn. Han-del Mij. „Giro", Den-Haag
C.P.Goerz-unterstüt-zungskasse Wien
Friedrich Deckel, München *
Alfred Gauthier G.m.b.H., Calmbach */**
Hensoldt u. Söhne, Opt. Werke A.-G Wetzlar *
Zeiss Aero-topograph G.m.b.H., Jena *
Ed. Messter G.m.b.H., Berlin *
Gauthier Unterstütz-Kasse G.m.b.H., Calmbach
Zeiss Aero-topograph Unterstütz.-G.m.b.H., Jena
C. Zeiss-Siedlung G.m.b.H., Jena
Jenaer Ge-meinnütz. Wohnungs-fürsorge A.-G, Jena *

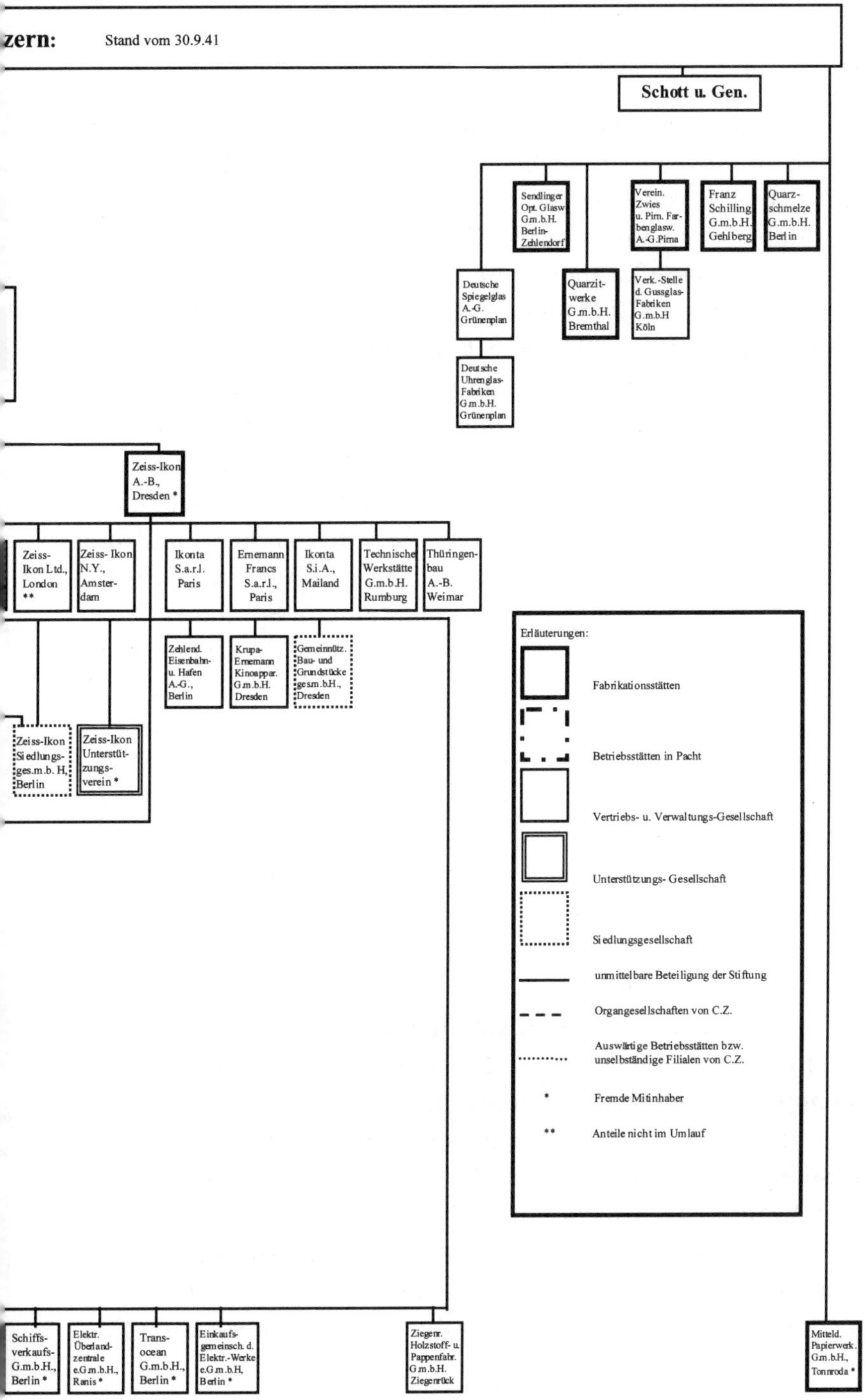
zern:
Stand vom 30.9.41
Schott u. Gen.
Sendlinger Opt. Glasw. G.m.b.H. Berlin-Zehlendorf
Verein. Zwies u. Pirn. Farbenglasw. A.-G. Pirna
Franz Schilling G.m.b.H. Gehlberg
Quarzschmelze G.m.b.H. Berlin
Deutsche Spiegelglas A.-G. Grünenplan
Quarzitwerke G.m.b.H. Bremthal
Verk.-Stelle d. Gussglas-Fabriken G.m.b.H Köln
Deutsche Uhrenglas-Fabriken G.m.b.H. Grünenplan
Zeiss-Ikon A.-B., Dresden *
Zeiss-Ikon Ltd., London **
Zeiss-Ikon N.Y., Amsterdam
Ikonta S.a.r.l. Paris
Ernemann Francs S.a.r.l., Paris
Ikonta S.i.A., Mailand
Technische Werkstätte G.m.b.H. Rumburg
Thüringenbau A.-B. Weimar
Zehlend. Eisenbahn- u. Hafen A.-G., Berlin
Krupa-Ernemann Kinoappar. G.m.b.H. Dresden
Gemeinnütz. Bau- und Grundstücke gesm.b.H., Dresden
Zeiss-Ikon Siedlungs-ges.m.b.H., Berlin
Zeiss-Ikon Unterstützungsverein *
Erläuterungen:
Fabrikationsstätten
Betriebsstätten in Pacht
Vertriebs- u. Verwaltungs-Gesellschaft
Unterstützungs- Gesellschaft
Siedlungsgesellschaft
unmittelbare Beteiligung der Stiftung
Organgesellschaften von C.Z.
Auswärtige Betriebsstätten bzw. unselbständige Filialen von C.Z.
* Fremde Mitinhaber
** Anteile nicht im Umlauf
Schiffs-verkaufs-G.m.b.H., Berlin *
Elektr. Überland-zentrale e.G.m.b.H., Ranis *
Trans-ocean G.m.b.H., Berlin *
Einkaufs-gemeinsch. d. Elektr.-Werke e.G.m.b.H, Berlin *
Ziegenr. Holzstoff- u. Pappenfabr. G.m.b.H. Ziegenrück
Mitteld. Papierwerk G.m.b.H., Tonnroda *

Außenwirtschaft im Krieg

Die Prüfverfahren im Außenwirtschaftsverkehr wurden mit Kriegsbeginn wesentlich strenger als bis dahin gehandhabt. Exportgenehmigungen wurden seltener gewährt und noch genauer unter dem Gesichtspunkt der Devisenbeschaffung und Länderwertigkeit erteilt. Die von Zeiss konsultierte Länderwertigkeitsliste für Ausfuhrerzeugnisse führte 1939 Präferenzen für folgende Ausfuhrländer auf: Niederlande, Belgien, Dänemark, Finnland, Norwegen, Schweden, Jugoslawien, Rumänien, Italien und Russland. Geringste Priorität hatten die Länder der iberischen Halbinsel und Übersee[459].

Es wurden Maßnahmen gegen potenzielle Beschlagnahmung seitens der Alliierten ergriffen. Aus Sicherheitsgründen konzentrierte man die Lieferungen sehr stark auf die verbündeten bzw. neutralen Staaten, d.h. auf Japan, Schweden, die Schweiz, Italien und die Niederlande, später, gegen Kriegsende, besonders auf Spanien[460].

Die wichtigsten Abnehmerländer Zeiss'scher Militärprodukte vor dem Krieg waren Russland und die Türkei. 1937/38 lieferte Zeiss Geräte im Wert von über 1,75 Millionen Reichsmark an Russland, darunter vor allem Entfernungsmesser (knapp 1,38 Millionen Reichsmark). 1938/39 wurden in die Türkei militärische Erzeugnisse im Wert von knapp 2 Millionen Reichsmark geliefert, davon allein Fernrohre für über 1,13 Millionen Reichsmark sowie Richtgeräte für über 360.000 Reichsmark und Entfernungsmesser im Wert von mehr als 216.000 Reichsmark.

Im Geschäftsjahr 1939/40, dem ersten Kriegsjahr, stand Griechenland an erster Stelle der Kundenliste für militärische Güter. Von den über 2,5 Millionen Reichsmark entfielen allein auf Flakkommandogeräte knapp 2 Millionen Reichsmark und über 304.000 Reichsmark auf Entfernungsmesser. Zweitwichtigster Abnehmer war in diesem Geschäftsjahr Italien (mit knapp 1,8 Millionen Reichsmark) vor Schweden, Rumänien, Brasilien und Holland.

1940/41 stand Russland mit weitem Abstand an vorderster Stelle der Lieferliste von Carl Zeiss Jena. Wieder waren es vor allem Entfernungsmesser (über 2,51 Millionen Reichsmark), aber auch Flak-

---

459 W 62 (Länderwertigkeitsliste für Ausfuhrerzeugnisse).
460 BACZ Nr. 11619 (Militär-Umsatz 1939/40–1944/45).

kommandogeräte (knapp 1,23 Millionen Reichsmark) und Richtgeräte (mehr als 990.000 Reichsmark), die gen Osten transportiert wurden.

1941/42 und 1942/43 erzielte Zeiss die größten Militär-Auslandsumsätze in Schweden mit über 1,07 bzw. 1,58 Millionen Reichsmark. Dabei handelte es sich vor allem um Entfernungsmesser, Zielfernrohre und Feldstecher. Auch im Folgejahr 1943/44 war Schweden Abnehmer von Entfernungsmessern, diesmal im Wert von knapp 2,04 Millionen Reichsmark.

Zu dieser Zeit hatte sich der Absatzschwerpunkt nach Spanien verlagert. Das spanische Militär kaufte 1943/44 bei Zeiss Produkte im Wert von über 4,1 Millionen Reichsmark, darunter allein Kommandogeräte für mehr als 3,5 Millionen Reichsmark.

Je länger der Krieg andauerte, desto mehr erhöhte sich der Unsicherheitsgrad wirtschaftlichen Handelns, die Konfiszierungsrisiken nahmen zu. Die gesamte Absatzlogistik musste auf alle möglichen Eventualitäten ausgerichtet werden. Umwege, etwa die Belieferung des japanischen Marktes über Russland unter Benutzung der Transsibirischen Eisenbahn, mussten in Kauf genommen werden[461]. Teilweise brachen die Beziehungen ganz ab, was insbesondere beim nordamerikanischen Markt nach Eintritt der USA in den Krieg der Fall war.

Umso bemerkenswerter ist die Tatsache, dass zwar der Anteil des Auslandsumsatzes am Gesamtumsatz von 1939 bis 1942 von 19,1 auf 7,3 Prozent zurückging, 1943 aber wieder auf 9,7 Prozent anstieg. Überhaupt war das Jahr 1943 das bis dahin umsatzträchtigste in der Geschichte von Carl Zeiss Jena überhaupt. Der Gesamtumsatz war auf historische 236,25 Millionen Reichsmark gestiegen[462]. Die folgenden zwei Jahre standen im Zeichen des totalen Krieges und des wirtschaftlichen Niedergangs.

Die Belieferung der Filialen wurde zum nahezu unkalkulierbaren Unterfangen. Natürlich versuchte man, durch die Geheimhaltung der Herkunft und Einschaltung von Absendern befreundeter Staaten wie Italien sowie durch Benutzung von Strohfirmen und Mittelsmännern im Ausland die Sendungen zu kaschieren. Freilich

---

461 BACZ Nr. 3383 (Brief von Henrichs an Müncks vom 13.1.1940).

462 BACZ Nr. 19217 (Übersicht über die Entwicklung der Firma Carl Zeiss Jena).

tauchte der Name Zeiss offiziell nirgends mehr auf[463]. Doch gleichwohl war dies ein mühsames, langwieriges und überdies mit hohen Transaktionskosten behaftetes, teures Verfahren.

Das Filialgeschäft in den „feindlichen" Ländern wurde langsam zurückgeführt und schließlich eingefroren, um Konfiskationen vorzubeugen.

Mit der Londoner Filiale wurde der direkte Liefer- und Schriftverkehr gleich bei Kriegsbeginn eingestellt, der Kontakt mit den anderen Filialen ebenfalls sukzessive reduziert. Mit Rio de Janeiro und Tokio hielt man bis 1941 Waren- und Briefaustausch, mit Buenos Aires bis 1942, mit Mailand, Paris und Brüssel hielt der Kontakt bis 1944 und mit Stockholm, Madrid und Wien bis 1945. Die Wiener Filiale verzeichnete als einzige noch im Geschäftsjahr 1944/45 geregelte Filialumsätze[464].

Abb. 45 Geschäfts- und Ausstellungsraum der Carl Zeiss Zweigstelle Buenos Aires

463 BACZ Nr. 3383 (Mitteilung über Postzensur vom 3.10.1939; Brief von Henrichs an Müncks vom 13.1.1940).

464 BACZ 19259 (Ausländische Verkaufsfilialen und Beteiligungen); BACZ Nr. 7236 (Umsätze der Filialen).

Abb. 46 La Meccanottica in Mailand

Bezeichnend ist das Beispiel der New Yorker Filiale. Als der Kriegseintritt der USA nur noch eine Frage der Zeit war, wurde die Belieferung der Filiale sofort aufgegeben, da ein geordneter Rückfluss der Erlöse nicht mehr zu gewährleisten war. Man verkaufte, was am Lager war, warb in Anzeigen für den Ankauf gebrauchter Zeiss-Geräte, um diese nach Reparatur oder gründlicher Überholung wieder zu verkaufen. Auf Vorschläge des New Yorker Filialleiters Bauer, die Vermögenswerte durch Übertragung der Schutz- und Markenrechte auf eine neutrale Firma oder an Vertrauensleute der Firma zu sichern, ließ sich die Firmenleitung nicht ein[465]. Eher dachte man in Jena daran, die Filiale in die Obhut der Nedinsco oder deren Holding, Financieele Maatschappij Nederland, zu geben[466]. Diesen Gedanken gab man jedoch mit Eintritt der USA in den Krieg auf.

465 BACZ Nr. 7691 (Brief von Bauer an die Geschäftsleitung vom 14.9.1939).
466 BACZ Nr. 16590 (Brief an Geschäftsleitung vom 20.10.1939).

Abb. 47 Büro der Carl Zeiss Filiale in New York

Die Exporte während des Zweiten Weltkriegs wurden weiterhin über die Ausfuhrgemeinschaft für Kriegsgerät gesteuert. Die AGK handelte dabei freilich im Rahmen bestehender bilateraler Verträge, wie z.B. des deutsch-sowjetischen Wirtschaftsabkommens, in dessen Anlage die Lieferung von deutschem Kriegsgerät geregelt war. Hierzu gab es im März 1940 eine Aussprache bei der AGK in Berlin, in der es um die Aufteilung des Lieferpakets auf einzelne Firmen ging[467]. Auch Zeiss wurde dabei mit einigen großen Aufträgen bedacht (z.B. Kreuzer „L“). Noch am 17. Juni 1941 wurde ein Waggon mit Zeiss-Produkten für Russland versandfertig gemacht und verschickt[468]. Am 22. Juni 1941 erfolgte der deutsche Angriff auf die Sowjetunion. Das Unternehmen musste nun damit rechnen, auf seinen Beständen sitzenzubleiben. Eine Unterstützungsaktion, die sog. „Russenentschädigung“ sollte Abhilfe schaffen, wobei die Deutsche Revisions- und Treuhand AG (Treuarbeit) staatlicherseits mit der Prüfung und Regelung beauftragt war. Die Abwicklung geschah folgendermaßen:

467 BACZ Nr. 22145 (Niederschrift der Aussprache vom 15.3.1940).
468 BACZ Nr. 15355 (Schreiben von der Wipo vom 26.7.1941).

Abb. 48 Ausstellungsraum von Carl Zeiss in New York

- Die bereits ausgelieferten Waren (Gruppe A) wurden zu 80 Prozent vom Staat bezahlt, der Rest über Reichsausfallbürgschaften ausgeglichen.
- Für bereits fertige Güter, die noch anderweitig verwertbar waren (Gruppe B) wurden die bis dahin durch die Anbahnung des Exports entstandenen Kosten ersetzt, in jedem Falle aber 3,5 Prozent des Preises pauschal erstattet.
- Für Waren, die sich im laufenden Produktionsprozess befanden (Gruppe C) erstattete der Staat 5,5 bzw. 6 Prozent (bei Absicherung über eine Reichsausfallbürgschaft) oder pauschal 3,5 Prozent des Preises. Bei Einzelnachweis höherer Kosten konnten diese alternativ geltend gemacht werden.
- Für zwar bestellte, aber noch nicht gefertigte Produkte (Gruppe D) wurden den Firmen 96 Prozent die nachgewiesenen Auslandskosten oder (je nach Grad der Absicherung) 2, 3,5 oder 4 Prozent des Preises ausbezahlt[469].

469 BACZ Nr. 15355.

Am 21. Juni 1941, dem Tag vor dem deutschen Angriff auf Russland, betrug der Bestellwert der Russlandaufträge an Zivilgütern 6.329.874 Reichsmark, wovon bereits Waren im Wert von 1.059.180 Reichsmark ausgeliefert waren. Somit belief sich der (in der beschriebenen Weise zu entschädigende) Nettobestand auf über 5,27 Millionen Reichsmark[470]. Im Bereich der Militärgüter für Russland rechnete man mit Verlusten von 25.000 Reichsmark (Gruppe A), 4,8 Millionen Reichsmark (Gruppe B) und ca. 1 Millionen Reichsmark (Gruppe C), d.h. mit ca. 6 Millionen Reichsmark. Hinzu kamen noch Verlusterwartungen aus einem Sondergeschäft des Jahre 1935, das über ein Kreditkonsortium, die Ifago (Industriefinanzierungsaktiengesellschaft Ost), arrangiert und über Wechsel mit einer 4 $1/_2$–5 $1/_2$-jährigen Laufzeit finanziert wurde. Von insgesamt über 9,16 Millionen Reichsmark waren im Juni 1941 noch über 8,6 Millionen Reichsmark uneingelöst, wovon Zeiss für ca. 2,6 Millionen Reichsmark haftete[471]; der Rest war über

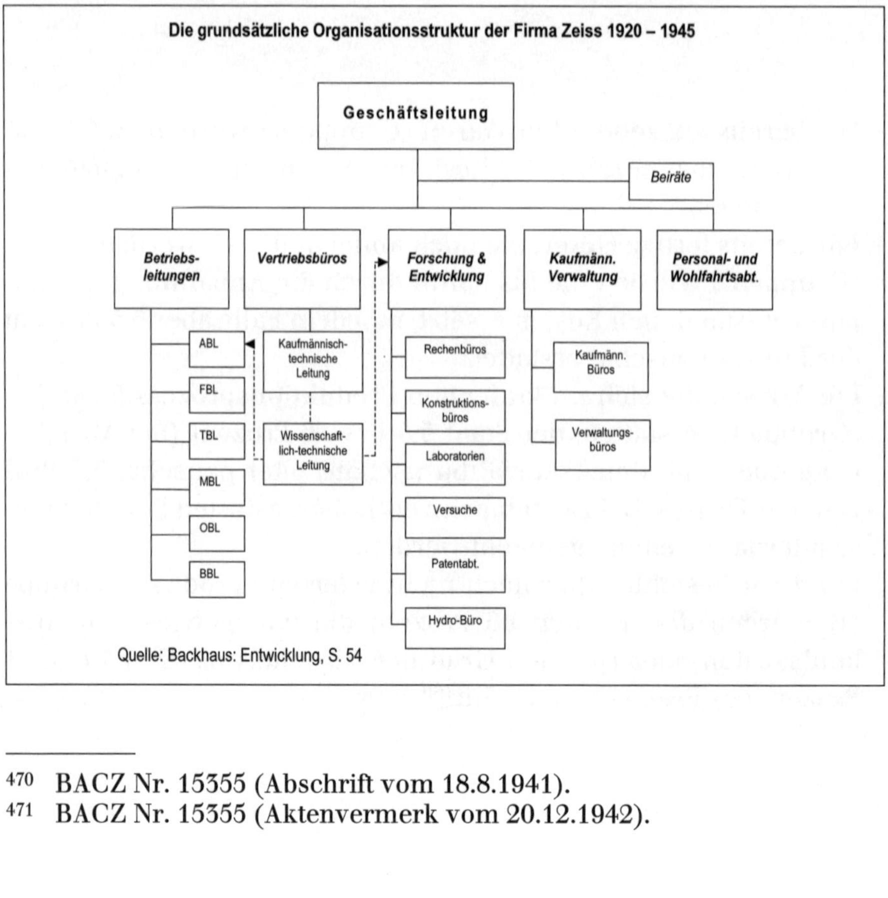

470 BACZ Nr. 15355 (Abschrift vom 18.8.1941).
471 BACZ Nr. 15355 (Aktenvermerk vom 20.12.1942).

Ausfallbürgschaften des Reiches abgedeckt. Am Ende konnte sich Zeiss mit der Ifago auf einen endgültigen Haftungsbetrag von 600.000 Reichsmark verständigen[472].

Innerbetriebliche organisatorische Veränderungen während des Zweiten Weltkrieges

Der Geschäftsleiter Georg Joos

Ab 1. April 1941 trat der Atomphysiker Georg Joos dem Unternehmen Zeiss bei. Er war seit 1924 außerordentlicher und ab 1929 ordentlicher Professor für theoretische Physik an der Universität Jena. Diese Professur hatte er bis zu seinem Ruf an die Universität Göttingen 1935 inne[473].

Abb. 49 Prof. Dr. Georg Joos

[472] BACZ Nr. 15355 (Schreiben der Ifago an Carl Zeiss vom 21.6.1943).
[473] BACZ 19154; 15690; 8076 (Allgemeiner Anschlag); 14734.

Die Universität Göttingen beurlaubte ihn ab April 1941 für ein Jahr, damit er als Chef-Physiker im Unternehmen Zeiss tätig werden konnte. Gleichzeitig nahm er an der Universität Jena eine Honorarprofessur an der Mathematisch-Naturwissenschaftlichen Fakultät wahr[474]. Es blieb jedoch nicht bei diesem einen Jahr, denn per 1. April 1943 wurde Joos Mitglied der Geschäftsleitung und gehörte zu jenen Experten, die nach dem Krieg von den Amerikanern nach Heidenheim verbracht wurden[475]. In seine Zuständigkeit fielen der F & E-Bereich und die Rechenbüros. Joos hielt eine Vielzahl von Patenten. Einige Erfindungen, so ein Mikroröntgengerät mit Wechselvorrichtung, generierte er zusammen mit Walther Bauersfeld[476].

Der aus Urach in Württemberg stammende Joos galt als äußerst couragierte und zielstrebige Person. Belegt ist etwa sein entschiedenes Eintreten für Hans Boegehold, einen wissenschaftlichen Mitarbeiter bei Zeiss, dem seine frühere Zugehörigkeit zur Sozialdemokratischen Partei und zur sozialistischen Stadtratsfraktion zum Verhängnis wurde. Er war 1944 verhaftet und ins Konzentrationslager Buchenwald verbracht worden. Joos erwirkte acht Tage später jedoch Boegeholds Entlassung aus dem KZ[477].

Heinz Küppenbender als Nachfolger des tödlich verunglückten August Kotthaus

Zu jenen Zeiss-Geschäftsleitern, die zeitweilig „Wehrwirtschaftsführer" waren, gehörte der Rheinländer Friedrich Heinrich (Heinz) Küppenbender. Er trat am 15. August 1941 als Nachfolger von August Kotthaus nach dessen Tod in die Zeiss-Geschäftsleitung ein[478].

Kotthaus hatte eine Vielzahl unterschiedlicher Funktionen wahrgenommen, die z.T. mit seiner Position als Betriebsführer und als Wehrwirtschaftsführer zusammenhingen, aber auch darüber hin-

474 BACZ Nrn. 22768; 1395.
475 BACZ Nr. 8289.
476 Pat 1144.
477 BACZ Nr. 15620.
478 VA 2047; 1723.

ausgingen. Er war Mitglied des Verwaltungsrats und des Stiftungsrats der Gustloff-Werke, Aufsichtsratsmitglied der Jenaer Gemeinnützige Wohnungsfürsorge AG und Aufsichtsratsmitglied der Städtischen Brauerei Jena AG. Er war Mitglied der NSDAP und NSKK-Obersturmführer beim Stab der Motorgruppe Thüringen. Wohl weniger aus innerer Überzeugung als vielmehr nominal und funktionsbedingt stand er mit den Thüringer Nazi-Grössen in enger Verbindung, was nicht zuletzt bei seiner Trauerfeier zum Ausdruck kam, wo an der Spitze der Trauergäste der Gauleiter und Reichsstatthalter Fritz Sauckel erschien und mit ihm NS-Obergruppenführer Ministerpräsident Willy Marschler neben SS-Brigadeführer Staatssekretär Ortlepp, der Gauwirtschaftsführer Staatsrat Dr. Schieber, Kreisleiter Paul Müller, NSKK-Gruppenführer Barth und der Obmann der DAF, der stellvertretende Gauleiter Siekmeier. Für die Wehrmacht legten höhere Offiziere – Generäle und ein Admiral – Kränze nieder. Die Zeitungen feierten den Parteigenossen Kotthaus als „Industrie- und Wirtschaftsführer", „Gefolgsmann des Führers" sowie als denjenigen, dessen Werk 1940 die „Goldene Fahne" der DAF und dem persönlich als einem der ersten Werksangehörigen das Kriegsverdienstkreuz vom „Führer" verliehen wurde[479].

Der Ausbau der Militär-Abteilung im Krieg

Bei Zeiss gab es wie erwähnt seit Ende des 19. Jahrhunderts eine Militär-(Vertriebs-)Abteilung, in der Weimarer Zeit als Tele-Abteilung bezeichnet. Am 22. August 1938 teilte man die Militär-Vertriebsabteilung in eine für das Ausland (Abt. Mil A, Leitung Felix Neuffer) und eine für das Inlandsgeschäft zuständige (Abt. Mil B, Leitung Admiral Waldemar Hirth). Nach Neuffers Tod übernahm Hirth am 3. April 1940 die Leitung der ganzen Abteilung, die am 12. Januar 1944 durch Konteradmiral a.D. Meißner verstärkt wurde, der für „allgemeine Fragen" verantwortlich war[480].

Durch die Kriegsnachfrage war die Militär-Abteilung zum größten Vertriebsbüro des Zeisswerks avanciert. Es gab fünf Fachabtei-

479 Vgl. die Ausschnitte in BACZ Nr. 6260.
480 BACZ Nr. 1746.

lungen für Heer, Marine, Luft, Oszillo(graphen) und Ausland sowie fünf Verwaltungsabteilungen für Aufträge, Disponenten, Preisbildung, Versand und Druckschriften[481].

In Bauersfelds Konstruktionsabteilung gab es sechs Unterabteilungen, die nach Produktgruppen gegliedert waren. Steinle arbeitete mit sechs Leuten in der Gruppe 1, die Teleskope, Feldstecher, Periskope und Messinstrumente konstruierte. Puls entwickelte in Gruppe 2 mit zwei Mitarbeitern die in großen Mengen verkauften Entfernungsmesser und betreute auch den Bereich „Standardisierung". Büchele entwickelte in Gruppe 3 (Such-)Scheinwerfer, Signalanlagen, astronomische Instrumente, Mikroskope und Projektionsapparate. Die Gruppe 4 unter Pfeiffer war für photographische Apparate sowie für medizin-optische Instrumente zuständig. Unter der Leitung von Kortum wurden in der Gruppe 5 Bombenzielgeräte und Geschützzielgeräte für die Luftwaffe konstruiert. Raasch arbeitete in Gruppe 6, die Einspannvorrichtungen und Spezialmaschinenwerkzeug entwickelte. Schließlich war der Konstruktionsabteilung auch noch der Bereich Patentwesen zugeordnet, den Riedinger unter sich hatte.

In der Forschungs- und Entwicklungsabteilung von Joos gab es drei wichtige Unterabteilungen: die allgemeinen Laboratorien mit neun Gruppen, dann die Abteilungs-Laboratorien mit acht Gruppen und schließlich die Konstruktionsbüros mit fünf Gruppen. Diese hochspezialisierten Labors waren mit einer Ausnahme von promovierten bzw. habilitierten Experten besetzt. In den allgemeinen Labors, also jenen, die abteilungsübergreifend arbeiteten, wurde Grundlagenforschung betrieben. Es gab das physikalische Labor von Dr. Friedrich Hansen, der mit sieben Mitarbeitern, darunter den Doktoren Heinrich Kaiser, W. Kinder und Höfert Interferometer, Spectrographen und dergleichen entwickelte. Im „elektrischen" Labor von Dr. Werner Weihe waren über 20 Wissenschaftler beschäftigt, die sich etwa mit Geräten mit Infrarot-Fotozellen, elektrischen Höhenmessern, Bolometern für Spectrographen, elektrischem Zubehör für optische Instrumente usw. auseinandersetzten. Hinzu kamen die beiden Kristalllabors von Dr. M. Haase und Dr. Alexander Smakula, die Oberflächen-Labors von Dr. Rudolph

---

481 BACZ Nr. 12696, BACKHAUS: Entwicklung, S. 84.

Die Konstruktionsbüros 1933–1945

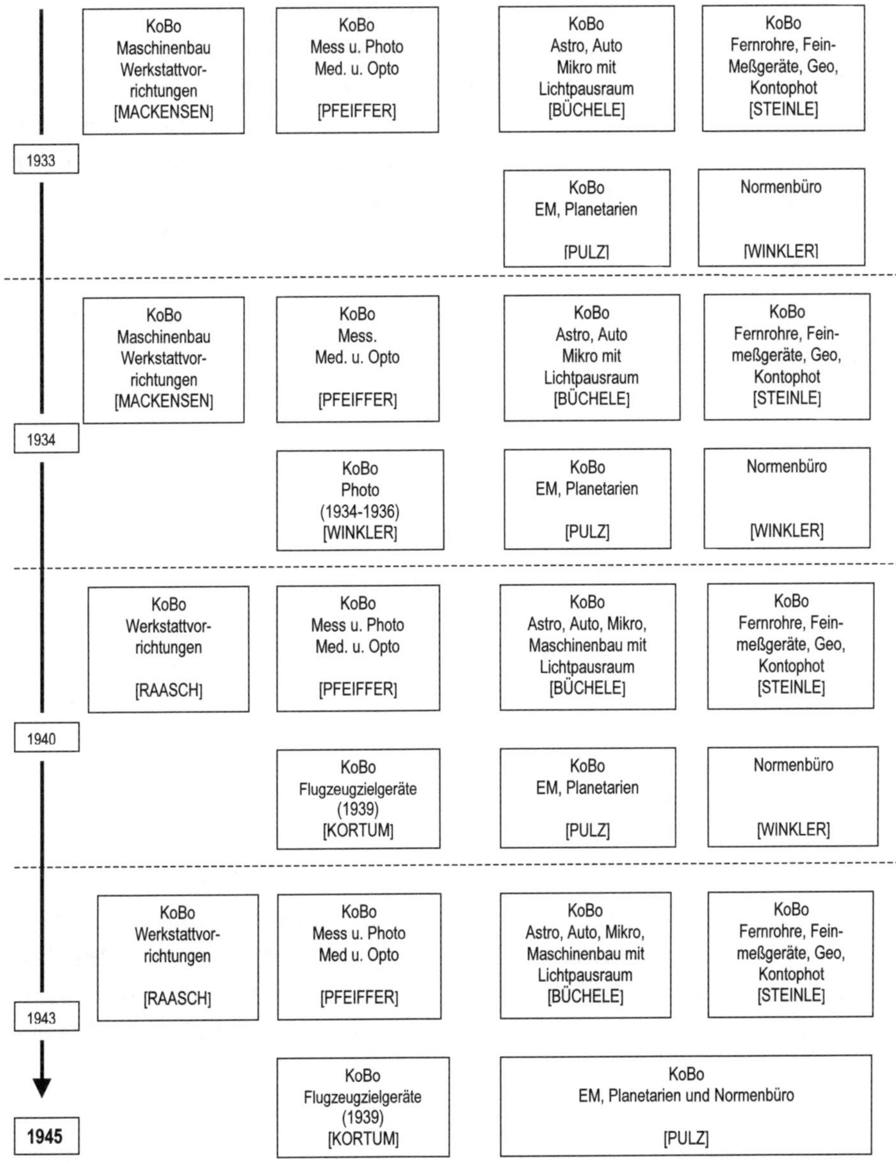

Quelle: Backhaus: Entwicklung, S. 76 nach BACZ (passim).

Koops[482] und Dr. Mossner, dann das chemische Labor von Dr. Georg Calsow, das metallurgische von Dipl.-Ing. Karl Sporkert und schließlich Dr. Heinrich Kesslers Labor für Prüfmethoden.

Der zweite Labortrakt war, wie gesagt, den Abteilungen zugeordnet. Das „Astro"-Labor leitete Dr. Albert König, „Micro" Dr. Kurt Michel, Optisches Messen Dr. Hansen, Mechanische Versuche Dr. Kurt Räntzsch, Photo 1 Dr. Gössler, Photo 2 Dr. K. Leistner, das ophthalmologische Labor Prof. Hans Hartinger und das Labor für Entfernungsmesser Dr. Clemens Münster.

Auch die Konstruktionsbüros waren bestimmten Abteilungen zugeordnet. Das „Kobo" für „Astro" leitete Dr. August Sonnefeld, für „Micro" Dr. Hans Boegehold, „Tele" Dr. Roos, „Photo" Dr. Willy Merté und das Kobo für spezielle Aufgaben hatte Dr. Robert Richter unter sich[483]. Richter war als Erfinder des Kugelförmigen Objektivs (Topogon) sowie des Pankratischen Mikrokondensors[484] eine der unverzichtbaren Persönlichkeiten im Inventionsbereich des Zeisswerks.

Die Geschäftsabwicklung erfolgte in den Abteilungen Verwaltung und Verkauf, beide unter Leitung von Geschäftsleiter Paul Henrichs. Die Verwaltung hatte 12 Unterabteilungen. Der Prokurist Victor Sandmann leitete die Unterabteilung Allgemeine- und Finanzverwaltung, Kassier war der Prokurist Alfred Heiland, der bereits seit 1906 dem Unternehmen Zeiss angehörte. Das „Banking" besorgte Erich Siptiz, die Buchhaltung Arno Hässner, der ebenfalls aus dem Bankenbereich kam, und die Kostenstelle hatte Dipl.-Kaufmann Dr. Hübner unter sich, der im Mai 1940 zu Zeiss gekommen war. Der Prokurist Preuss war für Branchen- und Firmenkontakte zuständig. Neben einer allgemeinen Verwaltungsabteilung gab es noch eine für Rohstoffe und Fertigwaren unter den Herren Jahr und Heym, dann die Abteilung „Einkauf" von Prokurist Kammerzell und schließlich die Versandabteilung von Graser.

---

482 1942 ging aus dem Labor für Kristallzüchtung die Weltneuentwicklung des Mischkristalles KRS5 durch Rudolph Koops hervor (GÜNTHER KÖTITZ: Ernst Abbe. Wegbereiter der Materialwissenschaften und Pionier des Einsatzes kristalliner Medien in der Optik. In: Verein Technikgeschichte in Jena e.V. (Hg.), Jenaer Jahrbuch zur Technik- und Industriegeschichte 1999, Jena 1999, S. 9–34, hier: S. 23).

483 REPORT, S. 94.

484 BACZ Nr. 7792 (Wichtige Erfindungen).

Kaufmännische Abteilung
Verantwortlicher Geschäftsleiter:
P. HENRICHS

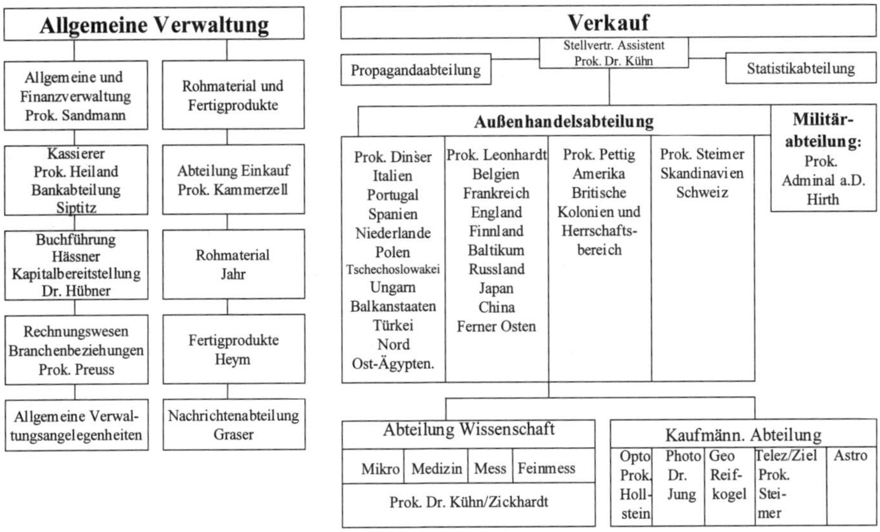

Heym und Graser waren schon vor dem Ersten Weltkrieg bei Zeiss tätig[485].

Die Verkaufsabteilung gehörte, wie erwähnt, ebenfalls zum Verantwortungsbereich des kaufmännischen Geschäftsleiters Paul Henrichs. Sein Stellvertreter war der Prokurist Dr. rer. pol. Kühn, der seit Oktober 1939 bei Zeiss arbeitete. Der Verkaufsabteilung waren zugeordnet die Bereiche „Propaganda“, Statistik, Außenhandel, Wissenschaft, Wirtschaft und Militär.
In der – ebenfalls von Dr. Kühn geleiteten – Außenhandelsabteilung gab es vier länder- bzw. ländergruppenspezifische Zuständigkeitsbereiche, für die jeweils ein Prokurist verantwortlich war. Der Prokurist Dinser, seit Anfang 1938 bei Zeiss, war zuständig für Italien, Portugal, Spanien, Holland, Polen, die Tschechoslowakei, Ungarn, die Balkanstaaten, Türkei, Nahost und Ägypten. Der erfahrene Prokurist Leonhardt, bereits seit 1907 bei Zeiss, betreute die Länder Belgien, Frankreich, England, Finnland, die baltischen Staaten, Russland, Japan, China und Fernost. Der seit 1924 im Zeisswerk tätige Kaufmann Pet-

485 Prokurist und Leiter der Einkaufsabteilung von Zeiss war bis zu seinem Tod am 26. April 1939 Paul Jordan (BACZ 1395).

tig besaß ebenfalls Prokura und war für das Amerikageschäft sowie für die Britischen Kolonien und die Dominions zuständig. Der Erfahrenste in der Abteilung Außenhandel war schließlich der Prokurist Steimer, der bereits seit März 1906 dem Zeisswerk angehörte. Er betreute den skandinavischen Außenhandelsbereich[486].

Wie erwähnt war der Verkaufsorganisation auch eine wissenschaftliche Abteilung zugehörig, die der direkten Aufsicht von Dr. Kühn unterstand, der von dem Kaufmann Zickhardt assistiert wurde. Die technisch sehr anspruchsvollen Zeissgeräte bedurften beim Verkauf häufig der Erläuterung bzw. Anleitung und so war es sinnvoll, die Verkaufsabteilung der technischen Komplexität folgend zu divisionalisieren nach Mikroskop, Medizin, Messen und Feinmessen.

Die übrigen technischen Sparten fanden sich in fünf Gruppen innerhalb des kaufmännischen Büros wieder, das ebenfalls Dr. Kühn leitete. So war für die Gruppe Optik im kaufmännischen Büro Prof. Hollstein zuständig, der bereits seit 1911 bei Zeiss arbeitete. Die Gruppe Photo betreute Dipl.-Kaufmann Dr. Jung, den Bereich Vermessung der Kaufmann Reifkogel und die Gruppe Teleskop und Astronomie der Prokurist Steimer.

Die Militärabteilung der Verkaufsorganisation, die unter der Leitung des Prokuristen und Konteradmirals zu halbem Sold a.D., Hirth, stand, war stark untergliedert. Ihm zur Seite stand mit dem gleichzeitig für Militärexport zuständigen Meissner eine Art Büroleiter und Stellvertreter, der zwei Gruppen kontrollierte: die „Verbindungsleute" zur Armee (Kapitän Berendsen), zur Marine (Kommdeur Petersen), zur Luftwaffe (Herr Zogbaum) sowie zu den Quarz-Kristall-Oszillatoren einerseits und andererseits zur Gruppe technische und kaufmännische Abwicklung[487].

Im Oktober 1943 arbeiteten in den zum Zeiss-Konzern gehörenden in- und ausländischen Werken (ohne das Stammwerk Jena) rund 46.670 Personen, davon allein 19.800 bei der Zeiss Ikon AG in Dresden. Auf die ausländischen Werke in Warschau, Pressburg-Bratislava, Venlo und Budapest entfielen 6.750 Beschäftigte, davon allein in Budapest 4.100.

---

486 REPORT, S. 88.

487 Hier waren zuständig in der Verwaltung Herr Fischer, im Versand Herr Seide, für die Fabrikationsplanung Herr Berbig, Kostenkalkulation Herr Firnau, Versand Herr Starke und Propaganda sowie Anzeigen Herr Meiner (REPORT, S. 89).

Anlage zum Schreiben des
Reichsministers für
Rüstungs- und Kriegsproduktion
Berlin-Charlottenburg RIA G/IIa 8609/43, Brief v. 7.September 1943. – Gu
Jebenstraße

Übersicht über die zum Zeiss-Konzern gehörenden Werke

Gesellschaftsform, Ort:	Grund- bzw. Stammkapital	Beteiligung, Anteil (in %)	Belegschaft
Anschütz & Co. GmbH, Kiel-Neumühlen	RM 4.000.000,-	78	Rd. 1.700
E. Busch, AG, Rathenow	RM 6.000.000,-	81	Rd. 4.100
Feinapparate-Bau GmbH, Jena	RM 500.000,-	100	Rd. 4.550
Friedenauer Techn. Werkstätte GmbH, Berlin-Friedenau	RM 1.000.000,-	100	Rd. 750
Alfred Gauthier, GmbH, Calmbach	RM 2.400.000,-	80	Rd. 1.600
Geraer Technische Werkst. GmbH Gera	RM 1.000.000,-	100	Rd. 1.750
C.P. Goerz, Opt. Anstalt, GmbH Wien	RM 3.500.000,-	100	Rd. 2.200
Hensoldt & Söhne Optische Werke AG, Wetzlar	RM 720.000,-	54	
Hans Kollmorgen GmbH, Berlin ..."	RM 32.000,-	53	Rd. 50
Optische Anstalt Saalfeld, GmbH, Saalfeld	RM. 1.750.000,-	100	Rd. 1.250
Saalfelder Apparate-Bau, GmbH, Saalfeld	RM 1.000.000,-	0	Rd. 1.350
R. Winkel, GmbH, Göttingen	RM 1.500.000,-	80	Rd. 700
Georg Wolf, GmbH, Berlin	RM 200.000,-	80	Rd. 120
Zeiss-Ikon, AG, Dresden	RM 30.000.000,-	68	Rd. 19.800
Optische Präzisions-Werke GmbH, Warschau	Zl. 100.000,-	100	Rd. 1.650
C.P. Goerz, AG, Pressburg-Bratislava	Ks 6.000.000,-	% 100	Rd. 300
„Nedinsco" N.V. Nederlansche Instrumenten-Compagnie, Venlo	Fl 2.000.000,-	% 100	Rd. 700
Ungarische Opt. Werke, AG, Budapest	Pgö 2.100.000,-	% 50	Rd. 4.100
			46.670

Oktober 1943
Sdm/Kö

Quelle: BACZ Nr. 22844

Institutionelle Straffung und Mobilisierung der letzten Kräfte durch Speer

Im Rahmen der Straffungsmaßnahmen des Reichsministers für Rüstung und Kriegsproduktion, Albert Speer, im Jahr 1943 kam es zur Zusammenfassung der Feinmechanik und Optik in einem Hauptausschuss „Feinmechanik und Optik", dessen Leitung Heinz Küppenbender übernahm. Die Aufgabe war gewichtig und schwierig, denn es galt, neben der Bedarfs- und Kapazitätsplanung den Einsatz von Werkstoffen sowie Rohstoffen und Fertigungsmitteln zu bestimmen und im übrigen Betriebsverlagerungen vorzuplanen[488]. Die zwei zunächst gebildeten Ausschüsse FO I und FO II wurden von den Zeiss-Geschäftsleitern betreut. FO I (Optisches und feinmechanisches Rüstungsgerät) lag in den Händen von Küppenbender, FO II (Augenoptik und optisch-feinmechanische Betriebs- und Forschungsgeräte) in jenen von Henrichs. Die Ausschüsse FO III bis FO IX entstanden unmittelbar danach. Der Hauptausschuss kontrollierte immerhin etwa 1.000 Einrichtungen mit insgesamt ca. 150.000 Beschäftigten.

Im Herbst 1944 verband man die Hauptausschüsse „Feinmechanik und Optik" und „Elektrotechnik" zum Hauptausschuss „Elektrotechnik, Feinmechanik und Optik" unter der Leitung von Dr.-Ing. Lüschen. Diese Einheit war dadurch entstanden, dass es Speer mit einer zu großen Zahl von Hauptausschuss-Leitern zu tun gehabt hatte. Speers Straffungs-Aktion hatte zur Folge, dass Küppenbender nun durch Lüschen kontaktiert wurde, wenn es um Fragen der Feinmechanik und Optik ging. Diese Konstruktion scheint sich jedoch nicht bewährt zu haben, denn im Februar 1945 schuf Speer erneut einen Hauptausschuss, nämlich jenen für „Wehrmachts- und Kampfgerät", der wiederum Küppenbender unterstellt wurde. Dessen Kompetenz wurde nun insofern erweitert, als der neue Hauptausschuss nicht mehr nur für optische und Präzisionsinstrumente zuständig war, sondern auch für militärisches Gerät allgemein, z.B. für Fahrzeuge (außer Motorfahrzeugen), Brückenbau-Ausrüstung, Verschanzungswerkzeug, Feldküchen und medizinische Ausrüstung. Der Ausschuss existierte dann in dieser Form vollends bis Kriegsende.

---

488 BACZ Nr. 23631; 18586 (Brief des Sonderausschusses X „Waffen und Gerät" Arbeitsgruppe 5c von Küppenbender vom 3.2.1942).

Angesichts der immer prekärer werdenden Situation am Arbeitsmarkt erließ Speer am 27. Juli 1944 Anordnungen zu erheblichen Einsparungen und zur Verschlankung des Verwaltungsbereichs:

„... Ab 1. November d.J. (1944, R.W.) sind die Verwaltungen sämtlicher zur Rüstung und Kriegsproduktion gehörender Betriebe um 30 Prozent zu kürzen. ... Der Reichsbevollmächtigte für den totalen Kriegseinsatz hat es übernommen, bis dahin durch Vereinfachungen der Verwaltungsvorgänge die Anforderungen an die Betriebe so zu beschränken, dass die Betriebe im Durchschnitt mit 30 Prozent weniger Verwaltungsarbeit belastet sein werden. Wenn trotzdem Mängel in der fristgerechten Erledigung der anfallenden Arbeit auftreten, müssen sie wie bei einem bombengeschädigten Werk in Kauf genommen werden“[489].

Für den Fall des Alarms existierten in der deutschen Industrie unterschiedliche Regelungen auch hinsichtlich des Umgangs mit den angefallenen Kosten. Aus diesem Grunde gab es im Laufe des Jahres 1944 immer wieder Erlasse zur Frage der Behandlung der Nacharbeit nach Fliegeralarm. Die Nacharbeit war individuell, d.h. im Sinne der Lohnrechnung und Leistungskontrolle schwer zu regeln, weshalb man bei Zeiss eine Erhöhung der bezahlten Arbeitszeit vorzog, die die gesamte Belegschaft erfasste und sich nicht nur auf die Einsatzkräfte beschränkte. Bis Mitte April 1944 hatte man bilanzmäßige Rückstellungen für Entschädigungen aus Fliegeralarm nicht gemacht, sondern die gesamten Zahlungen in die Kosten eingerechnet. Das Risiko wurde also zunächst hundertprozentig abgeschrieben[490].

Das Japangeschäft

Im letzten Kriegs-Geschäftsjahr, 1944/45 stand deutlich das Japangeschäft im Vordergrund. Die Lieferungen dorthin hatten zuvor nie mehr als 1 Million Reichsmark pro Geschäftsjahr betragen. Nun

489 BACZ Nr. 12698, S. 2.
490 BACZ Nr. 7305 (Betr.: Nacharbeit nach Fliegeralarm. Schriftstück vom 15.4.1944).

schnellten sie auf über 3,23 Millionen Reichsmark hoch, wobei es sich um Kommandogeräte für knapp 1,62 und Bombenabwurfgeräte für über 1,52 Millionen Reichsmark handelte[491]. Ansonsten war das Militär-Auslandsgeschäft in dieser Zeit ziemlich erlahmt. Lediglich nach Ungarn (924.453 Reichsmark) und Schweden (156.214 Reichsmark) und weit weniger nach Bulgarien und Portugal wurde noch in nennenswertem Umfang abgesetzt.

Das Zeisswerk wurde seit 1938 und besonders stark in den Jahren 1939 und 1940 von japanischen Militärs, meist Attachees, besucht. Man führte sie durch das Werk, erläuterte ihnen die Funktionsweise der Instrumente, informierte sie jedoch nicht über laufende Entwicklungsprojekte. Jedoch scheinen deutsche Offiziere darüber zu den Japanern gesprochen zu haben. Es gab aber keinen Austausch von Beschäftigten oder etwa die Bereitstellung von Werkplänen oder Spezialmaschinen.

1939 waren es elf und 1940 nicht weniger als 18 Japaner oder japanische Delegationen, die in Sachen Militärexport das Zeisswerk besuchten. Einige kamen mehrmals, so der Major Sigeri Kobayashi, der Fregattenkapitän Haruo Yoshikawa oder der Major Mototada Tateno[492], um nur einige zu nennen.

Die Lieferung von Geräten nach Japan geschah seit Anfang des Krieges durch Blockadebrecher auf der Schiene durch Russland. Später wurde einiges mit Unterseebooten nach Japan verbracht, der Frachtbegrenzungen wegen häufig als Muster. Es ist davon auszugehen, dass in Japan der Nachbau versucht wurde, wozu freilich das Unternehmen Zeiss – dies gehörte von jeher zum Selbstverständnis – in keiner Weise beizutragen gewillt war.

---

491 REPORT, S. 155 und passim.
492 REPORT, S. 130f.

Abb. 50 Besuch des japanischen Generalmajors Inoe in der Zeiss-Lehrwerkstatt (1939)

Fremd- und Zwangsarbeiter bei Zeiss[493]

Auf dem Gebiet des „Großdeutschen Reiches" waren im Herbst 1944 7.906.760 ausländische Zivilarbeiter und Kriegsgefangene aus 26 Ländern „im Arbeitseinsatz" gemeldet. Die meisten stammten

---

493 Allgemeine Basisliteratur: EVELYN HALM/MARGARITTA BALLHORN (Hg.): Ausländische Zivilarbeiter in Jena 1940–1945, Jena 1995. Der Begriff „Fremdarbeiter" meint ausländische Zivilarbeiter. Als „Ostarbeiter" wurden Arbeiter aus der Sowjetunion (Russen, Ukrainer und Weissruthenier) bezeichnet, nicht aber Litauer, Esten oder Letten. „Westarbeiter" nannte man Zivilarbeiter aus West- und Nordwesteuropa, d.h. Belgier, Holländer, Franzosen, Luxemburger, Schweizer oder Skandinavier. Der Begriff „Zwangsarbeiter" fand in den Quellen während des Krieges keine Anwendung. Von Zwangsarbeitern im Sinne von freiwilligen oder zwangsverpflichteten ausländischen Zivilarbeitern sprach man erst nach dem Zweiten Weltkrieg z.B. in den Nürnberger Protokollen von November 1945 bis Oktober 1946 (Halm/Ballhorn, Zivilarbeiter, S. 4).

aus der Sowjetunion, Polen, Frankreich, Italien, der Tschechoslowakei, Belgien, den Niederlanden und aus Jugoslawien. Über die Kriegsjahre verteilt waren es gar etwa 9,5 Millionen, die kürzer oder länger im „Reichseinsatz" waren. „Im September 1944 gehörten ... etwa 33 Prozent aller in der deutschen Wirtschaft beschäftigten Angestellten und Arbeiter zu den Kategorien ‚ausländischer Zivilarbeiter', ‚Kriegsgefangener' oder ‚KZ-Häftling'"[494], wobei branchenmäßige Unterschiede bestanden.

Das Regime, konkret eigentlich das Wirtschafts- und Rüstungsamt der deutschen Wehrmacht, hatte es in den späten 30er Jahren latent mit drei Ressourcen-Engpässen zu tun, um deren Behebung man von Anfang an, verstärkt jedoch mit dem Vierjahresplan 1936, bemüht war: Devisen, Rohstoffe und Arbeitskräfte. Hitler und seine Berater gingen davon aus, mit einem Blitzkrieg zumindest das Rohstoffproblem und teilweise die Devisenfrage durch Kassation und Befriedigung aus den eroberten Gebieten lösen zu können. Die Integration „fremdvölkischer" oder gar semitischer Arbeitskräfte in den großdeutschen Arbeitsmarkt war jedoch vor dem Hintergrund der weltanschaulichen Verblendung der Nationalsozialisten nur schwer vorstellbar. Abgesehen von diesen ideologischen oder auch sicherheitspolizeilichen Hemmnissen erschien es problematisch, Ungelernte oder Angelernte in technologisch hochentwickelten Bereichen einzusetzen. Mag also das Gros der ausländischen Zivilarbeiter und Kriegsgefangenen im Bergbau und in der Landwirtschaft unkompliziert einsetzbar gewesen sein: In Hochtechnologie-Unternehmen wie jenen der Zeiss-Gruppe erschien dies nur sehr bedingt möglich.

Allgemein spielten ausländische Zivilarbeiter und Kriegsgefangene in den Industriebereichen solange keine nennenswerte Rolle, als das Hitler-Regime während der Blitzkriegsphase darauf hoffen konnte, sich aus den Eroberungen zu sanieren und die dortigen industriellen und sonstigen Kapazitäten zu nutzen, gleichzeitig jedoch die heimgekehrten deutschen Soldaten wieder in jenen Werken einzusetzen, denen sie entstammten. Dieses Bild änderte sich jedoch im Herbst 1941 dramatisch, als deutlich wurde, dass Deutschland einen aufreibenden und womöglich recht langen Mehrfrontenkrieg bis zum „Endsieg" würde führen und dafür zusätzliche

---

494 ULRICH HERBERT (Hg.): Europa und der „Reichseinsatz". Ausländische Zivilarbeiter, Kriegsgefangene und KZ-Häftlinge in Deutschland 1938–1945, Essen 1991, S. 7.

eigene Kräfte mobilisieren müssen. In der Tat hagelte es Stellungsbefehle und selbst rüstungs- und kriegswichtige Unternehmen konnten sich der mächtigen Einberufungswelle nicht mehr entziehen. Die Knappheit an Arbeitskräften wurde zu einem der charakteristischen Probleme in dieser Phase des Zweiten Weltkrieges. Das große „Catching“ nach „Ostarbeitern“ begann. Der „Russeneinsatz“ sollte allenthalben vorhandene Arbeitskräftelücken auffüllen helfen[495].

Abschrift /schl.

Der Beauftragte für den Vierjahresplan

- Der Generalbevollmächtigte
für den Arbeitseinsatz -

Berlin, den 1. Juli 1942

Merkblatt
für den Arbeitseinsatz.

Betr. Hebung der Arbeitsleistung aller Kriegsgefangenen in der gewerblichen Wirtschaft

Um dem in der letzten Zeit immer stärker in Erscheinung tretenden Nachlassen der Arbeitswilligkeit und Arbeitsleistung der Kriegsgefangenen entgegenzuwirken, hat das OKW. auf meine Veranlassung mit Verfügung vom 26. Juni 1942 - Az. 2 f 24.17a Kriegsgef. Ord. (IIIB) Nr. 2916/42 Anweisungen erteilt, die ich nachstehend zur Kenntnis bringe.

Hierzu bestimme ich folgendes:

1. Die Betriebsführer sind verpflichtet, ihre Kriegsgefangenen so einzusetzen, wie es im Betriebsinteresse notwendig ist. Die Arbeitskraft jedes Kriegsgefangenen muss dabei voll ausgenutzt werden. Es ist nicht angängig, daß Kriegsgefangene nur teilweise oder nur mit nebensächlichen Arbeiten beschäftigt werden oder daß Kriegsgefangene in großer Zahl für Arbeiten eingesetzt werden, die von weniger Arbeitskräften geleistet werden können.

2. Die Betriebsführer haben darauf zu achten, dass eine korrekte und anständige Behandlung der Kriegsgefangenen sichergestellt ist. Die deutschen Arbeiter, die als Vorarbeiter oder zwischen Kriegsgefangenen eingesetzt werden, sind besonders sorgfältig auszuwählen. Nur wirklich einsatzbereite Arbeitskräfte werden durch ihr Beispiel und durch ihr Verhalten anfeuernd wirken.

3. Die Betriebsführer und ihre Beauftragten haben bei ihren auf eine Hebung der Arbeitswilligkeit und der Arbeitsleistung hinzielenden Maßnahmen auf das engste mit den militärischen Dienststellen zusammenzuarbeiten. Es ist deshalb selbstverständlich, dass hierbei zwischen den Beteiligten bestes Einvernehmen herzustellen ist.

4. Hierzu gehört insbesondere engstes Zusammenarbeiten bei notwendigen Bestrafungen. Verstöße der Kriegsgefangenen gegen Arbeitsdisziplin und mangelnde Arbeitsleistung dürfen unter keinen Umständen stillschweigend hingenommen werden, sondern sind sofort der Wachmannschaft zur Bestrafung zu melden.

5. Von der Möglichkeit des Einsatzes der Kriegsgefangenen im Stücklohn und der Verteilung von Prämien ist weitgehend Gebrauch zu machen.

   Andererseits müssen einzelnen Kriegsgefangenen eingeräumte Vergünstigungen im Benehmen mit dem Lagerführer diesen dann entzogen werden, wenn durch solche Maßnahmen eine Hebung der Arbeitsleistung zu erwarten ist.

gez. Sauckel

Quelle: BACZ Nr. 3382

---

495 Vgl. hierzu Rolf-Dieter Müller: Die Rekrutierung sowjetischer Zwangsarbeiter für die deutsche Kriegswirtschaft. In: U. Herbert (Hg.), „Reichseinsatz“, S. 234–250.

Verantwortlich dafür war seit 21. März 1942 der Gauleiter von Thüringen, nämlich der ob seines äußerst skrupellosen Vorgehens bekannte „Generalbevollmächtigte für den Arbeitseinsatz", Fritz Sauckel. In dieser Funktion erließ er immer wieder strenge Vorschriften zur Hebung der Arbeitsleistung der Kriegsgefangenen in der gewerblichen Wirtschaft.

Sauckel entwickelte ein System der zwangsweisen Rekrutierung arbeitsfähiger Personen mit Präferenz für gelernte Handwerker. Die restlose Erfassung dieses Personenkreises versuchte man dadurch zu erreichen, dass nur Lebensmittelkarten erhielt, wer registriert war[496]. Doch selbst diese „Sauckel-Aktionen", die in den Ostgebieten zunehmend den Charakter von Menschenjagden annahmen, erwiesen sich bald als bei weitem nicht ausreichend, sodass man immer mehr dazu überging, auch die SS-Unternehmen in und außerhalb der Konzentrationslager zu nutzen[497].

Es gab wohl kein rüstungswichtiges industrielles Großunternehmen im Deutschen Reich, das teilweise vor, jedenfalls aber während des Zweiten Weltkrieges nicht Fremdarbeiter und/oder Zwangsarbeiter und/oder KZ-Häftlinge in seinen Kernbetrieben oder Ablegern beschäftigte. Zu diesen Unternehmen gehörte auch das Stiftungsunternehmen Zeiss mit seinen zahlreichen Beteiligungs- und Tochterfirmen in Jena, Dresden, Stuttgart, Berlin usw. Der Stiftungskonzern bestand bei Kriegsbeginn 1939 aus mindestens 14 inländischen und vier ausländischen Werken.

Im Erfassungsbereich des Einwohner-Meldeamts Jena arbeiteten zwischen 1940 und 1945 13.239 ausländische Staatsangehörige aus 26 Nationen in einer Vielzahl von Einrichtungen, davon 8.081 bei Carl Zeiss Jena und 3.502 bei Schott & Genossen[498].

Nach den Unterlagen der Firma Zeiss waren im Stammwerk Jena des Stiftungskonzerns während des Krieges insgesamt 8.090 Ausländer (Zivile und Kriegsgefangene) beschäftigt, also eine Zahl, die der genannten sehr nahe kommt[499]. Im Einzelnen waren es

---

496 Blaich: Wirtschaft und Rüstung, S. 36 f. u. 106 ff.

497 Ende des Jahres 1944 waren dies ca. 600.000 (jüdische und nicht-jüdische) KZ-Häftlinge, von denen 480.000 als „arbeitsfähig" eingestuft wurden (Herbert, „Reichseinsatz", S. 13).

498 Halm/Ballhorn (Hg.), Zivilarbeiter, S. 9 f., nach: StadtA Jena, MS 93, Bl. 5.

499 BACZ Nr. 12559: Zusammenstellung der bei uns während des Krieges beschäftigt gewesenen Ausländer (Zivil und Kriegsgefangene) mit Ausnahme der Oesterreicher und Japaner.

2.338 (28,9 Prozent) Belgier, 1.716 (21,2 Prozent) Franzosen, 1.503 (18,6 Prozent) Russen, 780 (9,6 Prozent) Holländer und 598 (7,4 Prozent) Italiener. Weitere größere Gruppen stammten aus dem Protektorat Böhmen und Mähren, Kroatien, Polen, Serbien und Lettland. Die meisten Fremdarbeiter bei Zeiss Jena stammten somit aus dem Westen[500].

Zusammenstellung der bei Zeiss beschäftigten Ausländer (Zivil- und Kriegsgefangene) während des Zweiten Weltkrieges

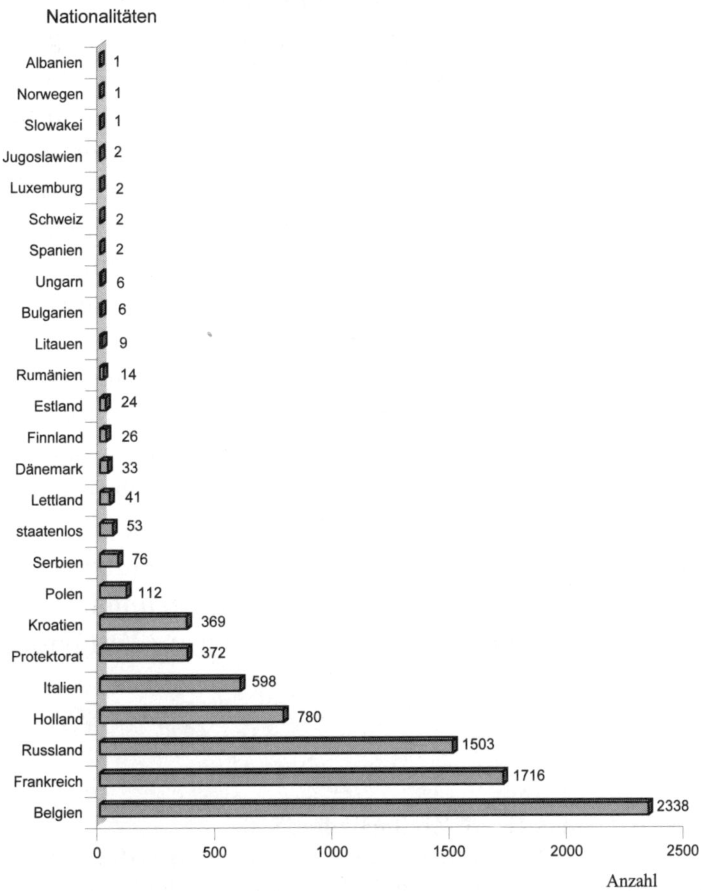

Quelle: BACZ 12559

500 BACZ Nr. 13072: u.a. Unterkünfte der Westarbeiter. BACZ Nr. 13878 („Die Betreuung der Lagerkameraden im Gemeinschaftslager Lichtenhain“); BACZ Nr. 3382 („Erfahrungen mit ausländischen Arbeitskräften, Kriegsgefangenen und Frauen“).

In den Jahren 1940 bis 1942 überwogen die Arbeitskräfte aus Belgien. Ab 1942 nahm die Zahl der Ostarbeiter, insbesondere der Russen, stark zu. Seit Februar 1942 kam es zur verstärkten Rekrutierung von Arbeitern aus der besetzten Sowjetunion im Rahmen der sog. „Ostarbeitererlasse“, die den „Polenerlassen“ vom März 1940 ähnelten[501]. Per 1. April 1942 sollten ca. 180 Russen zur Anlernung nach Jena kommen. Am 20. November 1942 waren bei Carl Zeiss Jena bereits 807 Ostarbeiter (d.h. Russen) beschäftigt, davon 326 Männer, 479 Frauen und 2 Kinder[502]. Bedingt durch die forcierte Kriegsproduktion (U-Boot-Sehrohre, Kommandogerät, Bombenabwurfgerät usw.) ergaben sich auch bei Zeiss im Herbst 1942 Produktionsengpässe wegen Arbeitskräftemangel, weshalb die Unternehmensleitung über die Reichsstatthalterei in Weimar zusätzlichen Bedarf an ausländischen Arbeitskräften anmeldete[503].

In den genannten Zahlen spiegeln sich die erwähnten „Sauckel-Aktionen“ wider, die die Belegungszahlen der Lager in Jena, etwa jenem am Rosenweg oder des Frauenlagers in der Talstraße jeweils verdoppeln ließen[504]. 1943 waren es vor allem Franzosen und Holländer. Letztere waren auch 1944 stark vertreten neben einer zunehmenden Zahl von Litauern, Esten und Letten[505].

Per Stichtag 11. Juni 1941 gab es in Jena drei Lager und 13 weitere Häuser, die als Unterkünfte für „Kriegsarbeiter“ dienten[506]. Während die Lager Beutenberg und Lichtenhain mit 588 bzw. 308 Betten ausgestattet und bereits zum größten Teil von Betriebs- und Bauarbeitern belegt waren, sollte das dritte Lager, Südwerk, mit einer Bettenkapazität von 440 erst per 1. Juli 1941 der Benutzung übergeben werden. Insgesamt standen in den Lagern 1.336 und in den 13 Unterkünften, meist Gasthöfen, weitere 728 Betten zur Verfügung.

---

501 HALM/BALLHORN (Hg.): Zivilarbeiter, S. 6.

502 BACZ Nr. 3382 „Erfahrungsbericht über den Ostarbeitereinsatz bei Carl Zeiss, Jena“; BACZ Nr. 13651 „Jahresbericht der Betriebsfrauenwalterin Pgn. Voland Fa. Carl Zeiss, Jena“.

503 ThHStAW, Reichsstatthalter in Thüringen, 492, Bl. 19.

504 HALM/BALLHORN (Hg.): Zivilarbeiter, S. 21. Vgl. den ebendort beigelegten Lagerplan.

505 HALM/BALLHORN (Hg.): Zivilarbeiter, S. 11.

506 BACZ Nr. 13072 (Zusammenstellung der Unterkünfte für Kriegsarbeiter).

Zusammenstellung der Unterkünfte für Kriegsarbeiter

Nr.	Bezeichnung	Straße	Telefon	Verwalter	Betten	z. Zt. belegt mit Betriebs-arbeitern	z. Zt. belegt mit Bauar-beitern	Frei	Bemerkung
	I. Lager								
1.	Beutenberg	Beutenbergstr.	H 692	Carl	588	488 +	30	70	+ hiervon 13 Schottangehörige
2.	Lichtenhain	Mühlenstraße	H 1555	Richter	308	220	80	8	
3.	Südwerk	Lichtenh.-Oberweg			440	-	-	440	Kann ab 1.7.41 belegt werden
	II. Häuser								
1.	Neuer Gasthof	Löbstedt	St. 3308	Fr. Gossens	64	62	-	2	Flamen – Männer
2.	Bürgergarten	Lobeda	St. 4572	Nische	93	85	-	8	Flamen – Männer
3.	Kulmbacher Bierhaus	Zwätzengasse	H 1563	Fr. Dreßler	42	40	-	2	Franz. – Frauen
4.	Merkerhaus	Seidelstraße	St. 2120	Fr. Schmidt	24	23	-	1	Ausländ. Männer
5.	Gothanenhaus	Wöllnitzerstr.	St. 2500	Bohne	32	32	-	-	Ausländ. Männer
6.	Brauckmann	Fuchsturmweg 13	St. 2675	Schw. Melitta	58	56	-	2	Inländ. Frauen
7.	Alexanderhof	Ad.Hitlerstr.	St. 3064	Fr. Herold	63	63	-	-	Ausländ. Frauen
8.	Alter Gasthof	Löbstedt	St. 2443	Verbroggen	48	46	-	2	Belg. u. Flam. Männer
9.	Turnerh. Wenigenjena	Kriegerheimstr. 2	St. 4293	Schuring	46	42	-	4	Belg. u. Flam. Männer
10.	Papiermühle	Erfurterstr.	St. 2309	Kramer	67	61	-	6	Belg. u. Flam. Männer
11.	Deutsches Reich	Str. d. S.A.	St. 2767	Everaert	56	49	-	7	Belg. u. Flam. Männer
12.	Gasth. Schroth	Lichtenhain	St. 2290	Van d. Voorde	82	79	-	3	Belg. u. Flam. Männer
13.	Paraschkenmühle	Talstraße			53	-	-	55	
					2064	**2346**	**110**	**608**	**Stand am 11.5.1942**

Bau
11.6.41

H = Haus } Telefon
St = Stadt }

Quelle: BACZ Nr. 13072

Zahlreich sind die Hinweise darauf, dass die ausländischen Zivilarbeiter vielfache persönliche Beziehungen zur Jenaer Bevölkerung und zu den Familien unterhielten, bei denen sie logierten. Zuweilen entstanden Freundschaften und engere Beziehungen. Stille Hilfen durch Aufteilung der rationierten Lebensmittel wie Brot und Milch sowie auch von Kleidung, Schuhen und sonstigem waren keine Seltenheit. Zwangsverpflichtete wie ein Holländer, der 1943 bis 1945 bei Zeiss arbeitete und sich für Jena entschied, weil er sich dort sicherer wähnte vor Bombenangriffen und relativ „gutes Geld“ zu verdienen war, sprechen nachträglich von einem allgemein guten Betriebsklima bei Zeiss[507]. Dies wie vieles andere deutet darauf hin, dass die Situation insgesamt im Vergleich zu anderen Unternehmen besser war.

Per 10. März 1942 waren im Zeisswerk 1.231 Ausländer beschäftigt, d.h. 9,4 Prozent der „Gesamtgefolgschaft“. Es handelte sich um 1.128 Männer und 103 Frauen. Die größte Gruppe bildeten die rund 1.000 Flamen, etwa 150 waren Kroaten, 50 Französinnen, 12 Holländer und einige Italiener[508].

An anderer Stelle hieß es, per 10. März 1942 seien bei Carl Zeiss Jena ca. 200 französische Kriegsgefangene[509] beschäftigt worden, die in einem besonderen werkseigenen Lager (Lager Lichtenhain) untergebracht waren[510].

---

507 Halm/Ballhorn (Hg.): Zivilarbeiter, S. 34 ff.

508 BACZ Nr. 3382 (Sitzung des sozialwissenschaftlichen Ausschusses vom 10.3.1942), S. 2.

509 BACZ Nr. 3382 („Merkblatt für den Arbeitseinsatz“).

510 BACZ Nr. 3382 (1. Sitzung des Ausschusses für soziale Betriebsarbeit bei der Abteilung Industrie der Gauwirtschaftskammer Thüringen am 14.6.1944 in Jena). – Für die Unterkunft und Verpflegung der Ostarbeiter war seit dem 19. September 1943 der Betriebssportwart der KdF, Ernst Fasold, zuständig. Allerdings scheint er die Position weidlich ausgenutzt zu haben, denn am 11. März 1944 wurde Fasold neben zwei anderen Zeiss-Mitarbeitern wegen Veruntreuung von Lebensmitteln und Misshandlung von Fremdarbeiter(inne)n zu einer Zuchthausstrafe verurteilt (Stutz: Musterbetrieb, S. 307, Anm. 47).

Löhne und Sozialleistungen für Fremdarbeiter

In der Regel wurden mit den Zivilarbeitern Einstellungsvereinbarungen getroffen, aus denen die Vertragsdauer, die Entlohnung, die Arbeitszeit und sonstige Regelungen hervorgingen. Letztere betrafen insbesondere die Abweichungen von den Vorschriften des Statuts der Carl-Zeiss-Stiftung. Demnach hatten Kriegsbeschäftigte keinen Anspruch auf Abgangsentschädigung und Pension.

Während Westarbeiter den gleichen Lohnbedingungen unterlagen wie ihre deutschen Kollegen und auch Anspruch auf entsprechende Zuschläge bei Mehrarbeit sowie Sonntags-, Feiertags- und Nachtarbeit hatten, galt für Polen und Ostarbeiter eine andere Regelung. Den Zivilarbeitern wurden die üblichen Abgaben (Steuern und die vier Sozialversicherungen) vom Lohn abgezogen. Polen hatten eine spezielle Sozialausgleichsabgabe zu entrichten. Die Ostarbeiter wurden am geringsten entlohnt. Die Lohnsteuer war bei ihnen bis 1943 durch die sogenannte „Ostarbeiterabgabe" ersetzt, deren Anstieg progressiv gestaffelt war. Bei 100 Reichsmark Bruttolohn betrug sie 30 Prozent, bei 200 Reichsmark 50 Prozent und bei 300 Reichsmark 60 Prozent. 1943 verbesserte man diese Bedingungen. Das monatliche Bruttogehalt für einen kaufmännischen Angestellten, der am 11. März 1943 eingestellt wurde, betrug bei 48-stündiger wöchentlicher Arbeitszeit 225 Reichsmark[511].

Da die Arbeitsverträge der meisten Fremdarbeiter in den ersten Kriegsjahren auf maximal ein Jahr befristet waren und Sozialleistungen in der Regel eine einjährige Betriebszugehörigkeit voraussetzten, lag es im Ermessen der einzelnen Unternehmen, Sozialleistungen (Geburts- und Kinderhilfen, bezahlter Urlaub bei Todesfällen, Fahrgeld und Verpflegung usw.) zu gewähren. Die Betriebe waren allerdings wie erwähnt verpflichtet, für die Beschäftigten, auch für die Ostarbeiter, Krankenkassenbeiträge an die Ortskrankenkasse abzuführen. So zahlte Zeiss 1942 für jeden Ostarbeiter monatlich das Minimum von 4 Reichsmark[512].

---

511 HALM/BALLHORN (Hg.): Zivilarbeiter, S. 8.
512 HALM/BALLHORN (Hg.): Zivilarbeiter, S. 32.

Was die Verpflegung der Ostarbeiter anbelangt, ist der Bericht Schrades vom November 1942 aufschlußreich:

„Am wichtigsten ist für die Russenarbeiter die Verpflegungsfrage ... Die Qualität ist dabei weniger ausschlaggebend als die Quantität, wenn dem russischen Geschmack Rechnung getragen wird. Beliebt ist eine warme Suppe, die wir abends verabreichen. Mit genügend Kartoffeln läßt sich fast alles machen. Vorsicht ist am Platze, wenn bei der Arbeit Spiritus oder ähnliches verwendet werden muß. Ergeben sich in der Verpflegung gelegentlich durch irgendwelche Umstände Schwierigkeiten und Stockungen, so ist der Einfluß in der Leistung sofort bemerkbar.
Die letzte Neuregelung der Lebensmittelrationen bringt eine Erhöhung der Kartoffelzuteilung von 5250 Gramm auf 7000 Gramm pro Woche. Außerdem besteht jetzt die Möglichkeit der Gewährung von Lang-, Nacht- und Schwerarbeiterkarten. Damit kann die Lagerverpflegung mehr den Arbeitsbedürfnissen angepaßt werden“[513].

An- und Umlernprozesse

Der Mangel an qualifizierten Facharbeitskräften war in der feinmechanisch-optischen Industrie nicht erst seit Kriegsbeginn, sondern lange davor verspürt worden[514]. Da die Massenproduktion jedoch, wie erwähnt, weniger in Jena stattfand, sondern vielmehr in den ausgelagerten bzw. inkorporierten Tochterunternehmen, kam es im Stammwerk besonders auf Qualifikation und Intelligenz an, die im übrigen bei Einstellungen auch besonders getestet wurde. Vom Arbeitsamt kamen zwar immer wieder Zuweisungen von (meist ungelernten) Arbeitskräften, doch die wenigsten genügten den Ansprüchen des Zeisswerks. So kam es, dass von 530 Zugewiesenen im Frühjahr 1939 nur 190 tatsächlich eingestellt wurden[515].

Mit Kriegsbeginn wurde der Druck „von oben“, d.h. via Wirtschaftsgruppen bei der Reichsgruppe Industrie stärker, die An- und Umschulungsmaßnahmen in den beteiligten Betrieben zu verstär-

---

[513] BACZ Nr. 3382 (Erfahrungsbericht über den Ostarbeitereinsatz bei Carl Zeiss, Jena, Stand von Mitte November, v. 24.11.1942, S. 3).

[514] BACZ Nr. 18538 (Vermerke des Geschäftsleiters Kotthaus über Besprechung vom 16.5.1939 betreffend den dringenden Personalbedarf des Zeisswerkes).

[515] GERTH: Aus- und Weiterbildung, S. 93.

ken. Bei Carl Zeiss Jena fügte man sich ungern diesem Ansinnen und nahm Angebote des Arbeitsamtes, bei diesen Maßnahmen Hilfestellung zu bieten, eher widerwillig und mit der Bemerkung an, viele Köche verdürben den Brei[516]. Doch insistierte man behördlicherseits umso mehr, je länger der Krieg dauerte und eklatanter der Facharbeitermangel wurde. Im November 1943 hieß es:

> „Anlernung muß sein und die erforderlichen Ersatzkräfte müssen für die irgendwie ausfallenden oder zur Wehrmacht einberufenen Facharbeiter und Einrichter rechtzeitig zur Stelle sein! – Die Methode ist innerbetriebliche Angelegenheit“[517].

Seit Kriegsbeginn wurden in den seit 1933/34 bestehenden Anlernwerkstätten in größerer Zahl zugewiesene ausländische Hilfsarbeiter ausgebildet[518]. Küppenbender äußerte im Dezember 1943 ausdrücklich, der DAF komme bei der raschen Einarbeitung und Überwachung der ausländischen Arbeitskräfte eine Mitverantwortung zu[519]. 1943/44 wurden der An- und Umlernprozess umstrukturiert und systematischer aufgebaut sowie in der sogenannte Anordnung Nr. 6 klare Abgrenzungsrichtlinien geschaffen. Sie reichten von der Kategorie A(1.) Ungelernte mit kurzer Einweisung in ihre Tätigkeit (1–6 Tage), über A(2.) kurzfristig Angelernte (1–3 Wochen), B(3.) Umgeschulte (Erwachsene fremder Berufe oder ungelernte Erwachsene; 6–12 Wochen), B(4.) Angelernte (1–2 Jahre) bis C(5.) Gelernte (3–3,5 Jahre).

Das Anlernen betraf während der Kriegszeit neben den zugewiesenen ausländischen Kräften auch Strafgefangene[520]. Fachlich weniger geeignete „Ostarbeiter“ bildete man nach der „Falsch-Rich-

---

516 W 20, Bl. 614 (Aktennotiz über die Sitzung der Wirtschaftsgruppen bei der Reichsgruppe Industrie am 15.9.1939 betreffend Umschulung und kurzfristige Anlernung).

517 BACZ Nr. 6714 (Bericht über die Überprüfung der Anlernmaßnahmen (Anordnung 6) durch Herrn Ob.-Ing. Ulrich und Oberinspektor Luck am 14.11.1943).

518 BACZ Nr. 6714 (Brief an das Arbeitsamt vom 19.8.1944).

519 Stutz: Musterbetrieb, S. 118 gestützt auf BACZ Nr. 22838 (Vorträge und Reden des Geschäftsleiters Küppenbender, Februar 1942 bis Dezember 1944, Rededisposition).

520 BACZ Nr. 6714.

Abb. 51 Lehrschau für die Anlernung und Umschulung deutscher und ausländischer Arbeitskräfte. Anlernen von Ostarbeiterinnen

tig-Methode“ aus[521]. Allgemein wurde beim „Ostarbeitereinsatz“ im Zeisswerk wohl nach der Zuckerbrot-und-Peitsche-Methode verfahren, d.h. Sanktionen bei Minderleistung und Essenzulagen bei Höherleistung waren an der Tagesordnung[522].

Es gab immer wieder Vorschriften aus Berlin, wie die Ostarbeiter zu behandeln bzw. wie sie zur und von der Arbeitsstelle zu führen seien. Einer staatspolizeilichen Sicherungsmaßnahme zufolge waren die Betriebe zunächst verpflichtet, die Ostarbeiter unter Bewachung geschlossen zu führen. Nach Auskunft von Geschäftsleiter Henrichs war dies in Jena seit Mitte 1943 nicht mehr der Fall und die Lockerung habe auch keine Missbräuche zur Folge gehabt[523]. Entsprechende Vorschriften enthielt die Landespolizeiordnung in § 4, wo es hieß:

> „Den polnischen Arbeitskräften sowie den Ostarbeitern ist verboten, in der Zeit vom 1. April bis 30. September von 21 Uhr bis 5 Uhr und in der Zeit vom 1. Oktober bis 31. März von 20 Uhr bis 6 Uhr auszugehen und ihre Unterkunft (Lager, Gehöft) zu verlassen. Soweit es durch den Arbeitseinsatz bedingt ist, kann die Kreispolizeibehörde andere Zeiten festsetzen“[524].

Für das Kreisgebiet Jena bestand eine Vereinbarung innerhalb der Arbeitsgemeinschaft für Ostarbeiterfragen unter Beteiligung von Polizei und DAF, dass Ostarbeiter nur an arbeitsfreien Tagen, also meist an Sonntagen, Ausgang haben sollten, und zwar von 13 bis 21 Uhr im Sommer[525]. Im Dezember 1943 wurden Werkabzeichen bzw. Erkennungsplaketten eingeführt, die den Status der einzelnen Arbeiter erkennen lassen sollten[526].

Die Zivilarbeiter wurden in der beschriebenen Weise angelernt und bekleideten – von Ausnahmen abgesehen – Hilfspositionen. Die Männer halfen z.B. aus als Konstrukteure, Monteure, Fräser, Elektriker oder im Bereich der Arbeitsablauftechnik bei der Auto-

---

521 BACZ Nr. 3382 (Erfahrungsbericht über den Ostarbeitereinsatz bei Carl Zeiss, Jena, Stand von Mitte November 1942, v. 24.11.1942, S. 2).

522 BACZ Nr. 18500 (Erfahrungsbericht über den Ostarbeitereinsatz bei Carl Zeiss Jena, 21.6.1943, Dr. Schrade).

523 BACZ Nr. 3382 (1. Sitzung des Ausschusses für soziale Betriebsarbeit bei der Abteilung Industrie der Gauwirtschaftskammer Thüringen am 14.6.1944 in Jena), S. 3.

524 BACZ Nr. 3382, S. 3.

525 Ebenda.

526 BACZ Nr. 22838.

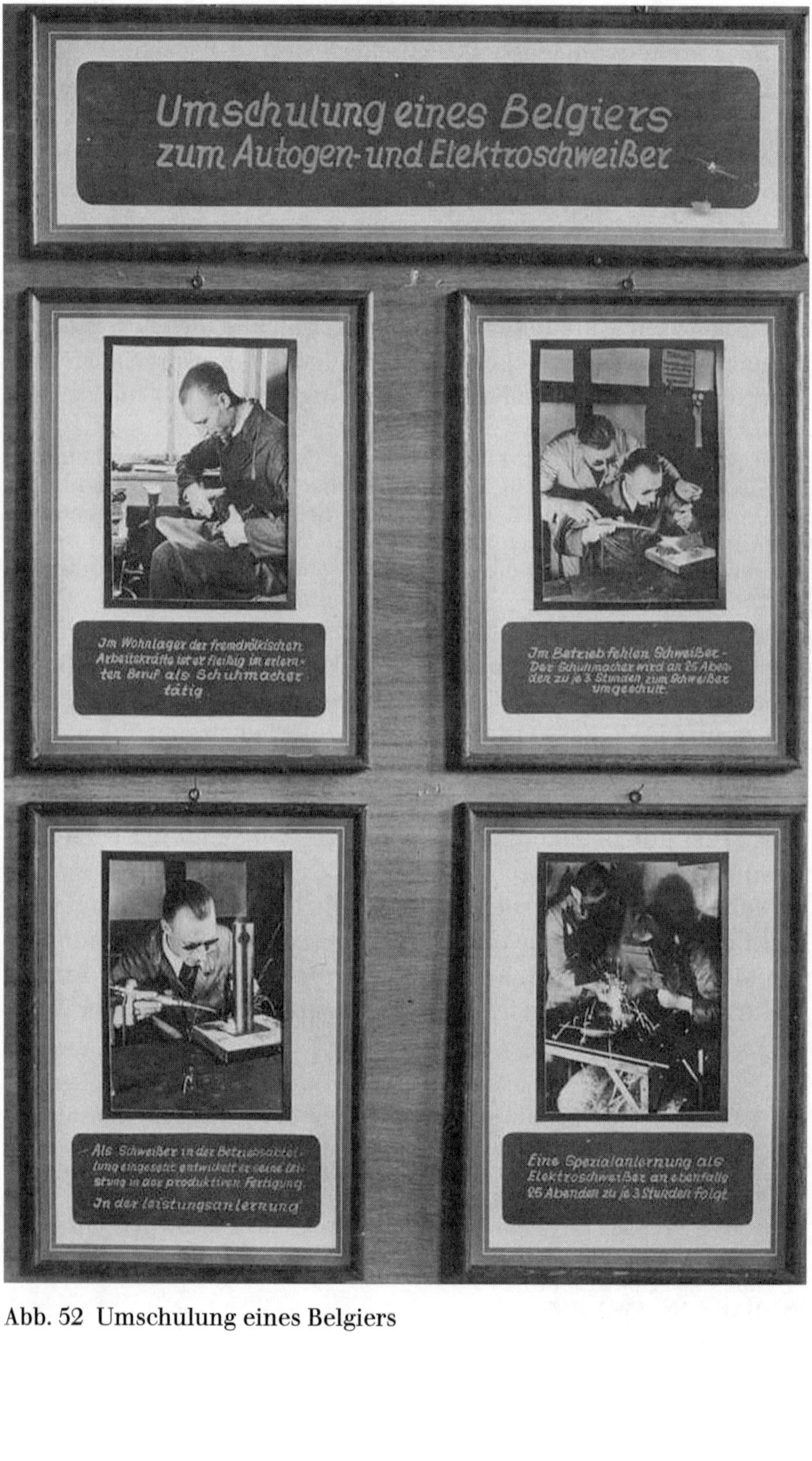

Abb. 52 Umschulung eines Belgiers

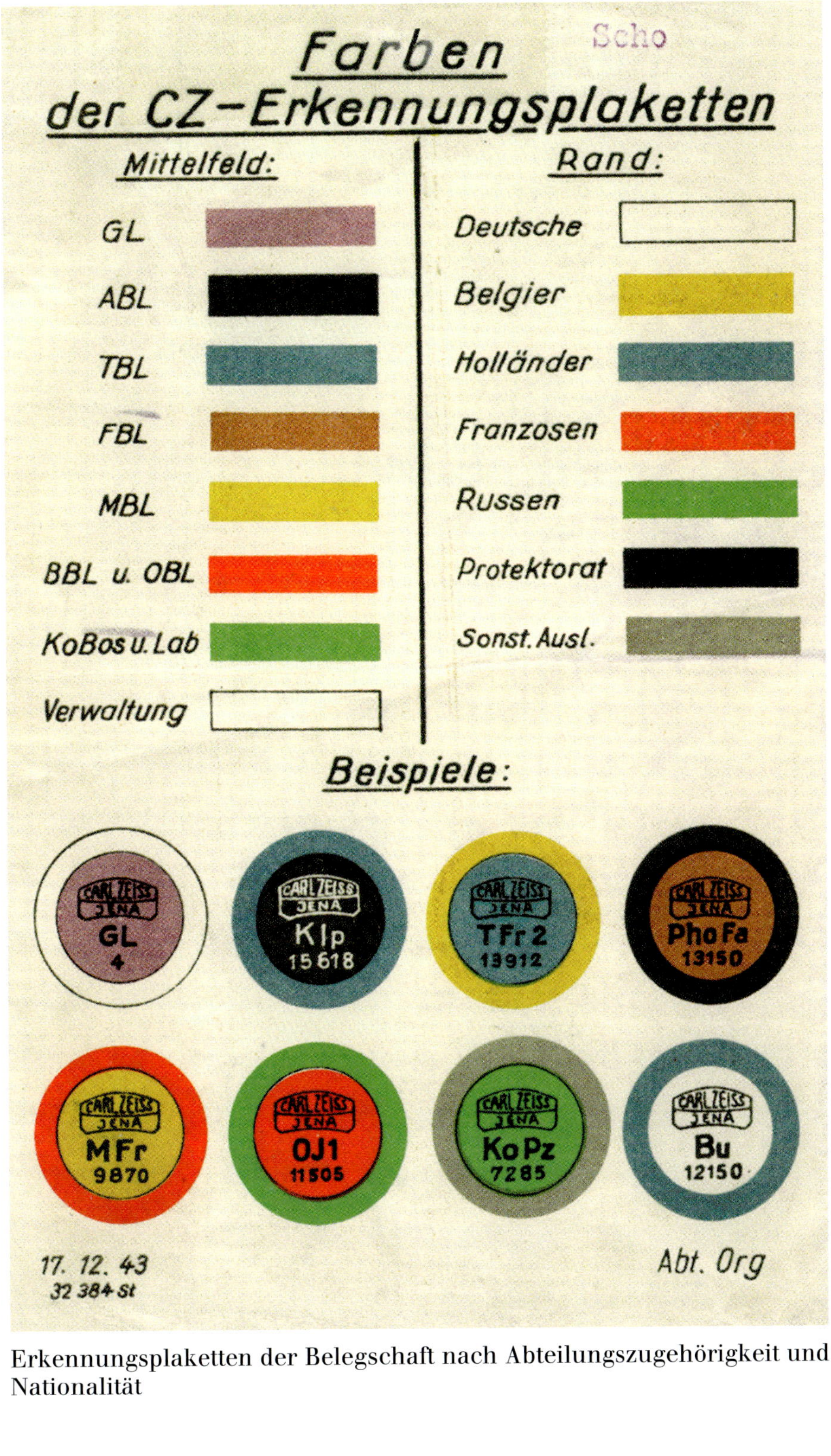

Erkennungsplaketten der Belegschaft nach Abteilungszugehörigkeit und Nationalität

matisierung, teilweise auch in der Schreinerei oder im Büro. Die Frauen setzte man vorwiegend im Bereich der Versorgung, Küche, als Zeichnerinnen im Anlernbereich, Lagergehilfinnen oder als Büroangestellte ein. Den Ostarbeitern vermittelte man soweit notwendig Grundtechniken wie Drehen, Feilen, Fräsen, Schleifen und Polieren. Ihr Kenntnis- und Eignungsstand wurde abgeprüft. Im Gegensatz zu der politisch-ideologischen Einstufung, die die Ostarbeiter weniger günstig bewertete, ja herkunftsbedingt als „minderwertig" einstufte, kam man bei Zeiss umgekehrt zu dem Urteil eines grösseren Fleißes bei den Ostarbeitern als etwa bei Holländern und Flamen[527].

Einige Westarbeiter kamen aus dem Urlaub nicht zurück oder blieben aus sonstigen Gründen weg. Die Fluktuation war nicht unbeträchtlich. Allein bei Zeiss waren es im Jahre 1941 373 Belgier, die aus dem Urlaub nicht zurückkamen. 1942 erhöhte sich die Zahl auf 464, darunter vorwiegend Belgier und Holländer. Ab Mitte 1943 wurde die Freizügigkeit jedoch eingeschränkt durch Urlaubssperren, erzwungene Bürgschaften von verheirateten Landsleuten und administrative Hemmnisse[528]. Diesbezüglich aufschlussreich ist der Bericht eines Holländers, der wie viele andere von den deutschen Besatzungsbehörden in Amsterdam zwangsverpflichtet worden war und im März 1943 nach Jena kam, wo er in der Abteilung Feinmess arbeitete. Er erinnert sich:

> „Anfang 1944 habe ich Urlaub gehabt, angeblich für unsere Heirat. Ich musste aber wieder zurückkommen denn ein ... verheiratete(r) Kollege bürgte für mich. Wenn ich nicht wieder nach Jena käme, würde er nicht auf Urlaub gehen dürfen. Eine Art Geiselhaft also. Das bedeutet dass ich tatsächlich nach Jena zurückfuhr"[529].

Bemerkenswert ist allerdings, dass einige Belgier und Holländer ihr Vertragsverhältnis bei Zeiss beendeten, um in die Waffen-SS oder in die Wehrmacht einzutreten. So registrierten die Austrittslisten des Jahres 1944 bei Zeiss 34 Holländer, 28 Belgier, 7 Fran-

---

527 Nov. 1942, BACZ Nr. 3382.

528 Halm/Ballhorn (Hg.): Zivilarbeiter, S. 30.

529 Brief vom 29.4.1995, abgedruckt in: Halm/Ballhorn (Hg.) = Zivilarbeiter, S. 42 f.

zosen und je einen Kroaten und Bulgarier mit dem Vermerk „zur Waffen-SS“[530].

Russen waren wie erwähnt die drittstärkste Gruppe der ausländischen Beschäftigten bei Zeiss. Als Ostarbeiter galten für sie strengere Reglementierungen, was den Tagesablauf und die Freiheitsgrade anbelangt, und zwar sowohl außer- wie auch innerbetrieblich. So konnte beispielsweise ein Holländer im Unterschied zu einem Ostarbeiter nicht nur zwischen Gemeinschaftsunterbringung und Privatzimmer wählen, sondern auch innerhalb des Zeisswerkes verschiedene Abteilungen durchlaufen bzw. den Arbeitsplatz wechseln. Polen konnten sich im Gegensatz zu den Ostarbeitern im Stadtgebiet von Jena relativ frei bewegen[531].

Arbeitserziehungslager

Ein früherer Angestellter der Personalabteilung, Paul Hunold, hatte nach dem Krieg 1945 einer Entnazifizierungskommission zu berichten bzw. zuvor in der Zeiss-Personalregistratur zu recherchieren, „wieviel ausländische Beschäftigte der Firma Carl Zeiss während des Krieges durch die Gestapo in Arbeitserziehungs- oder Konzentrationslager verschickt worden sind“[532]. Er ermittelte insgesamt 50 Arbeitskräfte, von denen die Gestapo 49 in Arbeitserziehungslager und einen in ein Konzentrationslager überwies. Die Gründe dafür waren bei 34 Personen (25 Männern und 9 Frauen) „schwere Verstösse gegen die Arbeitspflicht“ und bei 16 Personen (14 Männer und 2 Frauen) „andere Gründe“. Die Angaben wurden neben Hunold von Schrade und David mitunterzeichnet

Jener eine, der in ein KZ überwiesen wurde, war wohl der Mechaniker Curt Böhme (Jahrgang 1889), der zunächst 1910 bis 1923 und später wieder nach 1934 bei Zeiss Jena beschäftigt war. In der Zwischenzeit war der SPD-Funktionär Bürgermeister in Allstedt/Thüringen und später in Lohbrügge bei Hamburg. 1933 war er auf Grund des Paragraphen 4 des Gesetzes zur Wiederherstellung des

---

530 HALM/BALLHORN (Hg.): Zivilarbeiter, S. 12.
531 HALM/BALLHORN (Hg.): Zivilarbeiter, S. 18.
532 BACZ Nr. 15815 (Entnazifizierungsunterlagen) fol. 8, Bl. 6.

Berufsbeamtentums vom 7. April 1933 entlassen worden[533]. Bei Zeiss wurde er 1934 anstandslos wieder eingestellt und erhielt sogar Umzugs-Unterstützung. Er avancierte zum technischen Angestellten. Weshalb er 1944 von der Gestapo verhaftet und in ein KZ gebracht wurde, geht aus den Akten nicht hervor. Vermutlich spielte seine politische Vergangenheit hierbei eine Rolle. Wie sich die Geschäftsleitung verhielt, ist nicht bekannt, außer dass sie beschloss, die Bezüge Böhmes noch über ein Vierteljahr weiterzubezahlen[534].

Zur Beschäftigung von KZ-Häftlingen im Stammwerk Jena ist es nach heutigem Kenntnisstand nicht gekommen, obwohl das Ansinnen des Regimes an das Unternehmen herangetragen wurde. Dies geht jedenfalls aus einem Schreiben hervor, das Schrade nach dem Krieg am 13. Januar 1946 an Küppenbender (wohl zu dessen Entlastung) schrieb:

> „Während es kaum einen halbwegs bedeutenden Betrieb gab, in dem nicht Häftlinge aus Konzentrationslagern beschäftigt wurden, ist es Ihnen immer wieder gelungen, einen solchen Einsatz, der dem Werk mehrfach auferlegt wurde, zu verhindern, ebenso den Einsatz der verschleppten Juden aus Ungarn“[535].

KZ-Häftlinge waren jedoch sowohl in zwei Werken der Zeiss Ikon in Dresden (im Goehle-Werk und im Werk Reick) als auch in einer Tochterfirma des Zeiss-Stiftungsunternehmens, der Mitteldeutsche Papierwerke GmbH in deren Teilwerk Tannroda beschäftigt, einem

---

533 Der § 4 lautet wie folgt: *„Beamte, die nach ihrer bisherigen politischen Betätigung nicht die Gewähr dafür bieten, daß sie jederzeit rückhaltlos für den nationalen Staat eintreten, können aus dem Dienst entlassen werden. Auf die Dauer von drei Monaten nach der Entlassung werden ihnen ihre bisherigen Bezüge belassen. Von dieser Zeit an erhalten sie drei Viertel des Ruhegeldes (§ 8) und entsprechende Hinterbliebenenversorgung.“* (INGO VON MÜNCH (Hg.): Gesetze S. 26–28, hier: S. 27).

534 BACZ Nr. 15815, (Entnazifizierungsunterlagen), S. 75 f.; C. Böhme war bereits während des Ersten Weltkriegs politisch in Erscheinung getreten (SCHUMANN: Einst und jetzt, S. 233).

535 BACZ Nr. 15815 (Brief von Schrade an Küppenbenden in Heidenheim vom 13.1.1946, fol. 16), Bl. 3. Paul Hunold, bestätigte nach dem Krieg, dass es zwischen Küppenbender und Sauckel wegen der Sondereinberufungsaktion des letzteren im Oktober oder November 1944 Reibereien gab. Küppenbender äußerte demnach, es sei unsinnig „waffenlose Regimenter“ aufzustellen (BACZ Nr. 15815), fol. 8, Bl. 6.

Unternehmen, das 1907 von Schott mitgegründet worden war, um Strohpapier und später Schrenzpapier herzustellen[536]. Auch gibt es Hinweise darauf, dass Zeiss bei dem SS-Unternehmen Deutsche Ausrüstungswerke GmbH (DAW)[537], das, wie in anderen Konzentrationslagern, auch in Buchenwald bei Weimar eine Werkstatt betrieb, optisches Gerät reparierte oder sogar herstellte. Der bloße Umfang von 43.082 Stunden für derlei Reparaturen allein im August 1943[538] lässt vermuten, dass mehr als 100 Häftlinge in Buchenwald mit feinmechanisch-optischem Gewerke zu tun hatten. Im Geschäftsbericht der DAW vom Jahr 1943 wird erwähnt, dass „25000 Stück Mess- und Nachrichtengeräte instandgesetzt..." worden seien[539]. Der letztgültige Nachweis dafür, dass in Buchenwald im Auftrag von Zeiss produziert oder repariert wurde, steht indes noch aus. Dass in unmittelbarer räumlicher Nähe von Jena jedoch in dem erwähnten Umfang einschlägig gearbeitet wurde und man bei Zeiss davon nichts wusste, ist kaum denkbar.

Dem Kriegsende entgegen ...

Spätestens als am Abend des 27. Mai 1943 sieben Mosquito-Bomber der Royal Air Force über dem Himmel Jenas erschienen waren, jeder mit vier 500-Pfund-Spreng- und Zeitzünderbomben beladen[540], musste schlagartig deutlich geworden sein, dass das Zeisswerk zu

---

536 BACZ Nr. 23628 (Beteiligung der Carl Zeiss Stiftung in Verwaltung der Firma Schott & Gen., 1934).

537 Die DAW wurde am 3. Mai 1939 gegründet, hatte ihren Sitz in Berlin und gehörte zu den grossen Häftlingsunternehmungen der Schutzstaffel (SS). In Buchenwald existierte die DAW spätestens seit Sommer 1940. Näheres bei Enno Georg, Die wirtschaftlichen Unternehmungen der SS (Schriftenreihe der Vierteljahrshefte für Zeitgeschichte, Nr. 7), Stuttgart 1963, S. 58–62 u. 98.

538 Archiv Mahn- und Gedenkstätte Buchenwald, NS 4 272. Diesen Hinweis verdanke ich Herrn A. Beyermann.

539 Georg: Unternehmungen der SS, S. 62 u. Fn. 206.

540 Marion Husid: The Bombing of Jena. In: Zeiss-Historica 1/1991, S. 12.

den strategisch wichtigsten Zielen der Alliierten gehörte[541]. Es kam zu Toten und Verletzten[542] sowie zu einem vorübergehenden Produktionsausfall im Südwerk.

In den Zentralen der Großunternehmen hatte man lange vor Kriegsende in realistischer Einschätzung der Lage mögliche Szenarien und Alternativen durchgespielt und konkrete Maßnahmen für die Nachkriegszeit geplant. So überrascht es nicht, dass sich beispielsweise der Deutsch-Amerikanische Wirtschaftsverband seit Herbst 1944 einer gewissen Häufung von Loyalitätsadressen deutscher Großunternehmen erfreuen konnte[543]. Auch die Firma Zeiss stimmte in dieses Konzert ein und warb für Kontinuität nach dem bevorstehenden Zusammenbruch. Am 2. Dezember 1944 schrieb Geschäftsleiter Paul Henrichs an den Geschäftsführer des Deutsch-Amerikanischen Wirtschaftsverbands, H. E. Müncks, man werde amerikanischerseits in der dort üblichen realistischen Einschätzung der Wirtschaft „...sehr bald zur Erkenntnis kommen..., daß ein wirtschaftlich darniederliegendes Europa wesentlich zum Wohlstand Amerikas mit beitragen kann, daß ein gesundes Europa aber undenkbar ist ohne ein wirtschaftlich gesundes Deutschland ...“[544]. Es ist in diesem Zusammenhang darauf hinzuweisen, dass die von den Alliierten eingerichtete European Advisory Commission bereits im September 1944 Thüringen der künftigen Sowjetischen Besatzungszone zusprach und diese Bestimmung auf der Konferenz von Jalta im Februar 1945 offiziell bestätigt wurde[545].

---

541 Geschäftsleiter Kotthaus hatte sich bereits vor dem Krieg, am 7.9.1938, in einem Schreiben an Göring besorgt darüber gezeigt, dass Jena nur als Luftschutzort zweiter Klasse behandelt werde und gegen Tiefangriffe schlecht geschützt sei: *„Mit Rücksicht auf die auch im Ausland bekannte besondere Bedeutung des Zeisswerkes für die Wehrmacht und das persönliche Interesse, welches Sie, sehr verehrter Herr Generalfeldmarschall, dem Zeisswerk wiederholt gewidmet haben, halte ich mich für verpflichtet, Sie auf diesen Zustand aufmerksam zu machen mit der Bitte um Abhilfe.“* (BACZ Nr. 22799).

542 Den Bomben fielen der Wachleiter Willi Weber, der Mechaniker Jakob Weil, der Monteur Anton Lang und ein Arbeiter aus dem „Protektorat“ zum Opfer (BACZ Nr. 22838).

543 SCHUMANN: Einst und jetzt, S. 582.

544 Zit. n. EICHHOLTZ: Kriegswirtschaft III, S. 571. Dort zit. n. Anatomie des Krieges, Dok. Nr. 264, S. 467; vgl. SCHUMANN: Einst und jetzt, S. 582.

545 JENS FÜGENER: Von Alliierten und anderen Widrigkeiten. Carl Zeiss Jena zwischen Kriegsende und Verstaatlichung. In: Schliff, S. 148–169, hier: S. 150.

13. April 1945: Der Tag der Befreiung

Viel Zeit zum Handeln blieb den Amerikanern also nicht mehr, als sie am 13. April 1945 das Zeisswerk betraten. Sie fanden viele Werksgebäude zerstört, denn am 19. März 1945 waren im Rahmen eines alliierten Flächenbombardements über 500 Tonnen Bomben auf die Stadt Jena niedergegangen, dem neben vielen Jenensern auch eine große Zahl Fremdarbeiter zum Opfer fielen.

Eine knappe Woche vor dem Einmarsch der Amerikaner waren am 7. April 1945 noch zwei Russen, die im Gemeinschaftswerk Lobeda beschäftigt waren, an eine SS-Einheit übergeben und hinter dem Umspannwerk erschossen worden. Anfang April waren bereits fünf Ausländer wegen Plünderung erhängt und vor dem Zeiss-Hochhaus zur Schau gestellt worden[546].

Abb. 53 Das ausgebombte Hauptwerk vom Verwaltungshochhaus aus gesehen, 1945

546 HALM/BALLHORN (Hg.): Zivilarbeiter S. 37.

Die amerikanischen Besatzer versuchten zunächst, geordnete institutionelle Strukturen zu schaffen und für Transparenz zu sorgen. Dazu diente u.a. das am 23. April eingerichtete „Department of Displaced Persons“ unter der Leitung von Captain Ingmire, dem ein ehemaliger holländischer Zivilarbeiter von Zeiss, Baastian Schimmel, als Assistent zur Seite stand.

Es erfolgte zunächst eine Umquartierung nach Nationen, die Einrichtung sog. „Durchgangslager“ und schließlich ein zusammengefasster Abtransport mit städtischen Omnibussen und Militärfahrzeugen bzw. per Eisenbahn. So mancher Westarbeiter erreichte seine Heimat darüberhinaus auf einem – nicht selten gestohlenen – Fahrrad.

Innerhalb der Stadtverwaltung richtete man eine eigene Dienststelle ein: Das Ausländeramt, dem enge Zusammenarbeit mit den Unternehmen der Stadt auferlegt wurde. Ab Mitte Mai 1945 leitete das Amt sogar ein Zeissianer, der Diplomingenieur Johannes Maaz, der mit dem Schottianer Gerhard Adam und Hans Schwieter von Zeiss zusammenarbeitete. Adam übernahm nach Maaz‘ Weggang aus Jena am 3. Juli 1945 die Leitung des Ausländeramtes[547].

Eine Reihe von amerikanischen Kommissionen versuchte bei Zeiss und Schott, sich einen Überblick darüber zu verschaffen, was an Plänen, Patenten, Konstruktionszeichnungen und ähnlichem am besten verwertbar sein würde. Unter den Kommissionen war jene, die sich am 25. Mai 1945 in Wiesbaden im 12th Army Group Headquarter traf und tags darauf nach Jena aufbrach, um eine detaillierte und umfassende Bestandsaufnahme und Berichterstattung bei Zeiss vorzunehmen. Dieser Kommission gehörten an: Arthur W. Angus, Albert J. Philpot, Edward W. Taylor, Raymond Freeman und A.S. Radford[548]. Das gesichtete Material wurde akribisch aufgelistet und jedes Element inventarisiert. Später, im Juni 1945, koordinierten die Amerikaner (teilweise zusammen mit den Briten) ihre Suchaktivitäten unter der Leitung der Field Intelligence Agency Technical (FIAT) und werteten ihre Funde im Central Intelligence Objectives Committee (CIOS) aus, das im Alliierten Hauptquartier angesiedelt war. Der 188-seitige Bericht über die Firma Carl Zeiss, Jena, den die erwähnte Fünfergruppe ablieferte, war

547 HALM/BALLHORN (Hg.): Zivilarbeiter S. 38 f.
548 REPORT, S. 1.

vom Combined Intelligence Objectives Sub-Committee mit einer CIOS-Nummer versehen den autorisierten Stellen zugänglich gemacht worden[549].

Bei Kriegsende, im Mai 1945, waren bei Carl Zeiss Jena 33 Personen in leitender Stellung tätig. Die Geschäftsleitung bildeten Henrichs, Bauersfeld, Joos und Küppenbender. Bei Schott & Genossen waren dies Richard Hirsch, Dr. Erich Schott und ebenfalls Paul Henrichs. Stiftungsbeauftragter war Dr. Esau.

Abb. 54 Volkshaus mit Kisten requirierter feinmechanischer und optischer Geräte aus dem Zeisswerk, Juni 1945

Die Zentrale in Jena war in zehn Abteilungen organisiert. Abteilung 1 bildeten die diversen Sekretariate. In Abteilung 2, die Dr. Walther David stellvertretend leitete, wurden Rechtsfragen geklärt. David war erst 30 Jahre alt, als er am 23. September 1943 bei Zeiss eintrat. Die Abteilung 3 (Planung) leitete Dr. Schrade. Leiter der Abteilung 4 (Personal) war Dr. Schomerus. Die volkswirtschaftliche Abteilung (Nr. 5) stand unter der Leitung des aus Gotha stammenden Dr. rer. pol. Friedrich Wönne, der seit 1. Dezember 1926 bei Zeiss tätig war[550]. Der Geschäftsführer Paul Henrichs leitete sowohl die Abteilung 6 (Verwaltung) als auch 7 (Verkauf).

549 CIOS Target Number: 28/7.107. CIOS Trip No: 251.

550 Vgl. BACZ Nr. 11613 (Organisationsplan des Zeisswerks mit genauer Personenangabe der leitenden Personen, Mai 1945).

Abb. 55 Die Geschäftsleitung des Zeisswerkes im Jahre 1944: Henrichs, Bauersfeld, Küppenbender

Die 33 leitenden Personen des Zeisswerkes im Mai 1945

GL

1 - 4

Sekr.	Rechtsabt.	Planungsstelle	Personenabt.	Wipol. Abt.
	5	6	7	8

MBL	FBL	TBL (Hauptwerk)	TBL (Südwerk)	OBL	BBL	ABL (Anlagen)	ABL (Fertigung)
9	10-12	13-16	17-19	20-24	25	26-30	31-33

1. Küppenbender
2. Bauersfeld
3. Henrichs
4. Joos
5. David
6. Schrade
7. Schomerus
8. Wönne
9. Thiele
10. Winkler
11. Müller, Rudolf
12. Wünsche
13. Uber
14. Kresse
15. Groll
16. Bechmann
17. Schmidt, Oswald
18. Körbs
19. Rinnert
20. Bihlmeier
21. Koch, Martin
22. Arnholdt, Otto
23. Hoffmann, Johannes
24. Wachtelborn
25. Lincke
26. Opitz
27. Pachmayr
28. Wiehl
29. Reitmayr
30. Metzmacher
31. Trostmann
32. Molle
33. Horn

Quelle: BACZ Nr. 11613

Die Verwaltungsabteilung umfasste die Finanzen ebenso wie die Material-, Fertigungs- und allgemeine Verwaltung und hatte wiederum 12 Unterabteilungen, die teilweise von Prokuristen geleitet wurden. Die Verkaufsabteilung war in sechs Unterabteilungen gegliedert (Propaganda, Statistik, Aussenhandel, wissenschaftliche, kommerzielle und militärische Produktsparten). Der Militär-Unterabteilung 6, die der mit Prokura ausgestattete Admiral a.D.

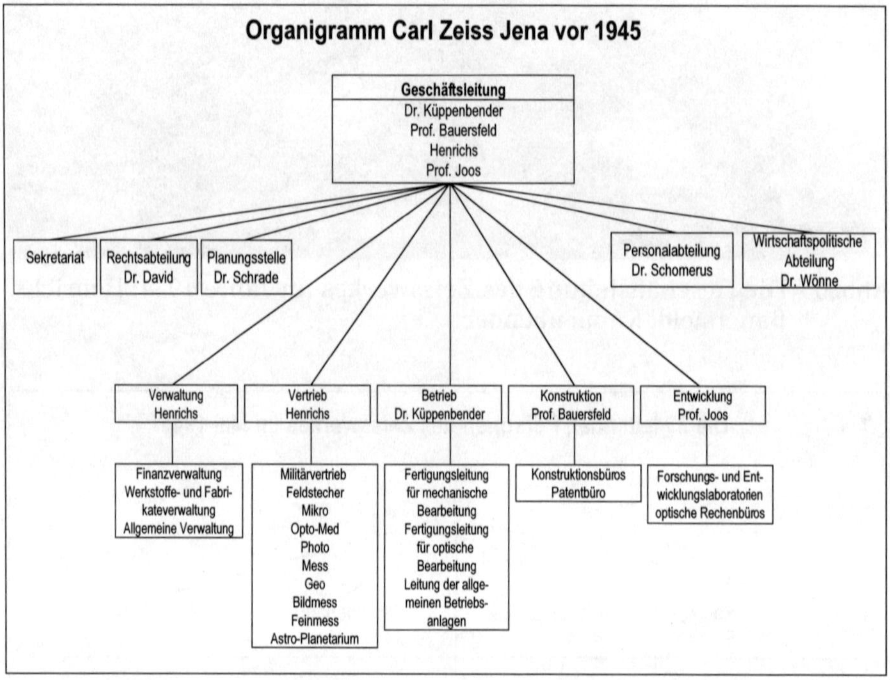

Hirth leitete, waren wiederum Funktions- und Verbindungsbereiche zugehörig. Dr. Küppenbender war Leiter der Abteilung 8, Produktion, hatte also den gesamten Fabrikbereich und die Ablaufplanung unter sich. Immerhin umfasste der Produktions-Apparat allein in Jena etwa 12.200 Maschinen und auf dem Gipfel (1941) nicht weniger als 13.700 Arbeiter einschließlich der Büro-Mitarbeiter. Letztere hatten einen Anteil, der zwischen 11 Prozent und 15 Prozent schwankte.

Die Beschäftigtenzahl hatte sich von 6.589 im Jahr 1934 bereits 1940 auf 13.585 mehr als verdoppelt. Allein im Jahr 1940 waren in Jena 1.853 Mitarbeiter eingestellt worden, darunter eine zunehmende Zahl Frauen. Waren 1934 11 Prozent der Zeiss-Belegschaft weiblich, so betrug deren Anteil 1939 17 Prozent und 1944 35 Prozent. Wegen der kriegsbedingten Knappheit an männlichen Arbeitskräften griff man also zunehmend auf Frauen zurück. Von den 13.507 Mitarbeitern des Zeisswerkes im Jahre 1944 waren 3.900 ausländische, die meisten aus den besetzten Gebieten. Von ihnen waren 2.800 Männer und 1.100 Frauen.

Prof. Bauersfeld leitete die Abteilung 9, Konstruktion und Patentwesen und die entsprechenden Büros und Prof. Joos schließlich war Leiter der Abteilung 10, Forschung und Entwicklung, zu der die gesamten Forschungs- und Entwicklungslabors ebenso gehörten wie die Rechenbüros.

Man war bei Kriegsende eben dabei, zwischen Südwerk und Schott einen unterirdischen Tunnel einzurichten. Die Fabrikanlagen befanden sich verstreut in Pössneck, Stadtroda, an Orten im Thüringer Wald sowie im Fränkischen. In Rothenstein gab es eine unterirdische Produktionsstätte für optischen Instrumente[551].

Im Zeitraum zwischen 1896 und 1945 (mit Ausnahme der Jahre 1920–1923, für die keine Daten vorliegen) betrug der Anteil des Militärumsatzes am Gesamtumsatz ca. 40,4 Prozent, d.h. er war selbst in Friedenszeiten stets erheblich. Er resultierte aus dem Verkauf von Zielfernrohren für Gewehre und Geschütze, Prismenfeldstechern, Periskopen für U-Boote, Justiervorrichtungen, Pankratischen Zielfernrohren und dergleichen.

Zeiss nach Kriegsende ...

Nach Kriegsende wurde das Jenaer Traditionsunternehmen gerupft und zerhackt. Der Gesamtkomplex hatte zum Zeitpunkt der Trennung der beiden deutschen Staaten noch 17 inländische und vier ausländische Glieder. Die deutschen Teile und Töchter lagen

---

551 REPORT, S. 71. Seit 1934 waren in Maßnahmen zum Auf- und Ausbau des Zeisswerks und mit ihm verbundenen Einrichtungen ca. 36 Millionen Reichsmark investiert worden.

über alle Regionen des Reichsgebietes verstreut und ihr Schicksal war den Autoritäten der einzelnen Zonen anheimgestellt[552].

Der Sitz und ein Hauptwerk der Zeiss Ikon AG befand sich nun in Stuttgart. Werk und Filmwerk in Berlin-Zehlendorf in der Goerzallee waren zerbombt. Gefertigt wurde im wiederaufgebauten Werk Berlin-Friedenau sowie im Werk Kiel-Wik, das aus Demontageresten der Anschütz & Co. GmbH wieder aufgerichtet worden war.

Die Geschäftsleitung bestand wie früher aus Ernemann, Eyth, Dr. Hemscheidt und dem stellvertretenden Vorstandsmitglied Wohlfahrt. Hemscheidt war gleichzeitig Geschäftsleiter der Friedenauer Technische Werkstätte GmbH, an der die Carl Zeiss-Stiftung eine 95 Prozent-Beteiligung hielt, deren Werk völlig demontiert und – wie erwähnt – wieder aufgebaut worden war. Hemscheidt war überdies Geschäftsleiter der Sendlinger Optische Glaswerke Berlin GmbH in Berlin-Zehlendorf, die zu 75 Prozent der Carl Zeiss-Stiftung gehörte. Im Kieler Werk der Zeiss Ikon AG war neben Dr. Geckeler nun der frühere Prokurist von Carl Zeiss Jena, Dr. Backe, als Leiter tätig.

Die M. Hensoldt & Söhne AG in Wetzlar war aus dem Krieg ohne Bombenschäden hervorgegangen, kam aber nach Kontrollratsgesetz 52 unter Zwangsverwaltung, wobei jedoch der Anteil der Carl Zeiss-Stiftung (54 Prozent) freigegeben wurde. Der Anteil der Familie Hensoldt blieb unter der Geschäftsführung eines von der Militärregierung bestellten Treuhänders. Die Stiftung berief zwei frühere Zeissianer in die Geschäftsleitung, nämlich den Leiter des Konstruktionsbüros in Jena, Steinle, sowie den Prokuristen Dinser.

Die Hans Kollmorgen GmbH, ein Unternehmen, das 1943 nach der vollständigen Zerbombung von Berlin nach Coburg übergesiedelt war und an dem die Carl Zeiss-Stiftung eine 53prozentige Kapitalbeteiligung hielt, wurde von der früheren Prokuristin der Gesellschaft, Gertrud Kollmorgen, weiterbetrieben.

Die Alfred Gaulthier GmbH im württembergischen Calmbach, an der die Stiftung mit 80 Prozent beteiligt war, wurde durch die französische Besatzungsmacht teilweise demontiert. Das Unternehmen existierte jedoch weiter unter derselben Leitung, nämlich Gustav Gauthier und dem Betriebsdirektor Rentschler.

---

552 Dazu und zum folgenden Abschnitt: BACZ Nr. 8289 (Zusammenfassender Bericht der Werksleitung, 1949, Anlage V).

Die Anschütz & Co. GmbH in Kiel-Neumühlen, Stiftungsbeteiligung 78 Prozent, war durch die englischen Besatzer komplett demontiert worden und erhielt generelles Produktionsverbot. Die Geschäftsleitung wurde durch den früheren Prokuristen von Carl Zeiss Jena, Dr. Backe, wahrgenommen.

Eine gewisse Ausnahme bildete die R. Winkel GmbH in Göttingen, die zu 99,3 Prozent der Stiftung gehörte, denn der Betrieb blieb sowohl von Bombenangriffen unversehrt als auch frei von Demontageverlusten. Die Geschäftsleitung hatte ein früherer Prokurist von Carl Zeiss Jena, Dr. Kühn, übernommen.

Der Stiftung gehörte ferner zu 95 Prozent die Mitteldeutsche Papierwerke GmbH, die bis 1945 Werke in Berlin-Neukölln, Coswig und Tannroda a. d. Ilm betrieben hatte. Nachdem die beiden letzteren ins „Volkseigentum" überführt worden waren, blieb nur noch der Berliner Teil, dessen treuhänderischer Geschäftsführer (wegen des Gesetzes Nr. 52) der frühere Prokurist des Unternehmens, Keilhauer, war.

Die Deutsche Spiegelglas AG in Alfeld/Leine mit Werken im nahegelegenen Grünenplan sowie im oberpfälzischen Mitterteich wurde durch die Stiftung über eine Mehrheitsbeteiligung von 55 Prozent kontrolliert und war sowohl für Zeiss als auch für Schott ein wichtiger Zulieferer von Brillenglaspresslingen, Röhrenglas, Hauswirtschaftsglas und Tafelglas. Die Geschäftsleitung lag nach dem Krieg in den Händen des früheren langjährigen Mitarbeiters Dr. Gerhard Schott sowie des früheren Mitglieds der Schott-Geschäftsleitung Richard Hirsch.

Ein weiterer Schott-orientierter Stiftungsbetrieb (Beteiligung: 99,76 Prozent), die Vereinigte Farbenglaswerke Zwiesel AG in Zwiesel, existierte unter der Geschäftsleitung von Dr. Erich Schott, F.W. Ilgner (früher Betriebsleiter in Zwiesel) und Dr. Praußnitz, einem früheren Jenaer Mitarbeiter, weiter. Das Werk in Pirna war 1946 in Volkseigentum überführt worden.

Eine 1937 von der Stiftung gegründete 100prozentige Tochter, die Bremthaler Quarzitwerke GmbH in Niedernhausen im Taunus war vollständig erhalten geblieben und stand wie früher unter der Geschäftsleitung von Robert Schneider.

In der Nähe von Heidenheim, im ostwürttembergischen Oberkochen, war am 4. Oktober 1946 die Zeiss-Opton, Optische Werke GmbH entstanden. Die Geschäftsanteile wurden zu 100 Prozent von der Carl Zeiss-Stiftung in Jena übernommen, die durch einen

Bevollmächtigten und zwei Treuhänder vertreten wurden. Die Geschäftsleitung der Zeiss-Opton bestand ausschließlich aus früheren Spitzenkräften des Stammwerks Jena, nämlich aus Walther Bauersfeld, Paul Henrichs und Heinz Küppenbender.

Auch das Jenaer Glaswerk Schott & Gen. erlangte Kontinuität im Westen des geteilten Deutschland. Bereits während des Zweiten Weltkriegs war eine Fertigungsstätte des Jenaer Glaswerks in Landshut entstanden, der die Werke in Zwiesel und Mitterteich zugehörig waren. Nachdem die früheren Geschäftsleiter, Dr. Erich Schott und Richard Hirsch, im Juni 1945 von den Amerikanern deportiert worden waren, betrieben sie nun als Geschäftsleiter das Landshuter Unternehmen, dessen Inhaber die Carl Zeiss-Stiftung Heidenheim war.

Zu den weniger bekannten Unternehmen, in denen die Carl Zeiss-Stiftung durch Stille Beteiligung (32 Prozent) ihren Einfluss geltend machte, gehörte die Münchner Firma Friedrich Deckel, die z.B. Spezialverschlüsse für photographische Optik und Präzisionswerkzeugmaschinen herstellte. Das Unternehmen wurde von Dr. Hans Deckel und Dipl.-Ing. Fritz Deckel geleitet.

Im Jahre 1909 hatte die Carl Zeiss-Stiftung die Einzelfirma des Georg Wolf in Berlin unter Übernahme einer Majoritätsbeteiligung in eine GmbH umgewandelt. Der Betrieb war nach dem Zusammenbruch sequestriert und in Treuhandverwaltung der Stadt Berlin überführt worden. Einer der früheren Mitinhaber, Richard Wolf, gründete 1946 im württembergischen Knittlingen die Fa. Richard Wolf Endoskopie. In Heidenheim entstand mit der Georg Wolf GmbH wohl die Rechtsnachfolgerin des Berliner Unternehmens, an dem die Carl Zeiss-Stiftung mit 80 Prozent beteiligt war.

Einen ähnlichen Anteil hielt die Stiftung an der Emil Busch AG, deren Betrieb in Rathenow 1945 durch Kriegsereignisse völlig zerstört worden war. Den Sitz des Unternehmens verlegte man später nach Göttingen, während der Rathenower Bestand sequestriert und mit einigen anderen Betrieben zum VEB Rathenower Optische Werke zusammengefasst wurde.

Es stellt sich schließlich die Frage, was nach dem Zweiten Weltkrieg aus den ausländischen Zeiss-Töchtern wurde.

Die Ungarische Optische Werke AG, Budapest, befand sich zu je 50 Prozent im Eigentum des ungarischen Staates und der Carl Zeiss-Stiftung. Der Anteil der Stiftung wurde von der UDSSR beschlagnahmt. Die Geschäftsleitung wurde durch den früheren Prokuristen des Betriebes, Dr. Lorenz, wahrgenommen.

Ähnliches ist auch von der 100prozentigen Zeiss-Tochter C.P. Goerz AG in Pressburg anzunehmen. Die Optische Anstalt C.P. Goerz GmbH, Wien, ebenfalls zu 100 Prozent im Besitz der Stiftung, wurde wohl nach dem Krieg von russischen Besatzungsbehörden verwaltet, wobei als Geschäftsführer die Herren Lang und Koza fungierten.

Der Betrieb der N.V. Nederlandsche Instrumenten-Companie in Venlo (Nedinsco) wurde 1945 eingestellt und das Restvermögen vom niederländischen Staat beschlagnahmt. Das Nominalkapital hatte zwei Millionen niederländische Gulden betragen und befand sich zu 100 Prozent in den Händen der Carl Zeiss-Stiftung.

Der wertvollste Bestand des Zeisswerks: das Humankapital

Hochtechnologieunternehmen wie Zeiss sind – dies wurde eingangs des Buches hervorgehoben – ihrem Charakter nach Institutionen von hoher qualitativer Komplexität. Bei dem Versuch, den Bestand an Humankapital abzuschätzen oder zu bewerten, wird dies evident. Es ist davon auszugehen, dass dies der wertvollste Bestand war, den die rote Diktatur von der braunen erbte, vor allem aber: den die westliche Neugründung in Oberkochen erbte. Die Amerikaner hatten das Vermächtnis (im Rahmen einer umfassenden Bestandsaufnahme im Jahr 1946) klar erkannt:

„Whatever varying influences may affect the success of the Zeiss concern, it is certain that the skill of its workers is a factor of considerable value, if not of overriding importance. This firm has for generations attached great value to the adequate training of ist personnel, and it would appear that no untrained worker is admitted to the factory“[553].

---

553 REPORT, S. 91.

Oder, an anderer Stelle:

„Whatever degree of progress might be attributable to the politics of the Stiftung, it is certain that the knowledge and skill of its personnel are the immediate instruments of its industrial success“[554].

Dieses für das Zeisswerk so wichtige Humankapital ging nach Kriegsende teilweise durch Deportation verloren. Zunächst deportierten die Amerikaner 48 der besten Zeissianer nach Heidenheim.

In der Nacht vom 30. Juni zum 1. Juli 1945 hielt die Rote Armee Einzug in Jena. Die Belegschaft, die bis August 1945 auf rund 6.000 herabgesunken war, wurde bis Oktober 1946 wieder mehr als verdoppelt. Doch mit dem überraschenden Befehl vom 22. Oktober 1946 und der Anordnung der völligen Demontage wurde das Unternehmen Zeiss hundert Jahre nach seinem Bestehen auf die schwerste Probe gestellt und verlor erneut das Wichtigste, was es hatte: 245 hochqualifizierte Wissenschaftler, Konstrukteure, Werkmeister und Spezialarbeiter mussten sofort ihre Sachen packen und den Weg nach Russland antreten.

Damit begann ein neues Kapitel des Jenaer Hochtechnologie-Unternehmens. Die Rahmenordnung bildete in den folgenden Jahrzehnten ein zentralverwaltungswirtschaftliches System, das erneut dem Primat der Politik den Vorzug einräumte und vernünftige Maßstäbe ökonomischen Handelns nicht zuließ. Hatte die gelenkte Wirtschaft in der Zeit des Nationalsozialismus – von Ausnahmen abgesehen – wenigstens noch die Eigentumsordnung und damit ein leidlich funktionierendes System von Verfügungsrechten aufrechterhalten, so ging unter sowjetischer Hegemonie auch dieses Wesenselement einer funktionsfähigen Wirtschaft und Gesellschaft verloren. Das Traditionsunternehmen Zeiss wurde am Ort seiner Gründung als VEB und Kombinat zum mikroökonomischen Abbild einer völlig verfehlten Weltanschauung und einer davon abgeleiteten Wirtschafts- und Gesellschaftspolitik, die erstmals in der langen Firmengeschichte die Wettbewerbsfähigkeit und internationale Marktführerschaft durch Qualitätsführerschaft auf einen Teil der Welt beschränkte: auf die sozialistische. Am bittersten mag dies für diejenigen gewesen sein, deren beste Qualifikation und immenses Erfahrungswissen, deren Kennen und Können von der kol-

554 REPORT, S. 101.

lektiven sozialistischen Ordnung nicht annähernd so prämiert wurde, wie dies im Rahmen eines effizienten Systems der Fall gewesen wäre. Dass freilich auch sie – eben im Rahmen des sozialistischen Systems – Herausragendes zu leisten vermochten, davon zeugen ein Vielzahl hochtechnologischer Entwicklungen[555]. Die reiche Saat konnten aber wohl vielmehr jene Zeissianer ernten oder besser: unter freiheitlichen marktwirtschaftlichen Rahmenbedingungen erneut hart erarbeiten, die – gegen ihren ausdrücklichen Willen – deportiert wurden und durch eine außergewöhnliche Pionierleistung im ostschwäbischen Oberkochen mithelfen konnten, dass Zeiss auch in der nicht-sozialistischen Welt wettbewerbsfähig blieb durch das, was von Anfang an die Kernkompetenz und Stärke des Unternehmens darstellte: Innovation in Optik.

---

556 Ein Blick in das Jenaer Zeiss-Jahrbuch bzw. neuerdings in das Jenaer Jahrbuch zur Technik- und Industriegeschichte mag darüber detailliert Auskunft geben.

Anhang

Tabellenverzeichnis

I Körperschaftsteuerbilanzen Zeiss

II Umsatzrendite der Geschäftsfelder

III Vermögenswerte

IV Investitionen

V Finanzwirtschaft

VI Unterlieferungen zu Carl Zeiss

VII Stiftungsleistungen

VIII Löhne und Einkommen

IX Lizenzen

X Zahl der Beschäftigten

I Körperschaftsteuerbilanzen Zeiss
(in Reichsmark)

	Bilanzsumme CZ		**Bilanzsumme Stiftung**	
	Steuer-bilanz	Handels-bilanz	Steuer-bilanz	Handels-bilanz
1924/25	44.913.769		48.268.242	35.420.592
1925/26	54.153.635	47.476.539	58.953.055	49.498.281
1926/27	56.441.520	51.050.832	59.864.083	50.550.571
1927/28	62.208.814		65.023.970	
1928/29	63.893.634		61.437.804	
1929/30	53.298.758	37.773.724	63.725.634	
1930/31	54.581.295		60.165.650	
1931/32	53.734.783		63.113.679	
1932/33	57.208.513	68.391.830	52.969.102	47.958.174
1933/34	64.491.818	75.261.043	54.799.767	47.653.232
1934/35	77.082.407	87.857.541	55.392.352	48.951.738
1935/36	88.781.372	102.108.205	59.038.369	52.506.506
1936/37	125.064.724	139.444.425	77.958.571	
1937/38	149.824.990	163.552.848	87.256.062	
1938/39	165.988.166	184.043.594	97.815.407	85.250.506
1939/40	218.773.480	243.979.526	109.176.941	

Quelle: BACZ 2155, 2156, 2220.

II Umsatzrendite der Geschäftsfelder

in % der Selbstkosten vor Steuern

	1935/36	1936/37	1937/38	1938/39	1939/40	1940/41	1941/42	1942/43	1943/44	1944/45	1945/46	Durchschnitt bis 1945
Mikro	2,7	2,9	–1,1	4,3	–8	–7,9	–7,5	7	12,5	–34,3	–37,5	**–2,94**
Med	–6	1,4	–4,3	3,5	–6,7	–19,4	–12,4	4,9	–2,9	–59,4	–45,4	**–10,13**
Opto I	13,9	16,6	15,8	20,5	29,6	29,3	66,3	68,4	38,2	–3,5	83	**29,51**
Opto II	–20,6	–5	1,2	5,4	10,9	5,3	20,4	29,9	21,9		–27,7	**6,94**
Photo	34,2	29,9	31,8	28,7	20,9	14,4	1,2	0,6	27,3	–23,1	–35,4	**16,59**
Tele I	18,8	20,2	15	26,5	29,1	32,9	12,2	46	25,2	–13,3	2,8	**21,26**
Tele II	–0,8	8,1	3,7	0,1	3,4	3,4	18,2	–1,9	19,4	–70,2	–16,5	**–1,66**
Tele IX	–32,3	32,2	31,4	17,2	41,5	43,1	37	100,3	6,9	16,4		**29,37**
Bahn	–76,6	–45,7	–37,2	–35,5	7,5	–51,3		–25	–33			**–29,68**
Mess	–6,8	5,1	7	9,2	–7,8	–9,4	–3,9	–3,6	11,9	–21	–12,2	**–1,93**
Geo	–17,1	–8,5	20,6	–0,4	3,1	9,2	14,7	3,6	–15,5	–11,4	–18,7	**–0,17**
Oszillo	73,6	30,4	–31,4	38	102,7	190,5	86,7	74,5	66,3	–114		**51,73**
Feinmess	24,9	35,1	39,2	49,5	51,9	39,8	25,4	48,6	62,4	9,5	24,3	**38,63**
Bildmess	51,8	24,7	30,1	24,2	18,2	26,8	12,8	–35,1	9,2	–30	–8,1	**13,27**
Astro	–40	–35,8	–36,9	–24,5	–43,7	–13	–17	–22	–19,3	–44	–32	**–29,62**
Plan	147,3	204,2	133,2	–85	–44,2	–19,6	–19,9	–0,9	144			**45,91**
Diverses	8,9	18,4	16,3	–1,9	5,6	17,1	18,1	17	8	–26,6	–45,8	**8,09**
Anlagen–fertigung	–51,8		103,7	153,6	1	0,3		4,2	3,2	18,2		**23,24**
Werkbedarf	1,9	–0,4	0,3	–3,4	–2							
Durchschnitt	**6,63**	**17,57**	**17,81**	**12,11**	**11,21**	**15,34**	**13,28**	**16,66**	**20,30**	**–21,41**	**–8,91**	

Quelle: BACZ 2155, 2156, 2220

III Vermögenswerte
(in Reichsmark)

	Zeiss	Schott	Stiftung	Gesamt
1927/28	20.222.777	9.555.622	19.472.365	49.250.764
1928/29	21.306.137	10.511.550	19.507.881	51.325.568
1936/37	30.058.579	9.345.793	62.711.771	102.116.143
1937/38	40.314.271	10.804.941	72.349.262	123.468.474
1938/39	42.058.757	11.760.063	83.248.607	137.067.427
1939/40	44.558.466	16.852.498	94.950.141	156.361.106

Quelle: BACZ 2155, 2156, 2220

III Vermögenswerte
Anlagevermögen Carl Zeiss (in Reichsmark)

	Anlagevermögen laut **Handelsbilanz**	**Steuerbilanz**	Fertigfabrikate **Steuerbilanz**
1924	19.809.566	15.075.944	10.645.190
1924/25		15.909.159	8.556.568
1925/26	21.897.436	14.950.750	9.220.205
1926/27	22.811.168	15.247.191	5.029.644
1927/28		17.503.583	4.005.095
1928/29		17.281.006	4.173.797
1929/30	7.895.816	13.932.408	6.000.811

Quelle: BACZ 2220

III Vermögenswerte

Vermögenswerte der Konzerntöchter (in Reichsmark)

Firma	Nominalkapital	Vermögenswert
Zeiss-Ikon	30.000.000	50.000.000
Busch	6.000.000	10.000.000
Anschütz	4.000.000	7.000.000
Goertz Wien	3.500.000	5.000.000
FrieTeWe	1.000.000	1.000.000
SAG	1.000.000	2.000.000
OAS	1.750.000	2.500.000
GeTeWE	1.000.000	1.000.000
Winkel	1.500.000	3.000.000
Turn/Gablonz	500.000	500.000
Gauthier	2.400.000	4.000.000
Hensoldt	720.000	1.500.000
Kollmorgen	32.000	100.000
Wolf	200.000	300.000
Gesamt	**53.602.000**	**87.900.000**

Quelle: BACZ 2155, 2156, 2220

III Vermögenswerte

Sachvermögen Carl Zeiss 1943 (in Reichsmark)

in RM		Hier Schätzwerte lt. kalk. Buchwerten, Steuerbilanz	
Grundstücke	2.000.000		
Gebäude	17.000.000		
Werksanlagen	7.000.000		
Maschinen	7.000.000		
BGA	2.000.000	Anlagevermögen	35.000.000
RHB	16.000.000		
Lager	110.000.000	Umlaufvermögen	126.000.000
Summe	**161.000.000**		

Quelle: BACZ 2155, 2156, 2220

IV Investitionen
(in Reichsmark)

Jahr	Grunds./ Gebäude	Maschinen	Mobilien	Gesamt
Goldmark-eröffnung	10.093.471	5.766.121	3.343.834	**19.203.426**
1924/25	1.010.424	460.308	232.461	**1.703.193**
1925/26	162.395	665.727	159.842	**987.964**
1926/27	109.452	664.210	102.208	**875.870**
1927/28	242.596	746.454	239.429	**1.228.479**
1928/29	1.148.612	1.424.211	468.609	**3.041.432**
1929/30	2.268.604	1.388.404	499.871	**4.156.879**
1930/31	14.883	302.801	115.732	**433.416**
1931/32	–288.369	246.568	71.332	**29.531**
1932/33	–4.652	107.885	68.284	**171.517**
1933/34	–55.931	598.954	169.367	**712.390**
1934/35	1.817.468	3.479.086	884.251	**6.180.805**
1935/36	1.818.483	1.552.402	792.117	**4.163.002**
1936/37	–217.541	1.617.720	–705.520	**694.659**
1937/38	2.922.112	1.691.255	734.567	**5.347.934**
1938/39	2.683.858	2.277.637	825.269	**5.786.764**
1939/40	2.123.845	3.451.45	1.252.273	**6.827.570**
1940/41	2.872.207	3.134.846	660.593	**6.667.646**
	28.721.917	**29.576.041**	**9.914.519**	**68.212.477**

Quelle: BACZ 6387

V Finanzwirtschaft

Anleihen (in Mark bzw. Reichsmark)

Anleihe	Ausgabetag	Nominalbetrag
I	01.10.96	1.000.000
II	01.01.99	1.000.000
III	01.01.02	1.000.000
IV	01.01.08	2.000.000
V	01.07.09	2.000.000
VI	01.01.12	2.000.000
VII/1	01.07.20	10.000.000
VII/2	01.10.20	30.000.000
Holland-Anleihe	01.04.26	6.000.000

Quelle: BACZ 2249

VI Unterlieferungen zu Carl Zeiss 1938/39–1943/44

(in Reichsmark)

	1938/39	1939/40	1940/41	1941/42	1942/43	1943/44	Gesamt
FrieTeWe	1.976.200	3.957.600	4.326.400	3.300.900	4.203.900	4.268.400	**22.033.400**
Zeiss-Ikon	3.765.600	9.535.200	9.047.100	13.676.800	12.451.100	10.242.700	**58.718.500**
Winkel	3.308.900	2.751.100	3.428.600	3.321.200	3.060.300	1.970.200	**17.840.300**
GeTeWe	544.100	1.791.800	2.273.400	10.777.700	3.818.100	5.130.300	**24.335.400**
Anschütz		934.500	2.155.500	1.741.200	14.200	636.900	**5.482.300**
OAS	2.338.000	2.904.600	1.764.400	3.299.200	3.782.000	3.434.100	**17.522.300**
FAB Gablonz			778.700	4.220.200	9.606.000	9.607.400	**24.212.300**
FAB Turn			819.900	1.685.600	3.185.000	8.044.700	**13.735.200**
OPW			555.700	1.065.400	786.700	2.315.800	**4.723.600**
SAG	108.000	52.800	113.700	10.800	208.100	2.910.700	**3.404.100**
Fremdlieferanten	13.168.700	15.811.300	25.497.900	41.432.400	50.050.300	44.741.700	**190.702.300**
Gesamt	**25.209.500**	**37.738.900**	**50.761.300**	**84.531.400**	**91.165.700**	**93.302.900**	**382.709.700**

Quelle: BACZ 23631

VII Stiftungsleistungen
(in Mark bzw. Reichsmark)

Jahr	Gesamt in M
1905/06	288.554
1906/07	368.629
1907/08	261.023
1908/09	257.878
1909/10	332.540
1910/11	322.622
1911/12	290.378
1912/13	368.079
1913/14	420.844
1914/15	2.681.157
1915/16	5.547.229
1916/17	9.864.282
1917/18	9.373.716
1918/19	11.901.696
1919/20	1.231.489

Quelle: BACZ 1490

	1937/38	1938/39	1939/40	1940/41	1941/42	1942/43
Physikalisches Institut	17.556	19.592	9.832	2.582	5.271	11.635
Techn.-Physikalisches Institut	52.364	41.299	42.995	68.270	52.530	58.587
Abbeanum	7.476	531.781	9.325	9.590	5.540	4.628
Kinderkrankenhaus	43.517	86.951	25.294	56.520	46.394	39.234
Sonst. Universitätsinstitute	149.857	152.575	81.236	108.012	90.861	110.312
Sachzuwendungen	62.016	86.896	5.559	8.831	17.862	8.807
Ernst-Haeckel-Haus	0	32.500	0	0	0	0
Uni-Gesamt	332.786	951.594	174.241	253.805	218.458	233.203
Optikerhochschule	65.422	78.710	81.068	86.130	78.484	78.370
Volkshaus	95.858	40.696	104.325	37.154	15.212	3.824
Ernst-Abbe-Bücherei	56.971	46.625	48.681	56.016	57.758	59.397
Sonstiges	26.047	50.302	12.545	27.975	14.682	18.026
Gesamt	**577.084**	**1.167.927**	**420.860**	**461.080**	**384.594**	**392.820**

Quelle: BACZ 23631

VIII Löhne und Einkommen Lohnentwicklung 1912/13–1932/33 (in Reichsmark)

Jahr	Produktive Löhne	Unproduktive Löhne	Gehälter	Gesamt	Lohnleute	Gehaltsleute	Gesamt
1912/13	3.885.410	1.668.850	1.394.060	**6.948.320**	4294	542	**4836**
1924/25	3.797.410	2.649.770	2.571.960	**9.019.140**	4016	685	**4701**
1925/26	4.465.680	3.153.760	2.990.130	**10.609.570**	3928	700	**4628**
1926/27	4.031.000	3.254.150	3.120.420	**10.405.570**	3665	699	**4364**
1927/28	5.019.280	3.830.700	3.574.650	**12.424.630**	4337	742	**5079**
1928/29	6.422.990	4.542.340	4.041.430	**15.006.760**	4977	824	**5801**
1929/30	7.053.280	5.263.710	4.420.260	**16.737.250**	5024	883	**5907**
1930/31	5.642.740	4.879.680	4.347.060	**14.869.480**	4505	874	**5379**
1931/32	3.657.530	4.020.700	3.634.430	**11.312.660**	3662	837	**4499**
1932/33	3.231.440	3.620.410	3.397.850	**10.249.700**	3769	849	**4618**
1933/34	5.062.200						
1935/35	8.161.500						
1935/36	10.763.000						
1936/37	12.662.000						
1937/38	14.009.000						
1938/39	14.506.000						
1939/40	16.200.000						
1940/41	17.825.000						
1941/42	16.582.000						
1942/43	14.401.000						
1943/44	13.590.000						
1944/45	8.575.000						

Quelle: BACZ 6485

VIII Löhne und Einkommen
(in Mark bzw. Reichsmark)

Jahr	Verdienst in M/RM	Verdienst in M/RM
1896	1.450	1.690
1900	1.630	1.807
1905	1.680	1.850
1910	1.830	2.035
1914	1.970	2.050
1925	2.350	2.103
1930	2.900	3.092
1933	2.490	2.554

Quelle: BACZ 2155, 2156, 2220

VIII Löhne und Einkommen

Pensionen und Abgangsentschädigung Carl Zeiss
(in Mark bzw. Reichsmark)

Jahr	Pensionen	Abgangsentschädigungen	Rückstellungen	Umsatzselbstkosten	Anteil-Pensionen	Selbstkosten/ Rückstellungen
1905/06	23.860	13.090				
1906/07	28.630	13.930				
1906/08	35.510	2.150				
1908/09	40.260	5.980				
1909/10	42.830	6.490				
1910/11	48.910	5.090				
1911/12	58.430	11.200				
1912/13	64.770	9.220				
1913/14	68.920	24.190				
1914/15	71.450	6.010				
1915/16	84.400	9.120				
1916/17	95.540	6.130				
1917/18	116.470	38.980				
1918/19	161.540	1.493.090				
Inflation						
Inflation						
Inflation						
Inflation						
1923/24	143.750	630.540				
1924/25	238.540	29.830				
1925/26	275.600	46.580				
1926/27	327.190	199.350				
1927/28	390.710	24.170				
1928/29	418.900	33.240				
1929/30	492.570	29.900				
1930/31	487.770	233.300				
1931/32	595.750	642.820				
1932/33	702.910	122.720				
1933/34						
1934/35						
1935/36	730.221	12.636	2.797.857	64.000.000	1,14	4,37
1936/37	704.563	22.964	3.122.527	79.336.000	0,89	3,94
1937/38	747.123	41.961	3.509.084	92.658.000	0,81	3,79
1938/39	804.152	44.250	3.680.433	103.552.000	0,78	3,55
1939/40	896.438	42.445	4.594.157	122.964.000	0,73	3,74
1940/41	1.004.358	56.234	5.183.019	152.976.000	0,66	3,39
1941/42	1.179.520	90.109	5.183.019	185.303.000	0,64	2,8
1942/43	1.334.591	69.645	4.411.581	169.519.000	0,79	2,6
1943/44	1.530.494	58.421	4.828.404	198.431.000	0,77	2,43
1944/45	1.991.578	101.034	9.165.424	250.794.000	0,79	3,65

Quelle: BACZ 7328; 8439

VIII Löhne und Einkommen

Kapitalwert der Pensionsverpflichtungen (in Mark bzw. Reichsmark)

Jahr	Zahl	Kapitalwert
1911	70	505.815,54
1912	82	593.293,94
1913	93	729.596,50
1914	97	725.212,87
1915	105	801.900,45
1916	116	895.120,26
1917	117	865.946,69
1918	138	1.014.618,59
1924	356	2.108.092,00
1925	365	2.448.146,00
1926	392	2.755.441,00
1927	429	2.993.295,00
1928	586	4.702.659,00
1933	872	9.120.206,00
1929	597	5.236.099,00
1930	624	5.923.612,00
1931	675	6.831.274,00
1932	828	8.997.574,00
1933	872	9.120.206,00

Quelle: BACZ 8439

VIII Löhne und Einkommen

Löhne, Gehälter und Nachzahlungen (in Mark bzw. Reichsmark)

Jahr	Lohn	Gehalt	Nachzahlung	NZ in %	Gesamt
1904/05	1.730.930	570.120	212.560	9 %	2.513.610
1905/06	1.870.750	620.480	251.400	10 %	2.742.630
1906/07	1.962.750	715.540	274.470	10 %	2.952.760
1906/08	2.301.320	786.600	249.800	8 %	3.337.720
1908/09	2.845.850	863.620	307.410	8 %	4.016.880
1909/10	3.283.170	958.700	327.400	8 %	4.569.270
1910/11	3.705.110	1.054.590	376.070	8 %	5.135.770
1911/12	4.308.820	1.192.710	490.000	9 %	5.991.530
1912/13	5.556.770	1.394.060	621.000	9 %	7.571.830
1913/14	6.008.500	1.583.410	460.000	6 %	8.051.910
1914/15	7.641.240	1.343.120	670.000	6 %	9.654.360
1915/16	9.766.830	1.537.530	1.250.000	10 %	12.554.360
1916/17	16.785.640	2.003.950	1.750.000	8 %	20.539.590
1917/18	20.877.890	2.756.980	1.950.000	7 %	25.584.870
1918/19	15.810.620	4.363.670	1.100.000	5 %	21.274.290
Inflation					
Inflation					
Inflation					
Inflation					
1923/24	4.512.100	1.745.210	–	–	6.257.310
1924/25	6.448.950	2.571.960	–	–	9.020.910
1925/26	7.619.440	2.990.130	425.000	4 %	11.034.570
1926/27	7.289.150	3.120.420	748.690	7 %	11.158.260
1927/28	8.849.980	3.574.650	1.118.240	9 %	13.542.870
1928/29	10.965.330	4.041.430	1.232950	8 %	16.239.710
1929/30	12.318.840	4.420.260	–	–	16.739.100
1930/31	10.522.430	4.347.060	–	–	14.869.490
1931/32	7.683.730	3.634.430	–	–	11.318.160
1932/33	6.689.600	3.329.570	480.640	–	10.499.810

Quelle: BACZ 8439

IX Lizenzen
(in Reichsmark)

Jahr	Lizenzeinnahmen	Lizenzausgaben	Saldo
1933/34	795.306	83.616	711,690
1934/35	143.211	80.915	62.296
1935/36	291.888	52.915	238.973
1936/37	341.891	32.039	309.852
1937/38	399.925	39.976	359.949
1938/39	685.581	59.122	626.459
1939/40	961.803	83.937	877.866
1940/41	1.308.567	92.064	1.216.503
1941/42	1.133.012	83.683	1.049.329
1942/43	1.937.733	75.285	1.862.448
1943/44	2.843.315	75.500	2.767.815
1944/45	2.220.044	18.715	2.201.329
Gesamt	**13.756.359**	**777.767**	**12.722.274**

Quelle: BACZ 6485

X Zahl der Beschäftigten

Lohnleute

Jahr	Männer	Frauen	Lehrlinge-	Gesamt	Beamte	Summe
31.12.1924	2628	878	179	3685	667	4352
30.09.1925	2776	1045	195	4016	685	4701
30.09.1926	2725	994	209	3928	707	4635
30.09.1927	2647	856	167	3670	708	4378
30.09.1928	3115	1056	170	4341	750	5091
31.12.1929	3650	1208	192	5050	859	5909
30.09.1930	3608	1202	217	5027	890	5917
30.09.1931	3268	979	261	4508	879	5387
30.09.1932	2707	688	268	3663	836	4499
30.09.1933	2974	530	265	3769	838	4607
30.09.1934	4288	595	279	5162	921	6083
30.09.1935	5615	823	316	6754	1047	7801
30.09.1936	6661	1081	358	8100	1147	9247
30.09.1937	7220	1282	445	8947	1251	10198
30.09.1938	7646	1551	478	9675	1326	11001
30.09.1939	8230	1869	428	10527	1432	11959
30.09.1940	8437	2741	531	11709	1425	13134
30.09.1941	8847	2784	571	12202	1501	13703
30.09.1942	7283	2953	627	10863	1391	12254

Quelle: BACZ 4786

X Zahl der Beschäftigten

Lohnpersonen

	MBL			FBL			TBL			OBL		
Jahr	Männer	Frauen	Lehrlinge	Männer	Frauen	Lehrlinge	Männer	Frauen	Lehrlinge	Männer	Frauen	Lehrlinge
31.12.24	217	15	26	745	93	88	560	201	27	333	196	23
30.09.25	253	22	28	718	120	99	631	231	38	331	191	22
30.09.26	210	18	30	727	120	101	668	279	49	270	195	18
30.09.27	184	14	25	731	128	97	669	258	37	273	165	4
30.09.28	210	14	30	832	149	102	833	269	34	374	268	0
31.12.29	345	51	24	172	169	3	1068	158	43	451	326	0
30.09.30	332	48	21	186	179	2	1043	140	44	425	313	6
30.09.31	264	33	31	170	135	5	989	131	61	346	208	12
30.09.32	225	35	31	145	86	6	903	115	68	192	90	13
30.09.33	234	25	32	137	62	6	980	87	69	242	75	19
30.09.34	345	27	29	201	123	4	1529	97	72	480	121	19
30.09.35	489	47	24	245	144	5	2264	156	88	578	171	20
30.09.36	514	57	26	324	180	3	2682	206	89	885	218	28
30.09.37	533	61	26	349	232	5	2850	242	104	957	2720	41
30.09.38	523	63	29	395	284	2	2926	281	112	1131	342	51
30.09.39	483	60	14	453	294	1	3142	397	60	1176	411	54
30.09.40	455	69	11	469	316	1	3208	657	86	1141	713	65
30.09.41	446	59	12	456	263	7	3427	638	91	1155	599	64
30.09.42	374	73	13	341	247	10	2633	715	97	929	624	62

	BBL			ABL			VERSCH.		
Jahr	Männer	Frauen	Lehrlinge	Männer	Frauen	Lehrlinge	Männer	Frauen	Lehrlinge
31.12.24	196	248	1	577	125	14			
30.09.25	237	327	1	606	154	7			
30.09.26	210	228	4	640	154	7			
30.09.27	149	132	1	641	159	3			
30.09.28	197	170	1	669	189	3			
31.12.29	236	204	0	1079	86	122	299	214	0
30.09.30	234	213	2	1075	76	142	313	233	0
30.09.31	228	189	2	951	61	142	320	222	8
30.09.32	195	157	2	717	28	140	330	177	8
30.09.33	197	114	0	771	25	132	412	145	7
30.09.34	195	68	0	999	27	148	539	132	7
30.09.35	184	76	1	1235	37	177	620	192	1
30.09.36	175	83	1	1469	66	203	612	271	8
30.09.37	180	93	2	1671	70	260	680	312	7
30.09.38	197	129	1	1762	81	276	712	371	7
30.09.39	203	151	1	2031	117	297	742	439	1
30.09.40	190	190	0	2290	180	361	674	616	7
30.09.41	203	173	0	2538	179	391	622	873	6
30.09.42	170	175	0	2341	195	442	495	924	3

Quelle: UACZ, Bestand BACZ Nr. 4786.

Abkürzungen

ABL	Allgemeine Betriebsleitung bzw. Betriebsleitung für allgemeine Betriebsmittel
AGK	Ausfuhrgemeinschaft für Kriegsgerät
ASKI	Ausländersonderkonten für Inlandszahlung
Astro, As	Astronomische Fernrohre und Montierungen (Produktgruppe bzw. Abteilung)
Auto, Aut	Automobilscheinwerfer (Produktgruppe bzw. Abteilung)
BACZ	Betriebsarchiv des VEB Carl Zeiss Jena
BAK	Bundesarchiv Koblenz
BBL	Brillenbetriebsleitung
Bel	Beleuchtungskörper (Produktgruppe bzw. Abteilung)
Bildmess	Bildmessgeräte (Produktgruppe bzw. Abteilung)
BL	Betriebsleitung
CZ	Carl Zeiss
CZJ	Carl Zeiss Jena
DAF	Deutsche Arbeitsfront
DATSch	Deutscher Ausschuss für technisches Schulwesen
FBL	Betriebsleitung für Fertigfabrikate
Fe, Feinmess	Feinmessinstrumente (Produktgruppe bzw. Abteilung)
F & E	Forschung und Entwicklung
Fritewe	Friedenauer Technische Werke GmbH, Friedenau
Geo	Geodätische Geräte (Produktgruppe bzw. Abteilung)
Gestapo	Geheime Staatspolizei
Getewe	Geraer Technische Werke GmbH, Gera
GL	Geschäftsleitung
HJ	Hitlerjugend
Ifago	Industriefinanzierungsaktiengesellschaft Ost
IHK	Industrie- und Handelskammer
Inko	Interferenz-Komparator
KdF	(NS-Gemeinschaft) „Kraft durch Freude“
Kobo, KoBo	Konstruktionsbüro
KPD	Kommunistische Partei Deutschlands
KZ	Konzentrationslager
M	Mark

MBL	Betriebsleitung für Mess- und Mikro-Halbfabrikate
Med	Medizinisch-ophthalmologische Geräte (Produktgruppe bzw. Abteilung)
Mess, Ms	Optische Messinstrumente (Produktgruppe bzw. Abteilung)
MIHK	Mittelthüringische Industrie- und Handelskammer, Weimar
Mikro, Mi	Mikroskope und mikrofotografische Apparate (Produktgruppe bzw. Abteilung)
Mil	Militär, militärische Instrumente (Produktgruppe bzw. Abteilung)
Mil A	Militärauslandsgeschäfte
Mil B	Militärinlandsgeschäfte
Nedinsco	N.V. Nederlandsche Instrumenten Compagnie, Venlo
Norinab	Nordinska Instrument A.B., Stockholm
NS	nationalsozialistische/r
NSBO	Nationalsozialistische Betriebszellenorganisaton
NSDAP	Nationalsozialistische Deutsche Arbeiterpartei
NSFK	Nationalsozialistisches Fliegerkorps
NSKK	Nationalsozialistisches Kraftfahrkorps
NSV	Nationalsozialistische Volkswohlfahrt
OBL	Optische Betriebsleitung
OKH	Oberkommando des Heeres
OKW	Oberkommando der Wehrmacht
Opsi	Gerät zur optisch-elektrischen Zugbeeinflussung
Opto, O, Op	Optische Brillen, Brillengläser und -gestelle (Produktgruppe bzw. Abteilung)
Photo, Pho(t)	Photographische Objektive (Produktgruppe bzw. Abteilung)
RAD	Reichsarbeitsdienst
RBNS	Reichsbanknebenstelle (Jena)
RDI	Reichsverband der Deutschen Industrie
RGBl.	Reichsgesetzblatt
RM	Reichsmark
RStH	Reichsstatthalter
SA	Sturmabteilung der NSDAP
SAG	Saalfelder Apparatebau-Gesellschaft mbH
SPD	Sozialdemokratische Partei Deutschlands
SS	Schutzstaffel der NSDAP

TBL	Tele-Betriebsleitung
Tele, T	Teleskope, Fernrohre (Produktgruppe bzw. Abteilung)
Tele-Z(ivil)	Zivile Fernrohre (Produktgruppe bzw. Abteilung)
TH	Technische Hochschule
ThHStAW	Thüringer Hauptstaatsarchiv Weimar
TRM	Tausend Reichsmark
UACZ	Unternehmensarchiv der Carl Zeiss Jena GmbH
UOW	Ungarische Optische Werke AG, Budapest
ZWA	Zusammenfassung der wissenschaftlichen Abteilungen

Quellen- und Literaturverzeichnis

Quellen

Bundesarchiv Koblenz (BAK)
R 13 VI Wirtschaftsgruppe Feinmechanik und Optik

Bundesarchiv/Militärarchiv, Freiburg (BA/MA)

Bundesarchiv, Abteilungen Potsdam (BAP)

Thüringer Hauptstaatsarchiv Weimar (ThHStAW)

Bestand Reichsstatthalter Thüringen (RStH), Nr. 247, Bl. 96, 113, 116, 130 f., 147 f., 151 f., 157.
Nr. 265, Bl. 8, 14 ff., 54.
Bestand Gustloff-Stiftung
Nr. 30, Bl. 3.
Nr. 32, Bl. 32.
Nr. 123, Bl. 39, 130.
Nr. 124, Bl. 133.
Nr. 127, Bl. 476.

Unternehmensarchiv/Betriebsarchiv Zeiss

Unternehmensarchiv der Carl Zeiss Jena GmbH (UACZ), Bestand Betriebsarchiv VEB Carl Zeiss Jena (BACZ). Den Nummern von Quellenstücken aus diesem Archiv werden die Abkürzungen (UACZ) in den Fußnoten generell nicht mehr vorangestellt (Beispiel: statt „UACZ, Bestand BACZ Nr. 1426 (Bericht der Geschäftsleitung...)“ steht nur „BACZ Nr. 1426 (Bericht der Geschäftsleitung...)“.

109 (Gemeinnützige Aufwendungen der Carl-Zeiss-Stiftung).
164 (Zeiss-Ikon A.G. (...): Rückblick Zeiss-Ikon vom 25.1.1946).
166 (Brief von Zeiss an die Contessa-Nettel AG vom 4.9.1925); (Vertragsangelegenheiten mit der Optischen Anstalt C.P. Goerz A.G., Berlin: Schriftliche Vereinbarungen Carl Zeiss mit C.P. Goerz vom 18.9.1925); (Vertragsangelegenheiten mit der Optischen Anstalt Goerz AG, 1925–1926. Brief der Goerz-Direktion vom 27.5.1925); (Brief des Goerz-Direktors Dr. Falkenstein an Prof. Dr. Straubel vom 28.7.1925); (Brief von

Zeiss an die Contessa-Nettel AG vom 24.8.1925); (Vertrag zwischen Goerz, Ica, Contessa-Nettel und Carl Zeiss); (Brief der Goerz-Direktion an die Zeiss-Geschäftsleitung vom 16.4.1926, Anlage); (Steuerfreiheit für Industriezusammenschlüsse – eine Abschrift v. 4.2.1926).

168 (Wirtschaftliche Lage der Firma Carl Zeiss 1890–1937).

189 (Carl-Zeiss-Stiftung 1886–1903).

218 (Sammelakte Dr. Max Fischer 1906–1940).

226 (Sammelakte Prof. Dr. Rudolf Straubel 1933–1944); (Prof. Dr. Rudolf Straubel zum Gedächtnis).

263 (Bekanntmachungen der Geschäftsleitung usw. v. 1906/07–1911).

264 (Bekanntmachungen der Geschäftsleitung v. 1912–31.12.1915).

274 (Bekanntmachungen, Allgemeine Anschläge und Mitteilungen v. 1.6.1941–31.12.1943).

292 (Statistik über die Personalaustritte 1.10.1920–30.4.1931. Stand 31.1.1931).

580 (Die geschichtliche Entwicklung der Fa. Zeiss-Aerotopograph v. Dipl.-Ing. F. Manek (Ms.)).

652 (Lohnstatistik, Verdienststatistik 1915–1940).

753 (Verträge mit Bausch & Lomb, Rochester (USA) 1907–1911: Vereinbarung über die Regelung der geschäftlichen Beziehungen zwischen den Firmen Bausch & Lomb, USA und dem Carl Zeiss-Werk vom 27. November 1907).

1366 (Monatsberichte für die Geschäftsstellen 1908).

1395 (Personalien von Zeiss-Persönlichkeiten (1930–1943): Akte Max Fischer; Akte Rudolf Straubel; Akte Paul Henrichs).

1397 (Geschäftsleiter Paul Henrichs: Würdigungen, Zeitungsausschnitte, Fotos und Abhandlungen anlässlich des 60. Geburtstages).

1483 (Stiftungskommissar Carl-Zeiss-Stiftung. Akten des Stiftungskommissars der Carl-Zeiss-Stiftung 1912: Bericht des Kommissars über das Geschäftsjahr 1910/11 v. 14.2.1912).

1486 (Ibid. 1. Juli 1914–Sept. 1916: Geschäftsbericht des Stiftungskommissars der Carl-Zeiss-Stiftung); (Protokoll Geschäftsleitung-Sitzung vom 17.9.1914).

1488 (Stiftungskommissar Carl-Zeiss-Stiftung. Akten der Stiftungskommission über die Carl-Zeiss-Stiftung, Okt. 1917–Dez. 1919).

1574 (Geschäftsleitung. Die Entwicklung der Abteilungen Dreherei-Fräserei-Bohrerei-Stanzerei der Firma Carl Zeiss in den Jahren 1885–1910).

1707 (Übersicht über den Aufbau der Verkaufsorganisation der Firma Carl Zeiss, Stand vor bzw. bis zum 1. Weltkrieg (2.8.1914) und Ausbau nach 1918 bis zu Beginn des 2. Weltkrieges (1. Sept. 1939)).

1723 (Zeiss-Werkzeitung, Jg. 18, Heft 1, Febr. 1943); (Zeiss-Werkzeitung, Jg. 13.–19., 1938–1944).

2220 (Unterlagen zu Körperschaftsteuer- und Vermögensteuer-Bilanzen 1925–1933 (Stiftung Carl Zeiss, Jenaer Glaswerk: Zeiss Ikon-Aktien der Carl Zeiss-Stifung).

2348 (Vereinbarungen der Kamera-, Verschluss- und Objektivfabrikanten über Förderung der gemeinsamen Interessen und Festlegung von Verkaufspreisen (Kamerakonzern) von 1919).

3369 (Gauarbeitskammer Thüringen Beirat, August 1943: Brief des Gauleiters Thüringen vom 5.8.1943 an Küppenbender).

3372 (Optische Arbeitsgemeinschaft im Heereswaffenamt. Wiss. Beirat. Sept. 1942–Jan. 1943: Brief Küppenbenders vom 16.10.1942 an das Oberkommando des Heeres).

3376 (Preis- und Abschreibungsfragen, Nachbaurecht, Ausbaufragen des Werkes usw. 1. Sept. 1934–31. Dez. 1937: Verhandlungen mit Reichskriegsministerium).

3382 („Erfahrungsbericht über den Ostarbeitereinsatz bei Carl Zeiss, Jena“); („Erfahrungen mit ausländischen Arbeitskräften, Kriegsgefangenen und Frauen“); („Merkblatt für den Arbeitseinsatz“); (1. Sitzung des Ausschusses für soziale Betriebsarbeit bei der Abteilung Industrie der Gauwirtschaftskammer Thüringen am 14.6.1944 in Jena).

3383 (Deutsch-Amerikanischer Wirtschaftsverband e.V., Berlin, Nov. 1926–Okt. 1940: Brief von Henrichs an Müncks vom 13.1.1940); (Mitteilung über Postzensur vom 3.10.1939; Brief von Henrichs an Müncks vom 13.1.1940).

3390 (Deutsche Golddiskontbank Berlin, März 1930–Jan. 1939, Schriftwechsel von Henrichs).

3406 (Ausschuss für Leistungssteigerung der Gauwirtschaftskammer Thüringen, Abt. Industrie, Dez. 1943–Nov. 1944: Brief des Leiters der Industrieabteilung der Gau-Wirtschaftskammer Thüringen an Küppenbender vom 14.12.1943).

3418 (Kriegsgefangenenbericht v. Paul Henrichs über die Firma Carl Zeiss, London Ltd., März 1919).

3426 (Carl Zeiss-Filiale New York, Febr. 1924–Nov. 1929: Brief von Bauer an Zeiss Jena vom 3.10.1925).

3428 (Brief Henrichs an Bauer vom 15.10.1925); (Brief Bauer an Geschäftsleitung vom 3.10.1933).

3732 (Kraftwerk Burgau, 1907–1920).

4822 (Statut der Russischen AG der optisch-mechanischen Werke Carl Zeiss 1913).

4823 (Gründung der Carl Zeiss A.G. in Petersburg: Musterstatuten anderer russischer Gesellschaften, Schriftwechsel über Gründungsvorbereitung, Abschrift des Schriftwechsels mit russischen Ministern usw., April 1908–Juli 1914).

4855 (Monatsberichte an die Geschäftsstellen (Dez. 1907–Mai 1908)).

4864 (Filial- und Vertreterverträge für Filialen 1902–1914/ 1921).

5815 (Mikro-Gruppe, 1931–1941: Anweisung des Leiters der Wirtschaftsgruppe Feinmechanik und Optik vom 14.8. 1943); (Mikro-Gruppe, 1931–1941: Sitzungsprotokolle der Mikro-Gruppe vom 4.4.1932 und 25.9.1932).

5847 (Geraer Technische Werke GmbH. Oberkommando des Heeres – Finanzierung, 1937–1945).

6228 (Wirtschaftsgruppe Feinmechanik und Optik, Febr. 1940–Juni 1945: Geschichte der wirtschaftspolitischen Organisation der Feinmechanik und Optik).

6232 (Zeiss-Jugendlager 1936 in Ahrenshoop, Juli–Okt. 1936).

6260 (Ableben des Betriebsführers August Kotthaus am 12. Juli 1941, 12.–15. Juli 1941).

6329 (Betreuung der Ausbildungsleiter für Lehrberufe, Jan. 1937–April 1941: Umfrage der Wirtschaftskammer Thüringen, Industrieabteilung, betreffend: Tatsächliche Angaben über industrielle Lehrfirmen, Stand vom 1. Juli 1939, beantwortet von O. Bihlmaier (Ausbildungsleiter)).

6485 (Statistiken als Urmaterial für interne Verwendung, 1946–47).

6662 (Beweismaterial für Organverhältnis zwischen Carl Zeiss und Filialen: Nedinsco. Organverhältnis mit CZJ).

6702 (Wirtschaftsgruppe Feinmechanik und Optik, Jan. 1935–Okt. 1941: Merkblatt der Reichsgruppe Industrie zur Ausbildung des Arbeiternachwuchses, Berlin, Juni 1937).

6714 (Arbeitseinsatz: Betriebliche Anlernmaßnahmen, 1943–1945: Bericht über die Überprüfung der Anlernmaßnahmen (Anordnung 6) durch Herrn Ob.-Ing. Ulrich und Oberinspektor Luck am 14.11.1943); Arbeitseinsatz: Betriebliche Anlernmaßnahmen, 1943–1945: Brief an das Arbeitsamt vom 19.8.1944).

7192 (Carl Zeiss Goshi Kaisha, Tokyo – Abschlussbilanzen und Korrespondenzen).

7235 (Filial-Jahres-Umsätze, 1. Okt. 1923–30. Sept. 1937: Aufstellung der Jahresumsätze).

7236 (Filial-Verkäufe nach Geschäftsjahren (Konzept). 1. Okt. 1923–30. Sept. 1947: Umsätze der Filialen)

7691 (Carl Zeiss Inc., New York, April 1937–28. April 1941: Brief von Bauer an die Geschäftsleitung vom 14.9.1939).

7698 (Carl Zeiss, Filiale Buenos Aires: Gründungsakten 19. Juni 1914–Februar 1920).

7792 (Zeiss-Chronik (1846–jetzt): Anlage B, Referenten der Stiftungsverwaltung), fol. 12); (Wichtige Erfindungen); (Nutzbarmachung der Saale-Wasserkräfte); (Materialsammlung Archiv Zeiss-Chronik (1846–jetzt): Notiz- und Berichtsammlung über Ereignisse aus der Geschichte unseres Werkes. Angelegt: Ab April 1953).

8054 (Geschäftsleitung Paul Henrichs 60. Geburtstag (3.1.1942), Jan.–Febr. 1942: Mitteilungen der Wirtschaftsgruppe Feinmechanik und Optik Nr. 1, Jan. 1942); (Mitteilungen der Wirtschaftsgruppe Feinmechanik und Optik Nr. 1, Jan. 1942); (Zahlungs- und Lieferbedingungen 1938–1943); (Mitteilungen der Wirtschaftsgruppe Feinmechanik und Optik Nr. 1, Jan. 1942); („Paul Henrichs zum 60. Geburtstag“, in: Mitteilungen der Wirtschaftsgruppe Feinmechanik und Optik, Nr. 1, Jan. 1942, S. 3).

8076 (Allgemeiner Anschlag).

8084 (Auszug aus einem Protokoll v. 1.9.1917); (Auszug aus dem Protokoll vom 9.4.1918).

8132 (Werksausbau Anschütz).

8289 (Beteiligung der Carl-Zeiss-Stiftung an Unternehmen der Westzone und des Auslandes. Zusammenfassender Bericht der Werkleitung vom 5. Dezember 1949).

8289 (Zusammenfassender Bericht der Werksleitung, 1949, Anlage V).

8317 (Brief Fischer an Jenkins vom 28.9.1912; Vereinbarung vom 27.9.1912).
8413 (Zeiss Jena, Schriftwechsel mit Reichswehr).
8416 (Zeiss Jena, Schriftwechsel mit Reichswehr).
8418 (Bericht der Feinmeß-Abteilung 1945/46).
8652 (Zeiss-Aerotopograph. Bilanz 1932).
8673 (Fritewe. Erfolgsrechnungen).
8765 (Nedinsco. Bilanz 1939).
8801 (Winkel. Erfolgsrechnungen Tele).
8824 (Anschütz. Protokolle).
9021 (UOW. Zeiss-Fabrikation).
9162 (Anlage 8, v. 7.11.1933).
9205 (Korrespondenz mit dem Stiftungskommissar 1893–1906).
9206 (Korrespondenz mit dem Stiftungskommissar 1907–1910).
9207 (Zivilklage gegen Minister Wächtler und Stiftungskommissar Dr. Esau wegen erzwungener Änderung des Statuts der Carl-Zeiss-Stiftung 20.12.33).
9233 (Vertrag zwischen Carl Zeiss und Dr. Rudolph vom 24.12. 1901); (Vertrag zwischen der Carl Zeiss-Stiftung und der Stadtgemeinde Jena vom 25.11.1909).
9432 (N.V. Nederlandsche Instrumenten Compagnie „Nedinsco", Venlo: Fremde Rechnungen der Nedinsco: Konto-Lizenzberechnungen Bausch & Lomb, Optical Co., Rochester).
9455 (Filialen und Beteiligungen); (Bericht des Buchprüfers Leidigkeit 1934).
9505 (Fischer, Alarich: Der Kampf zwischen den Arbeitern und den kapitalistischen Managern des Zeiss-Konzerns – Ausdruck des Antagonismus ihrer Klasseninteressen, Diss. phil. Jena 1960, 2 Bde., Bd. 1: Text, Bd. 2: Quellen, Literatur und Anlagen).
9509 (Nedinsco. Bericht der Deutschen Revisions- und Treuhand AG).
9724 (Zeiss Jena, Korrespondenz Kotthaus); (Geschäftsleitung, Kotthaus, 1.1.1935–30.6.1941, o. Pag., Aktenvermerk vom 18.10.1938); (Geschäftsleitung, Kotthaus, 1.1.1935– 30.6.1941. „Betrifft Dr. Eppenstein", Aktenvermerk v. 18.11.1938); (Aktenvermerk von Kotthaus am 13.12.1938); (Geschäftsleitung, Kotthaus an Dr. Tietmann am 4.5.1939); (Geschäftsleitung, Kotthaus, Verfügung des OKW Az. 65f 20W Stb W Rü IIIb Nr. 2066/39 v. 8.6.1939); (Geschäftsleitung, Kotthaus an Polizeidi-

rektor Schmidt am 16.9.1939); (Geschäftsleitung, Kotthaus, Ks/Mo v. 9.2.1939; Aktenvermerk Ks v. 22.3.1939; Besprechung am 21.4.1939 zwischen Wandersleb, Harting und Kotthaus); (Betrifft: Mechaniker Jude Hirschowitz. Briefentwurf vom 20.4.1940 Ks/Mo.).

9960 (Emil Busch AG. Zeiss-Fabrikation).

10030 (Sonderdruck zur Zeiss-Ikon Aktiengesellschaft, Dresden).

10253 (Hauptbuchhaltung – Bilanzunterlagen Geschäftsjahr 1913/14).

10287 (Hauptbuchhaltung, Rentabilitätsübersichten).

10390 (Bilanz per 30.9.1915).

10424 (Bilanz per 30.9.1919).

10565 (Geschäftsbericht und Bilanzen der Goerz AG für das Geschäftsjahr 1923/24); (Bericht des Vorstandes); (Geschäftsbericht und Jahresabschluss 1926/27 und 1927/28).

10762 (Prokurist Petermann, betr. Camera).

11070 (Ansprache des Geschäftsleiters Dipl.-Ing. Kotthaus an die Lehrlinge vom 4.8.1933).

11613 (Organisationsplan des Zeisswerks mit genauer Personenangabe der leitenden Personen. Mai 1945).

11619 (Militär-Umsatz 1939/40–1944/45).

11820 (Vorschläge des Prokuristen Petermann vom 14.9.1910 auf Umorganisation der Fabrikationsanlagen im Interesse der Rentabilität).

11989 (Deutsche Ausfuhr optischer und feinmechanischer Artikel insgesamt dem Wert nach und Anteil von Carl Zeiss, Jena, dem Wert nach und prozentual in den Jahren 1912–1933 (Statistik)).

11995 (Historie der Auto-Abteilung).

12150 (Verzeichnis der 15 Fabrikationsabteilungen der Firma Carl Zeiss nach dem Stand 1.10.1910 (24.10.1910)).

12559 (Zusammenstellung der bei uns während des Krieges beschäftigt gewesenen Ausländer (Zivil und Kriegsgefangene) mit Ausnahme der Oesterreicher und Japaner).

12629 (Geschäftsleitung, Niederschrift über die am 18.3.1918 stattgefundene Besprechung wegen zukünftiger Verkaufspreise für optische Instrumente); (Geschäftsleitung, Besprechung vom 18.3.1918 über zukünftige Verkaufspreise für optische Instrumente).

12696 (Organisationsplan der Abteilung Mil., 13.3.1945).

12698 (Anordnungen des Reichsministers für Rüstung und Kriegsproduktion (Speer) vom 27.7.1944 über die Notwendigkeit der Verwaltungsvereinfachung im Hinblick auf den angeordneten totalen Einsatz der Heimat für Wehrmacht und Rüstung. Abschrift).
12977 (Ica AG. Dresden – Gedruckter Gesellschaftsvertrag in der Fassung von 1917).
13072 (Unterkünfte der Westarbeiter).
13393 (Diverse Zeitungsberichte der westdeutschen Presse über den Aufbau des Zeiss-Konzerns in Oberkochen (Westdeutschland) 1952–1961).
13614 (Einweihung des Planetariums zu Jena am 17.7.1926, Ansprache Dr. Bauersfeld).
13651 („Jahresbericht der Betriebsfrauenwalterin Pgn. Voland Fa. Carl Zeiss, Jena").
13671 (Prof. Dr. Ing. W. Bauersfeld, Lebensbeschreibung).
13870 (Erinnerungen des Zeiss-Pensionärs Konstrukteur Fritz Pfau).
13878 (Die Betreuung der Lagerkameraden im Gemeinschaftslager Lichtenhain).
13889 (Manuskripte und Kurzbiographien von Friedrich Stier für die „Neue Deutsche Biographie").
14734 (Prof. Dr. Georg Joos: Zeitungsausschnitte über Ernennung zum Honorarprofessor 1942 und Bestellung als Mitglied der Geschäftsleitung am 01.04.43 des Prof. Dr. Georg Joos 1942–1943).
14865 (Gründungsdaten der Zeiss-Filialen).
14921 (Zeiss Jena. Entwicklung der Beschäftigtenzahlen).
14933 (Zusammenstellung sämtlicher Geschäftsleitungsmitglieder und Stiftungskommissare vom 1.7.1881 bis 19.5.1951).
14940 (unvollständige Kurzbiographie über Robert Mechau).
15316 (Giro. Übernahme durch Nedinsco).
15339 (Jenaer Jahresversand in Civil-Artikeln 1911/12–1933/34).
15350 (Referat von Henrichs am 29.10.1934).
15354 (7 Prozent holländische Guldenanleihe).
15355 (Abschrift vom 18.8.1941); (Aktenvermerk vom 20.12.1942); (Schreiben der Ifago an Carl Zeiss vom 21.6.1943).
15620 (Durchschriften von Schreiben der Geschäftsleiter Sandmann und Dr. Schomerus, v.a. mit Heidenheim, Paul Henrichs und der dortigen Gruppe, über Demontage und Wie-

deraufbau und das Verhältnis zwischen Jena und Heidenheim, Dezember 1945–Juni 1948).
15690 (Mitglieder der Geschäftsleitung und anderer Betriebsleitungen 1891–1945).
15815 (Unterlagen über P. Henrichs); (Entnazifizierungsunterlagen).
15936 (Aus einem Brief von Carl Zeiss an die Beratungsstelle für Angelegenheiten des deutschen Privatvermögens in Frankreich)
15947 (Auslandsfilialen – Kriegsschäden).
15948 (Aus der Korrespondenz an den Handelsvertragsverein vom 24.6.1918).
15948 (Aus der Ausschreibung des Auktionshauses im April 1918).
15950 (Filialen Paris, Petersburg, Mailand); (Vermögenswerte der Filialen, London).
15958 (Auslands-Kriegsschäden-Angelegenheiten – Carl Zeiss Filiale Mailand).
16039 (Entwicklungsdaten der Zeiss-Filialen im Inland und Ausland).
16058 (Gebäudeübersicht des Zeisswerks)
16251 (Mitteilung des Thüringischen Volksbildungsministeriums vom 20.7.1934 über die Ernennung des Kaufmanns Paul Henrichs zum Mitglied der Geschäftsleitung Jenaer Glaswerk Schott & Genossen).
16338 (Jahresbericht der Abteilung Opto (Brillen und Brillengläser)).
16366 (Memorandum zum Führerprinzip in der Wirtschaft, verfasst von Friedrich Schomerus).
16590 (Brief an Geschäftsleitung v. 20.10.1939).
16873 (Statut der Carl Zeiss-Stiftung).
16996 (Referat von Henrichs).
16997 (Schreiben des Präsidenten des DIHT vom 2. Dezember 1930 an Paul Henrichs über dessen Wahl zum Mitglied des vorläufigen Reichswirtschaftsrates).
17118 (Jahresbericht der Abteilung Mikro für das Geschäftsjahr 1945/46)
17122 (Jahresbericht der Militär-Abteilung für das Geschäftsjahr 1945/46 mit historischem Überblick von 1895–1945).
17265 (Entwürfe eines Referates von Paul Henrichs, das dieser vor Reichsbankpräsident Dr. Schacht gehalten hat betr. Exportfragen 4.2.1936).

17374 (Besprechung Geschäftsleitung mit Abteilungsleitern vom 22.8.1919 über Preiszuschläge und -berechnung).
17379 (Verzeichnis der Filialen und Vertreter).
17446 (Zeiss-Aerotopograph GmbH, Jena).
17680 (Hans Boegehold und Ernst Wandersleb: „Zum Gedächtnis von Otto Eppenstein“, Denkschrift 1955).
18183 (Dr. Schomerus: „Zum Rücktritt von Dr. Max Fischer“. In: Zeiss-Werkzeitung, Neue Folge, 2. Jg. Heft 1 vom Dez. 1926, S. 3 u. 10).
18351 (Vertrag vom 14.8.1930).
18381 (Bericht von Eppenstein v. 2.3.1934).
18500 (Erfahrungsbericht über den Ostarbeitereinsatz bei Carl Zeiss Jena, 21.6.1943, Dr. Schrade).
18538 (Vermerke des Geschäftsleiters Kotthaus über Besprechung vom 16.5.1939 betreffend den dringenden Personalbedarf des Zeisswerkes).
18556 (Manuskript des Referates, das Geschäftsleiter Henrichs vor dem Reichswirtschaftsminister Dr. Schacht im Februar 1936 gehalten hat).
18586 (Brief des Sonderausschusses X „Waffen und Gerät“ Arbeitsgruppe 5c von Küppenbender vom 3.2.1942).
18783 (Vertrag v. 16.5.1927).
18824 (Erinnerungen des Zeiss-Pensionärs August Bach).
18827 (Erinnerungen des Zeiss-Pensionärs Karl Kuhla).
19127 (Statistik zur Entwicklung der Beschäftigten 1856–1956).
19154 (Allgemeine Anschläge über Personalveränderungen in der Geschäftsleitung).
19217 (Übersicht über die Entwicklung der Firma Carl Zeiss Jena).
19259 (Ausländische Verkaufsfilialen und Beteiligungen).
19401 (Lehrwerkstatt und Werk-Berufsschule in ihrer Entwicklung von 1939–1955).
19544 (Kurzbiographie über Werkleiter Dr. Hugo Schrade 1960).
19795 (Belegschaftsstärke der Fa. Carl Zeiss 1897–1945).
20834 (Konzernstruktur des Pseudounternehmens in Oberkochen, 1965).
21191 (Statistiken und graphische Darstellungen der Gesamtumsätze Inland und Ausland, Zivil- und Militär der Fa. Carl Zeiss Jena, 1913–1938/39).

21192 (Statistiken und graphische Darstellungen der Gesamtumsätze (Anteil Carl Zeiss und gesamt Deutschland, Zivil und Militär) 1913–1938/39).
21196 (Statistiken, graphische Darstellungen über Exportumsätze 1913–1937).
21197 (Statistiken, graphische Darstellung über Exportumsätze 1913–1937 nach Belgien (incl. Luxemburg), Brasilien, Bulgarien, Canada, C.S.R., Chile, China, Columbien).
21200 (Feinmeß. Statistiken).
22066 (Zeitungsausschnitte: Zeisswerk, Jenaer Glaswerk Schott & Genossen, Jenapharm 1951).
22073 (25-jähriges Dienstjubiläum des Werkleiters Dr. Ing. Schrade, 2.12.1954).
22145 (Niederschrift der Aussprache vom 15.3.1940).
22259 (Durchschriften der Niederschriften über die gemeinsamen Sitzungen der Verwaltung der Carl-Zeiss-Stiftung mit den Stiftungsbevollmächtigten der Stiftungsbetriebe. August 1907–November 1934); (Nr. 382 – Auszug aus dem Stiftungs-Protokoll v. 30.12.1918); (Bericht Nr. 441 v. 3.6. 1925).
22262 (Goerz Wien, Schriftwechsel).
22281 (Zeiss Jena. Verträge Goerz).
22326 (Die Brillenschlacht von Rathenow. In: Berliner Morgenpost vom 25.7.1929).
22408 (Verwaltungsratssitzung vom 28.5.1929)
22424 (Zeiss Ikon-Aktiengesellschaft, Dresden: Klage der Zeiss Ikon Aktiengesellschaft gegen Jenaer Glaswerk Schott & Genossen wegen unzulässiger Herstellung von Hohlspiegel-Beleuchtungskörpern und Schiedsspruch Dr. Straubel, 1930–1936).
22426 (Zeiss Ikon. Wehrmachtslieferungen).
22722 (UOW. Zünderproduktion).
22754 (Verhandlungen der Geschäftsleitung).
22768 (Wissenschaftlicher und sonstiger Briefwechsel Prof. Dr. Joos mit Universitäten und Instituten und akademischen Verlagsantstalten usw., März 1941–Dezember 1944).
22799 (Bericht betreffend Juden).
22815 (Sitzungsprotokoll vom 17.1.1936).
22816 (Zeiss Jena, Ausfuhrgemeinschaft für Kriegsgerät).

22820 (Geschäftsleitung, Kurzgefasste Geschäftsberichte an die Reichsbanknebenstelle Jena und an die Mittelthüringische Handelskammer von 1914/15–1929/30).
22821 (Bericht an den Betriebsrat über das Vierteljahr Juli, August, September 1926).
22832 (Geschäftsleitung. Umsätze).
22838 (Organigramm).
22881 (Angelegenheiten Hensoldt & Söhne AG).
23014 (Akten des Stiftungskommissars der Carl Zeiss-Stiftung, Band V, 2. Teil, Protokoll vom 29.8. 1904, Bl. 231 f.)
23015 (Akten des Stiftungskommissars der Carl Zeiss-Stiftung, Band Geschäftsbericht 1903/04).
23018 (Akten des Stiftungskommissars).
23019 (Akten des Stiftungskommissars der Carl Zeiss-Stiftung, Band Bericht über das Geschäftsjahr 1904/05).
23020 (Akten des Stiftungskommissars der Carl Zeiss-Stiftung, Band VIII, Teil 1, Bericht an den Stiftungskommissar vom 19.10.1909).
23021 (Akten des Stiftungskommissars der Carl Zeiss-Stiftung, Band VIII, Teil 2, November 1907-Juni 1908).
23022 Akten des Stiftungskommissars der Carl Zeiss-Stiftung, Band IX, Teil 1, Juli 1908–1. Juli 1909).
23027 (Akten des Kultusdepartements des Großherzoglichen Sächsischen Staatsministeriums in Weimar betreffend die Carl Zeiss-Stiftung 1915); (Geschäftsbericht über die Geschäftsjahre 1911/12 bis 1913/14); (Bericht über die Besprechung zwischen M. Fischer und M. Seeberg in Malmö am 6.12.1915).
23631 (Emil Busch A.G., Opt. Industrie Rathenow).
30011 (Statut der von Ernst Abbe errichteten Carl Zeiss-Stiftung zu Jena).
30219 (Die Lebensmittelversorgung der Stiftungsbetriebe, 1. Jg., Heft 7, April 1920).
30222 (Zeiss Werkzeitung, Jg. XVI, Heft 1, Februar 1941; Jg. 16, Heft 2, April 1941).
30273 (Schomerus, Friedrich: Geschichte des Jenaer Zeisswerkes 1846–1946, Stuttgart 1952).
30461 (Hesberg, Karl: Untersuchungen über die Einkommensverhältnisse der Arbeiterschaft der Firma Carl Zeiss in

Jena in der Zeit von März 1920-März 1924 (Ermittlungen über den Reallohn), 1924).

31625 (Vorstand des Deutschen Metallarbeiter-Verbandes (Hg.): Die deutsche optische Industrie und ihre Arbeiter, Stuttgart 1927).

31643 (Albrecht, Karl: Die Entwicklung der Organisation der Feinmechanik und Optik, 1943.

32651 (Zeiss-Planetarien in aller Welt).

32668 (Zur Vorgeschichte der Fertigung militär-optischer Geräte im Jenaer Zeisswerk. Sonderdruck aus: Tradition Zeitschrift für Firmengeschichte und Unternehmerbiographie 1958).

VA 2047 (Allgemeiner Anschlag vom 13.8.1941); (Lebenslauf vom 21.7.1941); (Zeiss-Ikon Werkzeitung: Waffe und Werkzeug, Nov. 1941).

W 11 (Ausfuhrfragen 1935–1944); (Zahlungs- und Lieferbedingungen 1938–1943).

W 20 (Bl. 614 Aktennotiz über die Sitzung der Wirtschaftsgruppen bei der Reichsgruppe Industrie am 15.9.1939 betreffend Umschulung und kurzfristige Anlernung).

W 30 (Ausfuhrfragen 1935–1944).

W 37 (Zahlungs- und Lieferbedingungen 1938–1943).

W 62 (Länderwertigkeitsliste für Ausfuhrerzeugnisse); (Umsatzstatistiken 1914/15–1917/18).

W 94 (Ausfuhrvereinfachung. Juni–Juli 1942).

W 120 (Wirtschaftsgruppe Feinmechanik und Optik – Prüfungsstelle, 16. September 1992–15. April 1943).

W 123 (Sonderausschuss GII: Carl Zeiss Internes. 1. Juli 1942–31. Dezember 1942).

Sonstige Wissenschaftliche Arbeiten (Manuskripte)

Diplomarbeiten am Lehrstuhl für Wirtschafts- und Sozialgeschichte, Wirtschaftswissenschaftliche Fakultät der Universität Jena (Prof. Dr. Rolf Walter):

Backhaus, Olaf: Die Entwicklung der Aufbauorganisation der Firma Carl Zeiss Jena in den Jahren 1896 bis 1945, SS 1996.

Beyermann, Andre: Das Militärgeschäft der Firma Carl Zeiss Jena 1929–1939, WS 1995/96.

Gerth, Kerstin: Aus- und Weiterbildung im Unternehmen Carl Zeiss 1933–1945, SS 1997.

Hartmann, Katrin: Die Geschäftsleiter des Unternehmens Carl Zeiss 1890–1945, WS 1996/97.

Kraemer, Daniel: Das Russlandgeschäft von Carl Zeiss. Von den Anfängen bis 1945, SS 1998.

Lortz, Sandra: Das Militärgeschäft der Firma Carl Zeiss 1900–1918, WS 1996/97.

Pließ, Norbert: Die Entwicklung des „Controlling" im Unternehmen Zeiss in der Zeit von 1900 bis 1945, WS 1996/97.

Merten, Lars: Die Finanzierung des Unternehmens Zeiss 1905–1945, SS 1997.

Saßmannshausen, Sean Patrick: Die Wettbewerbssituation des Unternehmens Carl Zeiss in ausgewählten Jahren, SS 1998.

Windisch, Katrin: Die Entwicklung der Löhne und Einkommen, dargestellt am Unternehmen Zeiss 1905–1945, SS 1999.

Zitzmann, Anja: Die Internationalisierung des Unternehmens Carl Zeiss von 1846 bis 1945, SS 1997.

Am Historischen Institut der Universität Jena:

Rink, Tilo: Einzelschicksale jüdischer Wissenschaftler des Jenaer Carl-Zeiss-Werkes vor dem Hintergrund des Antisemitismus und der Widerspiegelung der Lokalpresse von 1938, Prüfungsarbeit.

Literatur

Abbe, Ernst: Gesammelte Abhandlungen, Jena 1906.

Albrecht, Karl: Die Geschichte der Emil Busch A.-G. Optische Industrie Rathenow vom wirtschaftswissenschaftlichen Standpunkt (Optische Bücherei, Bd. 3), Erfurt 1925.

Ambrosius, Gerold: Staat und Wirtschaft im 20. Jahrhundert, München 1990.

Auerbach, Felix: Ernst Abbe. Sein Leben, sein Wirken, seine Persönlichkeit, Leipzig 1918.

Ders.: Das Zeisswerk und die Carl-Zeiss-Stiftung in Jena. Ihre wissenschaftliche, technische und soziale Entwicklung und Bedeutung, 4. umgearbeitete und vermehrte Aufl., Jena 1914; 5. umgearb. Aufl., Jena 1925.

Ausschuss zur Untersuchung der Erzeugungs- und Absatzbedingungen der deutschen Wirtschaft: Die deutsche Glasindustrie. (Verhandlungen des Unterausschusses für allgemeine Wirtschaftsstruktur. I. Unterausschuss, 5. Arbeitsgruppe [Außenhandel], 14), Berlin 1931.

Barkai, Avraham: Das Wirtschaftssystem des Nationalsozialismus. Ideologie, Theorie, Politik 1933–1945, erw. Neuausg. Frankfurt/M. 1988.

Barringer, Charles M./Marc James Small: Zeiss Compendium. East and West – 1940–1972, Hove/England 1995.

Becker, Peter W.: Fritz Sauckel – Generalbevollmächtigter für den Arbeitseinsatz. In: Smelser et al. (Hg.): Elite I, S. 236–245.

Benz, Wolfgang et al. (Hg.): Enzyklopädie des Nationalsozialismus, Stuttgart 1997.

Betriebskrankenkasse Schott-Zeiss (Hg.): Die Geschichte der BKK Schott-Zeiss 1875 bis 2000, Jena/Mainz/Oberkochen 2000.

Bihlmaier, Oskar: Berufserziehung in einem feinmechanisch-optischen Betrieb. In: Berufsausbildung in Handel und Gewerbe, Heft 17, Berlin, September 1941.

Blaich, Fritz: Kartell- und Monopolpolitik im kaiserlichen Deutschland, Düsseldorf 1973.

Ders.: Staat und Verbände in Deutschland zwischen 1871 und 1945, Wiesbaden 1979.

Ders.: Wirtschaft und Rüstung im „Dritten Reich“ (Historisches Seminar, Bd. 1), Düsseldorf 1987.

Ders.: Der Schwarze Freitag. Inflation und Wirtschaftskrise, 2. Aufl. München 1990.

Boegehold, Hans/Wandersleb, Ernst: Zum Gedächtnis von Otto Eppenstein. In: Jenaer Jahrbuch 1956, Jena 1957.

Boelcke, Willi A.: Die deutsche Wirtschaft 1930–1945, Düsseldorf 1983.

Ders.: Die Kosten von Hitlers Krieg. Kriegsfinanzierung und finanzielles Kriegserbe in Deutschland 1933–1948, Paderborn 1985.

Ders.: Die deutsche Zoll- und Handelspolitik 1933–1945. In: H. Pohl (Hg.), Die Auswirkungen von Zöllen und anderen Handelshemmnissen auf Wirtschaft und Gesellschaft vom Mittelalter bis zur Gegenwart (VSWG-Beiheft 80), Stuttgart 1987, S. 358–369.

Robert Bosch GmbH (Hg.): 75 Jahre Bosch, 1886–1961. Ein geschichtlicher Rückblick (Bosch-Schriftenreihe, Folge 9), Stuttgart 1961.

Braun, Rudolf: Optik und Feinmechanik in Deutschland. Ein Beitrag zur wirtschaftlichen Bedeutung der Optik und Feinmechanik, der Glasinstrumenten-Industrie und der Chirurgieinstrumenten-Fabrikation (Optische Bücherei Bd. 2), Berlin 1921.

Broszat, Martin: Der Staat Hitlers. Grundlegung und Entwicklung seiner inneren Verfassung, 12. Aufl. 1989.

Brune-Berns, Silke: Im Lichte der Großstadt – Werbung als Signum einer urbanen Welt. In: Borscheid, P. /Wischermann ,C. (Hg.): Bilderwelt des Alltags, Stuttgart 1995

Czapski, Siegfried/Eppenstein, Otto: Grundzüge der Theorie der optischen Instrumente nach Abbe, 2. Aufl., Leipzig 1924.

David, Walter: Die Carl-Zeiss-Stiftung, ihre Vergangenheit und ihre gegenwärtige rechtliche Lage, Heidenheim 1954.

Eichholtz, Dietrich: Geschichte der deutschen Kriegswirtschaft 1939–1945. Bd. I: 1939–1941, Berlin (1969) 3. Aufl. 1984; Bd. III: 1943–1945 (unter Mitarb. v. Hagen Fleischer, Manfred Oertel, Berthold Puchert und Karl Heinz Roth), Berlin 1996.

Erb, Willi: Die Leitz-Werke. Ihre Geschichte und ihre Bedeutung für den Wetzlarer Raum, Diss. Marburg 1955.

Erker, Paul: Industrieeliten in der NS-Zeit. Anpassungsbereitschaft und Eigeninteresse von Unternehmern in der Rüstungs- und Kriegswirtschaft 1936–1945, Passau 1994.

33 Jahre Ernemann. Die geschichtliche Entwicklung der Ernemann-Werke Aktiengesellschaft Dresden von 1889 bis 1922, Berlin 1922.

Esche, Paul G.: Carl Zeiss. Leben und Werk (Schriften des Stadtmuseums Jena Nr. 4), Jena 1966.

Esenwein-Rothe, Ingeborg: Die Wirtschaftsverbände von 1933 bis 1945, Berlin 1965.

Essig, Olga: Ausbildung und Unterrichtsarbeit in den Zeiss-Werken zu Jena. In: Hilker, Franz (Hg.): Deutsche Schulversuche, Berlin 1924, S. 380–382.

Feldenkirchen, Wilfried: Siemens 1918–1945, München/Zürich 1995.

Fischer, Alarich: Der Kampf zwischen den Arbeitern und den kapitalistischen Managern des Zeiss-Konzerns – Ausdruck des Antagonismus ihrer Klasseninteressen, Diss. phil. Jena 1960, 2 Bde., Bd. 1: Text, Bd. 2: Quellen, Literatur und Anlagen.

Fischer, Wolfram: Die deutsche Wirtschaft unter dem Nationalsozialismus. In: Deutschland. Portrait einer Nation, Gütersloh 1985.

Fleuchaus, Günther: Aufbau, Zusammenschlussbewegung und Leistung der deutschen feinmechanisch-optischen und photographischen Industrie, Diss. Köln 1955.

Forstmeier, Friedrich/Hans-Erich Volkmann (Hg. i. Auftr. d. Militärgesch. Forschungsamts): Wirtschaft und Rüstung am Vorabend des Zweiten Weltkrieges, 2. Aufl., Düsseldorf 1981.

Fügener, Jens: Von Alliierten und anderen Widrigkeiten. Carl Zeiss Jena zwischen Kriegsende und Verstaatlichung. In: Markowski, Frank (Hg.): Der letzte Schliff. 150 Jahre Arbeit und Alltag bei Carl Zeiss, Berlin 1997, S. 148–169.

Funke, Hans: Die deutsche Optische und Feinmechanische Industrie der Nachkriegszeit, Diss. Weimar 1931.

Georg, Enno: Die wirtschaftlichen Unternehmungen der SS (Schriftenreihe der Vierteljahrshefte für Zeitgeschichte, Nr. 7), Stuttgart 1963.

Geyer, Michael: Deutsche Rüstungspolitik 1860–1980, Frankfurt/M. 1984.

Hachtmann, Rüdiger: Industriearbeit im „Dritten Reich". Untersuchungen zu den Lohn- und Arbeitsbedingungen in Deutschland 1933–1945 (Kritische Studien zur Geschichtswissenschaft, Bd. 82), Göttingen 1989.

Hacker, Erich: Physik und Technologie Optischer Schichten. Wichtige industrielle Innovationen und Entwicklungen aus Jena. In: Verein Technikgeschichte Jena e.V. (Hg.), Jenaer Jahrbuch zur Technik- und Industriegeschichte 1999, Jena 1999, S. 75–108.

Hagen, Antje: Export versus Direct Investment in the German Optical Industry: Carl Zeiss, Jena and Glaswerk Schott & Gen. In the UK, from their Beginnings to 1933. In: Business History, Vol. 38, No. 4, 1996, pp. 1–20.

Dies.: Die ausländischen Direktinvestitionen des Unternehmens Zeiss von den Anfängen bis 1945. Eine Fallstudie zur Internationalisierung unter wechselnden Vorzeichen. In: Scripta Mercaturae, 31. Jg., Heft 2, 1997, S. 1–28.

Halm, Evelyn/Margaritta, Ballhorn, (Hg.): Ausländische Zivilarbeiter in Jena 1940–1945, Jena 1995.

Hayek, Friedrich A.: Der Wettbewerb als Entdeckungsverfahren. In: Ders.: Freiburger Studien, Tübingen 1969, S. 249–265.

Heiden, Detlev/Gunther Mai (Hg.): Nationalsozialismus in Thüringen, Weimar/Köln/Wien 1995.

Hellmuth, Edith/Wolfgang Mühlfriedel: Carl Zeiss. Die Geschichte eines Unternehmens 1846–1905. Vom Atelier für Mechanik zum führenden Unternehmen des optischen Gerätebaus (Carl Zeiss. Die Geschichte eines Unternehmens, hg. v. W. Mühlfriedel u. R. Walter, Bd. 1), Weimar/Köln/Wien 1996.

Herbert, Ulrich: Zwangsarbeiter in der deutschen Kriegswirtschaft. In: Geschichte in Wissenschaft und Unterricht 42, 1991, S. 83–92.

Ders. (Hg.): Europa und der „Reichseinsatz". Ausländische Zivilarbeiter, Kriegsgefangene und KZ-Häftlinge in Deutschland 1938–1945, Essen 1991.

Herbst, Ludolf: Der Totale Krieg und die Ordnung der Wirtschaft. Die Kriegswirtschaft im Spannungsfeld von Politik, Ideologie und Propaganda 1939–1945 (Studien zur Zeitgeschichte, Bd. 21), Stuttgart 1982.

Hermann, Armin: Nur der Name war geblieben. Die abenteuerliche Geschichte der Firma Carl Zeiss, 3. Aufl., Stuttgart 1991.

Hesberg, Carl: Untersuchungen über die Einkommensverhältnisse der Arbeiterschaft der Firma Carl Zeiss Jena in der Zeit vom März 1920 bis März 1924, Diss. Jena 1924.

Heuss, Ernst: Allgemeine Markttheorie, Tübingen 1965.

Ders.: Art. Wettbewerb. In: Handwörterbuch der, Stuttgart 1980, S. 679–697.

Hörichs, Walter: 80 Jahre Fachschule für Augenoptik „Hermann Pistor" in Jena. In: Verein Technikgeschichte Jena e.V. (Hg.), Jenaer Jahrbuch zur Technik- und Industriegeschichte 1999, Jena 1999, S. 141–152.

Hoffmann, Walther G.: Das Wachstum der deutschen Wirtschaft seit der Mitte des 19. Jahrhunderts, Berlin/Heidelberg/New York 1965.

Homberg, Wilhelm: Die optische Industrie in Wetzlar, Diss. Giessen 1928.

Homberger, Hellmuth: Die Rationalisierung der deutschen Präzisionswerkzeug-Industrie, Diss. Düsseldorf 1928.

Hopmann, Barbara et al.: Zwangsarbeit bei Daimler-Benz (Zeitschrift für Unternehmensgeschichte Beih. 78), Stuttgart 1994.

Hoppe, Joseph: Fernsehen als Waffe. Militär und Fernsehen in Deutschland 1935–1950. In: Ich diente nur der Technik. Sieben Karrieren zwischen 1940 und 1950 (Berliner Beiträge zur Technikgeschichte und Industriekultur. Schriftenreihe des Museums für Verkehr und Technik Berlin, Bd. 13), Berlin 1995, S. 53–88.

Huppertz, Gerd: Die deutsche Feinmechanik und Optik in ihren Beziehungen zum Weltmarkt, Diss. Jena 1922.

James, Harold: Deutschland in der Weltwirtschaftskrise 1924–1936, Stuttgart 1988.

John, Jürgen: Rüstungswirtschaftlicher Strukturwandel und nationalsozialistische Regionalpolitik. In: Heiden, Detlev/Gunther Mai (Hg.), Nationalsozialismus in Thüringen, Weimar/Köln/Wien 1995, S. 213–246.

Juden in Jena. Eine Spurensuche, Jena 1998.

Kemmler, Karl Otto: Contessa: Geschichte der Contessa-Werke unter ihrem Gründer August Nagel 1909–1926, Neuhausen/Filder 1984.

Koch, Herbert: Jenas Entwicklung während der Amtszeit des Oberbürgermeisters Dr. Heinrich Singer 1889–1912 (Sonderdruck aus dem amtlichen Adressbuch von Jena, 34. Ausgabe 1927/28), Jena 1927.

Koch, Herbert: Geschichte der Stadt Jena, Stuttgart 1966.

Kötitz, Günther: Ernst Abbe. Wegbereiter der Materialwissenschaften und Pionier des Einsatzes kristalliner Medien in der Optik. In: Verein Technikgeschichte in Jena e.V. (Hg.), Jenaer Jahrbuch zur Technik- und Industriegeschichte 1999, Jena 1999, S. 9–34.

Kramer, Lothar: Fritz Löwe – Leben und Werk. In: Verein Technikgeschichte in Jena e.V. (Hg.), Jenaer Jahrbuch zur Technik- und Industriegeschichte 1999, Jena 1999, S. 35–60.

Kühn, Gerhard: Die Entwicklung der deutschen Optik zum Großbetrieb, Leipzig 1924 (Diss. Berlin 1925).

Kühnert, Herbert: Der Briefwechsel zwischen Otto Schott und Ernst Abbe über das optische Glas, Jena 1946.

Ders.: Otto Schott. Eine Studie über seine Wittener Zeit bis zur Gründung des Jenaer Glaswerks (Jahrbuch des Vereins für Orts- und Heimatkunde in der Grafschaft Mark), Witten 1940, S. 1–20.

Ders.: Otto Schott und die Carl-Zeiß-Stiftung in Jena. In: Glastechnische Berichte 17, 1939, Nr. 11, S. 306–309.

Kurze, Bertram: Architekturgeschichtliche Aspekte zur Fabrikarchitektur in Jena – Die Bauten des Zeiss-Hauptwerkes. In: Thüringischen Landesamt für Denkmalpflege (Hg.): Das Hauptwerk von Carl Zeiss Jena. Ursprung und Wandel, Bad Homburg und Leipzig 1997, S. 16–68.

Laufer, Johannes: Von der Glasmanufaktur zum Industrieunternehmen. Die Deutsche Spiegelglas AG (1830–1955) (Beiträge zur Wirtschafts- und Sozialgeschichte, Bd. 75), Stuttgart 1997.

Lindenlaub, Dieter: Firmengeschichte. In: Handwörterbuch der Wirtschaftswissenschaften, Bd. 3, Stuttgart et al. 1988, S. 293–302.

Lindner, Helmut: Die Kamera- und Photoindustrie in Dresden – von den Anfängen bis zur Gründung der Zeiss Ikon AG. 1926. In: Dresdner Geschichtsbuch, hg. v. Stadtmuseum Dresden, Altenburg 1998, S. 97–107.

Lingelbach, Gerhard: Carl-Zeiss-Stiftung. Juristische Aspekte zur Gründung. In: Stolz/Wittig (Hg.), Zeiss und Abbe, S. 51–60.

Ludwig, Karl-Heinz: Technik und Ingenieure im Dritten Reich (1974), Düsseldorf 1979.

Mai, Gunther: Die Nationalsozialistische Betriebszellen-Organisation. Arbeiterschaft und Nationalsozialismus 1927–1934. In: Heiden, Detlev/Gunther Mai (Hg.), Nationalsozialismus in Thüringen, Weimar/Köln/Wien 1995, S. 165–188.

Markowski, Frank (Hg.): Der letzte Schliff. 150 Jahre Arbeit und Alltag bei Carl Zeiss, Berlin 1997.

Milward, Alan S.: Die deutsche Kriegswirtschaft 1939–1945, Stuttgart 1966.

Mommsen, Hans/Grieger, Manfred: Das Volkswagenwerk und seine Arbeiter im Dritten Reich, 3. Aufl., Düsseldorf 1997.

Mühlfriedel, Wolfgang: Aufbruch in die Moderne. Thesen zur Entwicklung in Jena von 1890 bis 1910. In: John, Jürgen (Hg.), Jenaer stadtgeschichtliche Beiträge (Bausteine zur Jenaer Stadtgeschichte, Band 1), Jena 1993, S. 65–78.

Mühlfriedel, Wolfgang/Hellmuth, Edith: Die Firma Carl Zeiss Jena 1933–1939. In: Heiden, Detlev/Gunther Mai (Hg.), Nationalsozialismus in Thüringen, Weimar/Köln/Wien 1995, S. 247–268.

Müller, Gisela: Jüdische Mitarbeiter der Firmen Carl Zeiss und Otto Schott. In: Juden in Jena, S. 152–173.

Müller, Rolf-Dieter: Das Tor zur Weltmacht. Die Bedeutung der Sowjetunion für die deutsche Wirtschafts- und Rüstungspolitik in der Zwischenkriegszeit (1919–1939), Boppard 1984.

Ders.: „Unternehmen Barbarossa". Der deutsche Überfall auf die Sowjetunion 1941, Paderborn 1984.

Ders.: Die Mobilisierung der deutschen Wirtschaft für Hitlers Kriegführung. In: Militärgeschichtliches Forschungsamt (Hg.), Das Deutsche Reich und der Zweite Weltkrieg, Bd. 5: Organisation und Mobilisierung des deutschen Machtbereichs, Erster Halbband: Kriegsverwaltung, Wirtschaft und personelle Ressourcen 1939–1941, Stuttgart 1988, S. 349–689.

Ders.: Die Rekrutierung sowjetischer Zwangsarbeiter für die deutsche Kriegswirtschaft. In: U. Herbert (Hg.), „Reichseinsatz", S. 234–250.

Münch, Ingo von (Hg.): Gesetze des NS-Staates. Dokumente eines Unrechtssystems, 3. neubearb. u. wesentlich erw. Aufl. 1994.

Neebe, Richard: Großindustrie, Staat und NSDAP, Göttingen 1981.

North, Douglass C.: Theorie des institutionellen Wandels. Eine neue Sicht der Wirtschaftsgeschichte, Tübingen 1988.

Ders.: Institutionen, institutioneller Wandel und Wirtschaftsleistung, Tübingen 1992.

Overy, Richard J.: War and Economy in the Third Reich, Oxford 1994.

Pätzold, Kurt: Der Zeiss-Konzern in der Weltwirtschaftskrise (1929–1933), Diss. phil., Jena 1962.

Petzina, Dietmar: Autarkiepolitik im Dritten Reich. Der nationalsozialistische Vierjahresplan (Schriftenreihe der Vierteljahrshefte für Zeitgeschichte Nr. 16), Stuttgart 1968.

Ders.: Die deutsche Wirtschaft in der Zwischenkriegszeit, Wiesbaden 1977.

Plumpe, Gottfried: Die I.G. Farbenindustrie AG. Wirtschaft, Technik und Politik 1904–1945 (Schriften zur Wirtschafts- und Sozialgeschichte Bd. 37), Berlin 1990.

Reinganum, J.F.: Innovation and Industry Evolution. In: Quarterly Journal of Economics, Vol. 50, 1985, S. 81–99.

Renneberg, Monica/Walker, Marc (Hg.): Science and Technology in Nationalsocialist Germany, Cambridge 1993.

REPORT on the firm of Carl Zeiss, Jena, ed. by Combined Intelligence Objectives Sub-Committee (CIOS). CIOS Target Number: 28/7.107; CIOS Trip No.: 251. London, H.M. Stationery Office, Item No. 28, File XXXIII–51, (1947).

Reulecke, Jürgen: Die Fahne mit dem goldenen Zahnrad: der „Leistungskampf der deutschen Betriebe“ 1937–1939. In: Peuckert, Detlev et al.: Die Reihen fest geschlossen. Beiträge zur Geschichte des Alltags unterm Nationalsozialismus, Wuppertal 1981.

Riesenberg, Horst: 150 Jahre Mikroskope von Zeiss. In: Verein Technikgeschichte Jena e.V. (Hg.), Jenaer Jahrbuch zur Technik- und Industriegeschichte 1999, Jena 1999, S. 61–73.

Rohr, Moritz von: Zur Geschichte der Zeissischen Werkstätte bis zum Tode Ernst Abbes. Mit Beiträgen von Max Fischer und August Köhler, Jena 1929 (2. Aufl. 1939)

Ders.: Ernst Abbe, Jena 1940.

Röpke, Jochen: Die Strategie der Innovation, Tübingen 1977.

Schmitz, Emil-Heinz: Handbuch zur Geschichte der Optik, Band 3: Das XIX. Jahrhundert oder Vom Pröbeln zum Rechnen, Bonn 1983.

Schomerus, Friedrich: Das Arbeitsverhältnis im Zeisswerk, 8. Aufl., Jena 1936.

Ders.: Werden und Wesen der Carl Zeiss-Stiftung an der Hand von Briefen und Dokumenten aus der Gründerzeit, Jena 1940.

Ders.: Geschichte des Jenaer Zeisswerkes, 1846–1946, Stuttgart 1952.

Schröter, Albrecht: Juden in Jena vom Ende des 19. Jahrhunderts bis zum Holocaust. In: Juden in Jena, S. 35–73.

Schröter, Verena: Die deutsche Industrie auf dem Weltmarkt 1929 bis 1933. Außenwirtschaftliche Strategien unter dem Druck der Weltwirtschaftskrise, Frankfurt/M et al. 1984.

Schumann, Wilhelm: Kapitalaufbau und Finanzierungsmethoden der deutschen optischen Industrie, Diss. Giessen 1935.

Schumann, Wolfgang et al.: Carl Zeiss – Einst und Jetzt, Berlin 1962.

Schumpeter, Joseph: Theorie der wirtschaftlichen Entwicklung. Eine Untersuchung über Unternehmergewinn, Kapital, Kredit, Zins und den Konjunkturzyklus, 6. Aufl., Berlin 1964 (1. Aufl. 1911).

Siegel, Tilla/Thomas von Freyberg: Industrielle Rationalisierung unter dem Nationalsozialismus (Forschungsberichte des Instituts für Sozialforschung Frankfurt am Main), Frankfurt/New York 1991.

Smelser, Ronald: Robert Ley. Hitlers Mann an der ‚Arbeitsfront‘, Paderborn 1989.

Ders./Rainer Zitelmann (Hg.): Die braune Elite I. 22 biographische Skizzen, 3. Aufl., Darmstadt 1994.

Ders./Enrico Syring (Hg.): Die braune Elite II. 21 weitere biographische Skizzen, 1. Aufl., Darmstadt 1993.

Spoerer, Mark: Von Scheingewinnen zum Rüstungsboom. Die Eigenkapitalrentabilität der deutschen Industrieaktiengesellschaften 1925–1941 (VSWG-Beihefte Bd. 123), Stuttgart 1996.

Steitz, Walter (Hg.): Quellen zur Deutschen Wirtschafts- und Sozialgeschichte vom Ersten Weltkrieg bis zum Ende der Weimarer Republik (Ausgewählte Quellen zur Deutschen Geschichte der Neuzeit, Band XXXVIII), Darmstadt 1993.

Stolper, Gustav/Häuser, Karl/Borchardt, Knut: Deutsche Wirtschaft seit 1870, 2. Aufl., Tübingen 1966.

Stolz, Rüdiger/Wittig, Joachim (Hg.) (unter Mitwirkung von Günter Schmidt), Carl Zeiss und Ernst Abbe. Leben, Wirken und Bedeutung. Wissenschaftshistorische Abhandlung, Jena 1993.

Stutz, Rüdiger: Im Schatten von Zeiss: Die NSDAP in Jena. In: Heiden, Detlev/Gunther Mai (Hg.), Nationalsozialismus in Thüringen, Weimar/Köln/Wien 1995, S. 119–142.

Ders.: Der ungeliebte „Nationalsozialistische Musterbetrieb“. Carl Zeiss Jena und die Deutsche Arbeitsfront. In: F. Markowski (Hg.), Schliff, S. 96–119.

Thüringischen Landesamt für Denkmalpflege (Hg.): Das Hauptwerk von Carl Zeiss Jena. Ursprung und Wandel, Bad Homburg und Leipzig 1997.

Turner, Henry Ashby jr.: Faschismus und Kapitalismus in Deutschland. Studien zum Verhältnis zwischen Nationalsozialismus und Wirtschaft, Göttingen 1972.

Ders.: German Big Business and the Rise of Hitler, New York et al. 1985; (Die Großunternehmer und der Aufstieg Hitlers, Berlin 1986).

Volkmann, Hans-Erich: Die NS-Wirtschaft in Vorbereitung des Krieges. In: Militärgeschichtliches Forschungsamt (Hg.), Das Deutsche Reich und der Zweite Weltkrieg, Bd. I, Stuttgart 1979.

Ders.: Außenhandel und Aufrüstung in Deutschland 1933 bis 1939. In: Forstmeier/Volkmann (Hg. i. Auftr. d. Militärgesch. Forschungsamts) Wirtschaft und Rüstung , S. 81–131.

Vorstand des Deutschen Metallarbeiter-Verbandes (Hg.): Die deutsche optische Industrie und ihre Arbeiter, Stuttgart 1927.

Wagenführ, Rolf: Die deutsche Industrie im Kriege 1939–1945, 2. Aufl., Berlin 1963.

Walter, Rolf: Einführung in die Wirtschafts- und Sozialgeschichte, Paderborn et al. 1994.

Ders.: 150 Jahre Zeiss – ein ungewöhnliches Jubiläum. Wissenschaftliches Projekt zur Unternehmensgeschichte. In: Forschungsmagazin, Jena WS 1996/97, S. 6–11.

Ders.: Wirtschaftsgeschichte. Vom Merkantilismus bis zur Gegenwart (Wirtschafts- und Sozialhistorische Studien, Bd. 4), 2. Aufl., Köln/Weimar/Wien 1998.

Ders.: Theoriegeleitete Unternehmensgeschichte am Beispiel Zeiss. Einige Aspekte. In: Verein Technikgeschichte in Jena e.V. (Hg.), Jenaer Jahrbuch zur Technik- und Industriegeschichte 1999, Jena 1999, S. 153–168.

Ders.: die Ressource „Wissen" und ihre Nutzung. Ernst Abbe und der Jenaer Aufschwung um 1900. Vortrag auf der Konferenz „Die Angst vor der Moderne. Philosophische Antworten auf Krisenerfahrungen: Der Mikrokosmos Jena um 1900"), im Druck.

Weiß, Hermann (Hg.): Biographisches Lexikon zum Dritten Reich, Frankfurt/M. 1998.

Weyres-v. Levetzow, Hans-Joachim: Die Deutsche Rüstungswirtschaft von 1942 bis zum Ende des Krieges, Diss. München 1975.

Willam, Horst Alexander: Carl Zeiss 1816–1888 (Tradition. Zeitschrift für Firmengeschichte und Unternehmerbiographie, Beiheft 6), München 1967.

Witt, Ulrich: Individualistische Grundlagen der evolutorischen Ökonomik (Die Einheit der Gesellschaftswissenschaften, Bd. 47), Tübingen 1987.

Wittig, Joachim: Ernst Abbe (Biographien hervorragender Naturwissenschaftler, Techniker und Mediziner, Bd. 94), Leipzig 1989.

75 Jahre Photo- und Kinotechnik. Festschrift herausgegeben anlässlich der Feier des 75-jährigen Bestehens der Zeiss Ikon AG. und ihrer Vorgängerfirmen 1862–1937, o.O., o.J. (1937).

Zernike, Frits: Das Phasenkontrastverfahren bei der mikroskopischen Beobachtung. In: Zeitschrift für technische Physik 16 (1935), S. 454–457.

Zschimmer, E.: Die Glasindustrie in Jena, ein Werk von Schott und Abbe. Entstehung und Entwicklung in den ersten 25 Jahren, Jena 1909.

Periodika

Berliner Börsenzeitung, diverse Ausgaben.

Central-Zeitung für Optik und Feinmechanik, Elektrotechnik und verwandte Berufszweige, 22. Jg., 1901 ff. (Begründet als Zeitschrift für Optik und Mechanik, Berlin, 1. Jg. 1879 ff.).

Deutsche Optische Wochenschrift. Zentralblatt für die Optik, Feinmechanik, Elektrotechnik und Photographie, Berlin/Weimar, 1. Jg. 1915 ff. diverse Jahrgänge).

En-Gee Mitteilungen. Mitteilungen aus den optischen Werken Nitsche & Günther – Rathenow, Nr. 1, 1. Jg. 1914 ff.

Innovation. Das Magazin von Carl Zeiss, diverse Nummern seit 1996.

Jenaer Jahrbuch 1956, Jena 1957.

Jenaer Jahrbuch zur Technik- und Industriegeschichte, Jena 1999.

Jenaer Rundschau, hg. von der Werkleitung des VEB Carl Zeiss Jena.

Mitteilungen der Wirtschaftsgruppe Feinmechanik und Optik, Nr. 1, Januar 1942.

NGB-Mitteilungen. Mitteilungen der Nitsche & Günther AG und der Emil Busch AG Optische Industrie Rathenow, Nr. 1, 1. Jg. 1923 ff.

Optik, 9. Bd., 1952.

Optische Rundschau, Weimar 1. Jg. 1910.

Die Technik, 6. Jg., Heft 11, Nov. 1951.

Zeiss Historica Journal, diverse Hefte.

Zeiss-Werkzeitung, diverse Jahrgänge und Hefte.

Zeiss Ikon Werkzeitung: Waffe und Werkzeug, diverse Hefte.

Zeitschrift für technische Physik 16, 1935.

Verzeichnis der Darstellungen im Text

1. Beschäftigte 1905/05–1944/45. 34
2. Umsatzrentabilität 1901/02–1916/17. 39
3. Umsatz der Firma Carl Zeiss im Geschäftsjahr 1907/08. 41
4. Der prozentuale Militärumsatz der Fa. Carl Zeiss Jena 1896–1945. 68
5. Umsatzanteil Militär/Zivil 1910/11–1918/19. 73
6. Die Entwicklung des Militärumsatzes der Firma Carl Zeiss im In- und Ausland während des 1. Weltkrieges in Mark (lfd. Preise). 75
7. Abgangsentschädigungen 1905/06–1944/45. 93
8. Löhne und Gehälter sowie Nachzahlungen. 95/96
9. Nedinsco-Umsätze. 105
10. Feinmeß-Umsatz in Prozent vom Gesamtumsatz 1923/24–1944/45. 119
11. Relative Verteilung der In- und Auslandsumsätze der Abteilung Feinmeß 1923/24–1948/49. 124
12. Umsatzrentabilität 1923/24–1943/44. 131
13. Stammbaum der Zeiss Ikon AG, Dresden. 140
14. Investitionen 1924/25–1940/41. 148
15. Umsatzanteil Militär/Zivil 1924/25–1944/45. 153
16. Summe Inlands-/Auslandsumsatz 1924/25–1944/45. ... 182
17. Lizenzeinnahmen 1927/28–1944/45. 200
18. Carl Zeiss Konzern, 30.9.1941. Organigramm. 244/245
19. Die grundsätzliche Organisationsstruktur der Firma Zeiss 1920–1945. 252
20. Die Konstruktionsbüros 1933–1945. 257
21. Kaufmännische Abteilung. Organigramm. 259
22. Übersicht über die zum Zeiss-Konzern gehörenden Werke, 1943. 261
23. Merkblatt für den Arbeitseinsatz, 1. Juli 1942. 267
24. Zusammenstellung der bei Zeiss beschäftigten Ausländer (Zivil- und Kriegsgefangene) während des 2. Weltkrieges. . 269
25. Zusammenstellung der Unterkünfte für Kriegsarbeiter, 11.6.1941. 271
26. Die 33 leitenden Personen des Zeisswerkes im Mai 1945. .. 287
27. Organigramm (Strukturplan) Carl Zeiss Jena vor 1945. .. 288

Namenregister

Abbe, Ernst 3, 10, 16, 18, 29, 31 ff., 36, 67, 125, 172, 207, 210
Abbe, Elisabeth 29
Adam, Gerhard 285
Agnus, Arthur W. 285
Albrecht, Karl 234, 236, 238, 241
Ansat 231
Atha, J.W. 216
Auerbach, Felix 36, 208, 210
Backe 290 f.
Barth 255
Bauer 249
Bauer, Karl 21
Bauersfeld, Walther 18, 30, 31 f., 58, 125 f., 129, 168 f., 206 f., 230, 256, 286, 289, 292
Bausch, Edward 58
Benzen, Martin 216
Berendsen 260
Berger, Max 19
Berndt 210
Berndt, Georg 120, 123
Bihlmaier, Oskar 21
Bockelberg 228
Boegehold, Hans 19, 210, 213, 254, 258
Böhme, Alfred 223
Böhme, Curt 280
Braun 68
Brenneke, von 194
Bronstein, Alexander 215
Brüning, Heinrich 150
Büchele 256
Calsow, Georg 258
Catasta 226
Czapski, Reinhardt 221
Czapski, Siegfried 18, 29, 31, 42, 62, 208, 210, 221
Dallmann 218
David 280, 286
Deckel, Fritz 292
Deckel, Hans 292
Dietz, Julius 165, 167, 169
Dietzel, Paul 21
Dinser 259, 290
Dönitz, Emil 20
Dönitz, Karl 20
Eberhardt, Otto 209, 229
Ebsen, 31, 165
Ehrlich, Paul 62, 124
Eppenstein, Otto 21, 117, 123, 209, 210, 212 f., 225
Ernemann 290
Ernemann, Alexander 146
Esau 169, 286
Eucken, Walter 210
Eyth 290
Falkenstein 136
Feist, Richard 166 f.
Fischer 31, 42
Fischer, Kuno 210
Fischer, Max 18, 29, 31, 39 ff., 74, 136, 154
Fischer, Paul 19
Forstmann, Otto 67
Freeman, Raymond 285
Frege 210
Frick 169
Friedmann, Herbert 219
Gauthier, Gustav 290
Geckeler 290
Gilbreth, M. 58

Giraud, Victor 123
Goerz, Hellmuth 136
Goerz, Paul 136, 146 f.
Goldberg 216
Goldberg, Emanuel 208
Göring 229, 234
Gössler 258
Graser 258 f.
Grau, Richard 223
Gruber, O. von 173
Gullstrand, Allvar 53, 62, 124
Gürtler 169
Guyet, Adolf 13
Guyet, Hans 13
Haase, M. 256
Hansen, Friedrich 207, 256, 258
Hartinger, Hans 168 f., 207, 214, 258
Hässner, Arno 258
Heiland, Alfred 258
Helmholtz 29
Hemscheidt, H. 238, 290
Henker, Otto 21, 125
Henrichs, Paul 18, 101, 171, 178 ff., 216, 232, 234, 237, 241, 243, 258 f., 262, 277, 283, 286, 292
Herschkowitsch, Anna 221
Herschkowitsch, Mordko 221
Herzberger, Max 209, 218
Hess, Erna 220
Heym 258 f.
Hilger 188
Hirsch, Richard 286, 291 f.
Hirschowitz, Elias 218
Hirth, Waldemar 238, 255, 260, 288
Hitler, Adolf 147, 175 f., 224, 243, 266
Hofe, Christian von 210
Höfert 256
Hollstein 260
Huber 194
Hübner 258
Hunold, Paul 280
Hupfauer 225
Ilgner, F. W. 291
Immig, Gustav 97
Ingmire 285
Itgen 121
Jahr 258
Joos, Georg 18, 206 f., 253 f., 256, 286, 289
Jung 260
Kaiser, Heinrich 256
Kammerzell 258
Kehrl, Hans 242
Keilhauer 291
Keilig, Erich 166
Keller, von 211
Keppler 229
Kessler, Heinrich 207, 258
Keßler, Philip 232
Kienzle, Otto 123
Kinder, W. 256
Klemm, Bruno 21
Klopffleisch 168
Knopf 210
Kobayashi, Sigeri 264
Koch, Robert 62, 124
Koch, Wilhelm 25
Köhler, Heinrich 150
Kollmorgen, Gertrud 290
König, Dr. Albert 68, 210, 258
Koops, Dr. Rudolf 258
Kortum, Herbert 21, 256
Kotthaus, August 18, 160, 167, 171, 197, 202 f., 211, 213 ff., 219 f., 226 ff., 235, 254

Koza 293
Kresse, G. 238
Krügener 54
Kühn 259 f., 291
Küppenbender, Heinrich (Heinz) 18, 144 f., 171, 235, 237, 254, 262, 275, 281, 286, 288, 292
Lachmanski, Oskar 215
Lang 293
Langer, Wilhelm 209
Langfeld, Dora 136
Leistner, K. 258
Leonhardt 259
Leutert 25
Ley, Robert 165 f., 225
Liebmann 210
Liese 229
Lincke, Rudolf 21
Loewen, Franz 210, 216
Loiko 79
Lorenz 293
Löwe, Fritz 21
Lukas, Paul 20
Lüschen 262
Maaz, H. 238
Maaz, Johannes 285
Mackedanz, Alfred 21
Mackensen, Gerhard 31
Mackensen, Otto 19
Marschler, Willy 255
Meissner 260
Meißner 255
Meister, Fritz 167
Merté, Willy 214 f., 258
Messter, Oskar 193
Meyer, Franz 19
Meyerstein, Max 210, 217
Meyerstein, Werner 217
Michel, Kurt 184, 258
Milch 194
Miller, Oskar von 125 f.
Mossner 258
Müller, Karl 47
Müller, Paul 255
Münck, H. E. 283
Münster, Clemens 258
Netz 25
Neuffer, Felix 255
Nothmann, Helene 209
Nußpickel, August 20
Ohnesorge, Wilhelm 146 ff.
Opitz, Ernst 21, 214 f.
Orel, Eduard von 63
Orth, Charlotte von 218
Orth, Georg von 218
Ortlepp 255
Oskar, Eduard 193
Pauly, Max 45
Petermann, Max 19
Petersen 260
Pfeiffer, Franklin 19, 256
Philpot, Albert J. 285
Praußnitz 291
Preuss 258
Puks 256
Pulfrich, Carl 21, 63
Pulz, Artur 21
Putz 126
Raasch 256
Radford, A.S. 285
Ramord, A.S.J. 2362
Räntzsch, Kurt 258
Reichel 30
Reifkogel 260
Reindl 210
Reindl, Josef 122 f.
Rentschler 290
Richter, Robert 21, 258
Riedinger 256

Riedinger, Franz 20, 207
Rohr, Moritz von 19, 53, 64
Römisch, Leo 80
Roos, 258
Rosenfeld, Ludwig 221
Rosenthal, Eduard 208
Roth 31
Rothe, Carl 13, 31
Rudolph, Paul 19, 44
Ruß, Hugo 70
Sandmann, Victor 258
Sauckel, Fritz 224, 229 f., 255, 268
Schacht, Hjalmar 178, 181
Schaxel, Julius 14
Scheller, Ernst 166 f.
Schieber 255
Schimmel, Baastian 285
Schlesinger 30
Schmidt 169
Schmidt, O. 238
Schmidt, Ulrich 117
Schmitt, Kurt 232
Schnabl, F. 210
Schneider, Robert 291
Schomerus, Friedrich 19, 173, 224, 286
Schott, Erich 286, 291 f.
Schott, Gerhard 291
Schott, Otto 3, 18, 25, 30 f.
Schrade 274, 280 f., 286
Schrade, Erna 215
Schrade, Hugo 220, 222
Schreiber, E. 238
Schwieter, Hans 285
Sieber, Hans 19
Siedentopf, Henry 21, 44
Siekmeier 255
Simader, Alfred 145 f.
Siptiz, Erich 258
Smakula, Alexander 184, 256
Snell, Karl 29
Sobotka, Erich 216
Sonnefeld, August 258
Speer, Albert 242, 262 f.
Speigel, Philip 216
Sporkert, Karl 258
Stachel, Carl 40
Steimer 260
Steinle, Adolf 19, 117, 123, 207, 210, 256, 290
Stier, Friedrich 14
Straubel, Harald 208
Straubel, Marie 209
Straubel, Rudolf 18, 29, 31 f., 42, 52, 82, 132 ff., 136, 160, 171 f., 208 ff., 220
Straubel, Werner 209, 230
Tateno, Mototada 264
Taylor, Edward W. 285
Tietmann 212
Töpfer, Richard 19
Trostmann, Wilhelm 21
Uber, Fritz 21
Unrein, Grete 218, 221
Urban, August 222 f.
Vollert, Max 13, 31
Wächtler, Fritz 165 f., 208
Wagner, Josef 97
Wandersleb, Emmy 215
Wandersleb, Ernst 19, 211, 213 ff.
Warburg, Otto 124
Weihe, Werner 256
Wiesel 169
Wild, Heinrich 19, 21
Winkelmann 210
Winkler, Andreas 21, 238
Wohlfahrt 290
Wolf, Georg 57, 292

Wolf, Richard 292
Wönne, Friedrich 286
Wünsche, Emil 54
Wuttig, Ernst 13
Yoshikawa, Haruo 264
Zeiß, Carl 4, 18
Zeiß, Roderich 30
Zernike 183
Zickhardt 260
Zipler, Max 165 ff.
Zogbaum 260
Zsigmondy, Richard 44, 124
Zuckerkandel 209

Sachregister

Abbe-Formel 11
Abteilung „Astro“ 12, 45, 61, 188, 258
Abteilung „Auto“ 63
Abteilung „Feinmess“ 115 ff., 118, 121 f., 262
Abteilung „Geo“ 52, 128, 188
Abteilung „Med“ 53
Abteilung „Mess“ 11, 60, 62, 116, 188
Abteilung „Mikro“ 11, 44, 61, 258
Abteilung „Opto“ 53, 64
Abteilung „Tele“ 11, 48, 52, 67, 255, 258
Agfa 134
Akkordsätze (-zuschläge) 36 f.
American Optical Co. 64
Anschütz & Co. 157, 192, 290 f.
Arbeiterausschuss 35
Arbeitserziehungslager 280
Arbeitskräftemangel 267, 270, 275
Arbeitszeit 16
Askania-Werke Berlin 158, 226
Ausbildung (Lehrlingsausbildung) 22, 96 f., 201 f., 274
Ausfuhrbestimmungen 183
Ausfuhrgemeinschaft für Kriegsgerät (AGK) 225 ff., 250
Ausländische Produktionsstätte 40
Auslandsabsatz 42, 246 f.
Auslandsanleihen 156
Auslandsfilialen 215
Außenhandel 181, 183
Außenwirtschaft 246 ff.
Auto-Mafam GmbH 52
Autoscheinwerfer 52
Baird Television Ltd. 146
Baukastenprinzip 118
Bausch & Lomb 53, 57, 64, 101, 156, 189, 200
Beamtenausschuss 35
Becker & Co. 25
Bentzin, Kurt (Fa.) 54
Berlin-Suhler Waffen- und Fahrzeugwerke 230
Beschäftigte (Belegschaft) 33 f., 48, 85, 92, 106, 150, 152, 165, 288, 294
Beteiligung 40, 57, 59
Betriebsführer 171
Betriebsrat 165
Fa. Robert Bosch 146
Bremthaler Quarzitwerke GmbH 291
Brillen 64
Bücherei (öffentliche Lesehalle) 33
Buenos Aires 42
Emil Busch AG 64, 101, 156 ff., 183, 196 f., 198, 226, 234 f., 292
Carl-Zeiss-Stiftung 13, 30, 32, 45, 85, 139, 290 f.
Contessa-Nettel AG (Contessa) 132 ff., 136, 138, 142
Continental Films Comp. 58
DAF 166 f., 255, 275, 277

Friedrich Deckel 292
Deutsche Ausrüstungswerke GmbH (DAW) 282
Deutsche Bank 140
Deutsche Gesellschaft für Mechanik und Optik 10
Deutsche Revisions- und Treunhand AG 250
Deutsche Spiegelglas AG 291
Devisenbewirtschaftung 104
Diversifizierung 21, 51, 142
Dresdner Bank 160
Dyckerhoff & Widmann AG (DYWIDAG) 47
Eastmann Kodak Co. 59, 209
Einkommen (-sverbesserungen) 34 ff., 95, 115, 206
Electroacustic, Kiel 226
Elektrizitätswerk 25, 51
Energieversorgung 51
Entwicklungs- bzw. Konstruktionsbereich 21
Ernemann 133, 135, 137 f., 140 ff., 146
Export (-geschäft, -genehmigungen) 40, 106, 151 f., 158, 179, 227, 234, 246, 250
Familienhilfe 83
Feinmechanik 8 f.
Ferdinand Süss Präzisionsmechanische und Optische Anstalt AG 145
Ferngläser 61, 183
Fernseh A.G.
Filialen (Zweig- Niederlassungen) 41 ff., 145, 247 ff., 261
Finanzierung 176
Forschung- und Entwicklung (F & E) 9, 256
Fotoobjektive 44, 183
Frauen 166
Fremdarbeiter 278 f.
Friedenauer Technische Werkstätte GmbH (Fritewe) 194, 290
Führerprinzip 171
Fusionen 57, 130 ff., 138 ff., 142, 156, 227
Gaudiplom 224
Alfred Gaulthier GmbH 290
Geodäsie 63, 187
Geraer Technische Werkstätte GmbH (Getewe) 183, 194 f.,
Geschäftskapital 43
Geschäftsleitung (Geschäftsführung) 14, 17, 29, 165 f., 230, 254
Gewinnbeteiligung 35 ff.
Goerz (Optische Anstalt C.P. Goerz etc.) 51, 55, 57, 64, 102, 107, 132, 134 ff., 138 f., 141 ff., 146, 156 f., 161, 194, 197 f., 210, 238, 293
Goldene Fahne 224, 255
Großbritannien 42
Gustloff-Werke 255
Handelshemmnisse 154
Hauptausschüsse 262
Hauptwerk 46 ff.
Hensoldt & Söhne 131, 156, 226, 290
Heyde 226
Fa. Max Hildebrand 226
Hitlerjugend 202
Humankapital 9, 92, 293 ff.
Hüttig & Sohn 53, 56

Ica AG Dresden (Internationale Camera-Aktiengesellschaft) 45, 53 f., 56, 107, 132, 134, 136 f., 138
Industriefinanzierungs-aktiengesellschaft Ost (Ifago) 252 f.
Inflation (-sausgleich) 107 ff., 132, 155 f.
Infrastruktur 25 f., 49
Internationalisierung 38 ff.
Investitionen 148
Japan 263 f.
Juden (jüdische Mitarbeiter) 208 ff.
Gebrüder Junghans AG 197
Kameraabteilung 44
Kamerafabrik 44
Kodak 134
Kollmorgen 223
KPD 223
Kriegsarbeiter 270 f.
Kriegsgefangene 265, 272
R. Krügener 56
Fa. Franz Kuhlmann 226
Kündigungen 94
Lehrberufe 22
Leitz 55, 101, 107, 131, 156 f., 226
Lizenz (-vergabe) 7, 40, 200
Loewe & Co. 123, 148
Lohn (-bereich, -steigerungen) 35 ff., 95, 112, 206
Mailand 42
Mikroskopie (Mikroskopbau) 44, 56, 62, 183, 189
Militär (-güter, -absatz, -gerät, -technik) 65 ff., 145, 156, 176, 192, 241, 252
Militärabteilung 66, 73, 255 f., 260
Militärexporte 74 f.
Militärgeschäft 159, 197 f., 264
Militärproduktion 196
Militärumsatz 66, 68, 70, 289
Mitarbeiterzahl (→ Beschäftigte) 24, 76 f.
Mitteldeutsche Papierwerke GmbH 281, 291
N.V. Finantieele Maatschappij Nederland 104, 249
N.V. Nederlandsche Instrumenten Companie (Nedinsco) 103 f., 105, 157 f., 192, 198 f., 249, 293
N.V. Nederlandsche Technische Handel Maatschappij Amsterdam (Giro) 193
Nachbauproblematik 228
Nationalsozialisten 165, 175, 188, 204
Navigation, Berlin 226
Nitsche & Günther 64, 156 f., 160
NSBO 167
NSDAP 165 f.
Oigee 131
OKH 196
OKW 196
Optica AG 64
Optische Anstalt Saalfeld 195, 218
Optische Werke Rapsch AG 159 f.
Ostarbeiter 270, 274 ff., 279 f.
Palmos-Werke AG 44 f., 54
Paris 42
Patentabteilung 11, 20
Patente 11, 67, 74, 256, 285

Pensionen 108, 273
Photo-, Kino- und Projektionstechnik 9
Planetarium 125 ff.
Preisanpassungen 106
Produktpalette 119 ff.
Propaganda-Ministerium 174
Protektionismus 112 f.
Qualitätsführerschaft (Qualitätsmonopol) 124 f., 154 f., 159
Radio AG D.S. Löwe 146
Rationalisierungen 114 f., 118, 131, 155, 159
Rechnungswesen 19, 109
Refraktometer 60
Reglementierungen 176
Regulierungen 179
Reiss 226
Riga 61
Rodenstock 64
Rußland 252
Saalfelder Apparatebau-Gesellschaft mbH (SAG) 196
Satzung 166, 171
Schering AG 134
Schott 12, 142, 268, 282, 285 f., 292
Schuchardt & Schütte 122 f., 210
Schutz- und Markenrechte 249
Seibert 101
Sendlinger Optische Glaswerke GmbH 142, 290
Siemens-Apparate und Maschinen Berlin 226
Sonderausschüsse 242
Sozialleistungen 17, 33 f., 37, 273
SPD (Sozialdemokraten) 25, 223
Spenden 174
St. Petersburg 42
Sternwarten 62
Stiftungskommissar 13, 165
Stiftungsverwaltung 13
Strukturreformen (-veränderungen) 78, 110
Subventionen 230
Synergien (Synergieeffekte) 11 f., 155
T-Belag 184
Teleskopie 67
Gebrüder-Thiel-Werke Ruhla 224
Tochterunternehmen 197
Tokio 42
Umsatz (-rentabilität, -rendite) 38 f., 118, 131, 152
Umschulung 277 f.
Ungarische Optische Werke AG Budapest (UOW)
197 f., 292
Universität Jena 14, 16, 23, 38, 206
Urlaub (-sregelung) 35
USA (Vereinigte Staaten) 42, 57, 149, 200, 260
VEB Rathenower Optische Werke 292
Vereinigte Farbenglaswerke Zwiesel AG 291
Verkaufsabteilung 259
Verkaufsniederlassung 40
Versailler Vertrag 91
Vertrieb 40 f.
Voigtländer 131, 156, 158
Volkshaus 33
Wachstum (-srate) 38, 62

Währungs- und Finanzreform 113, 155
Wehrmachtsaufträge (-gerät) 176, 236, 262
Wehrwirtschaftsführer 254
Weltraumtechnik 125
Werk-Berufsschule 22
Westarbeiter 279
Wien 42, 61
Winkel GmbH 56 f., 101, 181, 183, 196, 291
Wirtschaftgruppe Feinmechanik und Optik 10, 232 ff., 241
Wirtschaftliche Vereinigung der Deutschen Gesellschaft für Feinmechanik und Optik 10
Wirtschaftsgruppen 171, 204, 274
Wirtschaftskrise 111
Georg Wolf GmbH 292
Richard Wolf Endoskopie 292
Emil Wünsche AG 56
Zeiss Ikon AG 130, 133 f., 138, 140 ff., 145 f., 156, 159 f., 165, 172, 183, 194, 208, 226, 260, 281, 290
Zeiss-Aerotopograph GmbH 161, 173, 193
Zeissianer 21, 24, 84
Zeiss-Opton, Optische Werke GmbH 18, 291 f.
Zentralstelle für Optik und Feinmechanik 243
Zivil-Artikel (Zivil-Produktion) 65, 241
Zoll- und Handelspolitik 110
Zulauf & Co. 54
Zwangsarbeiter 268 ff.

Böhlau

Köln Weimar

Edith Hellmuth
Wolfgang Mühlfriedel
Zeiss 1846–1905
Vom Atelier für Mechanik zum führenden Unternehmen des optischen Gerätebaus

(Carl Zeiss. Die Geschichte eines Unternehmens, Band 1)
1996. X, 350 S.
30 Abbildungen. Gebunden mit Schutzumschlag.
DM 78,–/sFr 71,–/öS 569,–
ISBN 3-412-05696-0

Am 17. November 1846 eröffnete der Universitätsmechaniker Carl Zeiss in Jena das Atelier für Mechanik. Aus dem reichen Archivbestand heraus werden die ersten sechzig Jahre des Unternehmens von der Gründung der Optischen Werkstätte 1846 bis zum Tod seines Mitgesellschafters Ernst Abbe im Jahr 1905 nachgezeichnet.

Beschrieben wird, wie fachliche Kompetenz, Beharrlichkeit und Weitsicht des Gründers der Optischen Werkstätte das Unternehmen zu einer innovationsträchtigen Keimzelle des optischen Instrumentenbaus werden ließen, wie aus dem Zusammenwirken von Carl Zeiss und dem Physiker Ernst Abbe in den siebziger Jahren der wissenschaftliche Mikroskopbau hervorging und wie die gemeinsame Arbeit von Ernst Abbe und Otto Schott in den frühen achtziger Jahren zur Entwicklung der optischen Spezialgläser führte. Diese grundlegenden Neuerungen und die durch sie bewirkte wachsende Nachfrage nach den leistungsstarken Mikroskopen aus Jena waren die Voraussetzung für die Umgestaltung der Optischen Werkstätten zu einer modernen industriellen Fabrikationsstätte.

Ursulaplatz 1, D-50668 Köln, Telefon (0221) 913900, Fax 9139011

Wirtschafts- und Sozialhistorische Studien

Herausgegeben von
Stuart Jenks, Michael North
und Rolf Walter

1: Harald Wixforth:
Banken und Schwerindustrie in der Weimarer Republik.
1995. 565 S. Br.
(3-412-11394-8)

2: Albert Fischer:
Hjalmar Schacht und Deutschlands Judenfrage.
Der Wirtschaftsdiktator und die Vertreibung der Juden aus der deutschen Wirtschaft.
1995. 252 S. Br.
(3-412-11494-4)

3: Michael North (Hg):
Kommunikationsrevolutionen.
Die neuen Medien des 16. und 19. Jahrhunderts.
1995. VII, 201 S. Br.
(3-412-12394-3)

4: Rolf Walter:
Wirtschaftsgeschichte.
Vom Merkantilismus bis zur Gegenwart.
3. überarb. u. akt. Auflage 2000.
XVIII, 356 S. 20 s/w-Abb. Br.
(3-412-11100-7)

5: Michael North (Hg):
Economic History and the Arts.
1996. V, 132 S., 10 Abb. Br.
(3-412-11895-8).

6: Albert Fischer:
Die Landesbank der Rheinprovinz.
Aufstieg und Fall zwischen Wirtschaft und Politik.
1997. 639 S. Br.
(3-412-00297-6)

7: Olaf Mörke,
Michael North (Hg):
Die Entstehung des modernen Europa 1600-1900.
1998. 192 S. Br.
(3-412-06097-6)

8: Martin Krieger:
Kaufleute, Seeräuber und Diplomaten.
Der dänische Handel auf dem Indischen Ozean (1620-1868).
1998. 278 S. 9 s/w-Abb. Br.
(3-412-10797-2)

9: Claudia Schnurmann:
Atlantische Welten.
Engländer und Niederländer im amerikanisch-atlantischen Raum 1648–1713.
1999. VIII, 450 S. Br.
(3-412-09898-1)

10: Rolf Hammel-Kiesow/
Thomas Rahlf (Hg.):
Wirtschaftliche Wechsellagen im hansischen Wirtschaftsraum 1300–1800.
2001. Ca. 216 S. Br.
(3-412-16498-4)

Böhlau

Köln Weimar

Ursulaplatz 1, D-50668 Köln, Telefon (0221) 913900, Fax 9139011

Manfred Ragati
Harald Wixforth (Hg.)

Wirtschaft und Energie im Wandel der Zeit

Die Geschichte der Elektrizitätsversorgung in Ostwestfalen und Schaumburg-Lippe

Mit Beiträgen von Theo Sommer und Hans-Ulrich Wehler

Betrachtet man die wirtschaftliche Entwicklung im östlichen Westfalen im 19. und 20. Jahrhundert, so lassen sich zwei markante Phänomene feststellen: Zum einen die immensen Veränderungen in Wirtschaft und Gesellschaft, die durch die Industrialisierung hervorgerufen wurden, zum anderen der wirtschaftliche Strukturwandel vor und nach dem Zweiten Weltkrieg. Einen wesentlichen Beitrag für die insgesamt positive Entwicklung von Gewerbe, Industrie und Handel leistete dabei der Aufbau einer effizienten, auf die Bedürfnisse des östlichen Westfalens und Schaumburg-Lippes zugeschnittenen Elektrizitätsversorgung.
Namhafte Autoren zeichnen in diesem Band die Geschichte des Elektrizitätswerkes Minden-Ravensberg nach, das unter den regionalen Energieversorgern eine herausragende Stellung einnimmt. Sie widmen sich gleichzeitig dem bis heute andauernden Strukturwandel in der Region.

1999. VIII, 345 Seiten.
22 farbige und 68 s/w-
Abbildungen. Gebunden
mit Schutzumschlag.
ISBN 3-412-14198-4

Böhlau

Köln Weimar

Ursulaplatz 1, D-50668 Köln, Telefon (0221) 913900, Fax 9139011

Böhlau

Köln Weimar

Peter Schöber

Wirtschaft, Stadt und Staat

Von den Anfängen bis zur Gegenwart

2000. VIII, 307 Seiten. Broschur.
ISBN 3-412-08000-4

Weltstädte, urbane Großräume und Ballungszentren prägen die Vorstellung der meisten Menschen von der modernen Welt. Die Stadt ist uns zu einer allgemein vertrauten Lebensform geworden. Doch was ist die Stadt? Warum sind unsere Städte so, wie sie sind? Solche Fragen will dieses Buch aus fächerübergreifender Perspektive ergründen. Historische, ökonomische und stadtplanerische Aspekte haben hierbei ebenso ihren Platz wie neuere Ansätze der britischen und amerikanischen Stadtsoziologie.

Geht man von der modernen Stadt des 20. und 21. Jahrhunderts aus, sind es Begriffe wie Industrie-, Dienstleistungs-, (post)kapitalistische und globalisierte Gesellschaft einerseits, kommunale Selbstverwaltung oder Bundesstaat andererseits, die Erklärungsansätze für das Phänomen Stadt bieten. Begreift man urbane Zivilisation in einem umfassenderen Sinn, wird man den Blick weiter zurück in die Geschichte richten: von den vorderasiatischen Siedlungen und Stadtstaaten der Antike über die mittelalterliche Stadt bis hin zu den modernen Metropolen unserer Tage.

Ursulaplatz 1, D-50668 Köln, Telefon (0221) 913900, Fax 9139011